高等学校信息工程类专业系列教材

U0169788

STM8S 系列单片机原理与应用

(第四版)

潘永雄　　何榕礼　编著

西安电子科技大学出版社

内 容 简 介

本书以 ST 公司 STM8S 系列单片机原理与应用为主线，系统介绍了 STM8 内核 MCU 芯片的指令系统，简要描述了其常用内嵌外设结构、功能以及基本的使用方法，详细介绍了基于 STM8S 系列 MCU 芯片应用系统的硬件组成、开发手段与设备等。书中尽量避免过多地介绍程序设计方法和技巧，着重介绍硬件资源及使用方法、系统构成及连接；注重典型性和代表性，以期达到举一反三的效果；在内容安排上，力求兼顾基础性、实用性。

本书可作为高等学校电子信息类专业"单片机原理与应用""单片机原理与接口技术"课程的教材，亦可供从事单片机技术开发、应用的工程技术人员参考。

图书在版编目(CIP)数据

STM8S 系列单片机原理与应用 / 潘永雄，何榕礼编著. —4 版. —西安：西安电子科技大学出版社，2022.5
ISBN 978-7-5606-6285-5

Ⅰ. ①S⋯　Ⅱ. ①潘⋯　②何⋯　Ⅲ. ①微控制器　Ⅳ. ①TP368.1

中国版本图书馆 CIP 数据核字(2022)第 044569 号

策　　划　马乐惠
责任编辑　于文平
出版发行　西安电子科技大学出版社(西安市太白南路 2 号)
电　　话　(029)88202421　88201467　　　邮　编　710071
网　　址　www.xduph.com　　　　　　电子邮箱　xdupfxb001@163.com
经　　销　新华书店
印刷单位　陕西天意印务有限责任公司
版　　次　2022 年 5 月第 4 版　　2022 年 5 月第 1 次印刷
开　　本　787 毫米×1092 毫米　1/16　　　印　张　27
字　　数　642 千字
印　　数　1～3000 册
定　　价　63.00 元

ISBN 978-7-5606-6285-5 / TP

XDUP　6587004-1
如有印装问题可调换

本社图书封面为激光防伪覆膜，谨防盗版。

前　言

《STM8S 系列单片机原理与应用(第三版)》出版后，在三年多的时间里，数字 IC 芯片生产工艺、单片机技术等都有了较大的进步。为此，在保留前三版架构及篇幅基本不变的前提下，我们对第三版的内容做了全面修改与调整，并逐字逐句纠正了一些不当的表述，主要修订内容如下：

(1) 鉴于 STM8L 系列芯片已逐步成为 STM8 内核 MCU 的主流芯片，为此重写了第 2 章，并增加了"第 12 章 STM8L 系列 MCU 芯片简介"。第 12 章简要介绍了 STM8L 系列芯片外设与 STM8S 系列芯片外设的差异，重点介绍了 STM8L 系列芯片新增外设的功能和使用方法，使读者在理解 STM8S 系列芯片多数部件功能与用法的基础上，能迅速掌握 STM8L 系列芯片的应用技能。

(2) 为使读者容易理解 STM8L 系列芯片定时器的功能和使用方法，重写了第 7 章与高级控制定时器 TIM1 功能有关的内容，并新增了 8 位定时器、自动唤醒及蜂鸣器等部件的使用方法。

(3) 为使读者迅速掌握 STVD 开发工具的使用技能，重写了第 5 章的大部分内容。

(4) 重写了第 8 章 UART、SPI 串行通信接口部件。

(5) 删除了第 10 章中读者可自行编写的 LCD 显示驱动程序实例。

(6) 在第 11 章中增加了低功耗模式介绍及其使用方法。

(7) 重写、补充了书中大部分实例的驱动程序，进一步强化了重要实例的实用性、通用性、可移植性。

(8) 补充并修改了书中部分图表内容，以体现数字 IC 芯片技术与生产工艺的进步，引导读者在构建单片机应用系统过程中，能正确、合理地选择 MCU 应用系统的外围芯片。

(9) 进一步补充、完善了各章的习题。

尽管我们力求做到尽善尽美，但由于水平有限，书中错漏在所难免，恳请读者继续批评指正。

作　者
2021 年 10 月

目　　录

第 1 章 基 础 知 识

1.1 计算机的基本认识

为理解计算机系统构成、工作原理及其工作过程，我们先来看用算盘计算如下代数式的过程：

$$12 \times 34 + 56 \div 7 - 8 =$$

首先要有算盘作为计算工具，在计算机里用"运算器"(算术逻辑运算单元 ALU)作为计算工具，由它承担算术运算和逻辑运算。因为在计算机里，除了加、减、乘、除四则运算外，还需要"与、或、非、异或"等逻辑运算。其次需要纸和笔记录算式、计算步骤、中间结果及最终结果。在计算机中，起到纸和笔作用的器件是存储器和寄存器。寄存器在中央处理器(CPU)内，存取速度快，但结构复杂，功耗较大，数量少，用于存放中间结果；而存储器一般位于中央处理器外，由成千上万个存储单元组成，容量大，与寄存器相比，存取速度慢一些，常用于存放数据、计算步骤(指令)等。

在计算上述算式时，先计算 12×34，并把中间结果记录下来；然后计算 $56 \div 7$，再记录中间结果；接着将上述两步的中间结果相加，并记录下来；最后减 8。以上计算步骤由人脑控制，如果改用计算机进行，可用计算机(如 STM8 内核单片机)汇编语言指令写出如下的计算步骤：

LD A,#12	;将被乘数 12 送 CPU 内的寄存器 A
LD XL, A	;寄存器 A 送寄存器 XL
LD A,#34	;将乘数 34 送 CPU 内的寄存器 A
MUL X, A	;计算 12×34，乘积高 8 位存放在寄存器 XH 中，低 8 位存放在寄存器 XL 中
LDW R02, X	;结果保存到 R02 字存储单元中
LDW X, #56	;将被除数 56 送 CPU 内的 16 位寄存器 X
LD A,#7	;将除数 7 送 CPU 内的寄存器 A
DIV X, A	;计算 $56 \div 7$，商存放在寄存器 X 中，余数存放在寄存器 A 中
ADDW X, R02	;求 $12 \times 34 + 56 \div 7$ 的运算结果
SUBW X, #8	;再减去 8
LDW R02, X	;结果保存到 R02 字存储单元中
	;算式"$12 \times 34 + 56 \div 7 - 8$"的最终结果 408 就保存在 R02 字存储单元中

上述计算步骤存放在存储器中，由计算机内的控制器完成，控制器在时钟信号的控制下，从存储器中取出计算步骤(指令)和数据，并根据指令操作码内容发出相应的控制信号。此外，为向计算机输入数据、指令，还需输入设备，如键盘；为输出处理结果或显示机器

的状态，还需输出设备，如各类显示器、指示灯等。因此，计算机系统的基本结构大致如图 1.1.1 所示。

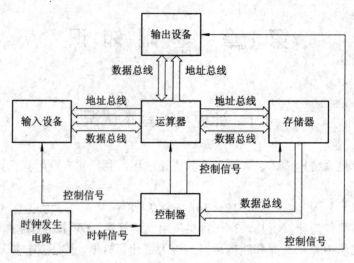

图 1.1.1　计算机系统的基本结构

在计算机中，往往把运算器、控制器做在同一芯片上，称为中央处理器(Central Processor Unit，CPU)，有时也称为微处理器(Micro Processor Unit，MPU)。为进一步减小电路板的面积，提高系统的可靠性，降低成本，将输入/输出接口电路、时钟电路以及一定容量的存储器、运算器、控制器等部件集成到同一芯片内，就成为了单片机(也称为微控制单元，即 MicroController Unit，MCU)，其含义是一个芯片就具备了一套完整计算机系统必需的基本部件。为了满足不同的应用需求，将不同功能的外围电路，如定时器、中断控制器、A/D 及 D/A 转换器、1~2 个通道的模拟比较器、串行(如 UART、SPI、I^{2}C、CAN、USB 等)通信接口电路，甚至 LCD 显示驱动电路等集成在一个管芯内，形成系列化产品，就构成了所谓"嵌入式"单片机控制器(embedded microcontroller)。在 MCU 内核基础上，依据芯片的用途，再嵌入多个不同功能的数字或模拟电路单元，就形成了以 MCU 为控制核心的可编程的具有特定用途的集成电路(Application Specific Integrated Circuit，ASIC)。为进一步缩短终端产品的开发周期，ASIC 芯片开发商在 ASIC 芯片内固化了基本的控制软件后就形成了片上系统(System on Chip，SOC)，如数字万用表芯片、智能电表芯片、智能水表芯片等。

1. 总线的概念

我们知道，电路系统总是由元器件通过导线连接而成。在模拟电路中，器件、部件之间的连线不多，关系也不复杂，一般按"串联"方式连接。但在以微处理器为核心的计算机电路系统中，器件、部件均要与微处理器相连，所需连线多，如果仍采用模拟电路的串联方式，在微处理器与各器件间单独连线，则所需的连线数量将很多，为此在计算机电路中普遍采用总线连接方式：每一器件的数据线并接在一起，构成数据总线；地址线并接在一起，构成地址总线，然后分别与 CPU 的数据、地址总线相连，形成"并联"关系。为避免混乱，任何时候最多允许一个设备(芯片)与 CPU 通信，因此需要用控制线进行控制和选通，使选中芯片的片选信号($\overline{CE}$ 或 $\overline{CS}$)或输出允许信号 $\overline{OE}$ 有效。系统(包括器件)中所有的控制线称为控制总线。

(1) 地址总线(Address Bus，AB)。地址总线为单向，用于传送地址信息，如图 1.1.1 中运算器与存储器之间的地址线，地址线的数目决定了可以寻址的存储单元的数目。一根地址线有两种状态，即可以区分两个不同的存储单元；两根地址线有四种状态，可以寻址四个存储单元；依次类推，8 位微处理器通常具有 16 根地址线，可以寻址 2^{16}(64 K)个存储单元，一般存储单元的大小为 1 字节，因此 8 位微处理器的寻址范围通常为 64 KB。不过由于 130 nm、90 nm，甚至更小尺寸线宽工艺已非常成熟、稳定，在同一管芯内，集成更多的存储单元已不再困难。因此最近这几年进入市场的 8 位 MCU 芯片的寻址能力已突破了 64 KB，如 STM8 内核 MCU 系列芯片内部地址总线为 24 位，可直接寻址 16 MB 的存储空间。

(2) 数据总线(Data Bus，DB)。数据总线一般为双向三态，用于 CPU 与存储器、CPU 与外设，或外设与外设之间传送数据(包括数据以及指令码)信息。在计算机系统中，为了提高数据处理速度，总是一次处理由多位二进制数组成的信息，即在运算器中，数据线的数目应与待处理的数据位数相同。因此，运算器数据线的数目往往不止一条，一般为 4 条、8 条、16 条、32 条，甚至 64 条。运算器内数据线的多少称为微处理器的"字长"。字长是衡量微处理器运算速度及精度的重要指标之一，也是划分微处理器档次的重要依据。根据字长大小，可将微处理器分为 1 位机、4 位机、8 位机、16 位机、32 位机、64 位机等。1 位机的运算器只有一根数据线，每次只能处理一位二进制数，工业上常用于取代继电器，控制线路的通和断、设备的开和关；4 位机有四根数据线，早期多见于家用电器，如电视机、空调机、洗衣机、电话机等的控制电路中，不过 4 位机早已淘汰。8 位、16 位、32 位、64 位机功能强大，不仅可用于工业控制、家用电器，也可以作为通用微机系统的中央处理器。

(3) 控制总线(Control Bus，CB)。控制总线是计算机系统中所有控制信号线的总称，在控制总线中传送的信息是控制信息，如片选信号 $\overline{CE}$、输出允许信号 $\overline{OE}$、特定信息的锁存控制信号 LE、存储器读/写选通控制信号 R/$\overline{W}$ 等。

2. 时钟周期、机器周期及指令周期

(1) 时钟周期。微处理器在时钟信号的作用下，以节拍方式工作。因此，必须有一个时钟发生器电路，如石英晶体振荡电路、*RC* 振荡电路。输入微处理器的时钟信号的周期称为时钟周期。

(2) 机器周期。机器完成一个基本动作所需的时间称为机器周期，一般由一个或多个时钟周期组成。例如，在标准 MCS-51 系列单片机中，一个机器周期由 12 个时钟周期组成。不过，随着 MCU 技术与集成电路生产工艺的进步，目前许多 MCU 芯片一个机器周期已经缩短为一个时钟周期。

(3) 指令周期。执行一条指令所需的时间称为指令周期，它由一个到数个机器周期组成。在采用复杂指令系统(CISC)的微处理器中，指令周期的长短取决于指令的类型，即指令将要进行的操作及复杂程度：简单指令，如 INC A(累加器 A 内容加 1)一般只需一个机器周期；而复杂指令，如 MUL(乘)、DIV(除)指令往往需要数个机器周期。

1.1.1 计算机系统的内部结构及其工作过程

1. CPU 的内部结构

运算器和控制器构成了中央处理器的核心部件，8 位通用微处理器内部基本结构可用

图 1.1.2 描述,它由算术逻辑运算单元(Arithmetic Logic Unit,ALU)、累加器 A(8 位)、寄存器 B(8 位)、程序状态字寄存器 PSW(8 位)、程序计数器 PC(有时也称为指令指针,即 IP,16 位)、地址寄存器 AR(16 位)、数据寄存器 DR(8 位)、指令寄存器 IR(8 位)、指令译码器 ID、控制器等部件组成。

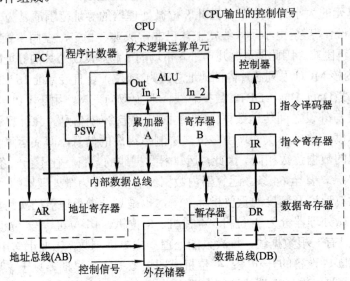

图 1.1.2   8 位通用微处理器内部基本结构简图

(1) 程序计数器(Program Counter,PC)是 CPU 内部的寄存器,用于记录将要执行的指令码所在存储单元的地址编码。一般来说,PC 长度与 CPU 地址线数目一致,例如 8 位微机 CPU 一般具有 16 根地址线(A15~A0),PC 的长度也是 16 位。复位后,PC 具有确定值。例如,在 MCS-51 系列单片机中,复位后,PC = 0000H,即复位后将从程序存储器的 0000H 单元读取第一条指令码。由于复位后,PC 的值就是存放第一条指令码的单元地址,因此在进行程序设计时,必须了解复位后 PC 的值是什么,以便确定第一条指令码从存储器的哪一个存储单元开始存放。PC 具有自动加 1 功能,即从存储器中读出 1 字节的指令码后,PC 会自动加 1,指向下一个存储单元。

(2) 地址寄存器(Address Register,AR)用于存放将要寻址的外部存储器单元的地址信息,指令码所在存储单元的地址编码由程序计数器 PC 产生;而指令中操作数所在存储单元的地址编码由指令的操作数给定。地址寄存器 AR 通过地址总线 AB 与外部存储器相连。

(3) 指令寄存器(Instruction Register,IR)用于存放取指阶段读出的指令代码的第一字节,即操作码。存放在 IR 中的指令码经指令译码器 ID 译码后,送入控制器,使其产生相应的控制信号,确保 CPU 完成指令规定的动作。

(4) 数据寄存器(Data Register,DR)用于存放写入外部存储器或 I/O 端口的数据信息,可见,数据寄存器 DR 对输出数据具有锁存功能,数据寄存器与外部数据总线 DB 直接相连。

(5) 算术逻辑运算单元 ALU 主要用于算术(加、减、乘、除)、逻辑(与、或、非,以及异或)运算。由于 ALU 内部没有寄存器,因此,参加运算的操作数必须放在累加器 A 中(运算结果也存放在累加器 A 中)。例如,执行:

　　　　ADD A,B　;A←A+B

指令时，累加器 A 的内容通过输入口 In_1 输入 ALU，寄存器 B 的内容通过内部数据总线经输入口 In_2 进入 ALU，A+B 的结果通过 ALU 的输出口 Out 经内部数据总线送回累加器 A。

　　(6) 程序状态字寄存器 PSW 用于记录运算过程中的状态，如是否溢出、进位等。假设累加器 A 的内容 83H 执行：

　　　　ADD A,#8AH　　　　　;累加器 A 与立即数 8AH 相加，并把结果存放在累加器 A 中

指令后将产生进位，因为 83H+8AH 的结果为 $\boxed{1}$ 0DH，而累加器 A 的长度只有 8 位，只能存放低 8 位(0DH)，无法存放结果中的最高位。为此，在 CPU 内设置一个进位标志 C，当执行加法运算出现进位时，进位标志 C 为 1。

　　程序状态字寄存器的名称及各标志位的含义与 CPU 类型有关，2.2.1 节将详细介绍 STM8 内核 CPU 内各标志位的含义。

2. 存储器

　　存储器是计算机系统中必不可少的存储设备，主要用于存放程序(指令)和数据。尽管寄存器和存储器均用于存储信息，但 CPU 内的寄存器数量少，存取速度快，它主要用于临时存放参加运算的操作数和中间结果；而存储器一般在 CPU 外，单独封装(单片机芯片例外，在单片机芯片内，CPU、存储器、外设部件等均集成在同一芯片内)。在存储器芯片内，存储单元数目多，从几千字节到数千兆字节，能存放大量的信息，但存取速度比 CPU 内部的寄存器要慢得多。目前，存储器的存取速度已成为制约计算机运行速度的关键因素之一。

　　存储器的种类很多，根据存储器能否随机读写，将存储器分为两大类：只读存储器(Read Only Memory，ROM)和随机读写存储器(Random Access Memory，RAM)。根据存储器存储单元结构和信息保存方式的不同，又可将随机读写存储器分为静态 RAM(由多个双极型晶体管或 MOS 管构成，存取速度快，无需刷新电路，但组成一个存储单元所需的晶体管数目较多，功耗较大，集成度低，价格略高)和动态 RAM(依靠与 MOS 管源极串联的小电容保存信息，多为单管结构，集成度高，但小电容容量小，漏电大，信息保存时间短，仅为毫秒级，需要刷新电路，致使动态 RAM 存储器系统电路复杂化，不适用于仅需少量存储容量的单片机系统中)。

　　只读存储器中"只读"的含义是信息写入后，只能读出，不能随机修改，适合存放系统的监控程序。

　　在单片机应用系统中，所需的存储器容量不大，外围电路应尽可能简单，因此几乎不使用动态 RAM，常使用掩模 ROM、EPROM(紫外光可擦写的只读存储器，目前已被 OTP ROM、Flash ROM 取代)、OTP ROM(一次性编程的只读存储器，内部结构、工作原理与 EPROM 相同，是一种没有擦除窗口的 EPROM)、EEPROM(也称为 E^{2}PROM，是一种电可擦写的只读存储器，结构与 EPROM 类似，但绝缘栅很薄，高速电子即可穿越绝缘层，中和浮栅上的正电荷，起到擦除作用，也就是说可通过高电压擦除)、Flash ROM(电可擦写只读存储器，写入速度比 EEPROM 快，因此也称为闪速存储器)等只读存储器作为程序存储器，使用 SRAM(静态存储器)作为随机读写 RAM，使用 E^{2}PROM 或 FRAM(铁电存储器，读写速度快，操作方式与 SRAM 相似)作为非易失性数据存储器。尽管这些存储器工作原理不同，但内部结构基本相同。

E²PROM 与 Flash ROM 的区别在于：E²PROM 可重复擦写 30 万次以上，远大于 Flsah ROM(一般不超过 1 万次)；E²PROM 可单字节擦除、写入，而 Flsah ROM 只能按块或扇区方式擦除、写入，不支持单字节擦除、写入操作。因此，在 MCU 芯片中，Flsah ROM 常用于存放系统控制程序代码，而将 E²PROM 作为非易失性数据存储器使用。

1) 内部结构

EPROM、EEPROM、Flash ROM、SRAM、FRAM 等存储器芯片及内部结构可用图 1.1.3 描述，ROM 存储器由地址译码器、存储单元、读写控制电路等部分组成。

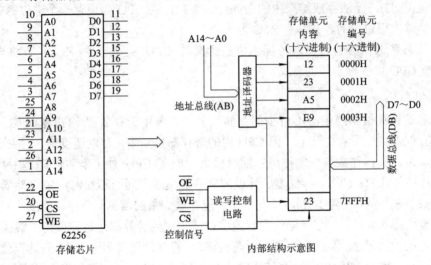

图 1.1.3　存储器芯片及内部结构

寄存器或存储器中的一个存储单元等效于一组触发器，每个触发器有两个稳定状态，可以记录一位二进制数。每一个存储单元包含的触发器的个数称为存储单元的字长，对于并行存取的存储器芯片，存储单元内包含的触发器的个数与存储器芯片数据线条数相同。

例如，由 8 个触发器并排在一起构成的存储单元的字长为 8 位，它可以存放一个 8 位二进制数(1 字节)。在计算机中，为提高数据处理速度，一次操作(如数据传送或运算)往往要同时处理多位二进制数。因此，在并行存取的存储器芯片中，一个存储单元的容量通常为 8 位二进制数(1 B)。

在存储器芯片内，存储单元的数目与存储器芯片地址线的条数有关。例如，图 1.1.3 中的 62256 随机读写静态存储器芯片含有 15 根地址线(A14～A0)，可以寻址 2¹⁵ 共 32 K 个存储单元。为了便于存取，给每个存储单元编号(通常用存储器地址线状态编码作为存储单元的地址编号)，图 1.1.3 中 32 K 个存储单元的地址编码为 0000H～7FFFH。该芯片每个存储单元可以容纳一个 8 位二进制数，即该存储器芯片的存储容量为 32 KB。

存储单元长度也可以大于或小于 8 位。例如，PIC16C56 单片机芯片内的程序存储器容量为 1 K×12 位，即共有 1024 个存储单元，每个存储单元可以存放 12 位二进制数，即存储单元的字长为 12 位。

存储单元的地址编码与存储单元中的内容是两个不同的概念。存储单元地址编码的长度由存储器芯片所包含的存储单元的个数决定。例如，6264 存储器芯片含有 8 K 个(A12～A0 共 13 根地址线)存储单元，地址编码为 0 0000 0000 0000B～1 1111 1111 1111B(用十六进制表示时，地址编码为 0000H～1FFFH)，每个存储单元的长度为 8 位。因此，每个存储单元的内容可以是 00H～FFH 之间的二进制数。又如，图 1.1.3 中的 62256 存储器芯片含有 32 K 个(15 根地址线)存储单元，地址编码为 000 0000 0000 0000B～111 1111 1111 1111B (用十六进制表示时，地址编码为 0000H～7FFFH)，每个存储单元的长度也为 8 位，图 1.1.3 中 0000H 单元的内容为 12H，0001H 单元的内容为 23H，而 0002H 单元的内容为 0A5H。PIC16C56 单片机程序存储器的容量为 1 K × 12 bit，因此存储单元的地址编码为 00 0000 0000B～11 1111 1111B (用十六进制表示时，地址编码为 000H～3FFH)，每个存储单元的长度为 12 位。因此，每个存储单元的内容可以是 000H～FFFH 之间的二进制数。在内置 128 字节 RAM 的 MCS-51 单片机芯片中，内部 RAM 存储单元的地址编码为 00～7FH，每个单元的内容可以是 00～FFH 之间的二进制数。

2) 存储器工作状态

存储器芯片的工作状态由存储器控制线的电平状态决定，如表 1.1.1 所示。

表 1.1.1 存储器芯片的工作状态

工作模式	控制信号			数据线
	片选信号 $\overline{CS}$	输出允许 $\overline{OE}$	写允许信号 $\overline{WE}$	
读	L	L	H	数据输出
输出禁止	L	H	H	高阻态
待用(功率下降)	H	×	×	高阻态
写入	L	H	L	数据输入

3) 存储器读操作

下面以 CPU 读取存储器中地址编号为 0000H 的存储单元的内容为例，说明 CPU 读取存储器中某一存储单元信息的操作过程，如图 1.1.4 所示，具体步骤如下：

① CPU 地址寄存器 AR 给出将要读取的存储单元地址信息，即 0000H。

② 存储单元地址信息通过地址总线 A15～A0 输入到存储器芯片地址线上(CPU 地址总线与存储器地址总线相连)。

③ 存储器芯片内的地址译码器对存储器地址信号 A14～A0 进行译码，并选中 0000H 单元。

④ CPU 给出读控制信号 $\overline{RD}$ (接存储器的 $\overline{OE}$ 端)，将选中的 0000H 存储单元的内容输出到数据总线 D7～D0(存储器数据总线与 CPU 数据总线相连)，CPU 芯片在 $\overline{RD}$ 信号的上升沿锁存 CPU 数据总线上的数据，结果 0000H 单元的内容 12H 就通过存储器数据总线输入到 CPU 内部的数据寄存器 DR 中，然后送到 CPU 内部某一特定寄存器或暂存器内，这样便完成了存储器的读操作过程。

对存储器来说，读操作后，被读出的存储单元信息将保持不变。

4) 存储器写操作

在图 1.1.4 中，把某一数据(如 55H)写入存储器芯片内某一存储单元(如 0003H 单元)的操作过程如下：

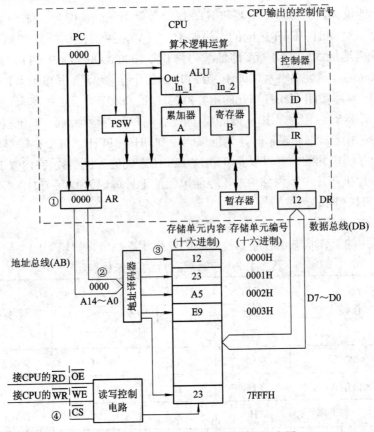

图 1.1.4　CPU 读取存储器操作过程示意图

①　CPU 地址寄存器 AR 给出待写入的存储单元的地址编码，如 0003H，通过地址总线 A15～A0 传送到存储器芯片地址线 A14～A0 上。

②　存储器芯片内的地址译码器对存储器地址信号 A14～A0 进行译码，并选中 0003H 单元。

③　在写操作过程中，写入的数据 55H 存放在 CPU 内的数据寄存器 DR 中，当 CPU 写控制信号 $\overline{WR}$ 有效时(与存储器写允许信号 $\overline{WE}$ 相连，在 $\overline{WE}$ 信号的下降沿，存储器芯片锁存 CPU 数据总线上的数据)，DR 寄存器中的内容 55H 就通过数据总线 D7～D0 传输到存储器中被选中的 0003H 存储单元，结果 0003H 单元的内容即刻变为 55H，完成了存储器的写操作过程。

可见，执行写操作后，被写入的存储单元原有信息将不复存在。

1.1.2　指令、指令系统及程序

计算机通过执行一系列的指令来完成复杂的计算、判断、控制等操作过程。从 CPU 内部结构看，CPU 的所有工作均可归纳为：从存储器中取出指令码和数据，经过算术或逻辑运算后，输出相应的结果。

1. 指令及指令系统

将 CPU 所能执行的各种操作，如从指定的存储单元中取数据、将 CPU 内特定寄存器的内容写入存储器某一指定的存储单元中以及算术或逻辑运算等操作，用命令形式记录下来，就称为指令(Instruction)，一条指令与计算机的一种基本操作相对应。当然，指令也只能用二进制代码表示。例如，在 MCS-51 系列单片机中，累加器 A 中的内容除以寄存器 B 中的内容(A ÷ B)的操作用 84H 作为指令的代码。

为使计算机能够准确理解和执行指令所规定的动作，不同操作对应的指令要用不同的指令代码表示，或者说，不同的指令代码表示不同的操作。例如，在 MCS-51 系列单片机中，"E4H"表示将累加器 A 清零；"F4H"表示将累加器 A 中的内容按位取反；又如，用"74H xxH"表示将立即数"xxH"传送到累加器 A 中(这条指令码的长度为 2 字节，其中"74H"表示将立即数传送到累加器 A 中，是操作码；而 xxH 就是要传送的立即数)。在计算机中，所有指令的集合称为指令系统(Instruction Set)。

一条指令通常由操作码和操作数两部分组成：操作码(Operation Code)决定了指令要执行的动作，一般用 1 字节表示，除非指令数目很多，才需要用 2 字节表示(用 1 字节来表示指令操作码时，最多可以表示 256 种操作，即 256 条指令)；而操作数(Operand)指定了参加操作的数据或数据所在的存储单元的地址。

不同的计算机指令系统所包含的指令种类、数目，以及指令代码对应的操作等由 CPU 设计人员指定。因此，不同种类的 CPU 具有不同的指令系统。一般情况下，不同系列 CPU 的指令系统不一定相同，除非它们彼此兼容。根据计算机指令系统的特征，可将计算机指令系统分为两大类，即复杂指令系统(Complex Instruction Set Computer，CISC)和精简指令系统(Reduced Instruction Set Computer，RISC)。

采用复杂指令结构的计算机系统，如 MCS-51、STM8 内核单片机具有如下特征：

(1) 指令机器码长短不一，简单指令码只有 1 字节，而复杂指令可能需要两个或两个以上字节描述。例如，在 MCS-51 单片机指令中，空操作指令 NOP，仅有操作码(00H)，没有操作数，指令码仅为 1 字节；此外某些指令使用了约定的操作数，例如，在 MCS-51 单片机指令中，操作码 E4H 规定的动作是将累加器 A 清零，操作对象明确，无须再指定，这类指令码也只用 1 字节表示，或者说，这类指令的操作数隐含在操作码字节中；而有些指令，如将立即数送累加器 A，就必须给出操作数，例如在 MCS-51 中，这样的指令需要用 2 字节表示，第一字节表示指令的操作码，第二字节表示操作数，该指令表示为 74H(操作码)、xxH(操作数)；还有些指令含有两个操作数，如在 MCS-51 系列单片机中，CPU 内不同存储单元之间的数据传送指令码为 85H(操作码)、xxH(存储单元地址)、yyH(另一存储单元地址)，可见，这样的指令需要用 3 字节表示。

在上面列举的指令中，指令的操作码和操作数均用二进制代码表示，且指令格式约定如下：

操作码(第 1 字节) + 操作数(第 2、3 字节表示操作数或操作数所在存储单元的地址)

由于指令操作码和操作数均存放在存储器中，而每条指令占用的字节数(长短)不同。因此，指令中的操作码不仅指明了该指令所要执行的操作，也隐含了指令占用的字节数。根据指令代码的长短，可将指令分为以下几种：

单字节指令：这类指令仅有操作码，没有操作数，或者操作数隐含在操作码字节中。

双字节指令：这类指令第 1 字节为操作码，第 2 字节为操作数。

多字节指令：这类指令第 1 字节为操作码，第 2、3 字节为操作数或操作数所在的存储单元的地址。

(2) 可选择两条或两条以上的指令完成同一操作，程序设计灵活性大，但缺点是指令数目较多(这类 CPU 一般具有数十条～百余条指令)。例如，在 MCS-51 系列单片机中，将累加器 A 中的内容清 0，可以选择下列指令之一实现：

```
CLR A              ;直接对累加器 A 清 0
MOV A,#00H         ;将立即数 00H 写入累加器 A 中
ANL A,#00H         ;用立即数 00H 与累加器 A 中的内容进行逻辑与，使累加器 A 中的内容变为 0
```

(3) CISC 指令内核 CPU 结构复杂，元件数目较多，功耗较大。采用精简指令技术的计算机指令系统的情况刚好相反：完成同一操作，一般只有一条指令可供选择，指令数目相对较少，尤其是采用了精简指令的单片机 CPU，如 MicroChip 的 PIC 系列、Atmel 的 AVR 系列单片机，指令数目仅为数十条，但程序设计的灵活性相对较差。另外，在采用精简指令技术的计算机系统中，指令机器码长度相同，例如 PIC16C54 单片机任一指令机器码长度均为 12 位(1.5 字节)，由于所有指令码长度相同，取指、译码过程中不必做更多的判断，因而指令执行速度较快。

无论采用何种类型的指令系统，任何 CPU 的指令系统都包含：数据传送指令、算术及逻辑运算指令、控制转移指令等四种基本类型。此外，在单片机系统中，可能还提供了位操作指令，以简化控制系统的程序设计。

用二进制代码表示的指令称为机器语言指令，其中的二进制代码称为指令的机器码。机器语言指令是计算机系统唯一能够理解和执行的指令。正因如此，才形象地将二进制代码形式的指令称为机器语言指令。

2. 程序

程序(Program)就是指令的有机组合，是完成特定工作所用到的指令(这些指令当然是某个特定计算机系统的指令)的总称。一段程序通常由多条指令组成，程序中所包含的指令数目及种类由程序功能决定，短则数十行、数百行，长则可达数万行以上。

用机器语言指令码编写的程序，就称为机器语言程序，如：

```
机器语言指令         含义(对应的汇编语言指令)
A6 AA               ;LD A,   #0AAH
4F                  ;CLR A
45 40 30            ;MOV 30H, 40H
```

3. 汇编语言及汇编语言程序

机器语言指令中的操作码和操作数均用二进制数表示、书写，没有明显的特征，一般人很难理解和记忆，使程序编写工作成了一件非常困难和乏味的事。为此，人们想出了一个办法：将每条指令操作码所要完成的动作用特定符号表示，即用指令功能的英文缩写替代指令的操作码，形成指令操作码的助记符；并将机器语言指令中的操作数也用 CPU 内的寄存器名、存储单元地址或 I/O 端口号代替，形成操作数助记符——这样就获得了"汇编语言指令"。例如，将累加器 A 中的内容清零，记为"CLR A"；用"LD""MOV"等作为数据传送指令的助记符，于是将立即数 23H 传送到累加器 A 中的指令，就可以用"LD A, #23H"(#是立即数的标志)表示；将存储器 4FH 单元中的内容传送到累加器 A 中，就用

"LD A，4FH"表示。可见，汇编语言指令比机器语言指令容易理解和记忆。

用指令助记符(由操作码助记符和操作数助记符组成)表示的指令称为汇编语言指令，由汇编语言指令构成的程序称为汇编语言程序(有时也称为汇编语言源程序)。可见，汇编语言程序容易理解、可读性强，方便了程序的编写和维护。

由于汇编语言指令与机器语言指令一一对应，而机器语言指令中每一指令码的含义由 CPU 决定，因此不同计算机系统汇编语言指令的格式、助记符等不一定相同。例如，"将立即数 55H 送累加器 A"的操作，在 STM8 内核 CPU 中，汇编语言指令记作：

　　LD A, #$55 ;#表示立即数, $表示随后的 55 为十六进制数(采用 Motorola 汇编语言数制格式)

在 Intel MCS-51 系列单片机芯片中，汇编语言指令记作：

　　MOV A, #55H

在 Motorola M6805 系列单片机芯片中，汇编语言指令记作：

　　LDAA $55

在 PIC 系列单片机芯片中，汇编语言指令记作:

　　MOVLW 0x55

其中"MOVLW"是"MOV Literal to W"的缩写，含义是"操作数传送到工作寄存器 W 中"(在 PIC 系列单片机 CPU 内，工作寄存器 W 与 STM8 以及 MCS-51 CPU 内累加器 A 的地位、作用相同)；"0x"表示随后的数是十六进制数。

当然，计算机只能理解和执行二进制代码形式的机器语言指令，不能理解和执行汇编语言指令。但是可以通过专用软件或手工查表的方式，将汇编语言源程序中的汇编语言指令逐条翻译成对应的机器语言指令。将汇编语言程序转换为机器语言程序的过程称为汇编过程，将汇编语言指令转换为机器语言指令的程序称为汇编程序。可见，汇编程序的功能就是逐一读出汇编语言源程序中的汇编语言指令，再通过查表、比较的方式，将其中的汇编语言指令逐一转换成相应的机器语言指令。当然，这一过程也可以由人工查表完成，即所谓的人工汇编。

4. 伪指令(Pseudoinstruction)

在汇编语言源程序中，除了包含可以转化为特定计算机系统的机器语言指令所对应的汇编语言指令外，还可能包含一些伪指令，如"EQU""END"等。"伪"者，假也，尽管它不是计算机系统对应的指令，汇编时也不产生机器码，但是在汇编语言程序中的伪指令并非可有可无。伪指令的作用是：指导汇编程序对源程序进行汇编。

伪指令不是 CPU 指令，汇编时不产生机器码(指令码)。显然，伪指令与 CPU 的类型无关，仅与汇编程序(也称为汇编器)的版本有关，因此在汇编源程序中引用某一伪指令时，只需考虑用于将"汇编语言源程序"转化为对应 CPU 机器语言指令的"汇编程序"是否支持所用的伪指令。

ST 汇编程序支持的汇编语言伪指令可参阅第 4 章有关内容。

5. 汇编语言指令的一般格式

Intel 系列 CPU、STM8 内核 CPU 汇编语言指令格式为

　　[标号:] 指令操作码助记符 [第一操作数] [,第二操作数] [,第三操作数] [;注释]

指令操作码助记符是指令功能的英文缩写，必不可少。例如，用"MOV"作为数据传

送指令的操作码助记符。

指令操作码助记符后是操作数，不同指令所包含的操作数的个数不同：有些指令，如空操作指令 "NOP" 就没有操作数；有些指令仅含有一个操作数，操作数与操作码之间用 "空格" 隔开，如累加器 A 中的内容加 1 指令，表示为 "INC A"，其中 INC 为指令的助记符，是英文 "Increase" 的缩写，A 是操作数，即累加器 A。有些指令含有两个操作数，例如，将立即数 55H 传送到累加器 A 中的指令表示为 "MOV A，#55H"，其中 MOV 是指令操作码助记符，第一操作数为累加器 A，第二操作数为 "55H"，"#" 表示立即数。有些指令含有三个操作数，如 "当累加器 A 不等于某一个数时，转移" 指令，用 "CJNE A，#55H，LOOP" 表示，其中 "CJNE" 是指令操作码助记符，"LOOP" 是标号，即相对地址。在多操作数指令中，各操作数之间用 "，"(英文逗号)隔开。

"；"(英文分号)后的内容是注释信息，在指令后加注释信息是为了提高指令或程序的可读性，以方便阅读、理解该指令或其下程序段的功能。汇编时，汇编程序忽略分号后的注释内容，换句话说，加注释信息不影响程序的汇编和执行，因此，注释信息可以加在指令后，也可以单独占据一行。

标号是符号化了的地址码，在分支程序中经常用到。

6. 指令的执行过程

程序中的指令机器码顺序存放在存储器中。例如，将存储器 0020H 单元与 0021H 单元中的内容相加，结果存放在 002FH 单元中，可以用如下指令实现：

```
MOV A,0020H    ;将存储器 0020H 单元中的内容传送到累加器 A 中。该指令对应的机器码为 E5 20 00
ADD A,0021H    ;将存储器 0021H 单元中的内容与累加器中的内容相加，和存放在累加器 A
               ;中。该指令对应的机器码为 25 21 00
MOV 002FH,A    ;将结果传送到存储器 002FH 单元中。该指令对应的机器码为 F5 2F 00
```

假设这些指令的机器码从存储器 0000H 单元开始存放，如图 1.1.5 所示。对于特定的 CPU 来说，复位后，程序计数器 PC 的值是固定的。为方便起见，假设复位后，PC 的值正是这个小程序第一条指令所在的存储单元地址，即 0000H。

下面我们来看计算机执行存储单元中指令代码的操作过程：

① 将程序计数器 PC 中的内容，即第一条指令所在的存储单元地址 0000H 通过内部地址总线送到地址寄存器 AR 中。

② 当 PC 中的内容可靠地传送到 AR 后，PC 中的内容自动加 1，指向下一存储单元。

③ 地址寄存器 AR 中的内容通过外部地址总线 AB 将 0000H 单元地址信息送到存储器地址总线上。

④ 存储器芯片内的地址译码器对地址信号进行译码，并选中存储器芯片内的 0000H 单元。

⑤ CPU 给出存储器读控制信号，结果 0000H 单元中的内容 "E5" 经存储器和 CPU 之间的数据总线 DB 送到 CPU 内部的数据存储器 DR 中。

⑥ 由于指令第一字节是操作码，不是操作数(CPU 设计时约定)，因此进入 DR 寄存器中的 E5H，即指令的第一字节将送入指令寄存器 IR 中保存，这样就完成了第一条指令操作码的取出过程。

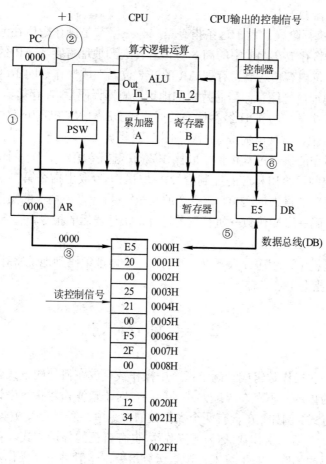

图 1.1.5 指令执行过程示意图

⑦ 指令译码器 ID 对指令寄存器 IR 中的内容(操作码)进行译码,以确定指令所要执行的操作,指示 CPU 内的控制器给出相应的控制信号,这样就完成了指令的译码过程。译码后,也就知道了该指令有无操作数,以及其存放位置;同时也就知道了指令的字节数。

译码后,得知操作码为 E5 的指令是 3 字节指令,操作码 E5 后的 2 字节是操作数所在的存储单元地址(这里假设低 8 位地址在前,因此 0020H 单元地址编码在存储器中的存放顺序是 20 00),需要取出随后的 2 字节。

⑧ 将程序计数器 PC 中的内容(当前为 0001)传送到 AR 寄存器中,同时程序计数器 PC 中的内容自动加 1,指向下一存储单元,即 0002H 单元。

⑨ 地址寄存器 AR 中的内容(目前为 0001H)通过外部地址总线 AB 输出到存储器地址总线上。存储器芯片内的地址译码器对地址信号进行译码,并选中存储器芯片内的 0001H 单元。

⑩ CPU 给出存储器读控制信号,结果 0001H 单元中的内容"20"经存储器和 CPU 之间的数据总线 DB 送到 CPU 内部的数据寄存器 DR 中。

由于第二字节是指令操作数所在存储单元地址的低 8 位,因此数据寄存器 DR 中的内容通过内部数据总线送入暂存器中。

重复⑧~⑩的操作过程,取出指令第三字节,即操作数所存在存储单元地址的高 8 位,并存放在数据寄存器 DR 中。

⑪ 进入指令执行阶段。由于这条指令第二、三字节是操作数所在的存储单元地址，因此，在执行阶段将存放在 DR 中的高 8 位内容传送到地址寄存器 AR 的高 8 位，将存放在暂存器中的低 8 位内容传送到寄存器 AR 的低 8 位，形成操作数的 16 位地址码，经 AR 输出。AR 输出的地址信号经存储器芯片内的地址译码器译码后，在存储器读信号的控制下，即可将 0020H 单元中的内容 12H 经存储器数据总线 DB 输入 CPU 内部数据寄存器 DR，然后传送到累加器 A 中，这样就完成了指令的执行过程。

可见，一条指令的执行过程包括了取操作码(取出指令第一字节)→译码(对指令操作码进行翻译，指示控制器给出相应的控制信号)→取操作数(取出指令第二、三字节，指令第一字节，即操作码字节将告诉 CPU 该指令的长短)→执行指令规定的操作。然后，不断重复"取操作码→译码→取操作数→执行"的过程，执行随后的指令，直到程序结束(如遇到停机或暂停指令)。

在指令取出过程中，程序计数器 PC 每输出一个地址编码到地址寄存器 AR 后，PC 中的内容自动加 1，指向下一存储单元。

1.2 寻 址 方 式

指令由操作码和操作数组成。确定指令中操作数存放在何处的方式就称为寻址方式。对于只有操作码的指令，不存在寻址方式的问题；对于双操作数指令来说，每一个操作数都有自己的寻址方式。例如，在含有两个操作数的指令中，第一操作数(也称为目的操作数)有自己的寻址方式，第二操作数(称为源操作数)也有自己的寻址方式。在现代计算机系统中，为减小指令码的长度，对于算术、逻辑运算指令，一般将第一操作数和第二操作数的运算结果经 ALU 数据输出口回送 CPU 内部数据总线，再存放到第一操作数所在的存储单元(或 CPU 内某一寄存器)中。例如，累加器 A 中的内容(目的操作数)加寄存器 B(源操作数)中的内容，所得的"和"将存放到累加器 A 中，这样就不必为运算结果指定另一存储单元地址，缩短了指令码的长度。当然，运算后，累加器 A 中的原有信息(被加数)将不复存在。如果在其后的指令中还需要用到指令执行前目的操作数中的信息，可先将目的操作数保存到 CPU 内另一寄存器或 RAM 存储器的某一存储单元中。

指令中的操作数只能是下列内容之一：

(1) CPU 内某一寄存器名，如累加器 A、通用寄存器 B、堆栈指针 SP 等。CPU 内含有什么寄存器由 CPU 的类型决定。例如，在 MCS-51 系列单片机 CPU 内，就含有累加器 A、通用寄存器 B、堆栈指针 SP、程序状态字寄存器 PSW 以及工作寄存器组 R7~R0。而在 PIC16C5X 系列 CPU 内，含有工作寄存器 W(其作用类似于其他 CPU 的累加器 A)、状态寄存器 STATUS(其功能类似于其他 CPU 的程序状态字寄存器 PSW)、特殊功能寄存器 SFR、端口控制寄存器 TRISA、TRISB、TRISC 等。

(2) 存储单元。存贮单元地址范围由 CPU 寻址能力及实际安装的存储器容量、连接方式决定。

(3) I/O 端口号。在通用微机系统中，I/O 地址空间与存储器地址空间相互独立。不过在单片机系统中，I/O 端口地址空间往往与外存储器地址空间连在一起，不再区分。

(4) 常数。常数类型及范围也与 CPU 的类型有关。

STM8 内核 CPU 支持的寻址方式可参阅第 4 章的有关内容。

1.3　单片机及其发展概况

目前计算机硬件技术向巨型化、微型化和单片化三个方向高速发展。自 1975 年美国德克萨斯仪器公司(Texas Instruments，TI)第一块单片微型计算机芯片 TMS-1000 问世以来，经历了近 50 年的不断创新后，单片机技术已非常成熟、可靠，成为计算机技术一个非常有前途的分支，它有自己的技术特征、规范、发展道路和应用领域。单片机芯片具有体积小、个性突出(某些方面的性能指标大大优于通用微机中央处理器)、价格低廉等优点。一方面，单片机芯片是自动控制系统的核心部件，广泛应用于工业控制、无人驾驶控制、智能化仪器仪表、智能通信终端设备、家用电器、电动玩具等领域；另一方面，由于模拟技术的局限性——模拟信号在传输、存储、重现过程中不可避免地存在失真以及保密性差等无法克服的缺点，在高速 ADC 与 DAC 器件、数字信号处理技术的推动下，电子技术正逐步向数字化方向发展，而电子技术数字化的关键和核心是数字信号的处理，单片机正是电子技术数字化常用的核心器件之一。

1.3.1　单片机芯片特征

在通用微机中央处理器基础上，将输入/输出(I/O)接口电路、时钟电路、中断控制器以及一定容量的存储器等部件集成在同一芯片上，再加上必要的外围器件，如晶体振荡器(或高精度、高稳定的 RC 振荡器)，就构成了一个较为完整的计算机硬件系统。由于这类计算机系统的基本部件均集成在同一芯片内，因此被称为单片微控制器(Single-Chip-Micro Controller，SCMC，单片机)、微控制单元(Micro Controller Unit，MCU)或嵌入式控制器(Embedded Controller)。

对于通用微处理器来说，其主要任务是数值计算和信息处理，在运算速度和存储容量方面的要求是速度越快越好，容量越大越好，因此它沿着高速、大容量方向发展：字长由早期的 8 位(如 8085)、16 位(如 8086、80286)，迅速向 32 位(如 80486)、64 位过渡，时钟信号的频率由最初的 4.77 MHz 向 33 MHz、66 MHz、100 MHz、200 MHz、400 MHz、600 MHz、1 GHz、2 GHz、3 GHz 甚至更高频率过渡。而单片机主要面向工业控制，字长多以 8 位、32 位为主，目前 4 位单片机芯片已彻底成为历史，16 位单片机芯片中也仅有 TI 公司的 MSP430 系列、Microchip (微芯科技，兼并了 Atmel，即爱特梅尔)公司的 dsPIC33 和 PIC24F 系列、RENESAS(日本瑞萨科技)的 RL78 系列等仍在生产和使用；当然，在人工智能(Artificial Intelligence，AI)、高速互联网络连接、高分辨率 3D 动态视频处理等需求的驱动下，RENESAS、TI 等公司也开始推出 64 位内核的单片机芯片；时钟信号频率也不很高。

单片机芯片作为控制系统的核心部件，除了具备通用微机 CPU 的数值计算功能外，还必须具有灵活、强大的控制功能，以便实时监测系统的输入量、控制系统的输出量，实现自动控制功能。单片机主要面向工业控制，工作环境比较恶劣，如高温、强电磁干扰，甚至含有腐蚀性气体，在太空中工作的单片机控制系统还必须具有一定的抗辐射功能，因而决定了单片机 CPU 与通用微机 CPU 具有不同的技术特征和发展方向：

(1) 抗干扰性能强，工作温度范围宽(按工作温度分类，有商用级、汽车级及军用级)。而通用微机 CPU 一般只要求在室温下工作(与早期民用级单片机芯片工作温度大致相同)，抗干扰性能也较差。

(2) 电源电压范围宽，如 1.6～3.6 V 或 3.0～5.5 V，一些单片机芯片甚至直接支持 1.6～5.5 V 或 1.8～5.5 V 的电源电压。

(3) 可靠性高。在工业控制中，任何差错都可能造成极其严重的后果，因此在单片机芯片中普遍采用硬件看门狗技术，通过定时"复位"方式唤醒处于"失控"状态下的单片机芯片。

(4) 电磁辐射量小。高可靠性和低电磁辐射指标决定了单片机系统时钟频率比通用微处理器低。为此，单片机芯片一般采用哈佛(Harvard)双总线结构，指令和数据存储器的空间相互独立，并通过各自的数据总线与 CPU 相连，如图 1.3.1 所示，使取指和读写数据能同时进行，提高数据的吞吐率，以便在不降低数据吞吐率的前提下，能使用更低的时钟频率。而通用微处理器一般采用传统的冯•诺依曼(Von Neumann)结构(也称为普林斯顿结构)，指令、数据位于同一存储空间内，共用同一数据总线，如图 1.3.2 所示，取指、读写数据不同时进行，只能通过提高时钟频率的方式来提高数据的吞吐率。

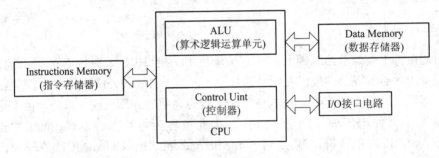

图 1.3.1　哈佛结构

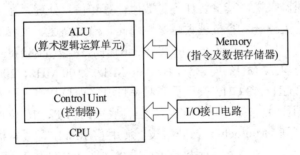

图 1.3.2　冯•诺依曼结构

(5) 控制功能很强，数值计算能力相对较差。而通用微机 CPU 具有很强的数值运算能力，但控制能力相对较弱，将通用微机用于工业控制时，一般需要增加一些专用的接口电路，如承担 A/D 及 D/A 转换任务的数据采集卡等。

(6) 指令系统比通用微机系统简单。

（7）单片机芯片往往不是单一的数字电路芯片，而是数字、模拟混合电路系统，即单片机芯片内常集成了一定数量的模拟比较器和 1～2 路多个通道 8 位、10 位、12 位、14 位甚至 16 位分辨率的 A/D 及 D/A 转换电路。

目前内置 8 位、10 位、12 位分辨率 ADC 的 8 位、32 位 MCU 芯片比比皆是，如 MCS-51 兼容芯片中的 STC8G、STC8H、STC8A 系列等；而 STM8 内核 8 位 MCU 芯片均集成了 10 位或 12 位多个通道的 ADC 转换器；ARM 内核的 32 位 MCU 芯片几乎均带有 10 位、12 位或 14 位的 ADC 转换器。

（8）采用嵌入式结构。尽管同一单片机系列内的品种、规格繁多，但彼此差异却不大。

（9）更新换代的速度比通用微处理器慢得多。Intel 公司 1980 年推出标准 MCS-51 内核 8051(HMOS 工艺)、80C51(HCMOS 工艺)单片机芯片后，持续生产、使用了十余年，直到 1996 年 3 月这些芯片才被增强型 MCS-51 内核 8XC5X 芯片取代。进入 21 世纪后，尽管 MCS-51 内核 MCU 已不再是 8 位 MCU 的主流芯片，但依然有厂家在生产，有用户在使用。

目前 MCU 芯片沿着通用型和专用型方向发展。通用型 MCU 芯片的用途广泛，功能、性能指标不是很高，多属于中低端芯片，但价格低廉，部分 8 引脚、16 引脚、20 引脚封装的通用型 MCU 芯片的价格甚至接近了普通数字逻辑门电路芯片的价格。专用型 MCU 芯片嵌入了一个或多个特定功能的数字或模拟电路，形成了"MCU 内核+特定数字和模拟电路单元"结构的 ASIC 芯片或片上系统(SoC)。例如，在 MCU 芯片内嵌入支持蓝牙、WiFi 或 ZigBee 等的无线连接模块就形成了相应的无线微控制器。又如，在 MCU 芯片内嵌入超声波检测电路后就获得了智能水表、智能气表等流量检测微控制器。此外，随着集成电路工艺的进步，中高端 MCU 芯片的集成度越来越高，功能也越来越完善，导致 MCU、MPU、FPU(浮点运算器)、FPGA 四类器件之间的界线越来越模糊。例如，在 Cortex-M4 内核的 32 位 ARM 芯片中集成了 FPU 部件，在 TI 的 C2000 系列实时控制 MCU 芯片(采用 32 位内核 C28x CPU)内就嵌入了可编程逻辑(PLD)部件。

1.3.2　单片机技术现状

单片机芯片系列、品种、规格繁多，曾先后经历了 4 位机、8 位机、16 位机、32 位机等几个具有代表性的发展阶段。4 位机曾经广泛应用在家用电器，如电视机、空调机、洗衣机中，承担简单的控制操作。不过进入 21 世纪后，在家用电器中已大量采用 8 位、16 位甚至 32 位机替代 4 位机，以便在家用电器中采用一些新技术，如模糊控制、变频调速、人工智能控制等，以提升家用电器的智能化、自动化程度，并降低系统的能耗。

1．8 位单片机芯片

8 位单片机芯片先后经历了三个发展阶段，其中：

第一代 8 位单片机芯片(如 Intel 公司的 MCS-48 系列)的功能较差，它实际上是 8 位通用微处理器单元电路和基本 I/O 接口电路、小容量存储器、中断控制器等部件的简单组合。这类芯片没有串行通信功能，不带 A/D(模/数)、D/A(数/模)转换器，中断控制和管理能力也较弱，功耗大，因而其应用范围受到了很大的限制。

为提高单片机的控制功能，拓宽其应用领域，在 20 世纪 80 年代初，Intel、Motorola 等公司在第一代 8 位单片机电路的基础上，嵌入了通用串行通信控制和管理接口部件

(UART)，强化了中断控制器的功能，增加了定时/计数器的个数，更新了存储器的种类，并扩展了存储器容量，部分系列、型号芯片内还集成了 A/D(模/数)、D/A(数/模)转换接口电路，形成了第二代 8 位 MCU 芯片，如 Intel 公司的 MCS-51 系列、Motorola 公司的 6801 及 6805 系列、Zilog 公司的 Z8 系列，以及 NEC 公司的 uPD7800 系列等 MCU 芯片。第二代 8 位单片机芯片投放市场后，迅速取代了第一代 8 位单片机芯片成为当时单片机芯片的主流，并持续了十余年。

第二代 8 位单片机芯片的特点是通用性强，但个性依然不突出，控制功能也有限，仍不能满足不同应用领域、不同测控系统的需求。20 世纪 90 年代后，各大芯片生产厂商，如 ST(意法半导体)、NXP(恩智蒲半导体，前身为 Philips 公司的半导体事业部，2006 年末从 Philips 公司独立出来，兼并了 MCU 芯片知名制造商飞思卡尔 Freescale)、 RENESAS、Microchip、Infineon(德国英飞凌，兼并了赛普拉斯 Cypress)等在第二代 8 位单片机 CPU 内核的基础上，除了进一步强化原有功能(如在串行接口部件中增加帧错误侦测、地址自动识别和同步串行通信功能)外，针对不同的应用领域，将不同功能、用途的外围接口电路嵌入到第二代单片机 CPU 内，形成了规格、品种繁多的新一代 8 位单片机芯片。

新一代 8 位单片机芯片系列、品种繁多，目前仍在大量使用的品种主要有：

(1) ST 公司的 STM8 内核 MCU。

ST 公司的 STM8 内核 MCU 是 2009 年进入市场的 MCU 芯片，包括 STM8S(标准系列)、STM8L(低压低功耗系列)、STM8A(汽车级专用系列)三个子系列，采用 0.13 μm 工艺、CISC 指令系统，是目前 8 位 MCU 市场上功能较完备、性价比较高的主流品种之一。其主要特点是功耗低、集成的外设种类多，且外设部件与 ST 公司生产的 ARM Cortex-M3 内核的 STM32 芯片兼容，内嵌单线仿真接口电路(开发设备简单)，可靠性高、价格低廉。此外，该系列芯片加密功能完善，被破解风险小，在工业控制、智能化仪器仪表、家用电器等领域具有广泛的应用前景，是中低价控制系统的首选控制芯片之一。

(2) MicroChip PIC 系列及兼容芯片。

MicroChip 公司 8 位单片机主要包括 PIC10F、PIC12C/F、PIC16C/16F、PIC17C、PIC18C/18F 等系列，也是目前国内 8 位 MCU 芯片的主流品种之一。其特点是采用 RISC 指令系统，指令数目少、运行速度快、工作电压低、功耗小、I/O 引脚支持互补推挽输出方式，驱动能力较强，任一 I/O 口均可直接驱动 LED 发光二极管，国内开发设备较多，品种规格齐全。该系列 MCU 芯片最大的缺点是集成的外设种类不多，功能有限，即性价比不高，适用于用量大、档次低、价格敏感的电子产品，在办公自动化设备、电子通信、智能化仪器仪表、汽车电子、金融电子、工业控制等领域具有一定的优势。

PIC 系列兼容芯片主要有台湾 MICON(麦肯)公司生产的 MDT20XX 系列、台湾义隆电子股份有限公司生产的 EM78 系列(与 Microchip 公司的 PIC16CXX 系列引脚兼容)，主要特点是价格低廉，甚至比中小规模数字 IC 芯片高不了多少。

(3) MCS-51 系列及兼容芯片。

MCS-51 系列最先由 Intel 公司开发，后来其他公司通过技术转让、技术交换等方式获得了 MCS-51(包括 8051 与 80C51)内核技术的使用权，其特点是通用性较强，采用 CISC 指令系统，指令格式与 Intel 公司早期的 8 位微处理器相同或相近。由于 MCS-51 进入市场的时间早，总线技术开放，开发设备多，芯片及其开发设备的价格低廉，操作速度较快，电磁兼容性也较好，因此曾经是国内 8 位单片机芯片的主流品种之一。

尽管现在的 MCS-51 兼容芯片无论是功能还是性能指标，都比早期的标准 MCS-51、增强型 MCS-51 有了质的飞跃，如采用了多级流水线 MCS-51 内核结构，使大部分指令执行时间缩短为 1 个时钟周期；强化了外设功能，扩展了外设类型，如支持 A/D、D/A 转换，内置了模拟比较器和高精度 RC 振荡器，但由于其内部架构的限制，MCS-51 内核兼容芯片的性价比不可能太高，功耗也较大。也正因如此，2000 年前后，许多知名的 MCU 芯片的供应商已不再生产 MCS-51 内核兼容芯片。国内外目前也仅有美国的芯科实验室(Silicon Laboratories)、深圳的宏晶科技(STC Micro)、台湾的 Nuvoton(新唐)以及杭州士兰微电子(Silan)等少数公司仍在开发和生产基于 MCS-51 内核的 MCU 芯片。其中，Silicon Laboratories 的 C8051F 系列芯片内嵌外设的功能很强，只是价格偏高；而 STC Micro 公司开发的 MCS-51 兼容芯片价格低廉，功能也相对完善，在单片机教学、无线或红外遥控器、电动玩具等领域得到了广泛的应用。

随着非 MCS-51 内核 8 位 MCU 芯片、基于 ARM 内核的 32 位 MCU 芯片开发工具的不断成熟，开发环境的不断完善，MCS-51 内核芯片在不久的将来也许会逐渐消失。

(4) AVR 系列。

AVR 系列单片机芯片由原爱特梅尔(Atmel，已被 Microchip 并购)公司开发，采用增强型 RISC 结构，在一个时钟周期内可执行复杂指令，每 MHz 具有 1 M IPS(每秒指令数)的处理能力。AVR 单片机的工作电压为 2.7~6.0 V，功耗小，可广泛应用于计算机外部设备、工业实时控制、仪器仪表、通信设备、家用电器、宇航设备等领域。

2. 16 位单片机

16 位单片机的操作速度及数据吞吐能力等性能指标比 8 位机有较大的提高，但市场占有率远没有 8 位、32 位 MCU 芯片高，生产厂家也少，目前主要有 RENESAS 的 RL78 系列，Freescale(飞思卡尔，已被 NXP 兼并)的 S12、S12X、HC16 系列，Microchip 公司的 PIC24F、PIC24H、dsPIC30F、dsPIC33D 系列，TI 公司的 MSP430 系列。

16 位单片机主要应用于工业控制、汽车电子、医疗电子、智能化仪器仪表、便携式电子设备等领域。其中 TI 的 MSP430 系列以其超低功耗的特性得以广泛应用于低功耗场合。

3. 32 位单片机

由于 8 位、16 位单片机芯片的数据吞吐率有限，在语音、图像、工业机器人、人工智能、Internet 以及无线数字传输技术需求的驱动下，开发、使用 32 位单片机芯片就成了一种必然趋势。目前各大芯片厂家正纷纷推出各自的 32 位嵌入式单片机芯片，其中以 ARM 内核 32 位 MCU 芯片、基于 Power Architecture 架构的 32 位 MCU 芯片、RENESAS 的 M32C 与 R32C 内核的 32 位 MCU 芯片、基于 C28x CPU 内核的 C2000 实时控制系列 32 位 MCU 芯片、Microchip 的 PIC32M 系列芯片、Freescale ColdFire 内核的 MCF5xxx 系列 32 位 MCU 芯片的应用较为广泛，产量也较大。

ARM(Advanced RISC Machines)是微处理器行业的名企，但它本身并不生产芯片，通过转让设计的方式由合作伙伴来生产各具特色的芯片。ARM 公司设计了大量高性能、廉价、耗能低的 RISC(精简指令)处理器与相关产品及软件。目前，包括 Intel、IBM、SAMSUNG、OKI、LG、NEC、SONY、NXP 等公司在内的多家半导体公司与 ARM 签订了硬件技术使用许可协议。

　　ARM 处理器目前有 6 个系列(ARM7、ARM9、ARM9E、ARM10E、ARM11 和 SecurCore)的数十种型号。其中，ARM11 包括了面向基于虚拟内存的操作系统的 Cortex-A 系列、面向实时应用的 Cortex-R 系列和面向微控制器的 Cortex-M 系列。进一步产品来自合作伙伴，如 Intel Xscale 微体系结构和 StrongARM ARM11 产品。ARM7、ARM9、ARM9E、ARM10E 是 4 个通用处理器系列，每个系列都提供了一套特定的性能来满足设计者对功耗、性能、体积的需求。SecurCore 是第 5 个产品系列，专门为安全性要求较高的应用设备而设计。

　　在面向微控制器的 Cortex-M 系列中，基于 ARM v6M 架构的 Cortex-M0 内核(采用冯·诺依曼结构，属于入门级的 32 位 ARM 芯片)和基于 ARM v7M 架构的 Cortex-M3 内核(采用 Harvard 结构)以及基于 ARM v7ME 架构的 Cortex-M4 内核(集成了 FPU 部件，支持浮点运算，数学处理能力比 Cortex-M3 内核强得多)芯片的生产厂家众多，出货量也最多。

习　题　1

　　1-1　如果两块 MCU 芯片内的 CPU 部件兼容，则由这两块芯片构成的应用系统具有什么特征？

　　1-2　假设某 CPU 含有 16 根地址线、8 根数据线，则该 CPU 的最大寻址能力为多少 KB？

　　1-3　在计算机里，一般具有哪三类总线？请说出各自的特征(包括传输的信息类型，单向传输还是双向传输)。

　　1-4　时钟周期、机器周期、指令周期三者关系如何？CISC 指令系统中 CPU 的所有指令周期均相同吗？

　　1-5　计算机字长的含义是什么？

　　1-6　ALU 单元的作用是什么？一般能完成哪些运算操作？

　　1-7　CPU 的内部结构包含哪几部分？单片机(MCU)芯片与通用微机 CPU 有什么异同？

　　1-8　指出寄存器和存储器的异同。

　　1-9　在单片机系统中常使用什么类型的存储器？

　　1-10　指令由哪几部分组成？

　　1-11　什么是汇编语言指令？为什么说汇编语言指令比机器语言指令更容易理解和记忆？通过什么方式可将汇编语言程序转化为机器语言程序？

　　1-12　汇编语言程序和汇编程序两术语的含义相同吗？

　　1-13　单片机的主要用途是什么？新一代 8 位单片机芯片具有哪些主要技术特征？列举目前应用较为广泛的 8 位、32 位单片机芯片的品种。

第 2 章　STM8 内核 MCU 芯片基本功能

　　STM8 内核 MCU 芯片是 ST 公司生产的 8 位 MCU 芯片，包括 STM8S(标准系列，电源电压为 3.0～5.0 V)、STM8L(低压、低功耗系列，电源电压为 1.8～3.6 V)、STM8A(汽车级系列，包括 STM8AF 子系列和 STM8AL 子系列)三个系列，融合了 MCU 领域多年来开发的许多新技术。

　　该内核 CPU 采用 CISC 指令系统，指令码长度为 1～5 字节，同一操作有两条甚至三条指令可供选择，程序设计灵活；一个机器周期为一个时钟周期，指令周期一般为 1～4 个机器周期(除法指令除外)，而多数指令执行时间仅需 1～2 个机器周期，速度快。其指令格式与 ST 公司早期的 ST7 系列 MCU 相似，甚至兼容；内嵌单线仿真接口模块 SWIM (Single Wire Interface Module)，仿真开发工具价格低廉。因此，STM8 内核 MCU 芯片非常适合作为"单片机原理与应用"类课程的教学机型。

　　STM8 内核 MCU 芯片内嵌外设种类多，功能相对完善，性价比高；且多数外设的内部结构、使用方法与 ST 公司生产的 32 位嵌入式 Cortex™-M3 内核的 STM32 系列 MCU 芯片基本相同或相似，只要掌握了其中任一系列外设的使用方法，也就等于几乎掌握了另一系列芯片外设的使用技能。

　　本章在简要介绍 STM8 内核三个系列 MCU 芯片主要功能的基础上，重点介绍标准系列 STM8S 芯片的 I/O 接口电路、芯片供电电路、复位电路、时钟电路等的结构及其初始化方法。

2.1　STM8 内核 MCU 芯片概述

　　STM8 内核三个系列 MCU 芯片的主要特性如下：

　　(1) 支持 16 MB 线性地址空间。所有 RAM、E^2PROM、Flash ROM 以及与外设有关的寄存器地址均统一安排在 16 MB 线性地址空间内，这样无论是 RAM、E^2PROM、Flash ROM，还是外设寄存器，其读写的指令格式完全相同，即指令操作码助记符、操作数寻址方式等完全一致。

　　(2) I/O 引脚输入/输出结构能编程选择。可根据外部接口电路的特征将 I/O 引脚编程设置为悬空输入、带弱上拉输入、推挽输出、漏极开路(OD)输出四种方式之一，极大地简化了 MCU 芯片外围接口电路的设计。

　　(3) 不同引脚封装芯片，同一功能引脚之间没有交叉现象，硬件扩展方便。

　　(4) 抗干扰能力强，每一输入引脚均内置了施密特输入特性缓冲器。

　　(5) 可靠性高。除了双看门狗(独立硬件看门狗、窗口看门狗)外，在指令执行阶段，增加了非法操作码检查功能，一旦执行了非法操作码，即刻触发 CPU 芯片复位。

　　(6) 外设种类多、功能相对完善。除了个别外中断外，几乎所有的外中断输入引脚的触发方式均可编程选择下沿触发、上沿触发或上下沿触发等多种触发方式；定时/计数器具有上下沿触发、捕获以及 PWM 输出功能。

(7) 运行速度快。尽管 STM8 内核 MCU 属于 8 位 MCU 芯片，但它具有 16 位数据传送、算术、逻辑运算指令，因此实际的数据处理能力介于 8 位与 16 位 MCU 芯片之间。

2.1.1　STM8S 系列 MCU 芯片概述

STM8S 标准系列 MCU 芯片的电源 V_{DD} 电压在 3.0～5.0 V 之间，采用 0.13 μm 工艺，2009 年下半年开始量产，主要特点如下：

(1) 提供了基本型(内核最高工作频率为 16 MHz)和增强型(内核最高工作频率为 24 MHz)两类芯片。这两类芯片区别不大，增强型芯片除了 Flash ROM、RAM、E^2PROM 容量较大之外，还增加了 CAN 总线及第二个通用异步串行收发器 UART(Universal Asynchronous Receiver Transmitter)。

(2) STM8S 系列芯片许多外设的关键控制寄存器均设有原码寄存器和反码寄存器，当这两个寄存器中任何一个出现错误时，都会触发芯片复位。

(3) 除了支持外部高速晶振 HSE 外，还内置了 HSI(16 MHz，误差为 1%)、LSI(128 kHz，误差为 14%)两种频率的 RC 振荡电路。在精度要求不高的情况下，可省去外部晶振电路，从而进一步简化了系统的外围电路，降低了成本。

(4) 内置了一路具有多个通道的 10 位分辨率的模数转换器 ADC，ADC 通道数与芯片封装引脚数目有关。

(5) 串行接口部件种类多，除了 UART、SPI、I^2C 等常用的串行总线接口部件外，在增强型版本中，还内置了 CAN 总线及第二个 UART 接口部件。

(6) 2010 年 4 月后出厂的大部分 STM8S 系列 MCU 芯片均带有 96 bit 的唯一器件 ID 号。

STM8S 系列 MCU 芯片主要性能指标如表 2.1.1 所示。

表 2.1.1　STM8S 系列 MCU 芯片的主要性能指标

型号	Flash ROM	RAM	E^2PROM	定时器个数 (IC/OC/PWM)		ADC (10 bit) 通道	I/O	串行口
				16 位	8 位			
STM8S208XX	128 KB	6 KB	1～2 KB	3	1	16	52～68	CAN, SPI, 2 × UART, I^2C
STM8S207XX	32～128 KB	2～6 KB	1～2 KB	3	1	7～16	25～68	SPI, 2 × UART, I^2C
STM8S105XX	16～32 KB	2 KB	1 KB	3	1	10	25～38	SPI, UART, I^2C
STM8S103XX	2～8 KB	1 KB	640 B	2	1	4	16～28	SPI, UART, I^2C
STM8S903XX	8 KB	1 KB	640 B	2	1	7	28	SPI, UART, I^2C
STM8S001J3	8 KB	1 KB	128 B	2	1	3	5	SPI, UART, I^2C
STM8S003XX	8 KB	1 KB	128 B	2	1	5	16～28	SPI, UART, I^2C
STM8S005XX	32 KB	2 KB	128 B	3	1	10	25～38	SPI, UART, I^2C
STM8S007XX	64 KB	6 KB	128 B	3	1	7～16	25～38	SPI, UART, I^2C

由表 2.1.1 可以看出：

(1) 与 STM8S207 芯片相比，STM8S208 芯片集成了 CAN 总线，即该子系列芯片集成了 STM8S 系列 MCU 芯片的全部外设。

(2) STM8S207、STM8S208 芯片集成的 ADC 部件为 ADC2；而 STM8S105 及以下基本型芯片集成的 ADC 部件为 ADC1，其功能比 ADC2 略有扩展，没有第二个 UART 串行接口部件。

(3) 32 引脚封装的 STM8S207 芯片没有第二个 UART 串行接口部件。

(4) STM8S001J3 采用 SO-8 封装，除 VDD、GND 以及内嵌稳压器输出滤波引脚 VCAP 外，尚有 5 个 I/O 引脚。不过，为方便仿真和代码下载操作，建议保留第 8 引脚的 SWIM 功能，即第 8 引脚不宜作输出引脚使用。

(5) STM8S003XX、STM8S005XX、STM8S007XX 芯片分别与 STM8S103XX、STM8S105XX、STM8S207XX 芯片兼容，两者之间的差别在于：STM8S00X 系列的 E^2PROM 容量小，只有 128 B，且擦写次数仅为 10 万次(而 103、105、207 子系列为 30 万次)；没有提供器件身份识别 ID 号。

2.1.2　STM8L 系列 MCU 芯片概述

低压低功耗 STM8L 系列 MCU 芯片的开发时间比 STM8S 系列芯片晚了几年，采用了与 STM32L 系列 ARM 内核 32 位 MCU 芯片相同的超低漏电流工艺，电源 V_{DD} 电压为 1.8~3.6 V(禁用低压复位 BOR 功能时，最低工作电压可达 1.65 V)，特别适合作为电池供电设备的控制电路。与标准系列 STM8S 芯片相比，STM8L 系列芯片内嵌的外设种类更多，性能指标更好，性价比更高，功耗更低，主要特征如下：

(1) 内核最高工作频率为 16 MHz。除了支持振荡频率为 1.0 MHz~16 MHz 的外部高速晶振 HSE 外，还支持振荡频率为 32.768 kHz 的外部低速晶振 LSE，并内置了 HSI(16 MHz，误差小于 2.5%)、LSI(38 kHz，误差小于 12%)两种频率的 RC 振荡电路，在精度要求不高的情况下，可分别替换外部 HSE、LSE 晶振电路。

(2) 增加了模拟部件的种类，扩展了模拟部件的功能。除了个别型号外，一般都内置了一路多个通道的 12 位分辨率的模数转换器 ADC，ADC 通道数与芯片封装引脚数目有关；部分型号芯片还内嵌了 1~2 通道 12 位分辨率的数模转换器 DAC 以及 2 路模拟比较器。

(3) 增加了 DMA 控制器（DMA 部件的通道数与芯片封装引脚数目有关），内嵌了按 BCD 方式计数的日历时钟电路 RTC；STM8L052XX、STM8L152XX、STM8L162XX 芯片还增加了 LCD 接口电路。

(4) 串行接口部件种类多。在 STM8L 系列 MCU 芯片中，传统的通用异步串行收发器 UART 被性能更好、使用更灵活的通用同步异步串行收发器 USART (Universal Synchronous Asynchronous Receiver Transmitter)所取代，即内嵌了 USART、SPI、I^2C 等常用串行总线接口部件。

(5) 为芯片内核电路(CPU、Flash ROM、E^2PROM)提供 1.8 V 工作电源的主调压器(MVR)和低功耗调压器(LPVR)不再需要外接滤波电容；正常复位引脚 NRST 也与 PA1 引脚共用，即在 STM8L 系列 MCU 芯片中，只有 VDDn/VSSn(数字电源)、VDDA/VSSA(VREF−)、VREF+(参考电源正端)、VLCD(内嵌 LCD 接口电路的 LCD 电源)引脚属于电源脚。因此，对于 SO-8 封装的 STM8L 芯片，除了 VDD、GND 引脚外尚有 6 个可用的 I/O 引脚；对于 TSSOP-20 封装的 STM8L 芯片，除了 VDD、GND 引脚外尚有 18 个可用的 I/O 引脚。

STM8L 系列 MCU 芯片主要性能指标如表 2.1.2 所示。

表 2.1.2　STM8L 系列 MCU 芯片主要性能指标

型号	Flash ROM	RAM	E²PROM	定时器个数 (IC/OC/PWM)		ADC (12 位) 通道	DAC (12 位) 通道	模拟比较器	I/O	串行总线
				16 位	8 位					
STM8L162XX	64 KB	4 KB	2 KB	4	1	28	2	2	52~67	USART,SPI, I²C
STM8L152XX	16~64 KB	2~4 KB	1~2 KB	3~4	1	10~28	1~2	2	29~67	USART,SPI, I²C
STM8L151XX	4~64 KB	1~4 KB	256 B~2 KB	2~4	1	10~28	0~2	2	18~67	USART,SPI, I²C
STM8L101XX	2~8 KB	1.5 KB	—	2	1	—	—	2	18~30	USART,SPI, I²C
STM8L001J3	8 KB	1.5 KB	—	2	1	—	—	2	6	SPI, I²C
STM8L050J3	8 KB	1 KB	256 B	2	1	4	—	—	6	USART,SPI, I²C
STM8L051F3	8 KB	1 KB	256 B	2	1	10	—	—	18	USART,SPI, I²C
STM8L052C6	32 KB	2 KB	256 B	2	1	25	—	—	41	USART,SPI, I²C
STM8L052R8	64 KB	4 KB	256 B	4	1	27	—	—	54	USART,SPI, I²C

从表 2.1.2 可以看出：

(1) 与 STM8L151 芯片相比，STM8L152、STM8L162 芯片还集成了 LCD 接口电路，即 STM8L152、STM8L162 两个子系列芯片集成了 STM8L 系列 MCU 芯片的全部外设。

(2) STM8L151、STM8L152、STM8L162 三个子系列芯片含有 1~2 路 SPI 接口部件、1~3 路 USART 接口部件，具体数目与芯片封装引脚多少有关。而 64 引脚封装的 STM8L052R8 芯片含有 2 路 SPI 接口部件、3 路 USART 接口部件。

(3) STM8L1XX 芯片带有 96 bit 的器件 ID 号，而 STM8L05X 芯片没有器件 ID 号。

(4) STM8L0XX 系列芯片、STM8L101XX 系列芯片以及 Flash ROM 容量在 8 KB 以内的低密度 STM8L151X 芯片没有 DAC 部件。其中，STM8L050J3 、STM8L051F3 芯片分别是 STM8L 系列芯片中性价比最高的 8 引脚和 20 引脚封装芯片。

2.1.3　STM8A 系列 MCU 芯片概述

STM8A 是 STM8 内核的汽车级系列芯片，包括 5 V 电源电压的 STM8AF(电源电压为 3.0~5.0 V，与早期的 STM8AH 系列相同)和低功耗 STM8AL(电源电压为 1.8~3.6 V)两个子系列，其特点是工作温度范围宽(-40~125℃，部分型号芯片工作温度上限甚至高达 150℃)，可靠性高。其中，STM8AF 子系列芯片内嵌的外设资源种类、性能指标以及使用规则与标准系列 STM8S 芯片基本相同，实际上这两个系列芯片使用同一用户参考手册 Reference manual (RM0016)，STM8AF 子系列芯片仅仅增加了 USART 接口部件。STM8AL 子系列芯片内嵌的外设资源种类、性能指标以及使用规则与低功耗商用级 STM8L 系列芯片也基本相同，在这两种系列芯片中功能相近的芯片也使用同一用户参考手册 Reference manual (RM0031)。

2.2　STM8S 系列 MCU 芯片内部结构

STM8S 系列 MCU 芯片由一个基于 STM8 内核的 8 位中央处理器(CPU)、存储器(包括

Flash ROM、RAM、E^{2}PROM)、常用外设电路(如复位电路、振荡电路、高级定时器 TIM1、通用定时器 TIM2 及 TIM3、看门狗计数器、中断控制器、UART、SPI、多通道 10 位 AD 转换器)等部件组成，STM8S2XX 系列 MCU 芯片的内部结构如图 2.2.1 所示。

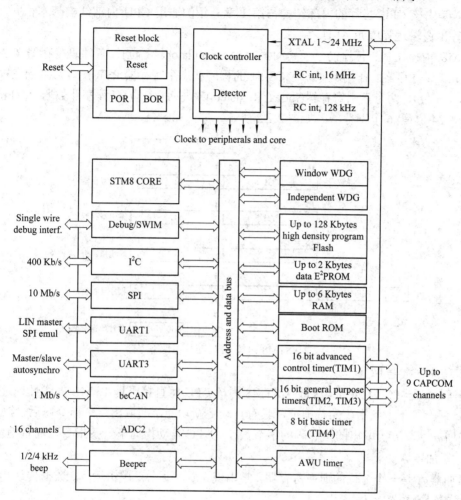

图 2.2.1　STM8S2XX 系列 MCU 芯片内部结构

将不同种类、容量的存储器与 MCU 内核(CPU)集成在同一芯片内是单片机芯片的主要特征之一，STM8S 系列 MCU 芯片内部集成了不同容量的 Flash ROM (4～128 KB)、RAM(1～6 KB)，此外，还集成了容量为 128 B～2 KB 的 E^{2}PROM。

将一些基本的、常用的外围电路，如振荡器、定时/计数器、串行通信接口电路、中断控制器、I/O 接口电路，与 MCU 内核集成在同一芯片内是单片机芯片的又一特征。STM8S 系列 MCU 芯片外设种类繁多，包括了定时/计数器、片内振荡器及时钟电路、复位电路、常见串行通信接口电路、模数转换电路等。

由于定时/计数器、串行通信接口电路、中断控制器等外围电路集成在 MCU 芯片内，因此 STM8S 系列 MCU 芯片内部也就包含了这些外围电路的控制或配置寄存器、状态寄存器以及数据输入/输出寄存器。外设接口电路寄存器构成了 STM8S 系列 MCU 芯片数目庞大的外设寄存器。外设寄存器的数量与芯片所属子系列、封装引脚数量等因素有关，芯片包含的外设寄存器名称、复位后的初值可从相应型号的 MCU 芯片的数据手册中查到。

2.2.1 STM8 内核 CPU 芯片

STM8 内核 CPU 芯片的内部结构与第 1 章介绍的通用 CPU 内部结构基本相同,核心部件为算术逻辑运算单元 ALU。

STM8 内核 CPU 芯片包含了累加器 A(Accumulator,8 位)、条件码寄存器 CC(Code Condition,该寄存器的作用类似于 MCS-51 的程序状态字寄存器 PSW)、堆栈指针 SP(Stack Pointer,16 位)、两个索引寄存器(Index Registers)X 与 Y(16 位)、程序计数器 PC(Program Counter,24 位)等 6 个寄存器,如图 2.2.2 所示。

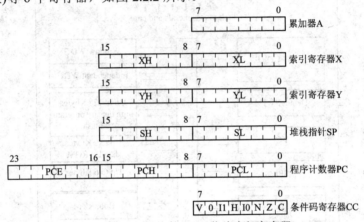

图 2.2.2　STM8 内核 CPU 芯片内部寄存器

1. 程序计数器 PC

程序计数器 PC 为 24 位,这意味 STM8 内核 CPU 可直接寻址 16 MB 的线性地址空间。PC 指针保存了下一条指令的首地址,具有自动更新功能,即取出一条指令码后,PC 指针自动递增 n 字节(n 为取出的指令码的字节数),使 PC 自动指向下一条指令码的首地址。

2. 累加器 A

累加器 A 是一个 8 位的通用寄存器,常出现在算术运算、逻辑运算、数据传送指令中。

3. 索引寄存器 X 与 Y

索引寄存器 X、Y 均是 16 位的寄存器。在 STM8 内核 CPU 指令系统中,主要作变址寄存器,以及 16 位算术运算指令的累加器使用。不过,索引寄存器 X、Y 的地位并不完全等同,使用 X 索引寄存器的指令码比使用 Y 索引寄存器的指令码少了 1 字节(使用 Y 索引寄存器的指令码多了 1 字节的前缀码)。

4. 堆栈指针 SP

堆栈指针 SP 是一个 16 位的寄存器,这意味着堆栈可安排在 0000000～00FFFFH 空间内任意的 RAM 存储区中。

在计算机内,需要一块具有"先进后出"(First In Last Out,FILO)特性的 RAM 存储区,用于存放子程序调用(包括中断响应)时程序计数器 PC 的当前值,以及需要保存的 CPU 内各寄存器的值(现场),以便子程序或中断服务程序执行结束后能正确返回被中断程序的断点处,继续执行随后的指令系列。这个存储区被称为堆栈区。为了正确存取堆栈区内的数据，需要用一个寄存器来指示最后进入堆栈的数据所在的存储单元的地址，堆栈指针 SP 寄存器就是为此目的而设计的。

在 STM8 内核 CPU 中，堆栈被安排在 RAM 空间的最上端，向下(低地址方向)生长，且为空栈结构，即执行"PUSH #$33"指令时，(SP)←33H(将立即数 33H 压入 SP 指针指定的内存单元中)，然后 SP←SP-1。复位后堆栈指针 SP 寄存器中的内容与芯片内部 RAM 存储器的容量有关。对含有 6 KB RAM 的 STM8S 芯片来说，复位后 SP 为 0017FFH；对含有 2 KB RAM 的 STM8S 芯片来说，复位后 SP 为 0007FFH；对含有 1 KB RAM 的 STM8S 芯片来说，复位后 SP 为 0003FFH。

随着入栈数据的增多，堆栈指针 SP 不断减小，当 SP 小于堆栈段起点时，出现下溢(SP 指针自动回卷到最大值)——其后果不可预测。因此，在设置堆栈段起点时，必须确保堆栈最大深度。子程序或中断嵌套层数越多，所需的堆栈深度就越大。

由于入堆指令与出堆指令一一对应，因此一般情况下不会出现上溢现象。但当 SP 指针已指向堆栈顶部时，如果再执行出堆指令 POP，就会出现上溢，SP 指针也会自动回卷到最小值(栈底)，同样会造成堆栈混乱，出现不可预测的后果。

5. 条件码寄存器 CC

CC 寄存器实际上是一个 8 位的标志寄存器，存放了溢出标志 V(用于指示当前有符号数运算结果是否溢出)、负数标志 N(b7 位为 1)、零标志 Z、进位标志 C、半进位标志 H 以及当前 CPU 所处的优先级(包括主程序以及中断服务程序的优先级)标志位 I1 和 I0。

(1) 进位标志 C。在执行加法运算时，当最高位，即 b7 位有进位；或执行减法运算，最高位有借位时，C 标志为 1，反之为 0。

例如，当"ADD A, mem"加法指令执行后，进位标志：

$$C = A_7 \cdot M_7 + A_7 \cdot \overline{R_7} + M_7 \cdot \overline{R_7}$$

其中，A_7 表示目的操作数累加器 A 的 b7 位；M_7 表示源操作数存储单元 mem 的 b7 位；R_7 表示运算结果的 b7 位。这不难理解，当 A_7、M_7 均为 1 时，肯定会出现进位；当 A_7、M_7 之一为 1(1+0 或 0+1)时，如果运算结果的 b7(R_7)位为 0，说明 b6 位向 b7 位进位，出现"1+0+[1](来自 b6 位的进位)"或"0+1+[1](来自 b6 位的进位)"相加的情况，结果 R_7 为 0，并产生了进位。

(2) 半进位标志 H。在进行加法运算时，当 b3 位有进位时，H 标志为 1，反之为 0。设置半进位标志 H 的目的是便于 BCD 码加法运算的调正。

(3) 溢出标志 V。在计算机内，带符号数一律用补码表示。在 8 位二进制中，补码所能表示的范围是 −128～+127，而当运算结果超出这一范围时，V 标志为 1，即溢出；反之为 0。两个同号数相加，结果可能溢出，溢出条件是：两个同号数相加，而结果的符号位相反——两个正数相加，结果为负数(肯定错！)；两个负数相加，结果为正数(也肯定错！)。例如，"ADD A, mem"加法指令执行后，溢出标志

$$V = A_7 \cdot M_7 \cdot \overline{R_7} + \overline{A_7} \cdot \overline{M_7} \cdot R_7$$

(4) 负数标志 N。当算术、逻辑、数据传送指令的执行结果为负数(特征是最高位 MSB 为 1)时，N 标志为 1。

(5) 零标志 Z。当算术、逻辑、数据传输指令(但并非所有数据传输指令都会影响 Z 标志)的执行结果为零时，Z 标志为 1，反之为 0。

在条件转移指令中，将根据条件码寄存器 CC 内的有关标志位确定程序的流向——是转移还是顺着执行下一条指令。

(6) 优先级标志 I1 与 I0。I1、I0 共同确定了 CPU 当前所处的优先级，若某一中断源的中断优先级高于 I1、I0 定义的优先级，则该中断请求有可能被 CPU 响应，否则等待。I1、I0 定义的优先级如表 2.2.1 所示。

表 2.2.1　CPU 当前优先级

CC 寄存器 I1、I0 当前值		级别	备注
I1	I0		
1	0	0(最低)	主程序所属级别
0	1	1(次低)	可分配给中断源
0	0	2(次高)	可分配给中断源
1	1	3(最高)	可分配给中断源

2.2.2　STM8S 系列 MCU 芯片封装与引脚排列

不同型号的 STM8S 系列 MCU 芯片采用 LQFP-80、LQFP-64、LQFP-48、LQFP-44、LQFP-32、TSSOP20、SO-8 等多种封装形式，封装形式及引脚排列如图 2.2.3(a)～图 2.2.3(d) 所示；引脚逻辑符号如图 2.2.4 所示，引脚功能的详细说明可参阅相应型号的数据手册 (datasheet.pdf)。

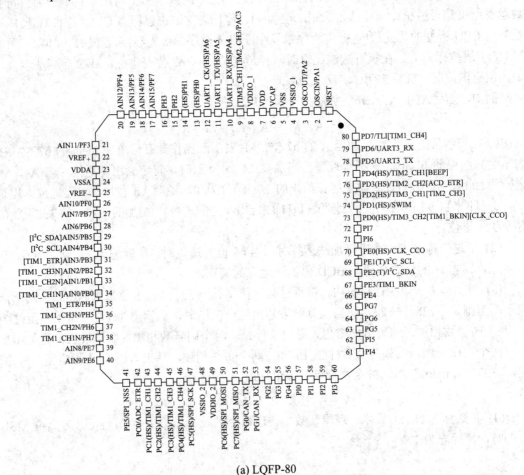

(a) LQFP-80

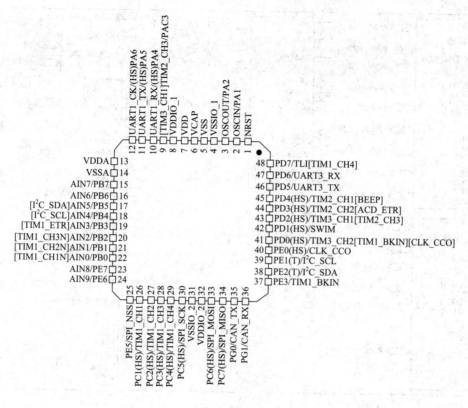

(b) LQFP-48

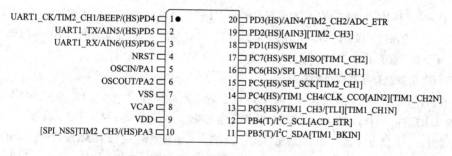

(c) TSSOP20 封装的 STM8S03FX 芯片

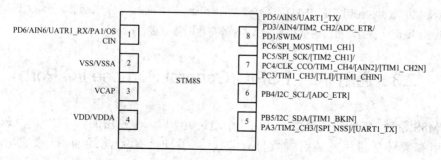

(d) SO8 封装的 STM8S001SJ3 芯片

图 2.2.3 STM8S 封装形式及引脚排列

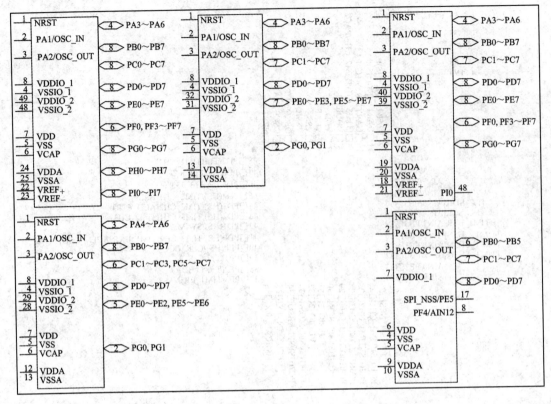

图 2.2.4　STM8S 系列 MCU 芯片引脚逻辑符号

注: (1) 除了与 I^2C_SDA、I^2C_SCL 关联引脚外, 任何一个 I/O 引脚均可以定义为互补推挽输出(Push Pull, PP)方式、带保护二极管的 OD 输出方式。只有当与 I^2C_SDA、I^2C_SCL 功能关联的引脚处于输出状态时, 才属于真正意义上的 OD 输出引脚, 既没有内部保护二极管, 也没有上拉的 P 沟 MOS 管。换句话说, 这两个引脚没有互补推挽输出方式。

(2) 任何一个引脚均可以定义为悬空输入或弱上拉输入方式(但与 I^2C_SDA、I^2C_SCL 功能关联的引脚也不具有弱上拉输入特性)。输入引脚都带有施密特输入特性, 为防止电磁感应干扰、降低功耗, 未用的 I/O 引脚最好定义为低电平状态的推挽输出方式, 而不宜定义为悬空输入方式(CMOS 器件输入引脚处于悬空状态时, 感应电荷会使输入端电平不确定, 导致引脚内部逻辑门电路状态翻转, 从而产生额外的功耗)或弱上拉输入方式(上拉电阻只有 55 kΩ, 会有较大的漏电流流过下输入保护二极管, 下输入保护二极管实际上就是处于截止状态的输出口的下拉 N 沟 MOS 管寄生的体二极管)。

2.3　通用 I/O 口 GPIO(General Purpose I/O Port)

STM8S 系列 MCU 芯片提供了多达 9 个通用 I/O 口, 分别用 PA、PB、…、PI 命名(各 I/O 口引脚数目与芯片封装引脚数目有关)。除了 I^2C 串行总线的串行数据/地址引脚(I^2C_SDA)及串行时钟(I^2C_SCL)引脚外, 每个 I/O 口、同一 I/O 口内的任一 I/O 引脚的电路结构完全相同, 均可通过编程方式设置如下:

(1) 悬空(简称 Float)输入方式。该输入方式与 CMOS 反相器输入特性类似, 特征是输入阻抗高，输入漏电流(实际上是输入保护二极管的漏电流)小于 1 μA。在复位期间及复位后，除与 SWIM 功能关联的 I/O 引脚处于弱上拉输入状态外，其他引脚均处于悬空输入状态。

(2) 弱上拉(简称 Wpu)输入方式。上拉电阻在 30～80 kΩ 之间，典型值为 55 kΩ。

(3) 推挽(简称 PP)输出方式。

(4) 漏极开路(简称 OD)输出方式。实际上，可编程选择的 OD 输出方式是强制关断了推挽输出结构中的 P 沟 MOS 管后得到的，在 OD 输出引脚与电源 V_{CC} 之间依然存在 P 沟 MOS 管寄生的体二极管，与不含 P 沟 MOS 管的逻辑门电路 OD 输出结构略有区别。

2.3.1　I/O 引脚结构

STM8S 系列 MCU 芯片通用 I/O 引脚内部结构大致如图 2.3.1 所示。

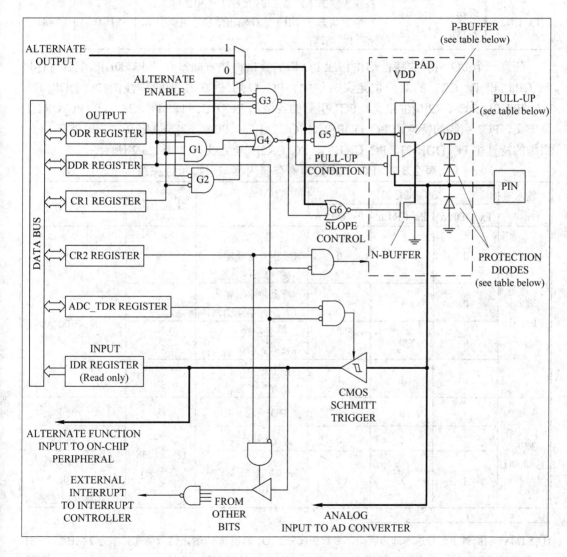

图 2.3.1　I/O 引脚内部结构

2.3.2 I/O 口数据寄存器与控制寄存器

各 I/O 口数据寄存器、寄控制存器如表 2.3.1 所示。

表 2.3.1 I/O 口寄存器

寄存器名	用 途	含 义	读写特性	复位初值
Px_ODR	输出数据锁存器	锁存输出数据	r/w(读/写)	00H
Px_IDR	输入数据寄存器	读该寄存器总能了解到 I/O 引脚的电平状态，而不管引脚处于输入还是输出状态	r(只读)	xxH
Px_DDR	输入/输出选择	0，输入；1，输出	r/w(读/写)	00H
Px_CR1	选择 I/O 引脚输入/输出的外特性	在输入状态下，关闭(0)/接通(1)上拉电阻；在输出状态下，作为 OD(0)/推挽(1)选择	r/w(读/写)	00H
Px_CR2	选择 I/O 引脚输入/输出的外特性	在输入状态下，禁止(0)/允许(1)外中断输入；在输出状态下，用于选择输出信号边沿斜率(0，低速；1，高速)	r/w(读/写)	00H

任意一个 I/O 引脚的特性均由相应 I/O 口的数据传输方向寄存器 Px_DDR、配置寄存器 Px_CR1 和 Px_CR2 的对应位定义。例如，PC 口的 PC0 引脚的特性由 PC_DDR[0]、PC_CR1[0]、PC_CR2[0]位定义，PC1 引脚的特性由 PC_DDR[1]、PC_CR1[1]、PC_CR2[1]位定义，PC2 引脚的特性由 PC_DDR[2]、PC_CR1[2]、PC_CR2[2]位定义，依次类推，PC7 引脚的特性由 PC_DDR[7]、PC_CR1[7]、PC_CR2[7]位定义，如表 2.3.2 所示。

表 2.3.2 I/O 引脚控制寄存器内容与引脚特性关系

输入/输出	控制寄存器位			特 性	上拉电阻	P 沟缓冲
	Px_DDR.n	Px_CR1.n	Px_CR2.n			
输入 (Input)	0	0	0	悬空输入 (禁止外中断输入) (复位后的状态)	关	关 (与输入状态无关)
	0	1	0	带上拉电阻输入 (禁止外中断输入)	开	
	0	0	1	悬空输入 (允许外中断输入)	关	
	0	1	1	带上拉电阻输入 (允许外中断输入)	开	
输出 (Output)	1	0	0	OD(开漏)输出	关 (与输出状态无关)	关
	1	1	0	互补推挽		开
	1	X	1	输出信号频率上限 <10 MHz[①]		开漏/推挽方式由 Px_CR1 寄存器位选择

---

① STM8S 引脚输出信号速率分为四类，多数引脚只有 O1 输出速率(输出信号最高频率为 2 MHz)，只有部分引脚具有 O3、O4 速率可供选择。对于仅支持 O1 速率的引脚，在输出状态下，Px_CR2 寄存器位没有意义。

STM8S 系列 MCU 芯片复位后，与 SWIM 功能关联的 I/O 引脚(PD1 引脚)的 Px_CR1 寄存器位为 1，其他寄存器位的初值为 0。即复位后，与 SWIM 功能关联的 I/O 引脚处于禁止中断功能的弱上拉输入方式，而其他 I/O 引脚处于禁止中断功能的悬空输入方式。因此，复位后期望某一引脚处于低电平状态时，必须外接下拉电阻(阻值上限为 820 kΩ)。

在 STM8 内核 MCU 芯片的应用系统中，对于未用的 I/O 引脚，理论上，复位后可通过软件方式定义为带上拉的输入方式，使引脚电平处于确定状态。但由于上拉电阻典型值仅为 55 kΩ，漏电流较大，因此，为减小功耗，最好将未用引脚初始化为低电平状态的推挽输出方式。

对于仅有 8 个引脚的 STM8S001J3 芯片来说，存在不同端口或同一端口上不同 I/O 引脚并接在同一封装引脚上的现象，如芯片内部 PD6、PA1 的 I/O 线并接到封装管座的引脚 1 上。显然，任何时候只能使用其中的一个 I/O 引脚功能。为避免输入引脚对地短路，或输出引脚形成"线与"逻辑，处于禁用状态的 I/O 引脚原则上应初始化为不带中断功能的悬空输入方式。但为避免施密特输入缓冲器翻转，引起额外的电源损耗，除 SWIM(单线仿真)所在的第 8 引脚外，禁用的 I/O 引脚最好初始化为高电平的 OD 输出方式，强迫被禁用的 I/O 引脚处于悬空输出状态。但需要注意的是，并接在第 8 引脚上的内部 I/O 引脚应一律初始化为输入方式(PD1 引脚处于弱上拉输入，其他可处于悬空输入)，否则 STM8S001 芯片将处于锁定状态——SWIM 通信异常，不容易进入仿真状态，即使偶然通信成功，但也不能进行仿真；此外，STVP 软件下载操作也非常困难，失败率很高。

此外，受封装引脚数量的限制，片内尚有 PA2、PB0、PB1、PB2、PB3、PB6、PB7、PC1、PC2、PC7、PD0、PD2、PD4、PD7、PE5、PF4 共 16 个引脚尚未对外引出，处于悬空状态，为减小芯片功耗及潜在的 EMI 干扰，以上 16 个引脚应一律初始化为低电平状态的推挽输出方式。

在设置引脚输入、输出状态时，要特别留意与 I^{2}C 总线有关的引脚(如 PE1、PE2)、与单线仿真接口模块 SWIM 关联的引脚(如 PD1)，以及与晶体振荡器电路关联的引脚(如 PA1、PA2)。

2.3.3　输入模式

在输入状态下，引脚特性与输出数据寄存器 Px_ODR 无关。

1. I/O 引脚配置寄存器(Px_DDR、Px_CR1、Px_CR2)的设置

(1) 令 Px_DDR[n]=0，强迫 I/O 引脚处于输入方式。

(2) 根据与之相连的外设电路输出特征，配置 Px_CR1[n]寄存器位，允许/禁止弱上拉功能。

作为输入引脚使用时，可以选择弱上拉(上拉电阻为 30~80 kΩ，典型值为 55 kΩ)或悬空两种输入方式之一。当外设电路输出级为互补推挽输出方式时，与之相连的 MCU 输入引脚可初始化为悬空输入方式；而当外设电路输出级为 OD 输出方式时，与之相连的 MCU 输入引脚应初始化为弱上拉输入方式。

显然，当 DDR 为 0 时，与非门 G3 的输出仅受 CR1 控制。当 CR1=0 时，与非门 G3 输出为 1，上拉电阻断开，输入引脚处于悬空状态；当 CR1=1 时，与非门 G3 输出为 0，上拉电阻接通，输入引脚处于上拉状态。

(3) 具有外部中断输入功能的引脚,必须设置 Px_CR2[n]寄存器位。根据实际需要,选择禁止/允许外中断输入。

(4) 对于某些与 A/D 转换器模拟信号输入复用的引脚,还必须初始化 ADC_TDRL、ADC_TDRH 寄存器的对应位,允许/禁止施密特输入缓冲器动作。对于数字输入引脚来说,若关闭施密特输入缓冲器,则输入噪声将增大;而作为 A/D 转换器模拟信号输入引脚使用时,则最好禁用引脚的施密特输入特性,以减小芯片的功耗。

通过读数据输入寄存器 Px_IDR,即可把输入引脚的电平状态读入累加器 A 或 RAM 单元中,例如:

```
LD A, PB_IDR                 ;把 PB 口引脚电平状态读入累加器 A
MOV $10, PB_IDR              ;把 PB 口引脚电平状态读入 RAM 存储器的 10H 单元
```

当然也可以通过位测试转移指令,判别 I/O 口中指定引脚的状态,例如:

```
BTJT PB_IDR, #2, NEXT1       ;当 PB 口的 PB2 引脚为高电平时,转移
    ...
NEXT1:
```

2. 复用输入引脚(第二输入功能)的初始化

为减少引脚数目,许多外设(如定时/计数器的计数输入端、串行接收引脚等)的外部输入信号与通用 I/O 共用同一引脚。

作内嵌外设部件输入引脚使用前,需通过 Px_DDR、Px_CR1 寄存器将 I/O 引脚置为悬空或弱上拉输入方式,否则不一定能实现信号输入功能,原因是当双向输入/输出引脚的输出级电路输出低电平时,输出缓冲器内的 N 沟 MOS 管导通,导致外部输入信号对地短路;同时通过 Px_CR2 寄存器禁止外中断输入(作第二功能输入引脚使用时,一般不需要该引脚的外中断输入功能)。作为模数转换器模拟信号 AINx 输入引脚使用时,理论上可选择不带中断的悬空输入方式或上拉输入方式,但最好不用"上拉"输入方式,否则上拉电阻的存在可能会影响 A/D 输入引脚的电平,产生额外的 A/D 转换误差。

2.3.4 输出模式

1. I/O 引脚配置寄存器(Px-DDR、Px_CR1、Px_CR2)的设置

(1) 令 Px_DDR[n]=1,强迫 I/O 引脚处于输出方式。

显然,当 DDR 寄存器位为 1(处于输出状态)时,与非门 G3 输出高电平,上拉电阻 R_{pu} 关闭,与上拉电阻 R_{pu} 无关。

(2) 设置 Px_CR1.n 寄存器位,选择 OD(漏极开路)或与 CMOS 反相器兼容的互补推挽输出方式。

① 漏极开路输出(Px_CR1[n]=0)。

当 DDR 寄存器位为 1、而配制寄存器 CR1 为 0 时,与门 G1=0,G2、G4 的状态与输出数据寄存器 ODR 位有关。当 ODR=0(输出数据为 0)时,G2=1,G4=0,导致与非门 G5=1(因为输出数据为 0)→上拉 P 沟 MOS 管截止,或非门 G6=1,下拉 N 沟 MOS 管导通→I/O 引脚输出低电平。

当 ODR=1(输出数据为 1)时,G2=0,G4=1(G1=0、G2=0,第二输出功能允许 Alternate

Enable 为 0)，导致与非门 G5=1→上拉 P 沟 MOS 管截止，或非门 G6=0，下拉 N 沟 MOS 管也截止→引脚处于悬空状态。这正是漏极开路(OD)输出的特征——输出低电平时，下拉 N 沟 MOS 管导通；输出高电平时，下拉 MOS 管截止，导致输出引脚悬空。

　　② 互补推挽输出(Px_CR1[n]=1)。

　　如当 DDR 寄存器位为 1、配制寄存器 CR1 为 1 时，与门 G1=1，G4=0，结果 G5、G6 解锁。当 ODR=0(输出数据为 0)时，G5=1→上拉 P 沟 MOS 管截止；G6=1→下拉 N 沟 MOS 管导通。反之，当 ODR=1(输出数据为 1)时，G5=0→上拉 P 沟 MOS 管导通；G6=0→下拉 N 沟 MOS 管截止——这正是互补推挽输出的特征。

　　(3) 设置 Px_CR2[n]寄存器位，选择输出信号边沿斜率(上升沿、下降沿的过渡时间)。

　　可根据负载的输入特性，选择输出信号边沿斜率。在缺省状态下，Px_CR2[n]=0，输出信号最高频率为 2 MHz(适合慢信号)，输出信号边沿过渡时间较长，但上下过冲幅度小，EMI 小。而对于某些外设，如 SPI 总线(内部核心电路为由 D 型触发器组成的串行移位寄存器)，要求时钟信号边沿尽可能陡。为此，除了选择互补推挽方式(CR1=1)外，还需令 Px_CR2[n]=1，此时输出信号上限频率最高为 10 MHz。

　　对于标准负载输出引脚(O1)，Px_CR2 寄存器位没有意义。

　　2. 复用输出引脚(第二输出功能)

　　当内嵌外设处于使能状态时，对应输出引脚的 Px_DDR 寄存器位被强制置"1"(强制将对应引脚置为输出状态)，同时外设自动接管 Px_ODR 寄存器的对应位，作为自己的输出锁存器。换句话说，无论引脚处于何种状态，只要相应外设使能，复用输出功能就自动生效(这与复用输入功能需要手工切换不同)。

　　作第二输出功能使用时，通过配置 Px_CR1 寄存器位，选择推挽输出还是 OD 输出方式；通过配置 Px_CR2 寄存器选择输出信号边沿斜率(高速还是低速)。

2.3.5　多重复用引脚的选择

　　部分引脚具有多重复用功能，既是通用 I/O 引脚，同时也是两个内嵌外设的外部输入或输出引脚。例如，PB5 引脚作为 GPIO 使用时，是 PB 口的 b5 位，即 PB5 引脚；同时又是 A/D 转换器的模拟信号输入通道 5，即 AIN5；还可作为 I^2C 总线的 SDA(串行数据/地址线)引脚。

　　具有多重复用功能的引脚(在 STM8S 系列 MCU 芯片中，共有 8 根这样的引脚)由选项配置字节 OPT2 定义，通过选项字节 OPT2 选择两个外设中的一个作为第二输入或输出引脚。

　　此外，在少引脚封装的芯片中，可能存在多个外设部件的输入或输出信号共用同一 I/O 引脚的现象。例如，在 20 引脚封装的 STM8S003、STM8S103 芯片中，蜂鸣器信号输出端(BEEP Out)、定时器 TIM2 的通道 1(TIM2_CH1)输入/输出端、串行口时钟信号(UART1_CK)输出端三个外设的输入/输出信号都接到 PD4 引脚，且未必能通过选项配置寄存器 OPT2 重新分配。显然，任何时候最多只能使能其中的一个外设。

2.3.6　I/O 引脚初始化特例

　　由于同一端口上的 I/O 引脚有的作输入，而有的作输出，因此，可用 AND、OR 指令(或位清零、置 1 操作指令)通过"读—改—写"方式对 Px_DDR、Px_CR1、Px_CR2 寄存器进行设置，例如：

```
                    ;初始化 DDR 寄存器相应位
LD A, PD_DDR    ;读
AND A, #xxH
OR  A, #xxH     ;改
LD PD_DDR, A    ;写


LD A, PD_CR1    ;初始化 CR1 寄存器相应位
AND A, #xxH
OR  A, #xxH
LD PD_CR1, A


LD A, PD_CR2    ;初始化 CR2 寄存器相应位
AND A, #xxH
OR  A, #xxH
LD PD_CR2, A
```

不过使用位操作指令对所有的 I/O 引脚逐个进行配置，源程序的可读性可能会更好，也便于程序的维护。例如：

```
BSET PA_DDR, #3            ;1(输出)，假设 PA3 引脚作 Pw_con 控制信号
BSET PA_CR1, #3            ;1(推挽)
BRES PA_CR2, #3            ;0(低速)
#define Pw_con   PA_ODR, #3   ;通过伪指令#define 将 "PA_ODR, #3" 定义为字符串
                          ;Pw_con，以便在程序中直接引用
BSET Pw_con               ;1(开始为高电平)
```

以上每条指令码的长度为 4 字节，即初始化一个引脚需要 4×4 字节的存储空间，对于 64、80 引脚封装芯片，引脚初始化指令码需要近 1 KB 的存储空间。

2.3.7 I/O 引脚负载能力

根据负载能力的大小，可将处于输出状态的 STM8S 系列 MCU 芯片 I/O 引脚分为两类：标准电流负载引脚和大电流负载引脚，具体情况可参阅相应型号芯片的数据手册。

作输出引脚(采用 OD 或推挽输出方式)使用时，在电源 V_{DD} 电压为 5.0 V 的情况下，任意一个标准负载引脚拉电流与灌电流最大值为 10 mA；任意一个大电流负载引脚拉电流与灌电流最大值为 20 mA；而物理上 OD 输出结构引脚也可以承受 20 mA 的灌电流。但受 MCU 芯片封装散热条件限制，所有引脚灌电流总和 $\sum I_{IO}$ 不能超过 2×80 mA(一个 VSSIO 引脚最大电流为 80 mA)与拉电流总和 $\sum I_{IO}$ 不能超过 2×100mA(一个 VDDIO 引脚最大电流为 100 mA)。因此，I/O 引脚不能直接驱动大电流负载：一方面，输出高电平时，拉电流大，会使输出高电平电压 V_{OH} 下降(当 I_{OH} 为 10 mA 时，V_{OH} 最小值为 2.8 V，已接近了 $0.5V_{DD}$)；输出低电平时，灌电流大，会使输出低电平电压 V_{OL} 升高(当 I_{OL} 为 10 mA 时，V_{OL} 最大值

为 2.0 V，也接近了 $0.5V_{DD}$)，这会降低外部接口电路输入信号的噪声容限，并产生额外的功耗；另一方面，即使单个引脚输出电流不是很大，但若所有引脚电流总和接近 $\sum I_{IO}$ 极限值，也会使 MCU 芯片温度偏高，造成 MCU 芯片内部电路工作不可靠，如引起 PC 指针"跑飞"、内部 RC 振荡器频率漂移等不良后果。一般情况下，对于电平输出信号来说，只有驱动电流在 4 mA 以下时，才可以使用图 2.3.2(a)所示的直接驱动方式，而当驱动电流在 4 mA 以上时，最好在输出引脚后加输出缓冲器(如 7406、7407 标准 TTL 芯片，74LV06A、74LV07A 芯片，74LVC、74HC、CD4000 系列门电路等)，如图 2.3.2(b)所示，将 MCU 芯片的温升控制在合理范围内，以提高 MCU 芯片的热稳定性。

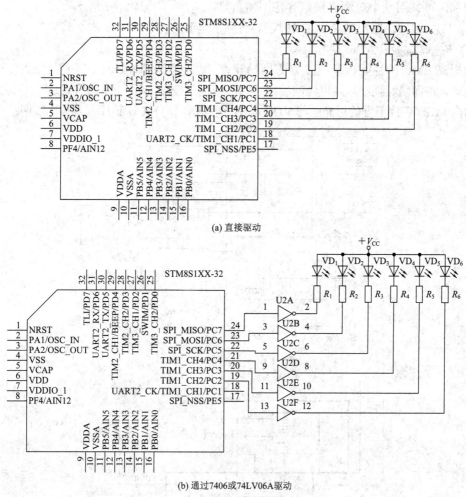

(a) 直接驱动

(b) 通过7406或74LV06A驱动

图 2.3.2　灌电流较大时的驱动方式

2.4　STM8S 系列 MCU 芯片供电及滤波

STM8 系列 MCU 芯片有四组相对独立的供电电源：

(1) V_{DD}/V_{SS}：主电源(3.0～5.5 V)。VDD/VSS 引脚用于给内部主调压器(MVR)和内部低

功耗调压器(LPVR)供电。这两个电压调节器的输出端连在一起,向 MCU 内核(CPU、Flash ROM、E²PROM 和 RAM)提供 1.8 V 电源(V18)。在低功耗模式下,系统自动将供电电源从 MVR 切换到 LPVR,以减少 MCU 内核的功耗。为了稳定 MVR,必须在 VCAP 引脚连接一个容量在 0.47～3.3 µF 的高频滤波电容。STM8S 系列 MCU 芯片数据手册要求:该滤波电容必须具有较低的等效串联电阻值 ESR(<0.3 Ω)和等效串联电感 ESL(<15 nH)。在实际电路中可使用材质为 X7R、容量为 0.68～1.0 µF 的贴片电容构成 VCAP 引脚的滤波电容。

(2) V_{DDIO}/V_{SSIO}:I/O 接口电路供电电源(3.0～5.5 V)。根据封装引脚的多寡,可能有一对或两对特定的 V_{DDIO}/V_{SSIO} 来给 I/O 接口电路供电,即 V_{DDIO1}/V_{SSIO1}(由于 VDD 与 VDDIO1 引脚相邻,可共用一个电源去耦电容)和 V_{DDIO2}/V_{SSIO2}。

(3) V_{DDA}/V_{SSA}:模拟电路(A/D 转换器)的供电电源。

(4) V_{REF+}/V_{REF-}:ADC 参考电源。

为提高 EMC 的性能指标,ST 官方网站建议,以上电源和地线最好采用图 2.4.1 所示的连接方式,电源线、地线以及电源滤波电容实际布局可按图 2.4.2 所示的方式进行(在双面中,元件面内 MCU 芯片下方的填充区与 VDD 相连;而焊锡面内 MCU 芯片下方与地线网络相连)。

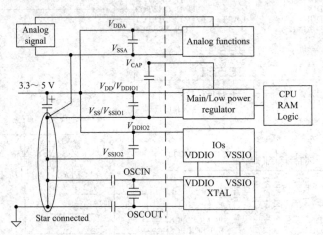

图 2.4.1　电源连接原理图

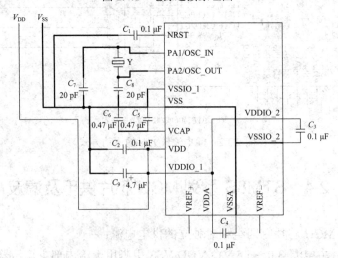

图 2.4.2　电源线、地线以及电源滤波电容在 PCB 板上的布局示意图

石英晶体振荡器(简称晶振)、V_{DD}、V_{CAP}、V_{DDA}、V_{DDIO2}滤波电容实际排版结果如图 2.4.3 所示，其中内核电源输出引脚滤波电容 V_{CAP} 由容量为 1.0 μF 的 C_5 承担，电源 V_{DD} 滤波电容由 C_2(0.1 μF)、C_9(10 μF)承担。

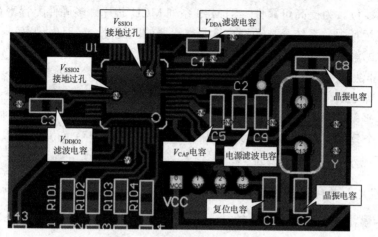

图 2.4.3　电源线、地线以及电源滤波电容在 PCB 板上的排版结果参考图

在 PCB 板上要特别留意 VSSIO 引脚的接地处理，为提高接地的可靠性，一般不能仅依靠滤波电容的接地过孔，最好在元件内侧就近接地。

2.5　复位电路

STM8S 系列 MCU 芯片采用低电平复位，共有 9 个复位源(1 个外部复位源和 8 个内部复位源)，复位电路的内部结构如图 2.5.1 所示。

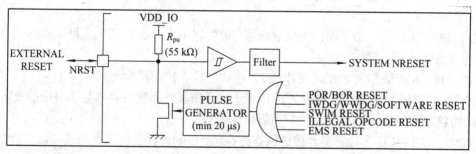

图 2.5.1　复位电路的内部结构图

(1) NRST 复位引脚上的外部低电平信号。从图 2.5.1 所示的复位电路可以看出，外部负脉冲复位信号经施密特输入缓冲器整形、滤波后作为内部复位信号，因此对外部复位信号的边沿要求不高。

(2) 上电复位 POR。

(3) 掉电复位(BOR)。

(4) 软件复位(在窗口计数器 WWDG 处于激活状态下，在应用程序中直接将 WWDG_CR 寄存器的 T6 位清 0，将立即触发复位)。

(5) 独立看门狗计数器溢出复位(IWDG)。

(6) 窗口看门狗计数器复位(WWDG)。

(7) SWIM 复位。

(8) EMC 复位。为提高可靠性，STM8S 系列 MCU 芯片许多硬件配置寄存器均含有反码寄存器。在运行中，系统会自动检查这些寄存器的匹配性。一旦发现某一硬件配置寄存器失配，将立即触发系统复位。

(9) 执行非法指令操作码复位。当 CPU 执行了一条非法指令操作码(指令操作码集内不存在的代码，如 05H、0BH 等)时，将立即触发复位。

外部低电平复位触发脉冲最短时间为 500 ns，而上电复位 POR、掉电复位 BOR、软件复位等其他 8 个复位源有效时，将在复位引脚产生 20 μs 的低电平复位脉冲，以保证与 NRST 引脚相连的其他外设芯片可靠复位。

2.5.1 复位状态寄存器 RST_SR

复位状态寄存器 RST_SR 记录了引起复位的原因，各位含义如下：

偏移地址：00H

复位后初值：xxH(不确定)

b7	b6	b5	b4	b3	b2	b1	b0
Reserved			EMCF	SWIMF	ILLOPF	IWDGF	WWDGF
硬件强制置为 0			rc_w1	rc_w1	rc_w1	rc_w1	rc_w1

其中，b7～b5 未定义，b4～b0 分别记录了除上电、掉电复位外的其他内部复位原因。

WWDGF：窗口看门狗复位标志。硬件置 1(表示窗口看门狗溢出引起复位)，可软件写"1"清除。

IWDGF：独立看门狗复位标志。硬件置 1(表示独立看门狗溢出引起复位)，可软件写"1"清除。

ILLOPF：执行非法指令操作码复位标志。硬件置 1(表示执行了非法指令操作码引起复位)，可软件写"1"清除。

SWIMF：SWIM 触发复位。硬件置 1，可软件写"1"清除。

EMCF：EMC 触发复位。硬件置 1(电磁干扰造成硬件配置寄存器与其对应的反码寄存器失配而触发的复位)，可软件写"1"清除。

STM8 内核 MCU 芯片许多外设的状态寄存位、控制寄存器位具有不同的读写特性，如表 2.5.1 所示。

表 2.5.1 寄存器位读写特性

特 性	简 称	说 明
read/write	rw	软件可读、写
read only	r	软件只读
write only	w	软件只写
read/write once	rwo	软件可读/软件只能一次写入(复位前再次写入无效)

特　性	简　称	说　明
read/clear	rc_w1	软件可读，写 "1" 实现清 0
read/clear	rc_w0	软件可读，写 "0" 清 0
read/set	rs	软件读后自动置 1(写操作无效)
read/clear by read	rc_r	这类状态位往往由硬件置 "1"，软件读操作时自动清 0。在仿真状态下，观察这类状态位获得的值总是 0，原因是已被读过。如果一个状态寄存器中含有两个以上这类状态位，则只能通过字节读(LD 或 MOV)方式将整字节读到累加器 A 或 RAM 单元中，然后判别。而不宜用 BTJT、BTJF 位测试指令直接对状态寄存器中的目标位进行判别，否则 MCU 将自动清除该状态寄存器中具有 rc_r 特性的所有位

由于复位状态寄存器没有记录上电、掉电复位标志，因此，在 STM8S 系列 MCU 芯片的应用程序中可用一内部 RAM 单元存放上电、掉电复位标志，例如：

```
LD A, Power_Up_F      ;读上电、掉电复位标志
CP A, #5AH            ;判别是否为特征值 5AH(上电后，RAM 单元内容不确定，而 5A、AAH、
                     ;55H、A5H 特征值规律性很强，出现这种情况的可能性不大)
JREQ MAIN_NEX1
;不是特征值，可判定为上电或掉电复位
MOV Power_Up_F, #5AH     ;放置上电、掉电复位标志
    ⋮                  ;执行其他指令
MAIN_NEX1:
;非上电、掉电复位，可检查复位状态寄存器找出复位原因，并进行相应处理
    ⋮
MOV RST_SR, #1FH         ;写 "1" 清除复位标志
```

2.5.2　外部复位电路

由于 STM8S 系列 MCU 芯片复位引脚 NRST 上拉电阻 R_{pu} 的阻值为 30～80 kΩ(典型值为 55 kΩ)，只要外部低电平的复位脉冲维持时间不小于 500 ns，就能保证芯片可靠复位。因此，只需在 NRST 引脚外接一个 68～150 nF(典型值为 100 nF)的小电容就构成了 STM8S 系列 MCU 芯片应用系统的外部复位电路，如图 2.5.2(a)所示。其中，复位电容 C 不宜太大，否则当内部复位源有效时，可能会造成内部 N 沟 MOS 过流损坏。增加一只 1～5.1 kΩ 的电阻和一个无锁按钮后，便构成了带手动复位功能的外部复位电路，如图 2.5.2(b)所示。当手动复位按钮被按下时，电容 C 通过外部电阻 R_s 放电。在稳定状态下，R_s 的阻值远小于上拉电阻 R_{pu}，NRST 引脚为低电平，触发芯片复位。

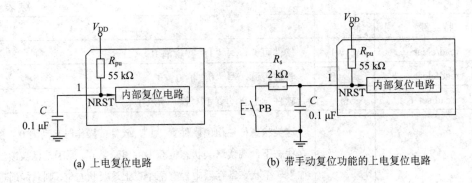

(a) 上电复位电路　　　　　(b) 带手动复位功能的上电复位电路

图 2.5.2　STM8S 系列 MCU 芯片的外部复位电路

由于 STM8S 系列 MCU 芯片具有上电、掉电复位功能，当供电电源 V_{DD} 上升、下降速率不太快(小于 0.5 V/μs，电源 V_{DD} 上升、下降速率与 VDD 引脚滤波电容的大小有关，滤波电容的容量越大，上升、下降速率越小)时，如果不需要手动功能，可取消图 2.5.2(a)中的复位电容 C，使 NRST 引脚悬空。实际上，STM8S001J3 芯片就没有 NRST 引脚。所谓上电复位，是指芯片电源 V_{DD} 电压从 0 上升到上电复位阈值电压(2.60～2.85 V)，触发芯片复位。而掉电复位是指芯片电源 V_{DD} 电压从正常值(3.3～5.0 V)下降到掉电复位阈值电压(2.58～2.88 V)，也会触发芯片复位，以避免因低压造成内部 RAM 存储单元信息失效。

2.6　时　钟　电　路

在 STM8S 系列 MCU 芯片中，可以选择内部高速 RC 振荡器 HSI(High Speed Internal clock signal)输出信号(16(1 ± 1%)MHz)、内部低速 RC 振荡器 LSI(Low Speed Internal clock signal)输出信号(128(1 ± 14%)kHz)、外部高速晶振 HSE OSC(High Speed External crystal oscillator，晶振频率为 1 MHz～24 MHz)或外部高速输入信号 HSE Ext(0～24 MHz)之一作为 STM8S 系统的主时钟信号 f_{MASTER}，即可以选择三类 4 个时钟源之一作为系统的主时钟信号。一方面，f_{MASTER} 是内置外设的输入时钟；另一方面，f_{MASTER} 再经 3 位控制的 7 位分频器分频后作为 CPU、Window Watchdog(窗口看门狗)的时钟，如图 2.6.1 所示。

在 STM8S 系列 MCU 芯片中，外设时钟频率等于主时钟频率 f_{MASTER}，而 CPU 的时钟频率 f_{CPU} 可小于外设时钟频率，这样就可以在程序中动态调整 CPU 的时钟频率，以便在程序执行速度与芯片功耗之间取得最佳平衡。例如，为加快中断服务程序内指令的执行，可在中断服务程序入口处修改 CLK_CKDIVR 寄存器的 b2～b0 位(CPUDIV[2:0])，以较快的速度执行中断服务程序，离开中断服务程序后，用较低的速度运行外部主程序。

当 CPU 的主频相同时，使用 HSE 外部晶振时钟的功耗最大，使用 HSE 外部输入时钟信号的功耗次之，使用内部高速 RC(HSI)时钟的功耗较低，使用内部低速 RC(LSI)时钟的功耗最低。

由于 STM8S 系列 MCU 芯片外晶振电路的抗干扰能力较低，如果应用系统不需要精确定时功能，建议尽量采用 HSI 时钟。

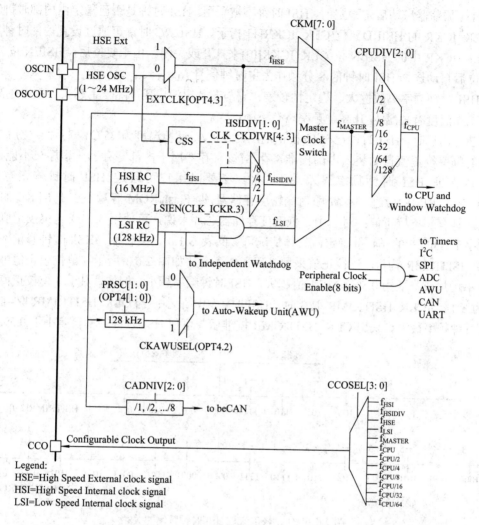

图 2.6.1　STM8S 系列芯片的时钟电路

2.6.1　内部高速 *RC* 振荡器时钟源 HSI

内部高速时钟 HSI 是振荡频率为 $16(1 \pm 1\%)\text{MHz}$ 的内部 *RC* 振荡器的输出信号，经 2 位控制的 3 位分频器(1、2、4、8)分频后获得的输出信号 f_{HSIDIV} 送主时钟切换电路，形成主时钟信号 f_{MASTER}；f_{MASTER} 信号再经 CPU 分频器分频后获得 CPU 时钟信号 f_{CPU}。HSI 时钟结构如图 2.6.2 所示。

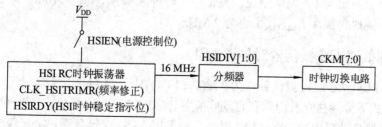

图 2.6.2　HSI 时钟结构

HSI 振荡器启动后未稳定前，HSI 时钟不被采用。HSI 时钟是否已稳定由内部时钟寄存器 CLK_ICKR 的 HSIRDY 位(CLK_ICKR[1])指示。HSI *RC* 时钟可通过设置内部时钟寄存器 CLK_ICKR 中的 HSIEN 位(CLK_ICKR[0])来打开或关闭。由于复位后，HSIEN 位为 1，即复位后自动选择 HSI 时钟的 8 分频作为主时钟信号 f_{MASTER}。

HSI 时钟频率离散性大、稳定性较差，它与芯片电源电压 V_{DD}(V_{DD} 越大，频率越高)、芯片工作温度有关(温度升高，频率略有下降)。

芯片出厂时，HSI 时钟已校准(校正电压为 5.0 V、环境温度为 25℃)，芯片复位后，HIS 时钟的频率校正值自动装入内部校准寄存器(该寄存器属于内部寄存器，程序员不能访问)中，以保证 HSI 时钟频率误差小于 1%。必要时用户可通过 HSI 时钟修正寄存器 (CLK_HSITRIMR)做进一步微调(对高密度存储器，即 Flash ROM 容量不小于 64 KB 的芯片来说，具有 3 位校正值；对于中、低密度存储器芯片来说，可使用 3 位或 4 位校正值，由选项字节 OPT3 的 b4 位确定，具体情况可参阅表 3.1.3)。复位后，HSI 时钟修正寄存器 CLK_HSITRIMR 为 0，该校正值采用补码形式表示，如图 2.6.3 所示。单位校正值可使时钟频率增加或降低约 0.5%)，校正值越大，HSI 时钟频率越小。例如，对于 3 位校正值芯片 (模为 8)，当 CLK_HSITRIMR 取 3 时，HSI 时钟频率最小；当 CLK_HSITRIMR 取−4 时，HSI 时钟频率最大。采用 CLK_HSITRIMR 校准后，可使 HSI 时钟频率误差小于 0.5%。

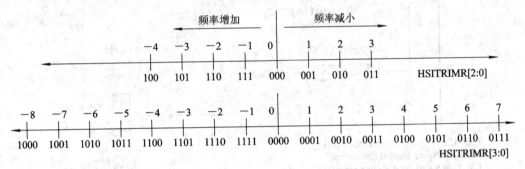

图 2.6.3 HSI 修正值与 HSI 时钟频率的关系

根据 HSI 时钟特性，当电源为 3.3 V 时，若不校正，则 HSI 时钟频率比标称值小，误差超过 1%，实测表明对 CLK_HSITRIMR 校正(校正值为−1 或−2)后，频率误差小于 1%。

在具有日历时钟功能的应用系统中，尽管校正后 HSI 系统时钟频率误差小于 0.5%，但 24 小时的误差还可能高达 24 × 60 × 0.5% = 7 分钟。

复位后，主时钟切换寄存器 CLK_SWR 的初值为 E1H，即自动选择了 HSI 分频器的输出信号作为主时钟，而时钟分频寄存器 CLK_DIVR 寄存器的初值为 18H，即 HSI 分频系数为 8，CPU 分频系数为 1。也就是说，复位后主时钟频率 f_{MASTER} 为 16/8，即 2 MHz；CPU 时钟频率等于主时钟频率 f_{MASTER}，也为 2 MHz。

2.6.2 内部低速 *RC* 振荡器时钟源 LSI

低功耗的 LSI *RC* 时钟振荡频率为 128(1 ± 14%)kHz，既可作为主时钟源，也可作为在停机(Halt)模式下维持独立看门狗和自动唤醒单元(AWU)运行的低功耗时钟源。

LSI 振荡器启动后未稳定前，LSI 时钟不被采用，LSI 时钟是否已处于稳定状态由内部时钟寄存器 CLK_ICKR 的 LSIRDY 位(CLK_ICKR[4])指示。LSI *RC* 时钟可通过设置内部时钟寄存器 CLK_ICKR 中的 LSIEN 位(CLK_ICKR[3])来打开或关闭。

当把内部 LSI 时钟作为系统主时钟使用时，必须在编程时将选项字节 OPT3 的 LSI_EN 位置 1。LSI 时钟频率出厂时已校准，用户不能修改。

2.6.3　外部高速时钟源 HSE

复位后，可通过时钟切换的操作方式来选择外部高速晶振 HSE(High Speed External crystal oscillator，1 MHz～24 MHz)或外部高速输入信号(0～24 MHz)之一作为 STM8S 芯片的主时钟信号，以便获得频率精度高、稳定性好的主时钟信号 f_{MASTER}，如图 2.6.4 所示。

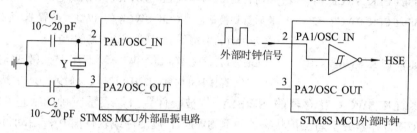

图 2.6.4　HSE 时钟电路

电容 C_1、C_2 以及晶体振荡器 Y 与芯片内部的反相放大器构成了克拉泊电容三点式振荡器。晶振频率在 1～24 MHz 之间，电容 C_1、C_2 的典型值为 10～20 pF。为保证振荡电路可靠起振，晶振频率高，振荡电容 C_1、C_2 的容量可相应减小：当晶振频率为 24 MHz 时，C_1、C_2 最小，可取 10 pF；反之，当晶振频率为 1 MHz 时，C_1、C_2 最大，可取 20 pF。为保证晶振电路工作稳定可靠，电容 C_1 及 C_2 最好采用高频特性好、稳定性高的 NOP 材质的小电容。

晶振频率最小值为 1 MHz，当晶振频率低于 1 MHz 时，晶体振荡电路可能无法起振。因此，当希望得到更低的时钟频率时，只能通过外部输入时钟信号实现。

外部晶振的状态由外部时钟寄存器(CLK_ECKR)定义，即由 HSEEN (CLK_ECKR[1]) 位控制外部晶振电路的开与关，当外部晶振稳定时，HSERDY (CLK_ECKR[1])置 1。外部晶振稳定前，不被采用。外部晶振电路的稳定时间由选项寄存器 OPT5 决定，缺省时为 2048 个时钟。当晶振频率较低时，可在编程时指定较少的延迟时钟。

当使用外部信号作 HSE 时钟时，外部信号必须从 OSC_IN 引脚输入，OSC_OUT 引脚可作为一般的 I/O 引脚使用。在缺省状态下，不用外部时钟作为 HSE 信号源，当使用外部时钟作为 HSE 信号源时，编程时必须将 OPT4 的 EXT_CLK 置位 1。

对于 STM8S 系列增强型芯片，当 CPU 时钟频率 f_{CPU} 大于 16 MHz 时，在编程(写片)时必须将 OPT7 选项字节置 01(NOPT7 置 FE)，强迫 CPU 访问 Flash ROM、E^2PROM 时插入一个机器周期的等待时间。因此，CPU 时钟频率 f_{CPU} 一般以 16 MHz 为限，这是因为大于 16 MHz 后访问 Flash ROM、E^2PROM 时需要插入一个时钟周期的等待时间，指令吞吐率增加幅度有限，反而增加了 CPU 内核的功耗。

当不使用外部晶振、外部时钟时，OSC_IN 引脚可作一般 I/O 引脚(PA1)使用，OSC_OUT 引脚也可作一般 I/O 引脚(PA2)使用。

2.6.4 时钟源切换

STM8S 系列 MCU 芯片复位后，自动使用内部高速 HSI 的 8 分频作为主时钟。待主时钟稳定后，用户可根据需要切换到相应的时钟源，STM8S 系列 MCU 芯片提供了自动切换和手动切换两种时钟切换方式。

1. 自动切换

主时钟自动切换过程(在 SWEN 位为 1 的条件下，将目标时钟识别码写入时钟切换寄存器 CLK_SWR)如下：

```
BSET CLK_SWCR, #1        ;将时钟切换寄存器 CLK_SWCR 的 SWEN 位置 1，允许时钟切换
BSET CLK_SWCR, #2        ;将时钟切换寄存器 CLK_SWCR 的 SWIEN 位置 1，允许时钟切换
                         ;成功中断(如果允许时钟切换结束中断的话)
MOV CLK_SWR, #xxH        ;向主时钟切换寄存器 CLK_SWR 写入目标时钟识别码，选择目标时钟
                         ;源 E1H：选择 HSI 时钟；D2H：选择 LSI 时钟；B4H：选择 HSE 时钟
```

这时 CLK_SWCR 寄存器的 SWBSY 位被硬件置 1，表示时钟切换正在进行(此时 CLK_SWCR 寄存器处于写保护状态，直到 SWBSY 被硬件或软件清 0)，启动目标时钟源，一旦目标时钟稳定，系统自动将时钟切换寄存器 CLK_SWR 的内容复制到主时钟状态寄存器 CLK_CMSR 中，并自动清除 SWBSY 位。与此同时，时钟切换寄存器 CLK_SWCR 的 SWIF(时钟切换中断标志)自动置 1，表示时钟切换操作结束。

例如，启动后用自动方式将主时钟切换到 HSE 时钟的程序段如下：

```
BSET CLK_SWCR, #1        ;SWEN 位为 1，启动时钟切换
BRES CLK_SWCR, #2        ;SWIEN 位为 0，用查询方式确定时钟切换是否已完成
MOV CLK_SWR, #0B4H       ;目标时钟为 HSE 晶振
CLK_SW_WAIT1:            ;等待时钟切换中断标志 SWIF 有效
BTJF CLK_SWCR, #3, CLK_SW_WAIT1
BRES CLK_SWCR, #3        ;清除时钟切换中断标志 SWIF
BRES CLK_SWCR, #1        ;SWEN 位清 0，取消时钟切换操作
BRES CLK_ICKR, #0        ;关闭 HSI 时钟，以减小系统功耗
```

在使用外晶振情况下，最好将 PA1、PA2 引脚初始化为上拉输入方式。

值得注意的是：STM8S 系列 MCU 芯片存在设计缺陷，并不能在运行状态下关闭 HSI 时钟，功耗略高。考虑到复位后 CLK_ICKR[0]寄存器位(HSIEN)的初值总为 1，强制将 HSI 时钟分频信号 f_{HSIDIV} 作为芯片复位后的主时钟 f_{MASTER}，这意味着在 STM8S 系列 MCU 芯片中，无论采用什么时钟作为主时钟，HSI 时钟始终处于打开状态。

利用类似的方法也可以将系统时钟从 HSE 时钟切换到 HSI 时钟，程序段如下：

```
BSET CLK_SWCR, #1        ;SWEN 位为 1，启动时钟切换
BRES CLK_SWCR, #2        ;SWIEN 位为 0，用查询方式确定时钟切换是否已完成
MOV CLK_SWR, #0E1H       ;目标时钟为 HSI 时钟
CLK_SW_WAIT1:            ;等待时钟切换中断标志 SWIF 有效
BTJF CLK_SWCR, #3, CLK_SW_WAIT1
```

```
        BRES CLK_SWCR, #3        ;清除时钟切换中断标志 SWIF
        BRES CLK_SWCR, #1        ; SWEN 位为 0，禁止时钟切换操作
        BRES CLK_ECKR, #0        ;关闭 HSE 时钟，以减小系统功耗
```

2. 手动切换

手动切换过程(在 SWEN 位为 0 的条件下，将目标时钟识别码写入时钟切换寄存器 CLK_SWR)需要更多的指令，如下所示：

```
        BSET CLK_SWCR, #2        ;将时钟切换寄存器 CLK_SWCR 的 SWIEN 位置 1，允许
                                ;时钟切换成功中断(如果允许时钟切换结束中断的话)
        MOV CLK_SWR, #xxH        ;向主时钟切换寄存器 CLK_SWR 写入特定值，选择相应时钟
                                ;E1H：选择 HSI 时钟；D2H：选择 LSI 时钟；B4H：选择 HSE 时钟
```

这时 CLK_SWCR 寄存器的 SWBSY 位被硬件置 1，启动目标时钟源(但这时依然采用原时钟源工作)。用户可以通过软件方式查询时钟切换寄存器 CLK_SWCR 的 SWIF 位(该位为 1 表示目标时钟已经稳定)来确定目标时钟是否已稳定。当然，若 SWIEN 为 1，则会产生中断。

在适当时刻将时钟切换控制寄存器 CLK_SWCR 中的 SWEN 位置 1，启动时钟切换过程。一旦时钟切换结束，CLK_SWCR 寄存器的 SWBSY 位被硬件清 0，表示时钟切换完成。必要时通过软件方式关闭原时钟，以降低系统的功耗。

例如，启动后用手动方式将主时钟切换到 HSE 时钟的程序段如下：

```
        BRES CLK_SWCR, #2        ;SWIEN 位为 0，用查询方式确定目标时钟是否已稳定
        MOV CLK_SWR, #0B4H       ;目标时钟为 HSE 晶振
CLK_SW_WAIT1:                    ;等待目标时钟稳定(手动查询中断标志 SWIF 确定目标时钟状态)
        BTJF CLK_SWCR, #3, CLK_SW_WAIT1
        BRES CLK_SWCR, #3        ;清除时钟切换中断标志 SWIF
        ……                      ;在时钟切换前，可以执行其他指令系列
        BSET CLK_SWCR, #1        ;在目标时钟稳定后，可在适当时刻将 SWEN 位置 1，启动时
                                ;钟切换
        NOP                     ;延迟数个机器周期
        NOP
        BRES CLK_SWCR, #1        ;禁止时钟切换
        BTJF CLK_SWCR, #0, CLK_SW_WAIT2
        BRES CLK_SWCR, #0        ;若时钟切换失败，则借助软件强迫清除 SWBSY 位状态，恢复
                                ;原时钟
        JRT CLK_SW_WAIT3
CLK_SW_WAIT2:
        BRES CLK_ICKR, #0        ;关闭 HSI 时钟，以减小系统功耗。
CLK_SW_WAIT3:
```

无论是自动操作还是手动操作，如果切换失败，可用软件方式将 SWBSY 位清 0，取消时钟切换操作，从而恢复原时钟。

2.6.5 时钟安全系统(CSS)

STM8S 系列 MCU 芯片提供了外晶振时钟失效检测、切换操作。当使用 HSE 外晶振时钟作为系统的主时钟时，如果因某种原因造成 HSE 晶振时钟失效，系统将自动切换到 HSI 的 8 分频，以保证系统继续运行。

1. 时钟安全系统启动条件

在 HSE 时钟作为系统主时钟的情况下，若 CLK_CSSR 寄存器的 CSSEN 位为 1，则时钟安全系统就处于使用状态，一旦检测到 HSE 时钟失效，将自动切换到 HSI 时钟。

(1) 外部时钟寄存器 CLK_ECKR 中的 HSEEN 位自动置 1(外晶振处于使用状态)。

(2) HSE 振荡器被置为石英晶体振荡器状态。

(3) 时钟安全系统寄存器 CLK_CSSR 的 CSSEN 位置 1(时钟安全功能处于允许状态)。

2. HSE 时钟失效时产生的动作

(1) 将时钟安全系统寄存器 CLK_CSSR 中的 CSSD 位置 1(表示检测到 HSE 时钟失效)。若 CSSIEN 位为 1，则产生一个时钟中断。

(2) 复位主时钟状态寄存器 CLK_CMSR、时钟切换寄存器 CLK_SWR，以及 CLK_CKDIVR 中的 HSIDIV[1:0]；同时将内部时钟寄存器 CLK_ICKR 中的 HSIEN 位置 1，准备将 HSI 时钟作为主时钟。

(3) 清除外部时钟寄存器 CLK_ECKR 中的 HSEEN 位，自动关闭外晶振时钟。

(4) CLK_CSSR 寄存器的 AUX 位置 1，指示辅助时钟源 HSI/8 被强制使用。

若外部晶振频率不等于 HSI/8，即 2 MHz，则启动时钟安全系统时最好将 CLK_CSSR 寄存器的 CSSDIE 位(允许时钟失效中断)置 1。这样在时钟中断服务程序中，检测到 CSSD 位有效时，在清除了 CSSD 标志后，修改 HSIDIV[1:0]位的值，使 HSI 分频器输出信号频率与外晶振频率一致。

由于 HSI 振荡频率为 16 MHz，分频因子为 1(16 MHz)、2(8 MHz)、4(4 MHz)、8(2 MHz)，为使 HSE 时钟失效后切换到 HSI 时钟时保持主时钟 f_{MASTER} 频率不变，外晶振频率最好也选 2 MHz、4 MHz、8 MHz、16 MHz 之一。

当 HSE 时钟不是主时钟时，检测到 HSE 时钟失效将不执行时钟切换操作，而仅仅产生下列动作：

(1) 清除外部时钟寄存器 CLK_ECKR 中的 HSEEN 位——自动关闭外晶振时钟。

(2) 将时钟安全系统寄存器 CLK_CSSR 中的 CSSD 位置 1——提示检测到 HSE 时钟失效(若 CSSIEN 位为 1，则产生一个时钟中断)。

在完成时钟切换操作后，可启动时钟安全系统(CSS)，然后在运行中将晶振输入引脚(OSC_IN)对地短路，强迫 HSE 时钟停止输出，就可以模拟出晶振失效现象。

2.6.6 时钟输出

STM8S 系列 MCU 芯片支持时钟输出功能，由时钟输出寄存器 CLK_CCOR 控制，当时钟输出 CCOEN(CLK_CCOR 的 b0 位)处于允许状态时，可在 PE0 引脚(缺省时选择 PE0 引脚，可通过选项字节 OPT2 选择 PD0)输出选定的时钟信号(由 CCOSEL[3:0]位确定)。

时钟输出引脚必须配置为推挽输出方式，即将 Px_CR1 寄存器对应位置 1，根据时钟输出信号频率的高低，设置 Px_CR2 寄存器的相应位。

MOV CLK_CCOR, #000xxxx1B　　;选择指定的时钟输出信号，同时启动时钟输出功能。

执行了该指令后，CCOBSY 位，即 CLK_CCOR 的 b6 位立即变为 1，表示时钟输出操作正在进行中。如果指定的时钟源处于关闭状态，将自动开启对应的时钟源，同时 CCOSEL[3:0]位处于写保护状态，直到时钟输出操作准备就绪(CCORDY 标志位为 1)，指定的时钟信号已经出现在时钟输出引脚为止。

由于输出引脚存在较大的寄生电容，因此当输出的时钟信号频率较高时，时钟信号上、下沿过渡时间较长，甚至接近正弦波。

2.6.7　时钟初始化过程及特例

STM8S 系列 MCU 芯片时钟初始化过程大致如下：

(1) 从复位状态下的 HSI/8 时钟切换到目标时钟(当系统采用 HSI 时钟运行时，无须切换，也无须启动 CSS 功能；但需要初始化时钟分频寄存器 CLK_CKDIVR 时，应选择主时钟频率、CPU 时钟频率，必要时应配置 HSI 时钟修正寄存器，以保证 HSI 时钟的精度)。

(2) 若系统主时钟为 HSE 时钟，则最好打开时钟安全系统(CSS)，并初始化时钟中断。

(3) 初始化时钟分频寄存器(CLK_CKDIVR)，选择 HSI 时钟分频系数(设置 HSIDIV[1:0]位的值，如果使用 HSI 时钟作为主时钟的话)、CPU 时钟分频系数(设置 CPUDIV[2:0]的值)。

注意：当 CPU 时钟频率 f_{CPU} > 16 MHz 时，在程序下载过程中，一定要设置选项字节 OPT7，使 CPU 访问 Flash ROM、E^{2}PROM 时强制 CPU 等待一个机器周期。

为便于在 STVD 状态下仿真、调试，可先启动 STVP，在"OPTION BYTE"标签窗口内将"WAITE STATE"(等待状态)选项设为"1 wait state"，执行下载操作后退出(当然，也可以在时钟切换操作前先通过 IAP 编程方式将 OPT7 选项字节置 01、将其反码 NOPT7 置 FE 来实现)。

(4) 初始化内部时钟寄存器(CLK_ICKR)，设置停机、活动停机状态下内核电压调节器的状态。

(5) 初始化外设时钟控制寄存器(CLK_PCKENR1、CLK_PCKENR2)，关闭未用的外设时钟(缺省状态下，外设时钟输入端与系统主时钟处于连通状态)，以减小系统功耗。在 STM8S 系列 MCU 芯片中，当外设时钟控制寄存器 CLK_PCKENR1、CLK_PCKENR2 的某一位为 0 时，对应外设时钟 CLK 输入处于冻结状态，特征是对应外设处于禁用(低功耗)状态，对外设控制寄存器、状态寄存器的读写操作无效。

复位后，将 HSI/8 缺省时钟切换到频率为 4 MHz 的外部晶振时钟的程序段如下：

```
;------时钟切换----
BSET CLK_SWCR, #1      ;SWEN 位为 1，启动时钟切换
BSET CLK_SWCR, #2      ;SWIEN 位为 1，用中断方式确认，避免晶振失效时出现死循环
MOV CLK_SWR, #0B4H     ;目标时钟为 HSE 晶振，时钟切换结束前不能启动时钟安全系统
;------设置 CPU 分频系数---
MOV CLK_CKDIVR, #10H   ;CPU 时钟分频系数为 000，即 1 分频，HSI 分频因子为 4
;------关闭未用的外设时钟---
```

```
        MOV CLK_PCKENR1, #xxH        ;1, 接通对应外设时钟; 0, 关闭对应外设时钟
        MOV CLK_PCKENR2, #xxH
        ;-----设置停机与活动停机状态下的电源-----
```

外部晶体振荡器失效后，设置时钟分频寄存器，使主时钟、CPU 时钟频率与外部晶振时钟频率相同，相应的时钟中断服务程序段如下：

```
        interrupt CLK_Interrupt_proc        ;CLK 中断(IREQ2)服务程序
CLK_Interrupt_proc.L
        BTJF CLK_SWCR, #3, CLK_Interrupt_proc_NEXT1
        BRES CLK_SWCR, #3              ;清除时钟切换中断标志
BRES CLK_SWCR, #1                      ;禁止时钟切换
        BRES CLK_ICKR, #0             ;关闭 HSI 时钟，减小系统功耗
        MOV CLK_CSSR, #05H            ;CSSEN 位为 1, 启动时钟安全; 允许 CSSD 中断
        IRET                          ;中断返回指令
CLK_Interrupt_proc_NEXT1.L
        BRES CLK_CSSR, #3            ;先清除时钟失败标志
        MOV CLK_CKDIVR, #10H  ;CPU 时钟分频系数为 000, HSI 分频因子为 4, 即 16/4=4 MHz
        IRET                          ;中断返回指令
```

习 题 2

2-1 简述 STM8S003F3 芯片与 STM8S103F3 芯片的主要区别。

2-2 堆栈区有什么作用？简述 STM8 内核 CPU 堆栈操作的特征。

2-3 STM8S 系列 MCU 芯片采用低电平复位方式还是高电平复位方式？画出外部上电复位电路，并说明元件参数的选择依据。

2-4 STM8S 系列 MCU 芯片内核电源电压是多少伏？从哪个引脚可以测量到该电压值？

2-5 画出 STM8S103F3 芯片的最小应用系统，并给出相关元件的参数。

2-6 在 STM8S 系列 MCU 芯片中，除哪两个引脚外均可编程为悬空输入、带上拉输入、OD 输出以及推挽输出？而这两个引脚由于什么原因没有推挽输出方式？

2-7 请写出将 PC3 引脚定义为 OD 输出方式的指令系列，将 PC2 定义为不带中断功能的上拉输入方式的指令系列。

2-8 在 STM8S 系列 MCU 芯片复位后，I/O 引脚处于什么状态？未用(没有分配)的 I/O 引脚最好初始化为什么状态？说明理由。

2-9 将 STM8S 系列芯片某一引脚作为内嵌外设输入端前，需要注意什么？请举例说明。

2-10 对于具有多重复用功能的引脚，如何将该引脚作为可选外设的输入或输出引脚？

2-11 在 STM8S 系列 MCU 芯片中，与 SWIM 功能关联的 I/O 引脚在复位过程中及复位后处于什么状态？

2-12 在 STM8S 系列 MCU 芯片应用系统中，对电源 V_{DD} 电压上升沿、下降沿有什么要求？如何保证外部供电电源 V_{DD} 满足要求？

2-13　当不需要手动复位功能时，在什么条件下可以取消复位电容？

2-14　在 STM8S 系列 MCU 芯片中，如何判别是上电还是掉电复位？

2-15　掉电复位功能有什么用途？

2-16　分别指出 STM8S 系列 MCU 芯片复位后的主时钟频率、CPU 时钟频率，并写出将时钟切换到外部高速时钟源的指令系列。

2-17　写出将 CPU 时钟的 8 分频送 PE0 引脚的指令系列。

2-18　关闭处于禁用状态的外设时钟信号有什么意义？如何实现？

2-19　查阅 STM8S 系列 MCU 芯片的用户手册，哪些外设状态寄存器位具有 rc_r 特性？把它们罗列出来。

2-20　STM8 内核 CPU 内共有几个寄存器?分别列出各寄存器的长度及主要用途。

第3章 存储器系统及访问

3.1 存储器结构

在 STM8S 系列 MCU 芯片中，RAM 存储区、E²PROM 存储区、引导 ROM 存储区、Flash ROM 存储区，以及与内嵌外设有关的外设寄存器(包括外设控制或配置寄存器、状态寄存器、数据寄存器)等均统一安排在 16 MB 的线性地址空间内(内部地址总线为 24 位)，如图 3.1.1 所示。这样无论是 RAM、E²PROM、Flash ROM，还是外设寄存器，其读、写指令的格式与操作数的寻址方式等完全相同。

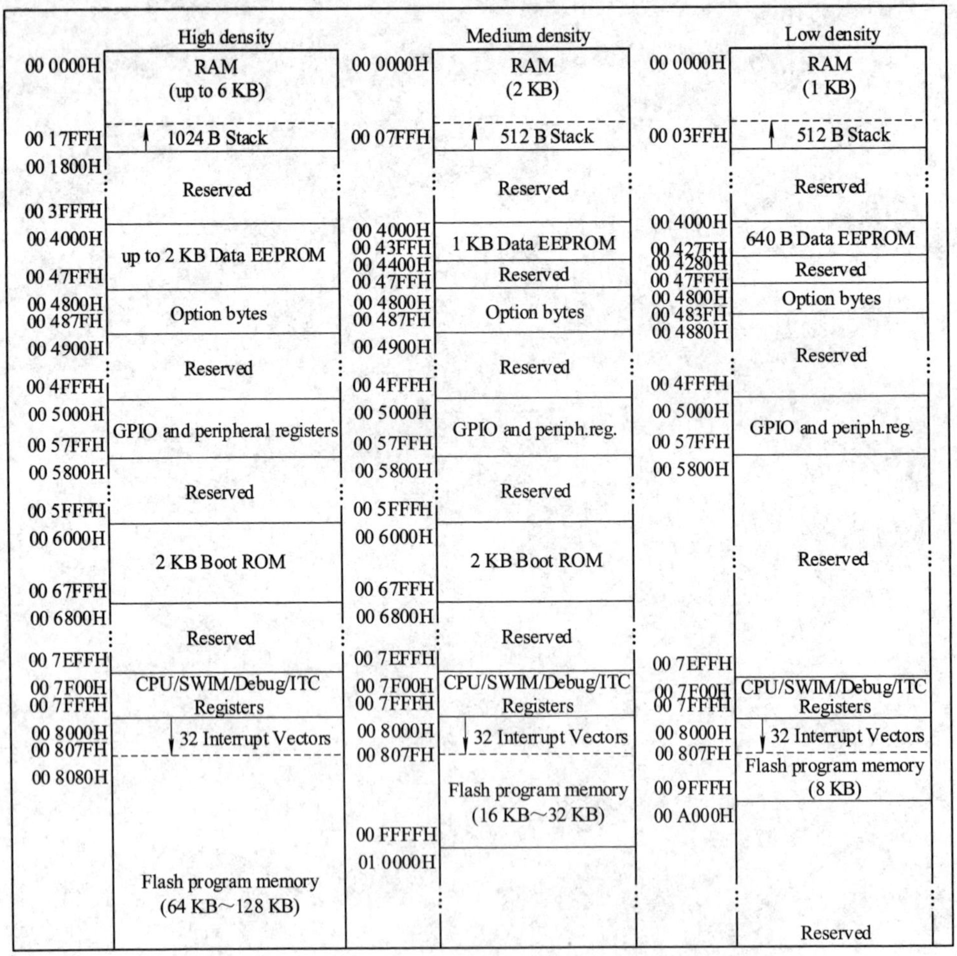

图 3.1.1　STM8S 系列 MCU 芯片存储器组织

在 STM8 内核 MCU 芯片中，16 MB 线性地址空间以段(Section)地址形式组织，每段大小为 64 KB，即内部地址总线 b23~b16(最高 8 位)编码被视为段号；而 b15~b0 编码被视为段内存储单元的偏移地址，即地址形式为 00xxxxH~FFxxxxH。在 STM8 内核 CPU 指令系统中，00 段内的存储单元支持多种寻址方式，许多指令可直接访问 00 段内的存储单元，而 01 及以上段内的存储单元只能通过"LDF"指令访问，程序设计的灵活性受到了限制。为减小指令码长度，RAM、E^2PROM 存储区被安排在 00 段内，这样堆栈指针 SP 的长度就可以缩减为 16 位，同时位于 00 段内的各存储单元也能用 16 位地址形式访问。此外，16 MB 地址空间也可以按页(Page)形式组织，每页大小为 256 B。这样内部地址总线 b23~b8(高 16 位)编码被视为页号；而 b7~b0 编码被视为页内存储单元的偏移地址，即地址形式为 0000xxH~FFFFxxH。这样位于 0000 页内的存储单元(RAM 存储空间内的前 256 字节)就可用 8 位地址形式访问。RAM 地址空间为 000000H~003FFFH，容量为 1~6 KB(000000H~0017FFH)，最大可扩充到 16 KB，即 001800H~003FFFH 地址空间保留。E^2PROM 地址空间为 004000H~0047FFH，容量为 128 B~2 KB。

与硬件配置有关的选项字节(Option Bytes)以 E^2PROM 作为存储介质，地址空间为 004800H~00487FH，共计 128 字节。

内嵌外设(包括通用 I/O 口、定时器、串行通信口以及 A/D 转换器等)的控制或配置寄存器、状态寄存器以及数据寄存器的地址位于 005000H~0057FFH，可用 16 位地址形式访问。

引导 ROM 存储区(Boot ROM)的地址位于 006000H~0067FFH，大小为 2 KB。主要存放硬件复位引导程序，即 006000H 单元是 STM8 内核 CPU 复位入口地址。

程序存储器(Flash ROM)的地址从 008000H 单元开始。这意味着，对于 ROM 容量在 32 KB 以内的芯片，Flash ROM 地址空间为 008000H~00FFFFH，即全部位于 00 段内，可使用 16 位地址形式访问；而对于 ROM 容量在 32 KB 以上的芯片，位于 01 段内的 ROM 存储单元将被迫采用 24 位地址形式访问。

在 STM8 内核 MCU 芯片中，存储单元内的字、双字(由 4 字节组成)等的存放规则是高位字节存放在低地址中，而低位字节存放在高地址中，即采用"大端"方式，如图 3.1.2(a) 所示，与 Intel 系列微处理器不同，Intel 系列微处理器采用"小端"方式，即低位字节存放在低地址中，高位字节存放在高地址中，如图 3.1.2(b)所示。

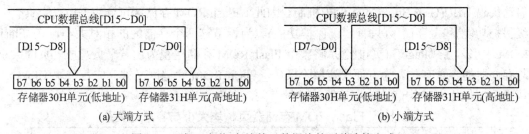

图 3.1.2　字(2 字节)存储单元数据线的两种连接方式

字存储单元起始于字的低位地址(对应字存储单元的高位字节)，字可以按"对齐"方式存放，即字的低地址起始于 0、2、4、6 等偶地址字节；也可以按"非对齐"方式存放，即字的低地址起始于 1、3、5、7 等奇地址字节。例如：

```
LDW X, 0100H        ;将 0100H 单元内容送寄存器 XH；将 0101H 单元内容送寄存器 XL
                    ;——对齐
```

    LDW X, 0101H   ;将 0101H 单元内容送寄存器 XH；将 0102H 单元内容送寄存器 XL
                                ;——非对齐

可见字的低地址字节的 b7~b0 位对应字的高 8 位数据线的 D15~D8，字的高地址字节的 b7~b0 位对应字的低 8 位数据线的 D7~D0。

3.1.1 随机读写 RAM 存储区

STM8S 系列 MCU 芯片内置 RAM 的容量为 1 KB~6 KB 之间，起始地址为 0000H，终了地址与片内 RAM 存储器的容量有关，可作为用户 RAM 存储区与堆栈区。RAM 存储区内各单元的地位相同，即读写指令、寻址方式相同，只是前 256 字节(地址范围在 00~FFH 之间)支持 8 位地址形式，指令码少了 1 字节。例如：

    LD $10, A   ;累加器 A 送 10H(8 位地址)单元，指令码为 B710(两字节)
    LD $100, A   ;累加器 A 送 0100H(16 位地址)单元，指令码为 C70100(三字节)

STM8 内核 CPU 堆栈区位于 RAM 存储区的高端，特征是堆栈向下生长(MCS-51 堆栈向上生长)，数据压入堆后，堆栈指针 SP 减小；且为空栈结构(MCS-51 为满栈结构)，数据先入堆，后修改堆栈指针 SP。例如，执行"PUSH #$33"指令时，(SP)←33H，然后 SP←SP−1。复位后堆栈指针 SP 的内容与片内 RAM 的容量有关：对含有 6 KB RAM 的 STM8S 系列芯片来说，复位后 SP 为 17FFH；对含有 2 KB RAM 的 STM8S 芯片来说，复位后 SP 为 07FFH，即堆栈被安排在 RAM 存储区的高端。

3.1.2 Flash ROM 存储区

STM8S 系列 MCU 芯片 Flash ROM 存储器的数据总线为 32 位，即以 4 字节作为一个基本的存储单元——字(字起始地址被 4 整除)，一次可同时访问 4 字节，但也可以只访问其中的 1 字节。

Flash ROM 存储区起始地址为 008000H，终了地址与 Flash ROM 存储器的容量有关。其中，中断向量表占用 128 字节，每个中断向量占用 4 字节，32 个中断向量需要 32×4，即 128 字节，用户监控程序可从 008080H 单元开始存放。

为保护用户关键程序代码以及中断向量不因意外被误写，STM8S 系列芯片引入了用户启动代码 UBC(User Boot Code)保护机制。因此，Flash ROM 存储区可分为 UBC 区(具有二级保护功能)和主存储区(只有一级保护功能)。为调节这两个存储区的相对大小，在 Flash ROM 中引入了"Page"(页)概念，将整个 Flash ROM 存储区视为由若干页组成。页的大小与存储器的容量有关。为方便快速擦除操作，Flash ROM 存储区又被分成若干块(Block)。块大小也与片内 Flash ROM 存储器的容量有关，如表 3.1.1 所示。

表 3.1.1 Flash ROM 存储器页、块大小与容量的关系

芯片 Flash ROM 容量	Page(页)		Block(块)	
	总页数	每页容量	总块数	每块容量
8 KB(低密度)	128	64 B	128	64 B
16~32 KB(中等密度)	32~64	512 B	128~256	128 B
64~128 KB(高密度)	128~256	512 B	512~1024	128 B

1. UBC 存储区

UBC 存储区起始于 008000H 单元，有无、大小(UBC 存储区包含的 Page 数目)由选项字节 OPT1 定义，如表 3.1.2 所示。

表 3.1.2 UBC 存储区大小与 OPT1 选项字节内容关系

OPT1[7:0]	芯片 Flash ROM 容量		
	不大于 8 KB(低密度)	16～32 KB(中等密度)	64～128 KB(高密度)
00H	无 UBC 存储区	无 UBC 存储区	
01H	0 页(64 B)	0～1 页(1 KB)	
02H～7EH	n = OPT1[7:0](页) {0～(OPT1[7:0] – 1)}页	n = OPT1[7:0]+2 (页) (0～OPT1[7:0]+1)页	
7FH	128 页 (0～127)页		
80H～FEH	—		
FF(保留)	未定义	未定义	

当 OPT1[7:0]取 00H、FFH 以外的值时，UBC 存储区存在。大小与芯片 Flash ROM 存储器的容量有关。例如，对于 STM8S207R8 芯片来说，当希望把 8000H～DFFFH 之间的存储区作为 UBC 存储区(共计 24 KB，即 48 页)时，OPT1[7:0]内容应为 46(2EH)。

鉴于 UBC 存储区具有二级保护功能，可将中断向量表、无须在运行过程中修改的程序代码及数表划入 UBC 区；而将需要通过 IAP(In Application Programming)编程方式改写的代码、数据放在主存储区内。

2. 主存储区

UBC 存储区外的 Flash ROM 存储区称为主存储区。若没有定义 UBC 存储区，则主存储区的起始地址为 008080H 单元，即中断向量(入口地址)表外的所有 Flash ROM 单元均属于主存储区。反之，若定义了 UBC 存储区，则 UBC 存储区后的所有 Flash ROM 单元均属于主存储区。

3.1.3 数据 E²PROM 存储区

数据 E²PROM 存储区起始于 004000H 单元，大小在 128 B～2 KB 之间。组织方式与 Flash ROM 相同，即 E²PROM 中页、块的大小与 Flash ROM 相同。它主要用于存放需要经常改写的非易失性数据，可重复擦写 30 万次以上，远高于 Flash ROM 存储器(1 万次)。

3.1.4 硬件配置选项区

硬件配置选项字节位于 004800H～00487FH，共计 128 B。存储介质也是 E²PROM 存储器，即具有非易失特性。主要用于存放系统硬件配置信息(包括存储器读保护字节 ROP 以及与 MCU 芯片硬件配置有关的 8 个选项寄存器及其反码寄存器)，如表 3.1.3 所示。

表 3.1.3　硬件配置选项字节

地址	选项字节含义	选项字节名	选项位								缺省值
			7	6	5	4	3	2	1	0	
4800H	Read out protection (ROP)	OPT0	ROP[7:0]								00H
4801H	User boot Code(UBC)	OPT1	UBC[7:0]								00H
4802H		NOPT1	NUBC[7:0]								FFH
4803H	Alternate function remapping (AFR)	OPT2	AFR7	AFR6	AFR5	AFR4	AFR3	AFR2	AFR1	AFR0	00H
4804H		NOPT2	NAFR7	NAFR6	NAFR5	NAFR4	NAFR3	NAFR2	NAFR1	NAFR0	FFH
4805H	Watchdog option	OPT3	Reserved			HSI TRIM	LSI _EN	IWDG _HW	WWDG _HW	WWDG _HALT	00H
4806H		NOPT3	Reserved			NHSI TRIM	NLSI _EN	NIWDG _HW	NWWDG _HW	NWWDG _HALT	FFH
4807H	Clock option	OPT4	Reserved				EXT CLK	CKAWU SEL	PRS C1	PRS C0	00H
4808H		NOPT4	Reserved				NEXT CLK	NCKAWU SEL	NPR SC1	NPR SC0	FFH
4809H	HSE clock startup	OPT5	HSECNT[7:0]								00H
480AH		NOPT5	NHSECHT[7:0]								FFH
480BH	Reserved	OPT6	Reserved								00H
480CH		NOPT6	Reserved								FFH
480DH	Flash wait states	OPT7	Reserved							Wait state	00H
480EH		NOPT7	Reserved							Nwait state	FFH
487EH	Bootloader	OPTBL	BL[7:0]								00H
487FH		NOPTBL	NBL[7:0]								FFH

在表 3.1.3 中：

(1) OPT0 为 ROP(Read-Out Protection)。当该选项字节内容被编程为 0AAH 时，E^2PROM、Flash ROM 存储器中的信息就处于读保护状态。

(2) OPT1 选项字节定义了 UBC 代码区的有无与大小，具体情况可参阅表 3.1.2。

(3) OPT2 选项字节定义了 8 个 I/O 引脚的多重复用功能，具体情况与 STM8S 系列芯片的型号有关，可参阅相应芯片的数据手册。

(4) OPTBL 选项字节定义了复位后的启动方式(执行位于 6000H 开始引导程序还是复位向量定义的指令码)。

(5) 在中、低密度芯片中，OTP3 选项字节的 b4 位为"HSI TRIM"。当其值为 0(缺省)时，CLK_HSITRIMR 寄存器为 3 位；当其值为 1 时，CLK_HSITRIMR 寄存器为 4 位。

(6) 部分不支持 24 MHz 外晶振频率的小容量芯片，如 STM8S001、STM8S003、STM8S103 等没有 OPT6(NOPT6)、OPT7(NOPT7)、OPTBL(NOPTBL)选项字节。复位后默认从复位向量定义的存储单元开始执行；由于最高时钟频率仅为 16 MHz，在访问 Flash ROM 时也就无须插入等待状态。

值得注意的是，当存储器处于读保护状态时，将无法进入 STVD 开发工具的调试状态，必须先在 STVP 编程工具的选项框内取消 OPT0 的读保护状态，并执行下载操作，才能解除存储器的读保护状态。清除 Flash ROM 及 E^2PROM 存储器读保护选项 OPT0 的内容时，其他硬件配置选项内容不受影响，除非用户重新定义了对应选项的内容。为提高系统的可靠性，STM8 内核 MCU 芯片除了 OPT0 选项字节外，其他选项字节均安排有原码寄存器与反码寄存器，当两寄存器的内容"逻辑与"操作的结果不为 0 时，系统会复位。因此，写入时必须同时初始化原码和反码寄存器。

3.1.5 通用 I/O 端口及外设寄存器区

STM8 内核 MCU 芯片通用 I/O 端口与外设寄存器(包括外设的控制或配置寄存器、状态寄存器以及数据寄存器)地址位于 005000H～0057FFH 之间。

3.1.6 唯一 ID 号存储区

STM8S 系列 MCU 芯片提供了可按字节方式读取、长度为 96 bit(12 B)的器件 ID 号。该 ID 号可作为设备的识别码，为程序加密、升级提供了身份验证。不同系列 STM8S 芯片的器件 ID 号的存放位置略有差异，其中 STM8S105、STM8S207、STM8S208 系列芯片的器件 ID 号位于 0048CDH～0048D8H 存储单元中，而 STM8S103 系列芯片的器件 ID 号位于 004865H～004870H 存储单元中，但 STM8S001、STM8S003、STM8S005、STM8S007 系列芯片没有器件 ID 号。

3.2 存储器读写保护

3.2.1 存储器读保护(ROP)

在 ICP(In Circuit Programming)编程状态下，若选项字节 OPT0(ROP)被编程为 AAH，则 E^2PROM(DATA 区)、Flash ROM(包括 UBC 和主存储区)均处于读保护状态(类似于 MCS-51 芯片的加密状态)，禁止对这两个存储区进行读操作(读出信息一律为 0)。用户可在 ICP 编程状态下，将选项字节 OPT0 内容清 0，解除存储器的读保护状态。不过一旦取消存储器的读保护状态，芯片将自动擦除 E^2PROM(DATA 区)、Flash ROM 存储区中的全部信息。

3.2.2 存储器写保护

芯片复位以后，Flash ROM 存储区、E^2PROM 存储区、选项字节等就自动处于写保护状态，避免意外写入造成数据丢失。当需要对这些区域进行编程时，可按如下方式解除其写保护状态：

通过 IAP 方式对 UBC 存储区以外的主存储区进行编程前，必须向 FLASH_PUKR 寄存器连续写入两个 MASS 密钥值(56H、AEH)，才能解除主存储区的写保护状态。

若输入的 MASS 密钥值不正确，则复位前主存储区就一直处于写保护状态，再向 FLASH_PUKR 寄存器写入的操作无效，即 STM8S 系列 MCU 芯片主存储区写保护采用"一错即锁"方式，以确保主存储区内数据的可靠性。

通过 IAP 方式对 E^2PROM 数据区写入前，也必须向 FLASH_DUKR 寄存器连续写入两个 MASS 密钥值(AEH、56H)，来解除 E^2PROM 存储区的写保护状态。

当需要对选项字节进行编程时，也必须向 FLASH_DUKR 寄存器连续写入两个 MASS 密钥值(AEH、56H)，来解除选项字节的写保护状态。在 Flash ROM 状态寄存器 FLASH_CR2 的 OPT 位为 1、其反码 FLASH_NCR2 的 NOPT 位为 0 的情况下，即可对选项字节编程。

值得注意的是，存储器读保护与写保护特性相互独立，即读保护有效与写保护是否有效无关，反之亦然。

3.3　ROM 存储器的 IAP 编程

Flash ROM 内的主存储区与 E²PROM 存储区均支持单字节、字(4 字节)、块(64 字节或 128 字节，大小与芯片存储器的容量，即密度有关)擦除及编程。其中每一种编程方式又可分为标准编程方式和快速编程方式：当待写入的目标存储单元不是空白时，先擦除再写入，编程时间包括了擦除时间与写入时间，这就是所谓的标准编程方式；而当待写入的目标存储单元为空白时，无须擦除就能直接写入，编程时间缩短了一半，这就是所谓的快速编程方式。

部分芯片，如 STM8S105、STM8S207、STM8S208 的 E²PROM 还支持 RWW(Read While Write，读同时写)操作功能，即允许在程序执行过程中执行写操作。注意：Flash ROM 主存储区没有 RWW 功能。

由于 Flash ROM 一个基本的存储单元为字(4 字节)，因此字节编程时间与字编程时间相同，其实在 STM8 内核 MCU 芯片中，字节、字、块的编程时间相同。耗时最少的编程操作是预先擦除将要编程的字节(字)所在块，然后一次同时写入 4 字节(从最低地址开始)。

各种编程方式的特征如表 3.3.1 所示。

表 3.3.1　编　程　特　征

编程方式	操 作 对 象			
	E²PROM (Data Flash ROM)存储区		Flash ROM 内的主存储区	
	编程代码存放位置	编程时应用程序状态	编程代码存放位置	编程时应用程序的状态
字节	没有限制	不停(有 RWW)；停止运行(没有 RWW)	没有限制	停止运行
字(4 字节)	没有限制		没有限制	停止运行
块编程	必须在 RAM 中		必须在 RAM 中	停止运行，硬件自动屏蔽中断请求
块擦除	必须在 RAM 中		必须在 RAM 中	

3.3.1　字节编程

STM8S 系列 MCU 芯片 Flash ROM 主存储区、DATA Flash ROM(EEPROM)存储区均支持单字节擦除与编程操作。

1. DATA Flash ROM 存储区字节编程

DATA Flash ROM 存储区单字节编程操作，可采用查询方式确定编程操作是否结束，而对于支持 RWW 操作的 STM8S105、STM8S207、STM8S208 子系列芯片也可以采用中断方式确定编程操作是否结束。对于支持 RWW 功能的芯片,即使采用查询方式确认写入 E^2PROM 的操作是否结束,但在写入过程中依然可以响应中断请求。DATA Flash ROM 存储区单字节编程操作步骤如下:

(1) 初始化编程控制寄存器 FLASH_CR1,选择编程结束检测方式——是查询方式还是中断方式。

(2) 向 E^2PROM 写保护寄存器 FLASH_DUKR 连续写入 AEH、56H,解除 E^2PROM 存储器的写保护状态,使 Flash ROM IAP 状态寄存器 FLASH_IAPSR 的 DUL 位变为 1。

(3) 向指定的 E^2PROM 单元写入新内容。若指定单元内容空白,则立即启动写操作,写操作时间短;如果指定单元内容不是空白,擦除后再写入,只是写操作时间较长(包含了擦除时间)。

(4) 可用中断或查询方式确定写入操作是否结束。

(5) 必要时,对写入信息进行校验。

(6) 清除 Flash IAP 编程寄存器 FLASH_IAPSR 的 DUL 位,恢复写保护,避免误写入。

值得注意是,对 E^2PROM、Option Bytes、Flash ROM 进行 IAP 编程时,在调试时从加载到编程结束期间不能用单步执行方式,否则操作无效。

例 3.3.1 以查询方式确定编程操作是否结束的 DATA Flash ROM 字节编程操作子程序。

```
;------入口参数---------
;              :E²PROM 单元地址存放在索引寄存器 X 中
;              :写入内容存放在累加器 A 中
;------出口参数:操作成功, 则 IAP_OK_Symbol 单元不是 0
;------使用资源:索引寄存器 X,累加器 A
.EEPROM_BYTE_WRITE.L              ;入口地址标号定义为 L 类型, 以便能在 64 KB 外调用
    MOV IAP_OK_Symbol, #4         ;定义可重复写入操作的最大次数
    CP A,(X)                      ;写入信息与存储单元内容比较
    JREQ eeprom_byte_write_return ;相同则直接退出
    MOV FLASH_DUKR, #0AEH         ;向 E²PROM 写保护寄存器 FLASH_DUKR 连续写入
                                  ;AEH、56H, 解除其写保护状态
    MOV FLASH_DUKR, #56H
    MOV FLASH_CR1, #00            ;IE 为 0, 即查询方式; FIX 为 0, 自动选择编程周期
eeprom_byte_write_LOOP1.L
    LD (X), A                     ;加载。从加载到编程操作结束期间, 不支持单步执行
eeprom_byte_write_wait1.L
    BTJF FLASH_IAPSR,#2, eeprom_byte_write_wait1  ;查询等待编程操作结束
    ;-----校验写入的信息----
    CP A, (X)
    JREQ eeprom_byte_write_exit   ;校验正确, 则退出
    ;不正确, 则重新写入, 直到指定的重复写入次数为 0
    DEC IAP_OK_Symbol
    JRNE eeprom_byte_write_LOOP1  ;减 1, 不等于 0, 则继续
```

```
eeprom_byte_write_exit.L
    BRES    FLASH_IAPSR,#3              ;清除 DUL 位,恢复写保护状态
eeprom_byte_write_return.L
    RETF
    DC.B 05H,05H,05H,05H                ;由 4 字节非法指令码 05H 构成软件陷阱
```

2. Flash ROM 主存储区字节编程

由于 Flash ROM 主存储区编程操作执行时,CPU 停止了应用程序的执行,因此对主存储区进行编程操作时,完全可采用查询方式判别编程操作是否结束。操作步骤与 Data Flash ROM 字节编程类似,具体如下:

(1) 初始化编程控制寄存器 FLASH_CR1,选择查询方式确定编程操作是否结束。

(2) 向 Flash ROM 写保护寄存器 FLASH_PUKR 连续写入 56H、AEH,解除 Flash ROM 主存储区的写保护状态,使 Flash ROM IAP 状态寄存器 FLASH_IAPSR 的 PUL 位为 1。

(3) 向 Flash ROM 主存储区目标单元写入新内容。如果指定单元内容空白,则立即启动写操作,写操作时间短;如果指定单元内容不是空白,自动擦除后再写入,只是写操作时间较长(包含了擦除时间)。

(4) 查询编程操作是否结束。

(5) 检查 FLASH_IAPSR 的 b0(WR_PG_DIS)位是否为 0,否则出现了向保护页写错误。

(6) 必要时,对写入信息进行校验。

(7) 清除 Flash IAP 编程寄存器 FLASH_IAPSR 的 PUL 位,恢复其写保护状态,避免误写入。

例 3.3.2 Flash ROM 主存储区字节编程操作子程序。

```
;Flash ROM 字节编程操作子程序
;----入口参数:
;           :Flash ROM 主存储区单元地址存放在 IAP_First_ADR 中
;           :写入内容存放在累加器 A 中
;-----出口参数:操作成功,IAP_OK_Symbol 单元不是 0 和 80H(对保护页进行写操作标志)
;使用资源:累加器 A,IAP_OK_Symbol
;IAP_First_ADR      ds.b 3              ;存放 Flash ROM 存储单元的地址
;IAP_OK_Symbol      ds.b 1              ;IAP 编程成功标志(成功时 IAP_OK_Symbol 不为 0)
.FlashROM_Byte_Write.L
    MOV IAP_OK_Symbol, #4               ;定义可重复写入操作的最大次数
    PUSH R00
    LD R00, A                           ;写入内容暂时保存到 R00 单元中
    LDF A,[IAP_First_ADR.e]             ;取出目标单元的内容
    CP A, R00                           ;目标单元内容与写入信息比较
    JREQ FlashROM_byte_write_exit       ;相同,则不执行写入操作
    MOV FLASH_PUKR, #56H                ;向 Flash ROM 写保护寄存器 FLASH_PUKR 连续写入
                                        ;56H、AEH
```

```
        MOV FLASH_PUKR, #0AEH          ;解除写保护状态
        MOV FLASH_CR1, #00             ;IE 为 0，即查询方式；FIX 为 0，自动选择编程周期
                                       ;由于 Flash ROM 写入时，程序处于暂停状态，完全可用
                                       ;查询方式
FlashROM_byte_write_LOOP1.L
        LD A, R00                      ;取出写入的信息
        LDF [IAP_First_ADR.e], A       ;加载，对 Flash ROM 存储单元写入信息
FlashROM_byte_write_wait1.L
        LD A, FLASH_IAPSR              读状态寄存器
        BCP A, #01H                    ;仅保留 b0 位
        JREQ FlashROM_byte_write_next1 ;b0(WR_PG_DIS)为 0，表示没有向保护页写入，可继续
                                       ;操作
        MOV IAP_OK_Symbol, #80H        ;向保护页写入，将错误标志置 1
        JRT FlashROM_byte_write_exit1
FlashROM_byte_write_next1.L
        BCP A, #04H                    ;仅保留 b2 位
        JREQ FlashROM_byte_write_wait1 ;编程操作未结束，继续等待
;校验
        LDF A,[IAP_First_ADR.e]
        CP A, R00
        JREQ FlashROM_byte_write_exit1
;校验不正确，重复编程操作，直到指定的重复写入次数为 0
        DEC IAP_OK_Symbol
        JRNE FlashROM_byte_write_LOOP1 ;写入次数减 1 不为 0，跳转
FlashROM_byte_write_exit1.L
        BRES    FLASH_IAPSR,#1         ;清除 PUL 位，恢复 Flash ROM 存储器的写保护状态
FlashROM_byte_write_exit.L
        POP R00
        RETF
        DC.B 05H,05H,05H,05H           ;由 4 字节非法指令码 05H 构成的软件陷阱
```

当需要向 Flash ROM 主存储区写入 1 字节的信息时，按如下步骤初始化后，执行 CALLF 指令即可。

```
        MOV {IAP_First_ADR+0}, #xxH    ;初始化 Flash ROM 存储单元地址高 16 位
        MOV {IAP_First_ADR+1}, #xxH    ;初始化 Flash ROM 存储单元地址高 8 位
        MOV {IAP_First_ADR+2}, #xxH    ;初始化 Flash ROM 存储单元地址低 8 位
        LD A, #xxH                     ;初始化写入内容
        CALLF FlashROM_Byte_Write      ;调用 Flash ROM 字节编程子程序
```

3. 对选项字节编程

对选项字节编程的操作非常类似于对 Data E^2PROM 的字节编程，唯一区别是需通过 FLASH 控制寄存器 FLASH_CR2、FLASH_NCR2 开放选项字节的编程操作。

例 3.3.3 以查询方式确定编程操作是否结束的选项字节编程操作子程序。

```
;------入口参数:
;                    :选项字节地址存放在索引寄存器 X 中
;                    :写入内容存放在累加器 A 中
;------出口参数:操作成功, IAP_OK_Symbol 单元不是 0.
;------使用资源:索引寄存器 X,累加器 A
.OPTION_BYTE_WRITE.L
        MOV IAP_OK_Symbol, #4         ;定义允许重复写入操作的最大次数
        CP A, (X)                     ;写入信息与存储单元内容比较
        JREQ option_byte_write_return ;相同, 则无须执行写入操作
        MOV FLASH_DUKR, #0AEH         ;向 E²PROM 写保护寄存器 FLASH_DUKR 连续写入
        MOV FLASH_DUKR, #56H          ;AEH、56H, 解除写保护状态
        MOV FLASH_CR1, #00            ;IE 为 0, 即查询方式; FIX 为 0, 自动选择编程周期
        MOV FLASH_CR2, #80H           ;将 FLASH_CR2 寄存器的 b7 位(OPT)置 1, 允许选项字
                                      ;节编程
        MOV FLASH_NCR2, #7FH          ;将 FLASH_NCR2 寄存器的 b7 位(NOPT)清 0, 允许选项
                                      ;字节编程
option_byte_write_LOOP1.L
        LD (X), A                     ;加载
option_byte_write_wait1.L
        BTJF FLASH_IAPSR,#2, option_byte_write_wait1 ;查询等待编程操作结束
        ;-----校验写入信息----
        CP A, (X)
        JREQ option_byte_write_exit   ; 校验正确, 则退出
        ;不正确, 则继续, 直到指定的重复写入次数为 0
        DEC IAP_OK_Symbol
        JRNE option_byte_write_LOOP1  ;减 1, 不等于 0, 则继续
option_byte_write_exit.L
        BRES FLASH_IAPSR,#3           ;清除 DUL 位, 恢复写保护状态
        ;由于 OPT 控制位在编程结束后不自动清 0, 一定要手工清除相关的标志
        BRES FLASH_CR2, #7            ;将 FLASH_CR2 寄存器的 b7 位(OPT)清 0, 禁止选项字
                                      ;节编程
        BSET FLASH_NCR2, #7           ;将 FLASH_NCR2 寄存器的 b7 位(NOPT)置 1, 禁止选项
                                      ;字节编程
option_byte_write_return.L
        RETF
```

```
        DC.B 05H,05H,05H,05H            ;由 4 字节非法指令码 05H 构成的软件陷阱
```
这样就可以通过以下指令对指定选项字节进行编程：
```
        LD A, #xxH                      ;写入内容送累加器 A
        LDW X, #xxxxH                   ;选项字节单元地址送索引寄存器 X
        CALLF OPTION_BYTE_WRITE  ;调用选项字节编程子程序，完成对应选项字节的编程
```
值得注意的是，通过 IAP 编程方式修改了 OPT 选项字节的内容后，芯片并没有按设定的内容运行，必须重新复位，原因是 CPU 只在复位过程中读取 OPT 选项内容并初始化芯片的硬件配置。

3.3.2 字编程

字编程操作与字节编程操作规则相同，通过 FLASH 控制寄存器 FLASH_CR2、FLASH_NCR2 允许字编程操作后，可一次连续写入 4 字节，但其目标地址必须始于字的首地址，即存储单元的末位地址码必须为 00B 或十六制的 0H、4H、8H、CH，装入时必须从字的首地址开始。

1. 查询方式

例 3.3.4 E^{2}PROM 存储区字编程操作子程序。
```
        ;eeprom 字编程操作子程序
        ;------入口参数:
        ;eeprom 字首地址存放在索引寄存器 X 中(操作结束后首地址不变)
        ;写入内容存放在写入缓冲区 IAP_write_data_buffer 中
        ;-----出口参数：操作成功,IAP_OK_Symbol 单元不是 0
        ;-----使用资源:索引寄存器 X,累加器 A,IAP_OK_Symbol 单元
        ;IAP_OK_Symbol    ds.b      1       ;IAP 编程成功标志(成功时 IAP_OK_Symbol 不为 0)
        ;IAP_write_data_buffer DS.B    4     ;缓冲区大小为 4 字节
.eeprom_WORD_WRITE.L                        ;写入内容在写入缓冲区 IAP_write_data_buffer 中
                                            ;eeprom 字首地址在索引寄存器 X 中
        MOV IAP_OK_Symbol, #4               ;定义允许重复操作的最大次数
        MOV FLASH_DUKR, #0AEH               ;向 E$^2$PROM 写保护寄存器 FLASH_DUKR 连续
        MOV FLASH_DUKR, #56H                ;写入 AEH、56H，解除写保护
        MOV FLASH_CR1, #00                  ;IE 为 0，即查询方式；FIX 为 0，自动选择编程周期
eeprom_word_write_LOOP1.L
        MOV   FLASH_CR2, #40H               ;将 FLASH_CR2 寄存器的 b6 位(WPRG)置 1，选择字编
                                            ;程方式
        MOV   FLASH_NCR2, #0BFH            ;将 FLASH_NCR2 寄存器的 b6 位(NWPRG)清 0，选择字
                                            ;编程方式
        ;------对 E$^2$PROM 存储器进行加载------
        LD A, {IAP_write_data_buffer+0} ;取第 0 字节
        LD (0,X), A
```

```
        LD A, {IAP_write_data_buffer+1} ;取第 1 字节
        LD (1,X), A
        LD A, {IAP_write_data_buffer+2} ;取第 2 字节
        LD (2,X), A
        LD A, {IAP_write_data_buffer+3} ;取第 3 字节
        LD (3,X), A
        ;------加载结束，自动启动 E²PROM 内部的写操作------
eeprom_word_write_wait.L
        BTJF FLASH_IAPSR,#2, eeprom_word_write_wait ;查询等待
        ;------校验------
        LD    A, (0,X)                              ;取 0 号单元
        XOR A, {IAP_write_data_buffer+0}
        JRNE eeprom_word_write_next1               ;校验不正确，跳转
        LD    A, (1,X)                              ;取 1 号单元
        XOR A, {IAP_write_data_buffer+1}
        JRNE eeprom_word_write_next1               ;校验不正确，跳转
        LD    A, (2,X)                              ;取 2 号单元
        XOR A, {IAP_write_data_buffer+2}
        JRNE eeprom_word_write_next1               ;校验不正确，跳转
        LD    A, (3,X)                              ;取 3 号单元
        XOR A, {IAP_write_data_buffer+3}
        JREQ eeprom_word_write_exit                ;最后一个字节校验正确
eeprom_word_write_next1.L
        ;校验错误，重新装入，直到指定的重复写入次数为 0
        DEC IAP_OK_Symbol               ;写入次数减 1,不为 0,则继续
        JRNE eeprom_word_write_LOOP1
eeprom_word_write_exit.L
        BRES    FLASH_IAPSR,#3                      ;清除 DUL 位,恢复写保护状态
        RETF
        DC.B 05H,05H,05H,05H                        ;由 4 字节非法指令码 05H 构成的软件陷阱
```

当需要向 E²PROM 存储区写入字信息时，按如下步骤初始化后，执行 CALLF 指令即可。

```
    ;初始化写入缓冲区
    MOV {IAP_write_data_buffer+0}, #xxH
    MOV {IAP_write_data_buffer+1}, #xxH
    MOV {IAP_write_data_buffer+2}, #xxH
    MOV {IAP_write_data_buffer+3}, #xxH
    ;初始化 e²prom 字首地址
    LDW X, #xxxxH               ;E²PROM 字首地址送 X 寄存器 (E²PROM 地址空间在
                                ;64 KB 范围内,可采用 16 位地址形式)
```

```
        CALLF eeprom_WORD_WRITE        ;调用 e²prom 字编程子程序
```

对 Flash ROM 主存储区字写入的操作情况类似，只需将 DataFlash 控制寄存器(位)更换为对应的 Flash ROM 控制寄存器(位)。不过 Flash ROM 存储区的地址范围可能超过 64 KB，需要使用 24 位地址表示，参考程序如例 3.3.5 所示。

例 3.3.5 Flash ROM 存储区字编程操作子程序。

```
        ;Flash ROM 字编程操作子程序
          ;------入口参数:
        ;              Flash ROM 字首地址存放在 IAP_First_ADR 中(操作结束后首地址不变)
        ;              写入内容存放在写入缓冲区 IAP_write_data_buffer
        ;-----出口参数：操作成功,IAP_OK_Symbol 单元不是 0
        ;-----使用资源:累加器 A,IAP_OK_Symbol 单元
        ;IAP_First_ADR          ds.b  3   ;存放 Flash ROM 字(4 字节)存储单元的首地址
        ;IAP_OK_Symbol          ds.b  1   ;IAP 编程成功标志(成功时 IAP_OK_Symbol 不为 0)
        ;IAP_write_data_buffer DS.B 4     ;缓冲区大小为 4 字节
        .FlashROM_WORD_WRITE.L           ;写入内容在写入缓冲区 IAP_write_data_buffer 中
                                         ;Flash ROM 字存储单元首地址在 IAP_First_ADR 中
        PUSH R00                         ;下面编程操作指令中使用了 R00 存储单元
        MOV IAP_OK_Symbol, #4            ;定义允许重复写入操作的最大次数
        MOV FLASH_PUKR, #56H             ;向 Flash ROM 解保护寄存器 FLASH_PUKR
        MOV FLASH_PUKR, #0AEH            ;连续写入 56H、AEH，解除写保护
        MOV FLASH_CR1, #00               ;IE 为 0，即查询方式；FIX 为 0，自动选择编程周期
        ;由于写入 Flash ROM 时，程序处于停止状态，因此没有必要用中断方式
        MOV R00, {IAP_First_ADR+2}       ;把首地址低 8 位保存在 R00 单元中
FlashROM_word_write_LOOP1.L
        MOV    FLASH_CR2, #40H           ;将 FLASH_CR2 寄存器的 b6 位(WPRG)置 1，选择字编
                                         ;程方式
        MOV    FLASH_NCR2, #0BFH         ;将 FLASH_NCR2 寄存器 b6 位(NWPRG)清 0，选择字编
                                         ;程方式
        ;------对 Flash ROM 存储器进行加载------
        LD A, {IAP_write_data_buffer+0}  ;取第 0 字节
        LDF [IAP_First_ADR.e], A
        LD A, {IAP_write_data_buffer+1}  ;取第 1 字节
        INC {IAP_First_ADR+2}
        LDF [IAP_First_ADR.e], A
        LD A, {IAP_write_data_buffer+2}  ;取第 2 字节
        INC {IAP_First_ADR+2}
        LDF [IAP_First_ADR.e], A
        LD A, {IAP_write_data_buffer+3}  ;取第 3 字节
        INC {IAP_First_ADR+2}
```

```
            LDF [IAP_First_ADR.e], A
        ;------加载结束，Flash ROM 存储器内部自动启动写入操作------
        FlashROM_word_write_wait.L
            BTJF FLASH_IAPSR,#2, FlashROM_word_write_wait  ;查询等待
        ;------校验------
            MOV {IAP_First_ADR+2}, R00              ;取首地址低 8 位
            LDF A, [IAP_First_ADR.e]                ;取 0 号单元
            XOR A, {IAP_write_data_buffer+0}
            JRNE FlashROM_word_write_next1          ;校验不正确，跳转
            INC {IAP_First_ADR+2}                   ;下移一个 Flash 存储单元, 指向 1 号单元
            LDF A, [IAP_First_ADR.e]
            XOR A, {IAP_write_data_buffer+1}
            JRNE FlashROM_word_write_next1          ;校验不正确，跳转
            INC {IAP_First_ADR+2}                   ;下移一个 Flash 存储单元, 指向 2 号单元
            LDF A, [IAP_First_ADR.e]
            XOR A, {IAP_write_data_buffer+2}
            JRNE FlashROM_word_write_next1          ;校验不正确，跳转
            INC {IAP_First_ADR+2}                   ;下移一个 Flash 存储单元, 指向 3 号单元
            LDF A, [IAP_First_ADR.e]
            XOR A, {IAP_write_data_buffer+3}
            JRNE FlashROM_word_write_next1          ;校验不正确，跳转
        ;-------校验正确!
            MOV {IAP_First_ADR+2}, R00              ;取首地址低 8 位
            JRT FlashROM_word_write_exit
        FlashROM_word_write_next1.L
            MOV {IAP_First_ADR+2}, R00              ;取首地址低 8 位
            DEC IAP_OK_Symbol                       ;写入次数减 1, 不为 0, 则继续
            JRNE FlashROM_word_write_LOOP1
        FlashROM_word_write_exit.L
            BRES   FLASH_IAPSR,#1                   ;清除 PUL 位,恢复写保护状态
            POP   R00
            RETF
            DC.B 05H,05H,05H,05H                    ;由 4 字节非法指令码 05H 构成的软件陷阱
```

当需要向 Flash ROM 主存储区写入一个字的信息时，按如下步骤初始化后，执行
CALLF 指令即可。

```
            MOV {IAP_write_data_buffer+0}, #xxH     ;初始化缓冲区
            MOV {IAP_write_data_buffer+1}, #xxH
            MOV {IAP_write_data_buffer+2}, #xxH
            MOV {IAP_write_data_buffer+3}, #xxH
```

```
;------初始化 Flash ROM 字首地址
    MOV {IAP_First_ADR+0}, #xxH        ;字存储单元首地址高 16 位
    MOV {IAP_First_ADR+1}, #xxH        ;字存储单元首地址高 8 位
    MOV {IAP_First_ADR+2}, #xxH        ;字存储单元首地址低 8 位
    CALLF FlashROM_WORD_WRITE          ;调用 Flash ROM 字编程子程序
```

2. 中断方式

以上例子通过查询方式确认编程操作是否结束，由于 E^2PROM 写入速度慢，因此，对于 E^2PROM 支持 RWW 操作的 STM8S 系列 MCU 芯片，也可以采用中断方式确定编程操作是否结束。不过在每次 E^2PROM 写入前，必须检查 HVOFF 标志位，避免上一次编程高压操作未结束时，又启动了新的编程进程，造成数据丢失，参考程序如例 3.3.6 所示。

例 3.3.6 E^2PROM 存储区字编程操作子程序(中断方式)。

```
IAP_First_ADR  ds.b  2          ;存放 E²PROM 字存储单元的首地址
IAP_OK_Symbol ds.b   1          ;IAP 编程成功标志(成功时 IAP_OK_Symbol 小于 80H)
IAP_write_data_buffer ds.b  4   ;数据缓冲区大小为 4 字节
;E²PROM 字编程操作通过中断方式确认编程操作是否结束的子程序
;------入口参数:
;          E²PROM 字首地址在 IAP_First_ADR 字存储单元中
;          写入内容在写入缓冲区 IAP_write_data_buffer
;-----出口参数：操作成功, IAP_OK_Symbol 单元内容为 1~4 之间，0 是失败，80H 是编程高压
;              未关闭
;-----使用资源：累加器 A
.EEPROM_Int_WORD_WRITE.L
    MOV IAP_OK_Symbol, #80H    ;先将操作标志置为编程高压 HVOFF 未关闭状态
    BTJF FLASH_IAPSR,#6, eeprom_Int_word_write_Exit   ;检查HVOFF标志是否为1(高压操作结束)
    ;编程高压操作结束，可以启动新的编程进程
    MOV IAP_OK_Symbol, #4      ;定义可以重复写入的最大次数
    MOV FLASH_DUKR, #0AEH      ;向 E²PROM 写保护寄存器 FLASH_DUKR 连续写入 AEH、56H
    MOV FLASH_DUKR, #56H       ;解除写保护状态
    MOV FLASH_CR1, #02H        ;IE 为 1，采用中断方式；FIX 为 0，自动选择编程周期
    MOV FLASH_CR2, #40H        ;将 FLASH_CR2 寄存器的 b6 位(WPRG)置 1，选择字编程方式
    MOV FLASH_NCR2, #0BFH      ;将 FLASH_NCR2 寄存器的 b6 位(NWPRG)清 0，选择字编程
                              ;方式
;------加载------
    LDW X, IAP_First_ADR}      ;E²PROM 字存储单元首地址存放在 IAP_First_ADR 字单元中
    LD A, {IAP_write_data_buffer+0}  ;取第 0 字节
    LD (0,x), A
    LD A, {IAP_write_data_buffer+1}  ;取第 1 字节
    LD (1,x), A
```

```
    LD A, {IAP_write_data_buffer+2}        ;取第 2 字节
    LD (2,x), A
    LD A, {IAP_write_data_buffer+3}        ;取第 3 字节
    LD (3,x), A                            ;送最后 1 字节，启动写入操作过程
eeprom_Int_word_write_Exit.L
    RETF
    DC.B 05H,05H,05H,05H                   ;由 4 字节非法指令码 05H 构成的软件陷阱
```

相应的 E^2PROM 编程中断服务参考程序如下：

```
    Interrupt EEPROM_Int_Proc
EEPROM_Int_Proc.L
    BTJF FLASH_IAPSR,#2, EEPROM_Int_Proc_Return   ;不是编程结束标志 EOP 引起，退出
    ;编程结束 EOP 标志为 1 引起(在读标志位的同时，自动清除了 EOP 标志)
    ;------校验------
    LDW X, IAP_First_ADR          ;写入 E²PROM 字单元首地址存放在 IAP_First_ADR 字单元中
    LD A, (0,X)
    XOR A, {IAP_write_data_buffer +0}
    JRNE EEPROM_Int_Proc_next1    ;转入错误处理
    LD A, (1,X)
    XOR A, {IAP_write_data_buffer +1}
    JRNE EEPROM_Int_Proc_next1    ;转入错误处理
    LD A, (2,X)
    XOR A, {IAP_write_data_buffer +2}
    JRNE EEPROM_Int_Proc_next1    ;转入错误处理
    LD A, (3,X)
    XOR A, {IAP_write_data_buffer +3}
    JREQ EEPROM_Int_Proc_exit     ;校验正确，退出
    ;校验错误
EEPROM_Int_Proc_next1.L
    DEC IAP_OK_Symbol
    JREQ EEPROM_Int_Proc_exit     ;写入次数减 1，为 0，退出
    ;写入次数减 1，不为 0，则重新加载
    MOV FLASH_CR2, #40H      ;将 FLASH_CR2 寄存器的 b6 位(WPRG)置 1，选择字编程方式
    MOV FLASH_NCR2, #0BFH    ;将 FLASH_NCR2 寄存器的 b6 位(NWPRG)清 0，选择字编程
                            ;方式
    LDW X, IAP_First_ADR          ;写入 E²PROM 字单元首地址存放在 IAP_First_ADR 字单元中
    LD A, {IAP_write_data_buffer +0}    ;取第 0 字节
    LD (0,X), A
    LD A, {IAP_write_data_buffer +1}    ;取第 1 字节
    LD (1,X), A
```

```
    LD A, {IAP_write_data_buffer +2}      ;取第 2 字节
    LD (2,X), A
    LD A, {IAP_write_data_buffer +3}      ;取第 3 字节
    LD (3,X), A                           ;送最后 1 字节,启动写入操作过程
    JRT EEPROM_Int_Proc_ Return           ;退出等待中断再次发生
EEPROM_Int_Proc_exit.L
    BRES   FLASH_IAPSR,#3                 ;清除 DUL 位,恢复写保护状态
EEPROM_Int_Proc_ Return.L
    IRET
    DC.B 05H,05H,05H,05H                  ;由 4 字节非法指令码 05H 构成的软件陷阱
```

这样,当需要向 E^2PROM 存储区写入 4 字节的信息时,按如下步骤初始化后,再执行 CALLF 指令即可。

```
    MOV {IAP_write_data_buffer+0}, #xxH        ;初始化缓冲区
    MOV {IAP_write_data_buffer+1}, #xxH
    MOV {IAP_write_data_buffer+2}, #xxH
    MOV {IAP_write_data_buffer+3}, #xxH
;------初始化 EEPROM 字首地址
    MOV {IAP_First_ADR+0}, #xxH               ;字首地址高 8 位
    MOV {IAP_First_ADR+1}, #xxH               ;字首地址低 8 位
```

3.3.3　块编程

STM8S 系列 MCU 芯片的 Data E^2PROM 和 Flash ROM 均支持块编程操作,效率比字节、字编程要高得多,毕竟一次可同时写入一块(64 字节或 128 字节)。所不同的是块编程方式要求执行编程操作的程序代码必须部分,甚至全部位于 RAM 中,给程序编写带来了一定的难度。

STM8S 系列 MCU 芯片的 Data E^2PROM 和 Flash ROM 支持标准块编程、快速块编程(要求编程前块内容为空白)以及块擦除三种方式,彼此之间差别不大,下面以 Flash ROM 标准块编程为例,介绍块编程思路及具体实现方法。

对于中高密度芯片来说,块大小为 128 B,因此需要在 RAM 存储空间的堆栈段前使用 256 字节作为写入缓冲区与写入代码存放区,参考程序段如下:

```
IAP_First_ADR          ds.b 3        ;存放 Flash ROM 块的首地址
IAP_OK_Symbol ds.b  1                ;IAP 编程成功标志(成功时 IAP_OK_Symbol 不为 0)
 segment byte at D00-DFF 'ram2'       ;将 D00~DFF 的 RAM 存储单元定义为 ram2 段
IAP_write_data_buffer  DS.B 128       ;缓冲区大小为 128 字节
FlashROM_Block_WIRE_CODE DS.B 128     ;Flash ROM 块编程代码区(必须控制在 128 B 内)
                                      ;起始位置
```

接着,在程序初始化部分将位于 Flash ROM 中的块编程代码拷贝到 ram2 段中 Flash ROM 块写入操作码起始位置,参考程序如下:

```
    ;编程代码转移指令系列
```

```
        LDW X, #FlashROM_Block_WIRE
        LDW Y, #FlashROM_Block_WIRE_CODE
main_FlashROM_Block_W_COPY1:
        LD A, (X)
        LD (Y), A
        INCW Y
        INCW X
        CPW X, #FlashROM_Block_WIRE_END
        JRULE main_FlashROM_Block_W_COPY1      ;小于等于继续
```

位于 Flash ROM 存储区内的标准块编程指令系列(不含有绝对跳转指令,如 JP、JPF 等,代码长度不超过 128 字节)如下:

```
;Flash ROM 块编程操作子程序
;------入口参数:
;            Flash ROM 块首地址在 IAP_First_ADR 中
;            写入内容在写入缓冲区 IAP_write_data_buffer
;-----出口参数: 操作成功,IAP_OK_Symbol 单元不是 0
;-----使用资源: 累加器 A 及索引寄存器 X,存储单元 R00、R01
BLOCK_SIZE EQU 128            ;块大小(中高密度为 128 B、低密度为 64 B)
FlashROM_Block_WRITE:          ;写入内容存放在写入缓冲区 IAP_write_data_buffer
                              ;Flash ROM 块首地址存放在 IAP_First_ADR 中
    MOV FLASH_PUKR, #56H      ;向 Flash ROM 写保护寄存器 FLASH_PUKR 连续写入 56H、AEH
    MOV FLASH_PUKR, #0AEH     ;解除写保护状态
    MOV IAP_OK_Symbol, #4     ;定义可重复写入操作的最大次数
    MOV  FLASH_CR1, #00       ;IE 为 0, 即查询方式; FIX 为 0, 自动选择编程周期
    MOV R01, {IAP_First_ADR+2} ;保存块首低位地址
FlashROM_Block_write_LOOP1:
    MOV   FLASH_CR2, #01H     ;将 FLASH_CR2 寄存器的 b0 位(PRG)置 1, 选择块编程方式
    MOV   FLASH_NCR2, #0FEH   ;将 FLASH_NCR2 寄存器的 b0 位 (NPRG)清 0, 选择块编程
                             ;方式
;------对 Flash ROM 存储器整块进行加载------
    MOV R00, #BLOCK_SIZE      ;要装载的字节数
    LDW X, #IAP_write_data_buffer;写入数据缓冲区首地址送寄存器 X
FlashROM_Block_write_LOOP11:
    LD A, (X)                ;取操作数
    LDF [IAP_First_ADR.e],A   ;由于 Flash ROM 地址范围可能超出 FFFFH,因此采用 24 位地
                             ;址形式
    INC {IAP_First_ADR+2}     ;由于块大小只有 128 B(对中高密度芯片)或 64 B(对低密度芯
                             ; 片), 因此块地址单元中低 8 位为 x0000000B 或 xx000000B
    INCW X
```

```
    DEC R00
    JRNE FlashROM_Block_write_LOOP11
    ;加载操作结束，Flash ROM 存储器内部自动启动写入操作
FlashROM_Block_write_wait:
    BTJF FLASH_IAPSR,#2, FlashROM_Block_write_wait  ;查询等待写入操作是否结束
;------校验------
    MOV {IAP_First_ADR+2}, R01          ;恢复块首地址
    MOV R00, #BLOCK_SIZE                ;要校验的字节数
    LDW X, #IAP_write_data_buffer       ;缓冲区首地址送寄存器 X 中
FlashROM_Block_write_LOOP12:
    LDF A, [IAP_First_ADR.e]
    XOR A, (X)
    JRNE   FlashROM_Block_write_next1   ;校验错误，跳转
    ;本单元校验正确
    INC {IAP_First_ADR+2}               ;由于块大小只有 128 B(对中高密度芯片)或 64 B(对
                                        ;低密度芯片),因此块地址单元中低 8 位为 x0000000B
                                        ;或 xx000000B
    INCW X
    DEC R00
    JRNE FlashROM_Block_write_LOOP12
    ;整个模块校验正确
    MOV {IAP_First_ADR+2}, R01          ;恢复块首地址
    JRT FlashROM_Block_write_exit;校验正确!
FlashROM_Block_write_next1:
    ;校验错误，恢复块首地址后重新加载，再启动写入操作
    MOV {IAP_First_ADR+2}, R01          ;恢复块首地址
    DEC IAP_OK_Symbol
    JRNE FlashROM_Block_write_LOOP1
FlashROM_Block_write_exit:
    BRES   FLASH_IAPSR,#1               ;清除 PUL 位,恢复写保护状态
    RETF
FlashROM_Block_WIRE_END:
```

这样，当需要执行块写入操作时，可按照如下方式调用，执行标准块写入操作：

```
    LDW X, #IAP_write_data_buffer
    LD (X), #xxH                    ;初始化缓冲区指令系列
    MOV {IAP_First_ADR+0}, #xxH     ;初始化块首地址高 16 位
    MOV {IAP_First_ADR+1}, #xxH     ;初始化块首地址高 8 位
    MOV {IAP_First_ADR+2}, #xxH     ;初始化块首地址低 8 位
    CALL FlashROM_Block_WRITE_CODE  ;RAM2 段中定义的标准块编程代码首地址标号
```

当写入的内容小于块容量时，可采用读(把整块读入缓冲区内)→改(改写指定的字节)→写(再写入 Flash ROM 对应块)方式进行。

习 题 3

3-1　STM8S 系列 MCU 芯片存储单元采用大端存储方式，请指出立即数 1234H 在 0100H 存储单元中的存放规则。

3-2　UBC 存储区具有什么特征？可包含什么类型的信息？对于 STM8S207 芯片来说，如果 OPT1 内容为 34H，请指出 UBC 存储区的地址范围、大小。

3-3　简述 STM8S 系列 MCU 芯片读保护(ROP)的特性及操作方法。

3-4　用 IAP 方式对 Flash ROM 进行编程操作时，如何判别 FLASH_IAPSR 寄存器中的 EOP 及 WR_PG_DIS 位是否有效？

3-5　通过中断方式确定编程是否结束时，需要注意什么？

3-6　对 Flash ROM 进行 IAP 编程时，为什么无须采用中断方式判别编程是否结束？

3-7　E^2PROM、Flash ROM 块编程操作对代码存放位置有什么要求？

3-8　写出 E^2PROM IAP 标准块编程子程序(用中断方式判别编程是否已结束)。

第 4 章　STM8 内核 CPU 指令系统

本章在介绍 STM8 内核 CPU 指令系统时，为方便叙述，使用了下列符号及约定：

(1) #Byte，8 位立即数；#Word，16 位立即数。其中的"#"号是立即数的标识符，常用于初始化 RAM 单元、CPU 内核寄存器以及可写入的外设寄存器。

(2) reg：CPU 内的寄存器，在字节操作指令中，可以是 A、XL、XH、YL、YH、CC；在字操作指令中，可以是 X、Y 或 SP。

(3) mem：支持直接、间接、变址等多种寻址方式的存储单元。其中 shortmem 为 8 位直接地址，即 0000 页内的存储单元；longmem 为 16 位直接地址，即 00 段内的存储单元；extmem 表示 24 位直接地址，即 16 MB 存储空间内 000000～FFFFFFH 之间的任一存储单元。

(4) shortoff 为 8 位(1 字节)偏移地址；longoff 为 16 位(2 字节)偏移地址；extoff 为 24 位(3 字节)偏移地址。

(5) rr 表示补码形式的 8 位相对偏移量，范围为-128～+127。

(6) 指令执行时间用"机器周期"度量。例如，"LD A, XL"指令的执行时间为一个机器周期。在 STM8 内核 CPU 中，一个机器周期仅包含 1 个时钟周期。

(7) 指令机器码(简称指令码)一律用十六进制书写。

(8) CPU 内寄存器名，如累加器 A，索引寄存器 X、Y 等，用大小写均可；而外设寄存器名一律用大写，原因是在 ST 官网提供的外设寄存器定义文件中，外设寄存器名均用大写形式表示。

(9) 指令操作码助记符、伪指令助记符用大小写均可。但为便于区分英文字母 L 的小写形态"l"与数字"1"，指令操作码助记符、伪指令助记符建议用大写。

4.1　ST 汇编语言格式及其伪指令

4.1.1　ST 汇编常数表示法

在缺省状态下，ST 汇编中的数制采用 Motorola 汇编格式，与 Intel 汇编表示方式不同。其中，二进制、十六进制、十进制数表示方式如下：

%10100101——二进制数表示方式(用"%"作前缀，表示随后的数为二进制数)。

$5A——十六进制数表示方式(用"$"作前缀，表示随后的数为十六进制数)。

12——十进制数表示方式(没有前、后缀标识符)。

*——表示程序计数器 PC 的当前值。

不过，如果程序员习惯了 Intel 汇编数制表示方式，可在程序中使用 Intel 伪指令，指示程序中随后的数据格式采用 Intel 汇编格式。例如：

Intel   ;提示随后的指令系列采用 Intel 汇编格式数制

即

10100101B——二进制数表示方式(用"B"作后缀，表示该数为二进制数)

5AH——十六进制数表示方式(用"H"作后缀，表示该数为十六进制数，对于 A～F 打头的十六进制数，尚需要加前导标志"0"，如 A5H，应写为 0A5H)

12——十进制数表示方式(没有前、后缀标识符)

$——表示程序计数器 PC 的当前值。

4.1.2　ST 汇编语言格式

ST 汇编语言格式与 Intel 汇编语言格式基本相同，如下所示：

[标号[:]] 操作码助记符 [第一操作数], [第二操作数], [第三操作数][;注释]

举例：

Next: ADD A, $10   ;累加器 A 与 10H 单元内容相加，结果保存到累加器 A 中

BTJT $1000, #2, LOOP1   ;若 1000H 单元的 b2 位为 1，则跳转到 LOOP1 标号处执行

操作码助记符是指令功能的英文缩写，必不可少。例如，用"ADD"作为加法指令的操作码助记符，用"BTJT(Bit Test and Jump if True)"作为"位测试为真"转移指令的操作码助记符。

指令操作码助记符后是操作数，不同指令所包含的操作数的个数不同：有些指令，如空操作指令"NOP"就没有操作数；有些指令仅含有一个操作数，操作数与操作码之间用一个或多个"空格"隔开，如累加器 A 内容加 1 指令，表示为"INC A"，其中 INC 为指令操作码助记符，是英文"Increase"的缩写，A 是操作数；有些指令含有两个操作数，例如，将立即数 55H 传送到累加器 A 中的指令表示为"LD A,#$50"，其中 LD 是指令操作码助记符，第一操作数为累加器 A，第二操作数为"$50"，#表示立即数；有些指令含有三个操作数，如"当某存储单元指定位为 1 时转移"指令，用"BTJT $1000,#2,LOOP1"表示，其中 BTJT 是指令操作码助记符，LOOP1 是标号，即相对地址。在多操作数指令中，各操作数之间用","(英文逗号)隔开，","后面可以包含一个或多个空格，但不能含有"Tab"制表符，否则编译时无法识别。

在双操作数指令中，第一操作数有时称为"目的操作数"，第二操作数有时称为"源操作数"。

";"(英文分号)后的内容是注释信息。在指令后加注释信息是为了提高程序的可读性，以方便阅读、理解该指令或其下程序段的功能。汇编时，汇编程序不理会分号后的注释内容，换句话说，加注释信息不影响程序的汇编和执行，因此，注释信息可以加在指令行后，也可以单独占据一行。为使各指令行的注释信息对齐，可在指令行最后一个字符到";"之间插入多个空格或"Tab"制表符。

标号是符号化了的地址码，在分支程序中经常用到。标号由英文字母(大写、小写)、数字(0～9)及"_"(下划线)构成，最长为 30 个字符。注意："数字"不能作为标号的第一个字符。例如，"task1_next1"是合法标号；而"8ye_next1"不是合法标号，原因是首字符为数字 8。此外，在 ST 汇编中，要严格区分标号中英文字母的大小写。

　　在 ST 汇编中，位于 00 段内的地址标号后可带 ":" (英文冒号，长度属性视为.W 类型)，也可以不带冒号，且标号一律顶格书写。

　　标号分为三大类：公共标号(Public)，由本模块定义，在整个项目内有效，项目内另一模块引用时须用 Extern 伪指令申明；局部标号，仅在本模块内有效；外部标号(Extern)，由另一模块定义，且在定义模块内已声明为公共标号。此外，标号还具有长度属性——字节，00 页内的标号，带后缀.B；字标号，00 段内的标号，带后缀.W；长标号，存放位置没有限制的标号，带后缀.L。不带后缀长度属性说明符的标号一律默认为字标号，即.W 类型。

4.1.3　ST 汇编支持的关系运算符

　　ST 汇编指令中的常数，可以是二进制、十六进制、十进制常数，也可以是表 4.1.1 所示的关系运算符。

表 4.1.1　关 系 运 算 符

关　系　式		含　　　义
逻辑运算	-a	求 a 的补码
	a AND b	a∧b(逻辑与运算)
	a OR b	a∨b(逻辑或运算)
	a XOR b	a⊕b(逻辑异运算)
	a SHR b	对 a 右移位 b 次，高位补 0
	a SHL b	对 a 左移位 b 次，低位补 0
布尔运算	a LT b	If a < b, 结果为 1; 反之为 0
	a GT b	If a > b, 结果为 1; 反之为 0
	a EQ b	If a = b, 结果为 1; 反之为 0
	a GE b	If a≥b, 结果为 1; 反之为 0
	a NE b	If a≠b, 结果为 1; 反之为 0
求整取余运算	HIGH a	取 a 的高 8 位，即 INT(a/256)
	LOW a	取 a 的低 8 位，即 MOD(a/256)
	SEG a	取 a 的高 16 位，即 INT(a/65536)
	OFFSET a	取 a 的低 16 位，即 MOD(a/65536)
取反运算	BNOT a	对 a 的低 8 位取反
	WNOT a	对 a 的低 16 位取反
	INOT a	对 a 的 32 位取反
符号扩展	SEXBW a	将 8 位(字节)有符号数扩展为 16 位有符号数
	SEXBL a	将 8 位(字节)有符号数扩展为 32 位有符号数
	SEXWL a	将 16 位(字)有符号数扩展为 32 位有符号数
算术运算	a*b(a MULT b)	a × b[①]
	a/b(或 a DIV b)	a ÷ b[②]
	a − b	a − b
	a + b	a + b

---

① 尽管有时 "＊" 与 MULT 等效，但使用 MULT 作为乘运算符更加可靠。

② 尽管有时 "／" 与 DIV 等效，但使用 "a DIV b" 表示方式更加可靠。

在表 4.1.1 中：

(1) a、b 均为非负的整数。

(2) 当指令中的常数为关系运算式的结果时，必须用"{}"(花括号)将关系运算符括起来。例如：

```
LD A, #{HIGH 1234H}      ;该指令的含义是将 1234H 常数的高 8 位 12H 送累加器 A
LDW X, #{45 MULT 36}     ;将 45×36 的运算结果送索引寄存器 X
LD A, #{BNOT 40H}        ;将常数 40H 取反后的结果(BFH)送累加器 A
```

(3) 由于在 STM8 内核 CPU 中没有位赋值指令，因此，"布尔运算符"仅出现在条件汇编伪指令中。

4.1.4 ST 汇编伪指令(Pseudoinstruction)

在汇编语言源程序中，除了包含可以转化为特定计算机系统的机器语言指令所对应的汇编语言指令外，还可能包含一些伪指令，如"#define""EQU""END"等。

伪指令的作用是：指导汇编程序(或编译器)对源程序进行汇编。

由于伪指令不是 CPU 指令，汇编时不产生机器码。显然，伪指令与 CPU 的类型无关，而与汇编程序(也称为汇编器或编译器)的版本有关。因此，在汇编语言源程序中引用某一条伪指令时，只需考虑用于将"汇编语言源程序"转化为对应 CPU 机器语言指令的"汇编程序"是否支持所用的伪指令。

下面简要介绍 ST 汇编程序各版本支持的、常见的伪指令。

1. 插入外部文件伪定义指令#include

插入外部文件伪指令格式如下：

```
#include <文件名>
```

常数、变量定义伪指令

在 ST 汇编中，常量、变量、标号等字符串的大小写要严格区分，例如"VAR1"与"var1"认为是两个不相关的字符串。

2. 常数定义伪指令#define

与 C 语言类似，可用#define 伪指令将常数、寄存器、寄存器中的指定位以及 I/O 引脚等重定义为某一字符串形式。

ST 汇编最多支持 4096 条#define 伪指令，格式如下：

```
#define  常量名  值            ;位于程序头内
```

例如：

```
#define VAR1 $30             ;常量 VAR1 被定义为 30H
```

如果在程序头部分使用 define 伪指令对 PD3 引脚数据输入寄存器重命名：

```
BRES PD_DDR, #3              ;0，输入。PD3 引脚定义为输入引脚
BSET PD_CR1, #3              ;1，上拉
BRES PD_CR2, #3             ; 0，禁止外中断功能
#Define TELE_In PD_IDR, #3   ; "PD_IDR, #3" 被定义为 TELE_In 字符串
```

之后，就可以在程序中直接引用，如下所示：

　　　　BTJT TELE_In, NEXT1　　　　　　　　　　;与 "BTJT PD_IDR, #3, NEXT1"指令等效

　　这种做法的好处非常明显：如果由于某种原因 TELE_In 信号不从 PD3 引脚输入，而是从其他引脚输入，那么仅需更换程序头中 Define 指令所指的寄存器名与引脚编号即可。

　　又如：

　　　　;输出引脚

　　　　BSET PD_DDR, #2　　　　　　　;1(输出)，输出允许 OE，在 PD 口的 b2 位

　　　　BSET PD_CR1, #2　　　　　　　;1,互补推挽方式

　　　　BRES PD_CR2, #2　　　　　　　;0,选择低速方式

　　　　#define OE_HT9170 PD_ODR, #2　;将 PD_ODR, #2 定义为 "OE_HT9170" 字符串

　　　　BSET OE_HT9170　　　　　　　;1，开始时 OE 置为 1(允许 HT9170 解码输出)

　　也可以用#define 伪指令定义外设控制寄存器、状态寄存器中的位，来提高源程序的可读性，如：

　　　　#define RST_SR_IWDGF　　RST_SR,#1　;将 "RST_SR,#1" 用 "RST_SR_IWDGF" 字符串取代

　　　　#define RST_SR_ILLOPF　　RST_SR,#2　;将 "RST_SR,#2" 用 "RST_SR_ILLOPF" 字符串取代

　　#define 定义的符号常量不支持重定义功能，即不能用另一#define 伪指令再定义同一字符常量，也不能用 EQU 伪指令再赋值。

　　2) EQU 与 CEQU 伪指令

　　可用 EQU(不支持重定义)以及 CEQU(可重定义)伪指令定义标号常量与变量,按标号格式书写。

　　在 ST 汇编中，EQU、CEQU 定义的常量、变量将视为标号。例如：

　　　　var2 EQU $30　　;把 var2 定义为 30H, var2 既可以视为常量，也可以视为变量；作变量时，是
　　　　　　　　　　　　;存储单元的地址

　　　　LD A, #var2　　　;立即数寻址，作常量

　　　　LD A, var2　　　;直接寻址，即存储单元地址，视为变量。该指令与 "LD A, $30" 指令等效

　　CEQU 伪指令的用法与 EQU 相似，唯一区别是用 CEQU 定义的标号常数、变量允许用另一 "CEQU" 伪指令重新定义。

　　由 EQU、CEQU 伪指令定义的标号常量、变量可以放在 RAM、ROM、E^{2}PROM 段中，不过最好放在程序头部分。

　　3) 标号属性说明伪指令 PUBLIC 与 EXTERN

　　无论是常量、变量对应的标号，还是程序中的目标地址标号，均存在三个属性：标号长度(字节标号、字标号、长标号)、作用范围(局部标号、全局标号以及外部标号)、关联性(绝对标号与相对标号)。

　　标号长度属性可用 ".B" (字节标号)、".W" (字标号)、".L" (长标号，3 字节)后缀符逐一指定，如下所示：

　　　　Labe_2.b　　　　EQU $30　　　　;字节标号

　　　　Labe_1.w　　　　EQU $30　　　　;等同于 "Labe_1 EQU $30"，字标号

　　　　Labe_2.L　　　　EQU $1230　　　;长标号(3 字节)

　　也可以用 "Bytes" "Words" 或 "Longs" 伪指令指定多个同一长度类型的标号，如下所示：

```
        Bytes                    ;将其下的所有标号指定为字节标号(8 位地址形式)
     R00  DS.B  1
     R01  DS.B  1
     R02  DS.B  1
        Words                    ;将其下的所有标号指定为字标号(16 位地址形式)
     R10  DS.B  1
     R11  DS.B  1
     R12  DS.B  1
```

凡是作用范围没有特别说明的标号,均属于局部标号,只在本模块内有效;对于全局标号,需用"PUBLIC"伪指令说明或前缀"."声明。例如:

```
     PUBLIC task_1,task_2    ;用 BUPLIC 伪指令声明,各标号之间用","(英文逗号)隔开
     .task_1                 ;直接用前缀点"."定义全局标号 task_1(推荐使用这一方式)
     .task_2                 ;直接用前缀点"."定义全局标号 task_2
```

本模块调用另一模块定义的全局标号时,应在模块头用"EXTERN"伪指令说明该标号来自其他模块。例如:

```
     EXTERN task_1, task_2   ;说明这两个标号来自其他模块
```

绝对标号常用于定义常量,源程序没有汇编时,标号的值是确定的,如用 EQU 或#define 指令定义的常量标号。相对标号包括转移指令中的地址标号、在 RAM 或 E²PROM 存储区内用 DS(包括 DS.B、DS.W、DS.L)伪指令定义的变量。相对标号的值,即对应的存储单元地址,必须经过编译、连接后才能确定。

4) 标号长度定义伪指令

位于特定段内的标号地址长度可以是 Byte、Word、Long,缺省时标号地址长度为 Word,但可以重新指定标号的地址长度。

例如,在起始地址为 0100 的 RAM 段中,标号地址长度为 16 位,但可以用后缀".L"指定为 24 位(3 字节)。例如:

```
     segment 'ram1'
        ⋮
     Variable.L              ;标号 Variable 的长度定义为 long(后缀.L)
        DS.B $50
```

但不能在起始地址为 0100 的段内,将标号定义为 Byte,因为其物理地址至少为 16 位;同理,也不能将位于 10000H 单元后的标号定义为.W 类型,因为其物理地址为 24 位,只能定义为.L 类型。

3. 段定义伪指令 Segment

段是汇编语言程序设计中常遇到的一个非常重要的概念,段与存储区关联。在 ST 汇编中,没有 ORG xxxxH 之类的伪指令,只能通过段定义指示其后的变量、指令码或数表从存储区的哪一单元开始存放。

在 ST 汇编中,段定义格式如下:

```
     [<name>] segment [<align>] [<combine>] 'class' [cod]
```

其中：

(1) name 为段名(最长为 12 个字符)，可选。

(2) align 为定位类型：可以是 Byte(字节，起始于任一地址)、Word(字，起始于 0、2、4 等偶数地址)、Long(4 字节，起始于 0、4、8、C)、Para(起始地址被 16 整除，即低 4 位地址为 0H)、64(起始地址被 64 整除，即低 8 位地址为 00、40H、80H 或 C0H)、128(起始地址被 128 整除，即低 8 位地址为 00 或 80H)、Page(起始地址被 256 整除，即低 8 位地址为 00)、1 K(起始地址被 1024 整除)、4 K(起始地址被 4096 整除)等。

(3) Combine 为组合类型：可以为 at:x[-y](段的起始地址与终了地址)、command(公共段)。当没有指定组合类型时，该段被分配到已定义的 Class(别名)相同的段后。别名相同的段只能用 at 组合类型定义一次起始地址和终了地址，否则编译、连接时地址分配不正确。

(4) Class 为段的别名。引号内为别名，最长为 30 字节，不能省略。

例如：

```
BYTES                    ; The following addresses are 8 bits long
segment byte at 00-FF 'ram0'    ;起始地址、终了地址均默认为十六进制，无须加 "H" 或 "$"
WORDS                    ; The following addresses are 16 bits long
segment byte at 4000-47FF 'eeprom'
WORDS                    ; The following addresses are 16 bits long
segment byte at 8080-27FFF 'rom'
```

在 ST 汇编中，一个模块内最多可定义 128 个段，但至少需要定义一个代码段。

例 4.1.1　在 E²PROM 段中用如下的段定义伪指令，强迫其后定义的变量从字边界开始存放。

```
segment Long 'eeprom'     ;定位类型为 Long，即从 4 字节边界开始。该段起始地址由前面
                          ;别名相同的段指定。
Var2 ds.b 2               ;标号 Var2 地址末位码为 0、4、8 或 C。
```

例 4.1.2　假设在中、高密度 STM8S207 芯片中，UBC 存储区内最后一个非空单元的地址为 0C328H，则可以通过如下段定义伪指令指定主存储区的起点。

```
segment   byte at C400  'rom2'     ;在 rom 段中定义一个名为 rom2 的段
```

考虑到在 STM8L 系列芯片中，块的最大容量仅为 256 字节，因此，在 STM8L 系列的中高密度芯片中，同样的问题最好用如下段定义伪指令指定主存储区的起点。

```
segment   Page   'rom'             ;在 rom 段中定义一个定位类型为 Page 的同名段(rom)
```

4. 中断服务程序定义伪指令 interrupt

中断服务程序定义伪指令结构如下：

```
Interrupt  中断入口标号
中断入口标号.L            ;中断服务程序入口地址标号
   ⋮                    ;中断服务程序指令系列
IRET                     ;中断返回指令
```

然后，将对应的中断服务程序入口地址标号填入相应的中断入口地址表中。

5. 常用条件汇编伪指令

ST 汇编支持条件汇编伪指令，常用的条件汇编伪指令结构如下：

第一种：

```
#IF {表达式}                ;表达式为真，则汇编随后的指令系列
    ⋮
#ELSE                      ;ELSE 可选
    ⋮
#ENDIF
```

第二种：

```
#IFdef  <变量、标号或字符串>  ;含义是指定的变量、标号或字符串存在，则汇编随后的
                           ;指令，与变量取值、标号地址码无关，也不支持运算符
    ⋮
#ELSE                      ; ELSE 可选
    ⋮
#ENDIF
```

6. 其他伪指令

1) DC 伪指令

在 ST 汇编中，DC 伪指令用于在 ROM 段中定义字节、字、双字常数表，包括：

```
DC.B n1,n2,n3,...    ;字节常数(8 位整数)定义伪指令，将随后的一串 8 位二进制数(1 字节，彼
                     ;此由逗号隔开)连续存放在 ROM 存储区中，用于定义字节常数表
DC.W nn1,nn2,nn3,... ;字常数(16 位整数)定义伪指令，将随后的一串 16 位二进制数(2 字节，
                     ;彼此由逗号隔开)连续存放在 ROM 存储区中，用于定义字常数表
```

在 STM8 内核 CPU 中，字、双字(由 4 字节组成)等的存放规则是：高字节存放在低地址中，低字节存放在高地址中，即采用"大端"方式。假设在 9000H 开始的单元中，用

```
DC.W 0F012H,5678H
```

定义两个字常数，则这两个 16 位二进制数的存放规则是 9000H 单元内容为 0F0H(高位字节)，9001H 单元内容为 12H(低位字节)；9002H 单元内容为 56H(高位字节)，9003H 单元内容为 78H(低位字节)。

字存储单元起始于字的低位地址(对应字存储单元的高位字节)。例如，在

```
LDW X, 0100H
```

指令中，将 0100H 单元内容送寄存器 XH；将 0101H 单元内容送寄存器 XL。

字可以按"对齐"方式存放，字地址起始于 0、2、4、6 等偶字节；也可以按"非对齐"方式存放，字地址起始于 1、3、5、7 等奇字节。

```
DC.L $82000000       ;长整数(4 字节，即 32 位整数)定义伪指令。将随后的一串 32 位二进制
                     ;数(4 字节，彼此由逗号隔开)连续存放在存储器中，用于定义 4 字节常
                     ;数表
```

注意：不能在 RAM、E^{2}PROM 段中用 DC 指令定义变量，因为变量赋值只能在代码段中用"MOV"指令实现。

2) DS 伪指令

在 ST 汇编中，可用 DS 伪指令在 RAM、E²PROM 存储区(段)中定义字节、字、双字变量(DS 伪指令不能用在 ROM 中保留指定的存储单元，这点与 MCS-51 汇编不同)。

```
DS.B n          ;保留 n 个字节存储单元(8 位)伪指令
DS.W n          ;保留 n 个字存储单元(16 位)伪指令
DS.L n          ;保留 n 个双字存储单元(32 位)伪指令
```

例如：

```
segment 'ram1'
    ⋮
Data2 ds.b 2    ;在 ram1 段内定义了字节变量 Data2(预留了 2 字节)
```

在程序中就可以使用如下两种方式之一访问：

```
LDW X, #Data2   ;变量地址送索引寄存器 X
LD A, #$5A      ;常数 5AH 送累加器 A
LD (X),A        ;通过间接寻址方式访问
INCW X          ;X 加 1，指向下一存储单元
LD (X),A
```

或

```
LD A, #$5A
LD Data2, A     ;用直接寻址方式读写
LD {Data2+1}, A ;用直接寻址方式读写下一单元
```

位于 RAM 存储区内的字节变量最好用"标号(变量名) ds.b n"伪指令定义；字变量最好用"标号(变量名) ds.w n"伪指令定义，尽量避免用绝对标号 EQU 或 CEQU 定义。因为相对标号地址浮动，不会出现资源冲突现象，这在模块化程序设计中尤为重要。

不过用 DS.W 定义字变量、用 DS.L 定义 4 字节变量时均不能按字节访问，反之反而不方便，不如将 DS.W 定义的字变量用 DS.B 定义 2 字节变量方便，如将

```
VAR1    DS.W   1     ;VAR1 为字变量，只能按字方式访问
```

改为

```
VAR1    DS.B   2     ;VAR1 为字节变量，既可以按字节访问，也可以按字访问
```

又如将

```
VAR2    DS.W   2     ;VAR2 为字变量，只能按字方式访问
```

改为

```
VAR2    DS.B {2 MULT 2} ;VAR2 为字节变量，既可以按字节访问，也可以按字访问
```

3) END 伪指令

END 伪指令表示汇编结束，该指令将告诉汇编程序，下面没有需要汇编的指令。在 ST 汇编中，每一个汇编文件(.ASM)最后一条指令必须为"END"伪指令。

4.2　STM8 内核 CPU 寻址方式

指令由操作码和操作数组成，确定指令中操作数在哪一个寄存器或存储单元的方式，

就称为寻址方式。对于只有操作码助记符的指令，如 NOP、TRAP 等，不存在寻址方式问题；对于双操作数指令，每一个操作数都有自己的寻址方式。例如，在含有两个操作数的指令中，第一个操作数(也称为目的操作数)有自己的寻址方式；第二个操作数(又称为源操作数)也有自己的寻址方式。

在现代计算机系统中，为减少指令码的长度，对于算术、逻辑运算指令，一般将第一个操作数和第二个操作数的运算结果经 ALU 数据输出口回送 CPU 的内部数据总线，再存放到第一个操作数所在的存储单元或 CPU 内的某一寄存器中。例如，累加器 A 内容(目的操作数)与某一存储单元内容(源操作数)相加，所得的"和"将存放到累加器 A 中，这样就不必为运算结果指定另一寄存器或存储单元的地址，缩短了指令码的长度。当然，运算后，累加器 A 中的原有信息(被加数)将不复存在。如果在其后的指令中还需用到指令执行前目的操作数的信息，可先将目的操作数保存到 CPU 内另一寄存器或 RAM 存储区内的某一存储单元中。

指令中的操作数只能是下列内容之一：

(1) CPU 内某一寄存器名。CPU 内含有什么寄存器由 CPU 的类型决定。例如，在 STM8 内核 CPU 内，就含有累加器 A、索引寄存器 X 和 Y、堆栈指针 SP、条件码寄存器 CC(标志寄存器)。

(2) 存储单元。存贮单元的地址范围由 CPU 寻址能力及实际存在的存储器容量、连接方式决定。

(3) 外设寄存器。外设寄存器包括外设的控制或配置寄存器、状态寄存器及数据寄存器。在 STM8 内核 MCU 芯片中，与 PA 口有关的寄存器有 PA_DDR(数据传输方向控制寄存器)、PA_CR1 与 PA_CR2(特性控制寄存器)、PA_ODR(输出数据锁存器)、PA_IDR(输入数据寄存器)。

(4) 常数。常数类型及范围也与 CPU 类型有关。

下面以 STM8 内核 CPU 为例，介绍在计算机系统中常见的寻址方式。

4.2.1 立即数寻址(Immediate Addressing)

当指令的第二操作数(源操作数)为 8 位或 16 位常数时，就称为立即寻址方式。其中的常数称为立即数，例如：

    LD A, #$5A

其中，"#"是立即寻址标识符，而$5A 为十六进制数 5A。

在立即寻址方式中，立即数位于指令的操作码后，取出指令码时也就取出了可以立即使用的操作数(也正因如此，该操作数被称为"立即数"，并把这一寻址方式形象地称为"立即寻址"方式)。

4.2.2 寄存器寻址(Register Addressing)

在寄存器寻址方式中，指令中的操作数是 CPU 内的某一寄存器，例如：

    LD A, XL   ;源操作数为 CPU 内索引寄存器 X 的低 8 位 XL，属于寄存器寻址
                    ;目的操作数为累加器 A，属于寄存器寻址
    LDW X,#$12   ;目的操作数为索引寄存器 X，属于寄存器寻址

LDW SP, X　　　　;源操作数为 CPU 内索引寄存器 X，属于寄存器寻址

　　　　　　　　　;目的操作数为堆栈指针 SP，属于寄存器寻址

　　在 CISC 指令系统中，采用寄存器寻址方式的操作数地址往往隐含在操作码字段(字节)中。其特点是，当指令中的一个或两个操作数采用寄存器寻址方式时，指令码短。例如 "LD A, #23H" 的指令长度似乎为 3 字节，实际上第一个操作数 A 属于寄存器寻址，操作数 A 地址隐含在操作码字段中，因此该指令的机器码为 B6H、23H，只有 2 字节。而 "LDW SP, X" 指令的机器码为 94H，只有 1 字节，原因是该指令中的两个操作数均属寄存器寻址。

　　值得注意的是，MCU 内的外设寄存器是直接寻址而不是寄存器寻址(其实 MCU 芯片中的外设寄存器位于 CPU 外，并不是 CPU 内核的寄存器，理所当然地属于直接寻址方式)。例如，"MOV PA_ODR, #0FFH" 指令编译后与 "MOV 5000H,#0FFH" 指令等效，即指令中的 PA_ODR 操作数为直接寻址方式，而不是寄存器寻址方式。

4.2.3　直接寻址(Direct Addressing)

　　在直接寻址方式中，指令中直接给出操作数所在的存储单元的地址。例如：

LD A, $50　　　　;把 50H 单元内容送累加器 A，其中源操作数 50H 为存储单元地址，属直接寻址

LD A, $5000　　　;把 5000H 单元内容送累加器 A，其中源操作数 5000H 为存储单元地址(16 位

　　　　　　　　　;地址)

LDF A, $015000　;把 015000H 单元内容送累加器 A，其中源操作数 015000H 为存储单元地址

　　　　　　　　　;(24 位地址)

　　注意：在源程序中，一般不宜使用直接寻址，而是在程序中通过相对标号方式将其定义为字符串(变量名)，以方便程序的维护与升级。

4.2.4　寄存器间接寻址(Indirect Addressing)

　　在寄存器间接寻址中，操作数所在存储单元的地址存放在 CPU 内某一特定寄存器中。也就是说，寄存器中的内容是存储单元的地址。在 STM8 内核 CPU 中，索引寄存器 X、Y 均可作为间接寻址寄存器。例如：

LDW X, #tabdata　;其中 tabdata 为先前已定义过的字标号(16 地址形式)

LD A, (X)　　　　;把寄存器 X 内容对应的存储单元信息送累加器 A

LD (Y), A　　　　;把累加器 A 内容送寄存器 Y 内容指定的存储单元中

指令中的 "()" 是间接寻址的标识符。

4.2.5　变址寻址(Indexed Addressing)

　　STM8 内核 CPU 支持以 X、Y、SP 作变址的寻址方式，如

LD A, (labtab1,X)

LD A, (labtab1,Y)

LD A, (labtab1,SP)

LDF A, ($010000,X)

其中 labtab1 为标号(基地址)，而 X、Y、SP 为变址寄存器。

在 STM8 内核 CPU 指令中，对于变址寻址方式，在"基址,变址"形式中，逗号(,)与变址之间不能加"空格"。如(LED_Data,X)是合法的地址，而(LED_Data, X)是非法的地址。该规则同样适用于复合寻址方式的地址格式，如([50H.W],X)是合法的复合地址，而([50H.W], X)属于非法的复合地址。

例如，假设标号 labtab1 的物理地址为 9000H，而索引寄存器 X 为 120H，则"LD A, (labtab1,X)"指令的含义是把 9000H+120H=9120H 单元的内容传送到寄存器 A 中。

基地址可以是 8 位地址形式(0000 页内的 RAM 单元)、16 位地址形式、24 位地址形式。

在变址寻址方式中，标号可以用直接地址取代，实际上在编译、连接后指令中的标号将以实际地址形式出现。

这类指令编译后，指令操作码、指令长度与基地址长度、索引寄存器有关。例如：

LD A, ($50,X)　　;指令码为 E6 XX(2 字节，其中 E6 为操作码，而 XX 为 8 位基地址

LD A, ($100,X)　　;指令码为 D6 XX XX(3 字节，其中 D6 为操作码，而 XX XX 为 16 位基地址)

LD A, ($50,Y)　　;指令码为 90 E6 XX(3 字节，其中 90 E6 为操作码，而 XX 为 8 位基地址

可见，在 STM8 内核 CPU 中，使用索引寄存器 X 指令比使用索引寄存器 Y 指令的机器码少了 1 字节。

源操作数同样支持变址寻址方式。当操作对象为 RAM 存储区、可随机读写的外设寄存器时，目的操作数也支持变址寻址方式，例如：

LD ($50, X), A

变址寻访方式在查表操作时非常有用。例如，通过变址寻址方式，可将共阳 LED 数码管笔段码取出。

CLRW X

LD XL, A

LD A, (LED_Data,X)　　;利用变址寻址方式将累加器 A 内容对应的笔段码取出

⋮

LED_Data:

　　;0,　1,　2,　3,　4,　5,　6,　7,　8,　9,　A,　B,　C,　D,　E, F

DC.B 0C0H,0F9H,0A4H,0B0H,099H,092H,082H,0F8H,080H,090H,088H,083H,0C6H,0A1H,86H,8EH

不过，当需要取出数表中某一特定项时，如表中的第 3 字节，即数码 3 对应的笔段码时，也可用直接寻址方式实现：

LD A, {LED_Data+3}　　;利用直接寻址方式将数码"3"对应的笔段码取出

4.2.6　以存储单元作间址的间接寻址方式

以存储单元作间址的间接寻址方式是 STM8 内核 CPU 特有的一种间接寻址方式。操作数所在的存储单元的地址存放在 00 段内另一存储单元中，16 位地址形式带后缀.w；24 位地址形式带后缀.e，换句话说，000000～00FFFFH 之间任一存储单元均可作为间接寻址单元。例如：

LD [$50.w], A　　　　;目的操作数的地址存放在 50H、51H 单元中

假设[50H,51H]=0100H，则该指令的含义是将累加器 A 送 0100H 单元中。

　　　　LDF A, [$50.e]　　　　;源操作数的地址存放在 50H、51H、52H 单元中

假设[50H,51H,52H]=010008H，则该指令的含义是将 010008H 单元内容送累加器 A 中。

　　在源程序中，物理地址一般用某一变量名代替，例如

　　　　var1 dc.w tabled1　　　　;字变量 var1 的初值定义为 tabled1，而编译后标号 tabled1 的值确定

　　　　　⋮

　　　　LD A,[var1.w]　　　　　;把字变量 var1 内容指定的存储单元内容送累加器 A

　　　　tabled1: DC.B $03, $02

　　不过，在 00 段内最好用 X、Y 作间址寄存器，这样代码长度会短一些。利用存储单元作间址时，初始化间址单元的指令需要 8 字节，如下所示：

　　　　MOV R00, #{HIGH tabled1}　　　;4 字节

　　　　MOV R01, #{LOW tabled1}　　　;4 字节

　　　　LD A, [R00.w]　　　　　　　;3 或 4 字节

　　上述三条指令改用寄存器 X 作间址，则代码短了许多：

　　　　LDW X, # tabled1　　　　　;3 字节

　　　　LD A , (X)　　　　　　　;1 字节

或

　　　　LD A,(tabled1,X)　　　　　　;3 字节或 2 字节(取决于 tabled1 标号的物理地址)

　　但在 Flash ROM IAP 编程指令中，一般只能使用以存储单元作间址的寻址方式，这是因为 24 位地址形式的 Flash ROM 目标地址只能存放在 3 个 RAM 单元中，通过间址方式完成 Flash ROM 字节、字、块的加载，如在 ram0 段中定义了 IAP_First_ADR 变量，如下所示：

　　　　IAP_First_ADR　ds.b　3

则在 Flash ROM IAP 编程指令系列中可用如下指令完成加载:

　　　　LDF [IAP_First_ADR.e], A

4.2.7　复合寻址方式

　　复合寻址方式是变址寻址与以存储单元作间址的寻址方式的组合，也是 STM8 内核 CPU 特有的一种间接寻址方式。例如：

　　　　LD ([$50.w],X), A

目的操作数的基地址存放在 50H、51H 单元中，基地址内容+变址寄存器内容就是操作数对应的存储单元的物理地址。假设[50H，51H]=0100H，而 X 变址寄存器内容为 0005H，则该指令的含义是将累加器 A 送 0100H+0005H=0105H 单元中。

　　　　LDF A, ([$9000.e],X)

24 位源操作数的基地址存放在 9000H、9001H、9002H 单元中，基地址内容+变址寄存器内容就是操作数对应的存储单元的物理地址。假设[9000H～9002H]=011620H，而 X 变址寄存器内容为 0001H，则该指令的含义是将 011620H+0001H=011621H 单元的内容送累加器 A。

　　在程序中，定义了如下地址标号后，可使用如下寻址方式访问位于 010000H 以上单元的数表：

　　　　LDF A, ([Data_ADR.e],X)　　　;用复合寻址方式访问

　　　　　⋮

```
Data_ADR.W                        ;位于 00 段内的标号
    DC.B {SEG Data_TAB}, {HIGH Data_TAB}, {LOW Data_TAB}
⋮
Data_TAB.L                        ;位于 01 段内的数表

    DC.B 05H, 07H, …,
```

4.2.8　相对寻址(Relative Addressing)

相对寻址的含义是以程序计数器 PC 的当前值加上指令中给出的相对偏移量 rel 作为程序计数器 PC 的值。这一寻址方式可用在条件转移指令中，如：

```
JRC next          ;next 为目标地址标号，其含义是如果进位标志 C 为 1，则转到 next 处执行
```

假设 JRC next 指令码首地址为 83C5H，next 标号对应的物理地址为 83EDH，而 JRC next 指令长度为 2 字节，则编译后 JRC next 指令相对偏移量 rel=83EDH−83C5H−2，即 26H。换句话说，JRC next 指令码为 25H(指令操作码)、26H(操作数，即相对偏移地址 rel)。该指令执行时，若发生跳转，则 PC=指令码首地址+rel+指令长度=83C5H+26H+2=83EDH。

4.2.9　隐含寻址(Inherent Addressing)

隐含寻址也称为固有寻址。有些指令的操作码约定使用特定的操作数，如 RIM 指令(开中断)的操作对象默认为中断优先级标志位 I1、I0，即操作码为 9AH(RIM 指令操作码)的指令的操作数固定为 I1、I0。换句话说，指令操作数隐含在操作码字段中，例如：

```
MUL X, A  ;X←XL×A
```

该指令码为 42H(单字节)，似乎只有操作码 42H，没有操作数。实际上，在字节乘法指令中，操作数固定为 XL(被乘数)、A(乘数)，因此无须在指令码中给出操作数的地址。4.2.2 节介绍的寄存器寻址也属于隐含寻址的范畴，例如：

```
PUSH A            ;(SP)←A，SP←SP+1
```

指令码为 88H(单字节)，其操作数 A 隐含在操作码字节中。

```
LD A, 20H         ;将 20H 单元内容送累加器 A 中
```

该指令码长度似乎为 3 字节，但指令码为 B6H、20H，只有 2 字节，原因同样是操作数 A 隐含在操作码字节中。

4.2.10　位寻址(Bit Addressing)

MCU 芯片一般均提供位操作指令，以方便按位操作。在 STM8 内核 CPU 中 00 段内的任一个存储单元均可按位寻址。例如：

```
BTJT 200H, #2, NEXT      ;若 200H 单元的 b2 位为 1 转移(位测试转移)
BSET 200H, #2            ;将 200H 单元的 b2 位置 1(位置 1)
BRES 200H, #2            ;将 200H 单元的 b2 位置 0(位清 0)
BCPL 200H, #2            ;将 200H 单元的 b2 位取反(b2←$\overline{b_2}$，位取反)
BCCM 200H, #2            ;将进位标志 C 送 200H 单元的 b2 位(b2←C，位传送)
```

4.3　STM8 内核 CPU 汇编指令

STM8 内核 CPU 采用复杂指令系统(CISC)，共有 80 种操作码助记符，支持立即寻址、寄存器寻址、直接寻址、间接寻址、变址寻址、隐含寻址、相对寻址、位寻址等多种寻址方式。不同指令操作码助记符与不同操作数的寻址方式之间的组合构成了 STM8 内核 CPU 的指令系统，数目众多。按功能可将这些指令分成数据传送、算术运算、加减 1 操作、逻辑运算、比较与测试、控制转移、位操作等大类，每一类型指令又包含若干条指令。对上述内容，许多初学者无所适从，觉得很难掌握，其实只要理解每类指令的功能、助记符及其支持的寻址方式，就可从 STM8 指令表中迅速找出完成特定操作所需的、最适合的汇编语言指令。

4.3.1　数据传送(Load and Transfer) 指令

数据传送是计算机系统中最常见、最基本的操作。数据传送指令在计算机指令系统中占有非常重要的位置，指令条数众多，其任务是实现计算机系统内不同存储单元之间的数据传送，如图 4.3.1 所示。

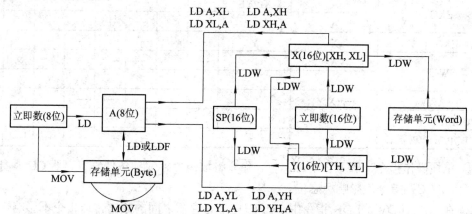

图 4.3.1　STM8 内核 CPU 不同存储单元之间数据传送示意图

由此可见：

(1) 在 STM8 内核指令系统中，立即数不能直接送堆栈指针 SP，当需要初始化堆栈指针 SP 时，只能先将 16 位立即数送寄存器 X 或 Y，再将寄存器 X 或 Y 中的内容送 SP。例如：

　　LD X, #word　　　　　　;16 位立即数送寄存器 X

　　LD SP, X　　　　　　　;SP←X

(2) 尽管寄存器 X、Y 分别由两个 8 位寄存器组成，但不能直接将 8 位立即数送 XL、XH、YL 或 YH 中，换句话说 "LD XL, #xx" 指令不存在。

(3) 在数据传送指令中，当源操作数或目的操作数之一为 CPU 内某一寄存器(如 A、X、Y)时，使用 LD(字节)、LDW(字)、LDF(24 位地址形式的字节传送)作为指令操作码助记符；当源操作数与目的操作数均不含寄存器 A、X、Y 时，使用 MOV 作为指令助记符(字节传送)。因此，字(16 位)存储单元之间不能直接传送。

(4) 数据传送指令一般不影响条件码寄存器 CC 中的标志位，仅影响 N(负号)、Z(零)标志，如表 4.3.1 所示。

表 4.3.1　数据传送指令对标志位的影响

指令操作码助记符	目的操作数	源操作数	条件码寄存器 CC							
			V	—	I1	H	I0	N	Z	C
LD	A	#Byte	—		—	—	—	N	Z	—
	reg	mem	—		—	—	—	N	Z	—
	mem	reg	—		—	—	—	N	Z	—
	reg	reg	—		—	—	—	—	—	—
LDW	reg(X,Y)	#Word	—		—	—	—	N	Z	—
	reg(X,Y)	mem	—		—	—	—	N	Z	—
	mem	reg(X,Y)	—		—	—	—	N	Z	—
	reg	reg	—		—	—	—	—	—	—
LDF	A	mem	—		—	—	—	N	Z	—
	mem	A	—		—	—	—	N	Z	—
MOV	mem	#Byte	—		—	—	—	—	—	—
	mem	mem	—		—	—	—	—	—	—
EXG	A	XL/YL	—		—	—	—	—	—	—
	A	mem	—		—	—	—	—	—	—
EXGW	X	Y	—		—	—	—	—	—	—
SWAP	A		—		—	—	—	N	Z	—
	mem		—		—	—	—	N	Z	—
SWAPW	reg(X,Y)		—		—	—	—	N	Z	—
PUSH/PUSHW			—		—	—	—	—	—	—
POP/POPW			—		—	—	—	—	—	—

① 堆栈操作指令一般不影响标志位，除非将堆栈内容弹到条件码寄存器 CC 本身，即只有 "POP CC" 指令才影响标志位。

② 在 LD、LDW、LDF 指令中，CPU 内部寄存器之间的数据传送指令不影响任何标志位。例如：

　　　　LD A, XL　　　　　　;执行后对条件码寄存器 CC 没有任何影响

③ 数据交换指令 EXG、EXGW 指令也不影响标志位。

④ MOV 数据传送指令不影响任何标志位。例如：

　　　　MOV 50H, #55H　　　;执行后对条件码寄存器 CC 没有任何影响

　　　　MOV 50H, 100H　　　;执行后对条件码寄存器 CC 没有任何影响

⑤ 在 LD、LDF、LDW、MOV、SWAP 指令中，当写入对象为存储单元时，在非 IAP 编程装载状态下，操作数不能是 E^2PROM 或 Flash ROM 存储区内的存储单元，原因是 E^2PROM、Flash ROM 只读，不能随机写入。例如

　　　　MOV 100H, #55H　　　;写入对象为 RAM 单元，合理

　　　　MOV 9000H, #55H　　　;写入对象为 Flash ROM 存储单元，在非 IAP 编程装载状态下无效

　　　　LD 9000H, A　　　　　;写入对象为 Flash ROM 存储单元，在非 IAP 编程装载状态下无效

1. LD 指令(字节装载指令)

LD 字节装载指令的格式、机器码以及执行时间如表 4.3.2 所示。

表 4.3.2　LD 字节装载指令的格式、机器码以及执行时间

目的操作数	源操作数	举　例	执行时间	操 作 码				长度
A	#Byte	LD A,#$5A	1		A6	XX		2
A	shortmem	LD A,$50	1		B6	XX		2
A	longmem	LD A,$5000	1		C6	MS	LS	3
A	(X)	LD A,(X)	1		F6			1
A	(shortmem,X)	LD A,($50,X)	1		E6	XX		2
A	(longmem,X)	LD A,($5000,X)	1		D6	MS	LS	3
A	(Y)	LD A,(Y)	1	90	F6			2
A	(shortmem,Y)	LD A,($50,Y)	1	90	E6	XX		3
A	(longmem,Y)	LD A,($5000,Y)	1	90	D6	MS	LS	4
A	(shortmem,SP)	LD A,($50,SP)	1		7B	XX		2
A	[shortptr.w]	LD A,[$50.w]	4	92	C6	XX		3
A	[longptr.w]	LD A,[$5000.w]	4	72	C6	MS	LS	4
A	([shortptr.w],X)	LD A,([$50.w],X)	4	92	D6	XX		3
A	([longptr.w],X)	LD A,([$5000.w],X)	4	72	D6	MS	LS	4
A	([shortptr.w],Y)	LD A,([$50.w],Y)	4	91	D6	XX		3
shortmem	A	LD $50,A	1		B7	XX		2
longmem	A	LD $5000,A	1		C7	MS	LS	3
(X)	A	LD (X),A	1		F7			1
(shortmem,X)	A	LD ($50,X),A	1		E7	XX		2
(longmem,X)	A	LD ($5000,X),A	1		D7	MS	LS	3
(Y)	A	LD (Y),A	1	90	F7			2
(shortmem,Y)	A	LD ($50,Y),A	1	90	E7	XX		3
(longmem,Y)	A	LD ($5000,Y),A	1	90	D7	MS	LS	4
(shortmem,SP)	A	LD ($50,SP),A	1		6B	XX		2
[shortptr.w]	A	LD [$50.w],A	4	92	C7	XX		3
[longptr.w]	A	LD [$5000.w],A	4	72	C7	MS	LS	4
([shortptr.w],X)	A	LD ([$50.w],X),A	4	92	D7	XX		3
([longptr.w],X)	A	LD ([$5000.w],X),A	4	72	D7	MS	LS	4
([shortptr.w],Y)	A	LD ([$50.w],Y),A	4	91	D7	XX		3
XL	A	LD XL,A	1		97			1
A	XL	LD A,XL	1		9F			1

目的操作数	源操作数	举 例	执行时间	操 作 码		长度
YL	A	LD YL,A	1	90	97	2
A	YL	LD A,YL	1	90	9F	2
XH	A	LD XII,A	1	95		1
A	XH	LD A,XH	1	9E		1
YH	A	LD YH,A	1	90	95	2
A	YH	LD A,YH	1	90	9E	2

在 STM8 CPU 指令系统中,不能通过 LD、MOV 指令读出条件码寄存器 CC。当需要将条件码寄存器 CC 中的内容传到累加器 A 或某一 RAM 存储单元时,只能通过堆栈操作指令实现,例如:

```
PUSH CC        ;把条件码寄存器 CC 压入堆栈
POP A          ;弹到累加器 A 中
```

例 4.3.1 在 STVD 开发环境下,用单步方式执行下列指令,观察指令执行前后,相关 RAM 单元的内容和条件码寄存器 CC 中 V、I1、H、I0、N、Z、C 等标志位的变化,了解数据传送指令对标志位的影响。

```
Intel          ;随后指令中的数据采用 Intel 汇编数制格式
MOV 30H, #01H  ;把立即数 01H 传送到 30H 单元
LD A, #5AH     ;把立即数 5AH 送累加器 A
LD A, 30H      ;30H 单元内容送累加器 A
LD XL, A       ;累加器 A 送索引寄存器 X 的低 8 位 XL
Motorola       ;随后指令中的数据采用 Motorola 汇编数制格式
```

2. LDW 指令(字装载指令)

LDW 字装载指令的格式、机器码以及执行时间如表 4.3.3 所示。

表 4.3.3 LDW 字装载指令的格式、机器码以及执行时间

目的操作数	源操作数	举 例	执行时间	指 令 码			长度
X	#Word	LDW X,#$5A5A	2	AE	MS	LS	3
X	shortmem	LDW X,$50	2	BE	XX		2
X	longmem	LDW X,$5000	2	CE	MS	LS	3
X	(X)	LDW X,(X)	2	FE			1
X	(shortmem,X)	LDW X,($50,X)	2	EE	XX		2
X	(longmem,X)	LDW X,($5000,X)	2	DE	MS	LS	3
X	(shortmem,SP)	LDW X,($50,SP)	2	1E	XX		2
X	[shortptr.w]	LDW X,[$50.w]	5	92	CE	XX	3
X	[longptr.w]	LDW X,[$5000.w]	5	72	CE	MS	LS	4
X	([shortptr.w],X)	LDW X,([$50.w],X)	5	92	DE	XX	3
X	([longptr.w],X)	LDW X,([$5000.w],X)	5	72	DE	MS	LS	4
shortmem	X	LDW $50,X	2	BF	XX		2
longmem	X	LDW $5000,X	2	CF	MS	LS	3

目的操作数	源操作数	举　例	执行时间	指　令　码				长度
(X)	Y	LDW (X),Y	2	FF				1
(shortmem,X)	Y	LDW ($50,X),Y	2	EF	XX			2
(longmem,X)	Y	LDW ($5000,X),Y	2	DF	MS	LS		3
(shortmem,SP)	X	LDW ($50,SP),X	2	1F	XX			2
[shortptr.w]	X	LDW [$50.w],X	5	92	CF	XX		3
[longptr.w]	X	LDW ([$5000.w],X)	5	72	CF	MS	LS	4
([shortptr.w],X)	Y	LDW ([$50.w],X), Y	5	92	DF	XX		3
([longptr.w],X)	Y	LDW ([$5000.w],X),Y	5	72	DF	MS	LS	4
Y	#Word	LDW Y,#$5A5A	2	90	AE	MS	LS	4
Y	shortmem	LDW Y,$50	2	90	BE	XX		3
Y	longmem	LDW Y,$5000	2	90	CE	MS	LS	4
Y	(Y)	LDW Y,(Y)	2	90	FE			2
Y	(shortmem,Y)	LDW Y,($50,Y)	2	90	EE	XX		3
Y	(longmem,Y)	LDW Y,($5000,Y)	2	90	DE	MS	LS	4
Y	(shortmem,SP)	LDW Y,($50,SP)	2		16	XX		2
Y	[shortptr.w]	LDW Y,[$50.w]	5	91	CE	XX		3
Y	([shortptr.w],Y)	LDW Y,([$50.w],Y)	5	91	DE	XX		3
shortmem	Y	LDW $50,Y	2	90	BF	XX		3
longmem	Y	LDW $5000,Y	2	90	CF	MS	LS	4
(Y)	X	LDW (Y),X	2	90	FF			2
(shortmem,Y)	X	LDW ($50,Y),X	2	90	EF	XX		3
(longmem,Y)	X	LDW ($5000,Y),X	2	90	DF	MS	LS	4
(shortmem,SP)	Y	LDW ($50,SP),Y	2		17	XX		2
[shortptr.w]	Y	LDW [$50.w],Y	5	91	CF	XX		3
([shortptr.w],Y)	X	LDW ([$50.w],Y),X	5	91	DF	XX		3
Y	X	LDW Y,X	1	90	93			2
X	Y	LDW X,Y	1	93				1
X	SP	LDW X,SP	1	96				1
SP	X	LDW SP,X	1	94				1
Y	SP	LDW Y,SP	1	90	96			2
SP	Y	LDW SP,Y	1	90	94			2

(1) 在 STM8 指令系统中，字(16 位)数据传送指令非常丰富，但也并非所有寻址方式的组合都属于有效指令。例如，在 X、Y 与(X)、(Y)组合的字传送指令中似乎有 10 种组合，但只有 6 种组合有效，而其他 4 种组合并不存在，具体情况如下：

组合形式　　　　　　　　　有效性

LDW X,(X)	有效(合法指令)
LDW (X),Y	有效(合法指令)
LDW (Y),X	有效(合法指令)
LDW Y,(Y)	有效(合法指令)
LDW X,Y	有效(合法指令)
LDW Y,X	有效(合法指令)
LDW X,(Y)	无效(非法指令)
LDW (X),X	无效(非法指令)
LDW (Y),Y	无效(非法指令)
LDW Y,(X)	无效(非法指令)

由此不难判断，在变址寻址方式中，只有如下 4 种组合有效：

LDW X,(100,X)	有效(合法指令)
LDW (100,X),Y	有效(合法指令)
LDW (100,Y),X	有效(合法指令)
LDW Y,(100,Y)	有效(合法指令)

进一步不难判断，在复合寻址方式中，只有如下 4 种组合有效：

LDW X,([100.w],X)	有效(合法指令)
LDW ([100.w],X),Y	有效(合法指令)
LDW ([100.w],Y),X	有效(合法指令)
LDW Y,([100.w],Y)	有效(合法指令)

(2) 寻址方式越复杂，指令的执行时间就越长。因此，应尽可能避免在指令中使用复杂寻址方式。

3. LDF 指令(24 位地址形式的字节装载指令)

LDF 字节装载指令的格式、机器码以及执行时间如表 4.3.4 所示。

表 4.3.4　LDF 字节装载指令的格式、机器码以及执行时间

目的操作数	源操作数	举 例	执行时间		指 令 码				长度
A	extmem	LDF A,$500000	1		BC	ExtB	MS	LS	4
A	(extoff,X)	LDF A,($500000,X)	1		AF	ExtB	MS	LS	4
A	(extoff,Y)	LDF A,($500000,Y)	1	90	AF	ExtB	MS	LS	5
A	([longptr.e],X)	LDF A, ([$5000.e],X)	5	92	AF	MS	LS		4
A	([longptr.e],Y)	LDF A, ([$5000.e],Y)	5	91	AF	MS	LS		4
A	[longptr.e]	LDF A, [$5000.e]	5	92	BC	MS	LS		4
extmem	A	LDF $500000,A	1		BD	ExtB	MS	LS	4
(extoff,X)	A	LDF ($500000,X),A	1		A7	ExtB	MS	LS	4
(extoff,Y)	A	LDF ($500000,Y),A	1	90	A7	ExtB	MS	LS	5
([longptr.e],X)	A	LDF ([$5000.e],X),A	5	92	A7	MS	LS		4
([longptr.e],Y)	A	LDF ([$5000.e],Y),A	5	91	A7	MS	LS		4
[longptr.e]	A	LDF [$5000.e],A	5	92	BD	MS	LS		4

4. MOV 指令(字节传送指令)

MOV 字节传送指令的格式、机器码以及执行时间如表 4.3.5 所示。

表 4.3.5 MOV 字节传送指令的格式、机器码以及执行时间

目的操作数	源操作数	举 例	执行时间	指 令 码				长度
longmem	#Byte	MOV $1000, #$55	1	35	XX	MS	LS	4
shortmem	shortmem	MOV $20,$50	1	45	XX2	XX1		3
longmem	longmem	MOV $2000,$5000	1 55	MS2	LS2	MS1	LS1	5

MOV 指令用于:

(1) 对 00 段内任一存储单元进行赋值。例如:

MOV 2FH, #$55   ;把 55H 立即数送到 2FH 单元中

(2) 完成 00 段内任意两个存储单元之间的数据传送,例如:

MOV 20H, 34H   ;把 00 页内的 34H 单元内容送到 00 页内的 20H 单元,该指令为 3 字节

MOV 20H, 1034H   ;把 00 段内 1034H 单元内容送到 00 页内的 20H 单元,该指令为 5 字节

在 MOV 指令中,若两存储单元地址中任一单元的地址在 00 页外,则两操作数均采用 16 位地址形式。

值得注意的是:

(1) MOV 指令中的存储单元仅支持直接寻址方式,不支持间接、变址等其他寻址方式。

(2) 可对 E^{2}PROM、Flash ROM 存储区进行读操作,而不能对其进行写操作。例如:

MOV $1000, $9000   ;(1000H)(RAM 存储区)←(9000H)(Flash ROM)

属合法指令。而

MOV $9000, $1000   ;(9000H)(Flash ROM 存储区)←(1000H)(RAM)

在非 IAP 编程装载状态下属非法指令,编译时没有给出警告信息,而执行时无效。

(3) MOV 指令不支持 01 及以上段存储单元的读写操作,原因是 STM8 内核 CPU 最长的指令码为 5 字节。

5. EXG 指令(字节交换)与 EXGW 指令(字交换)

EXG 字节交换指令与 EXGW 字交换指令的格式、机器码以及执行时间如表 4.3.6 所示。交换与传送的区别在于交换后目的操作数与源操作数内容对调。

表 4.3.6 EXG 字节交换指令与 EXGW 字交换指令的格式、机器码以及执行时间

目的操作数	源操作数	举 例	执行时间	指 令 码			长度
A	XL	EXG A, XL	1	41			1
A	YL	EXG A, YL	1	61			1
A	longmem	EXG A,$1000	3	31	MS	LS	3
X	Y	EXGW X,Y	1	51			1

注:尽管在交换指令中,"A 与 XL 交换"和"XL 与 A"交换的效果相同,但却没有"EXG XL, A"指令,A 也不能与 XH 或 YH 交换,原因是内部硬件连线不支持;累加器 A 可以与 00 段内任一 RAM 存储单元(16 位直接地址形式)交换。

例 4.3.2 假设累加器 A 的内容为 55H，而 XL 的内容为 0AAH，则执行：

    EXG A,XL

指令后，累加器 A 的内容为 0AAH，XL 的内容为 55H，即 A 和 XL 的内容交换了，这与数据传送指令不同。数据传送指令执行后，源操作数内容覆盖了目的操作数原来的内容。

6. SWAP 指令(半字节交换)与 SWAPW(X 或 Y 高低字节对调)指令

半字节交换指令 SWAP 与 EXG 指令不同，执行 SWAP 指令后，指令中给定操作数(字节)的高 4 位与低 4 位对调。例如，假设(10H)单元为 5AH，则执行

    SWAP $10

指令后，(10H)单元变为 A5H。

同理，执行"SWAPW X"指令后，寄存器 X 的高 8 位与低 8 位对调。

在 STM8 内核 MCU 中，CPU 内的累加器 A，以及 00 段内任一 RAM 存储单元均支持半字节交换操作；而索引寄存器 X 与 Y 支持高低字节交换操作。

SWAP(半字节)与 SWAPW(字节)交换指令的格式、机器码以及执行时间如表 4.3.7 所示。

表 4.3.7　SWAP(半字节)与 SWAPW(字节)交换指令的格式、机器码以及执行时间

操 作 数	举 例	执行时间	指 令 码				长度
A	SWAP A	1		4E			1
shortmem	SWAP $50	1		3E	XX		2
longmem	SWAP $5000	1	72	5E	MS	LS	4
(X)	SWAP (X)	1		7E			1
(shortoff,X)	SWAP ($50,X)	1		6E	XX		2
(longoff,X)	SWAP ($5000,X)	1	72	4E	MS	LS	4
(Y)	SWAP (Y)	1	90	7E			2
(shortoff,Y)	SWAP ($50,Y)	1	90	6E	XX		3
(longoff,Y)	SWAP ($5000,Y)	1	90	4E	MS	LS	4
(shortoff,SP)	SWAP ($50,SP)	1		0E	XX		2
[shortptr.w]	SWAP [$10.w]	4	92	3E	XX		3
[longptr.w]	SWAP [$1000.w]	4	72	3E	MS	LS	4
([shortptr.w],X)	SWAP ([$10.w],X)	4	92	6E	XX		3
([longptr.w],X)	SWAP ([$1000.w],X)	4	72	6E	MS	LS	4
([shortptr.w],Y)	SWAP ([$10.w],Y)	4	91	6E	XX		3
X	SWAPW X	1		5E			1
Y	SWAPW Y	1	90	5E			2

7. 堆栈操作指令

堆栈操作是计算机系统的基本操作之一。设置堆栈操作的目的是迅速保护断点和现场，

以便在子程序或中断服务子程序运行结束后，能正确地返回到被中断程序的断点处。STM8 内核 CPU 堆栈操作指令包括字节(8 位)入堆指令 PUSH、字(16 位)入堆指令 PUSHW，以及与之对应的字节出堆指令 POP、字出堆指令 POPW。这些指令的格式、机器码及执行时间如表 4.3.8 所示。

表 4.3.8　堆栈操作指令的格式、机器码及执行时间

操作数	举例	执行时间	指令码				长度
A	PUSH A	1	88				1
CC	PUSH CC	1	8A				1
#Byte	PUSH #$5A	1	4B	XX			2
longmem	PUSH $1000	1	3B	MS	LS		3
X	PUSHW X	2	89				1
Y	PUSHW Y	2	90	89			2
A	POP A	1	84				1
CC	POP CC	1	86				1
longmem	POP $1000	1	32	MS	LS		3
X	POPW X	2	85				1
Y	POPW Y	2	90	85			2

有关 STM8 内核 CPU 堆栈操作的过程，已在第 2 章介绍过，这里只强调堆栈操作应注意的问题：

(1) 在子程序开始处安排若干条 PUSH 指令，把需要保护的寄存器内容(如累加器 A、条件码寄存器 CC、索引寄存器 X 和 Y)压入堆栈，在子程序返回指令前，安排相应的 POP 指令，将寄存器原来的内容弹出。PUSH 和 POP 指令必须成对存在，且入栈顺序与出栈顺序相反，因此子程序结构如下：

```
PUSH    CC        ;保护现场
PUSH    A
 ⋮                ;子程序实体
POP     A         ;恢复现场
POP     CC
RET               ;子程序返回
```

(2) 在 STM8 内核 CPU 的中断服务程序中，无须借助"PUSH A""PUSHW X"之类的指令保护现场，因为 STM8 内核 CPU 响应中断请求后，已自动将 CPU 内各寄存器压入堆栈。

从数据传送指令表中可以看出：CPU 内寄存器 A、X、Y 与存储单元之间的数据传送指令一般仅需要一个机器周期，即从执行时间角度看任一 RAM 单元均可作为 CPU 的内部寄存器使用。

4.3.2 算术运算(Arithmetic Operations)指令

STM8 内核 CPU 提供了丰富的算术运算指令，具有较强的数值处理能力，其中包括：三条加法运算指令，即不带进位的字节加法指令 ADD、带进位字节加法指令 ADC、不带进位的字加法指令 ADDW；三条减法运算指令，即不带借位的字节减法指令 SUB、带借位字节减法指令 SBC、不带借位的字减法指令 SUBW；加 1 指令，即字节增量和字增量指令；减 1 指令，即字节减量和字减量指令；8 位乘法指令、16 位除法指令等。

一般情况下，算术运算指令执行后会影响条件码寄存器 CC 中除 I1、I0 位外的所有标志位，如表 4.3.9 所示。

表 4.3.9 算术运算指令对标志位的影响

指令操作码助记符	目的操作数	源操作数	条件码寄存器 CC							
			V	—	I1	H	I0	N	Z	C
ADD	A	#Byte	V	—	—	H	—	N	Z	C
	A	mem	V	—	—	H	—	N	Z	C
ADC	A	#Byte	V	—	—	H	—	N	Z	C
	A	mem	V	—	—	H	—	N	Z	C
ADDW	X	mem	V	—	—	H	—	N	Z	C
	Y	mem	V	—	—	H	—	N	Z	C
	SP	#Byte	—	—	—	—	—	—	—	—
SUB	A	#Byte	V	—	—		—	N	Z	C
	A	mem	V	—	—		—	N	Z	C
SBC	A	#Byte	V	—	—		—	N	Z	C
	A	mem	V	—	—		—	N	Z	C
SUBW	X	mem	V	—	—	H	—	N	Z	C
	Y	mem	V	—	—	H	—	N	Z	C
	SP	#Byte	—	—	—	—	—	—	—	—
MUL	X	A	—	—	—	0	—	—	—	0
	Y	A	—	—	—	0	—	—	—	0
DIV	X	A	0	—	—	0	—	0	Z	C
	Y	A	0	—	—	0	—	0	Z	C
DIVW	X	Y	0	—	—	0	—	0	Z	C

1. 加法指令

STM8 内核 CPU 加法指令的格式、机器码及执行时间如表 4.3.10 所示。

表 4.3.10　加法指令的格式、机器码及执行时间

目的操作数	源操作数	举　例	执行时间		指　令　码			长度
A	#Byte	ADD A,#$5A	1		AB	XX		2
A	shortmem	ADD A,$50	1		BB	XX		2
A	longmem	ADD A,$1000	1		CB	MS	LS	3
A	(X)	ADD A,(X)	1		FB			1
A	(shortmem,X)	ADD A,($50,X)	1		EB	XX		2
A	(longmem,X)	ADD A,($5000,X)	1		DB	MS	LS	3
A	(Y)	ADD A,(Y)	1	90	FB			2
A	(shortmem,Y)	ADD A,($50,Y)	1	90	EB	XX		3
A	(longmem,Y)	ADD A,($1000,Y)	1	90	DB	MS	LS	4
A	(shortmem,SP)	ADD A,($50,SP)	1		1B	XX		2
A	[shortptr.w]	ADD A,[$50.w]	4	92	CB	XX		3
A	[longptr.w]	ADD A,[$1000.w]	4	72	CB	MS	LS	4
A	([shortptr.w],X)	ADD A,([$50.w],X)	4	92	DB	XX		3
A	([longptr.w],X)	ADD A,([$1000.w],X)	4	72	DB	MS	LS	4
A	([shortptr.w],Y)	ADD A,([$50.w],Y)	4	91	DB	XX		3
A	#Byte	ADC A,#$5A	1		A9	XX		2
A	shortmem	ADC A,$50	1		B9	XX		2
A	longmem	ADC A,$1000	1		C9	MS	LS	3
A	(X)	ADC A,(X)	1		F9			1
A	(shortmem,X)	ADC A,($50,X)	1		E9	XX		2
A	(longmem,X)	ADC A,($5000,X)	1		D9	MS	LS	3
A	(Y)	ADC A,(Y)	1	90	F9			2
A	(shortmem,Y)	ADC A,($50,Y)	1	90	E9	XX		3
A	(longmem,Y)	ADC A,($1000,Y)	1	90	D9	MS	LS	4
A	(shortmem,SP)	ADC A,($50,SP)	1		19	XX		2
A	[shortptr.w]	ADC A,[$50.w]	4	92	C9	XX		3
A	[longptr.w]	ADC A,[$1000.w]	4	72	C9	MS	LS	4
A	([shortptr.w],X)	ADC A,([$50.w],X)	4	92	D9	XX		3
A	([longptr.w],X)	ADC A,([$1000.w],X)	4	72	D9	MS	LS	4
A	([shortptr.w],Y)	ADC A,([$50.w],Y)	4	91	D9	XX		3
X	#Word	ADDW X, #$1000	2		1C	MS	LS	3
X	longmem	ADDW X, $1000	2	72	BB	MS	LS	4
X	(shortmem,SP)	ADDW X,($50,SP)	2	72	FB	XX		3
Y	#Word	ADDW Y, #$1000	2	72	A9	MS	LS	3
Y	longmem	ADDW Y, $1000	2	72	B9	MS	LS	4
Y	(shortmem,SP)	ADDW Y,($50,SP)	2	72	F9	XX		3
SP	#Byte	ADDW SP,#$5A	2		5B	XX		2

由表 4.3.10 可见：

(1) ADD、ADC 加法指令的目的操作数一般为累加器 A，源操作数支持寄存器、直接、寄存器间接、立即数、变址等多种寻址方式。加数(源操作数)可以是 00 段(0000～FFFFH)内的任一存储单元。但 STM8 内核 CPU 内两个寄存器之间不能直接相加，如 "ADD A,XL" "ADDW X,Y" 指令不存在。

(2) 在 STM8 指令系统中有一条特殊的 16 位加法指令和一条特殊的 16 位减法指令。

ADDW SP, #Byte   ;SP←SP+#Byte(8 位立即数)

SUBW SP, #Byte   ;SP←SP-#Byte(8 位立即数)

这两条指令主要用于迅速将 SP 指针上下移动指定的偏移量，并不是为了进行加法或减法运算，因此这两条指令执行后不影响条件码寄存器 CC 中的标志位。

(3) 加法指令执行后将影响进位标志 C、溢出标志 V、半进位标志 H、零标志 Z、负号标志 N。

累加器 A 与源操作数相加后，若 b7 位有进位，则进位标志 C 为 1；反之为 0。b7 位有进位，表示两个无符号数相加时，结果大于 255，和的低 8 位存放在累加器 A 中，即

$$C = A_7 \cdot M_7 + M_7 \cdot \overline{R_7} + A_7 \cdot \overline{R_7}$$

其中，A_7 表示运算前累加器 A 的 b7 位，M_7 表示运算前存储单元的 b7 位，R_7 表示运算结果的 b7 位。

CPU 并不知道参加运算的两个数是无符号数还是有符号数，程序员只能借助溢出标志 V 来判别带符号数相加是否溢出。对于带符号数来说，b7 是符号位(0 表示正数，1 表示负数)，且负数为补码形式。于是，当两个正数相加时，如果累加器 A 的 b7 位为 1，表示结果是负数，这不可能，即和应大于+127；同理，当两个负数相加时，如果累加器 A 的 b7 位为 0，表示结果是正数，同样不可能，即和应小于-128。即在加法指令中，溢出标志 V 置 1 的条件是：两个操作数的符号位相同，即 b7 位同为 0 或 1，但结果的符号位相反，即

$$V = A_7 \cdot M_7 \cdot \overline{R_7} + \overline{A_7} \cdot \overline{M_7} \cdot R_7$$

对于带符号数的加法运算来说，当溢出标志 V 为 1 时，表示结果不正确。

累加器 A 与源操作数相加后，若 b3 位向 b4 位进位，则 H 为 1；反之为 0，即

$$H = A_3 \cdot M_3 + M_3 \cdot \overline{R_3} + A_3 \cdot \overline{R_3}$$

当运算结果为 0 时，Z=1。

当运算结果最高位为 0 时，对 8 位二进制数来说，b7=0，对 16 位二进制数来说，b15=0，则 N 标志=0。

(4) 带进位加法指令中的累加器 A 除了加源操作数外，还需要加上条件码寄存器 CC 中的进位标志 C。设置带进位加法指令的目的是实现多字节加法运算。

例 4.3.3 将存放在 30H、31H 单元中的 16 位二进制数与存放在 32H、33H 单元中的 16 位二进制数相加，假设结果存放在 30H、31H 中。

```
LD    A,$31      ;将被加数低 8 位送寄存器 A 中
ADD   A,$33      ;与加数低 8 位(33H 单元内容)相加，结果存放在寄存器 A 中
LD    $31,A      ;将和的低 8 位保存到 31H 单元中
LD    A,$30      ;将被加数高 8 位送寄存器 A 中
```

```
    ADC  A,$32            ;与加数高 8 位(32H 单元内容)相加，结果存放在寄存器 A 中
    ;由于低 8 位相加时，结果可能大于 0FFH，产生进位，因此高 8 位相加时用 ADC 指令
    LD   $30,A            ;将和的高 8 位保存到 30H 单元中
```

由于 STM8 内核 CPU 具有 16 位加法指令，因此可直接使用 ADDW 指令完成上面的计算，不仅指令代码短，且执行时间也相应缩短，如：

```
    LDW X, 30H            ;把存放在 30H、31H 单元中的 16 位被加数送寄存器 X
    ADDW X, 32H           ;与存放在 32H、33H 单元中的 16 位加数相加
    LDW 30H, X            ;结果送回 30H、31H 单元中
```

在"ADDW X,mem""ADDW Y,mem"指令中，当 b15 位有进位时，C 标志为 1；当 b7 位向 b8 位进位时，半进位 H 标志为 1。

(5) STM8 内核 CPU 没有 BCD 码加法调整指令"DA A"，对于 BCD 相加只能借助标志位判别或先转化为二进制后再相加。

例 4.3.4　压缩形式 BCD 码加法运算子程序。

```
    ;--------模块名------
    BCD_ADD:
    ;两位压缩形式的 BCD 码加法运算子程序
    ;入口参数：寄存器 A 存放被加数，R00 存放加数
    ;出口参数：压缩形式"和"存放在寄存器 A 中，C 存放进位标志
    ;使用资源：R01 存储单元
    ;说明:与 ADD A,R00 指令类似
      ADD A, R00
      PUSH CC               ;先保护标志位
      LD R01,A              ;保存运算结果
      JRH BCD_ADD_NEXT1     ;H 标志为 1，则需要加 6 校正
        ;判别结果的低 4 位是否在 A～F 之间
      AND A, #0FH
      CP A, #0AH
      JRC BCD_ADD_NEXT2     ;小于 A，无须校正
    ;>=A，需要加 06H 调正
      LD A, R01             ;取运算结果
    BCD_ADD_NEXT1:
      ADD A, #06H           ;加 6 校正
      LD R01,A
    BCD_ADD_NEXT2:
      ;取结果
      LD A, R01
      POP CC
      JRC BCD_ADD_NEXT3     ;C 标志为 1，则需要加 60H 校正
      ;判别十位是否大于 A～F
```

```
    AND A, #0F0H
    CP A, #0A0H
    JRC BCD_ADD_NEXT4        ;高 4 位小于 A，无须校正
    ;>=A
    LD A, R01
BCD_ADD_NEXT3:
    ADD A, #60H              ;加 60H 校正
BCD_ADD_NEXT4:
    RET
```

2. 减法指令

STM8 内核 CPU 减法指令的格式、机器码及执行时间如表 4.3.11 所示。

表 4.3.11　减法指令的格式、机器码及执行时间

目的操作数	源操作数	举　例	执行时间	指　令　码			长度
A	#Byte	SUB A,#$5A	1		A0	XX	2
A	shortmem	SUB A,$50	1		B0	XX	2
A	longmem	SUB A,$1000	1		C0	MS	LS	3
A	(X)	SUB A,(X)	1		F0		1
A	(shortmem,X)	SUB A,($50,X)	1		E0	XX	2
A	(longmem,X)	SUB A,($5000,X)	1		D0	MS	LS	3
A	(Y)	SUB A,(Y)	1	90	F0		2
A	(shortmem,Y)	SUB A,($50,Y)	1	90	E0	XX	3
A	(longmem,Y)	SUB A,($1000,Y)	1	90	D0	MS	LS	4
A	(shortmem,SP)	SUB A,($50,SP)	1		10	XX	2
A	[shortptr.w]	SUB A,[$50.w]	4	92	C0	XX	3
A	[longptr.w]	SUB A,[$1000.w]	4	72	C0	MS	LS	4
A	([shortptr.w],X)	SUB A,([$50.w],X)	4	92	D0	XX	3
A	([longptr.w],X)	SUB A,([$1000.w],X)	4	72	D0	MS	LS	4
A	([shortptr.w],Y)	SUB A,([$50.w],Y)	4	91	D0	XX	3
A	#Byte	SBC A,#$5A	1		A2	XX	2
A	shortmem	SBC A,$50	1		B2	XX	2
A	longmem	SBC A,$1000	1		C2	MS	LS	3
A	(X)	SBC A,(X)	1		F2		1
A	(shortmem,X)	SBC A,($50,X)	1		E2	XX	2
A	(longmem,X)	SBC A,($5000,X)	1		D2	MS	LS	3
A	(Y)	SBC A,(Y)	1	90	F2		2

目的操作数	源操作数	举　例	执行时间		指令码			长度
A	(shortmem,Y)	SBC A,($50,Y)	1	90	E2	XX		3
A	(longmem,Y)	SBC A,($1000,Y)	1	90	D2	MS	LS	4
A	(shortmem,SP)	SBC A,($50,SP)	1		12	XX		2
A	[shortptr.w]	SBC A,[$50.w]	4	92	C2	XX		3
A	[longptr.w]	SBC A,[$1000.w]	4	72	C2	MS	LS	4
A	([shortptr.w],X)	SBC A,([$50.w],X)	4	92	D2	XX		3
A	([longptr.w],X)	SBC A,([$1000.w],X)	4	72	D2	MS	LS	4
A	([shortptr.w],Y)	SBC A,([$50.w],Y)	4	91	D2	XX		3
X	#Word	SUBW X, #$1000	2		1D	MS	LS	3
X	longmem	SUBW X, $1000	2	72	B0	MS	LS	4
X	(shortmem,SP)	SUBW X,($50,SP)	2	72	F0	XX		3
Y	#Word	SUBW Y, #$1000	2	72	A2	MS	LS	3
Y	longmem	SUBW Y, $1000	2	72	B2	MS	LS	4
Y	(shortmem,SP)	SUBW Y,($50,SP)	2	72	F2	XX		3
SP	#Byte	SUBW SP,#$5A	2		52	XX		2

STM8 内核 CPU 减法指令与加法指令类似，操作结果同样会影响标志位：

(1) 进位标志 C 为 1，表示被减数(目的操作数)小于减数(源操作数)，产生了借位。

(2) V 同样用于判别两个带符号数相减后，差是否超出 8 位带符号数所能表示的范围 (−128~+127)。当两个异号数相减时，差的符号位与被减数相反，则溢出标志 V 为 1，结果不正确。例如，被减数为正数，减数为负数，相减后，结果应该是正数，但如果累加器 A 的 b7 位为 1，即负数，则表明结果不正确。

当运算结果为 0 时，标志 Z = 1。

当运算结果最高位为 0 时，对 8 位二进制数来说，b7=0，对 16 位二进制数来说，b15 =0，则标志 N= 0。

字减法运算指令会影响标志 H，当 b7 位向 b8 位借位时，标志 H 为 1。

但字节减法指令 SUB、SBC 不影响半进位标志 H，即在 STM8 内核 CPU 中，不能直接通过减法指令完成 BCD 码的减法运算。实际上，多数 CPU 并不支持 BCD 码减法运算，当需要对 BCD 码进行减法运算时，可先将 BCD 码转换为二进制数后再运算或借助"补码"概念，将 BCD 码减法运算变成 BCD 码加法运算。

我们知道两位 BCD 码可以表示 00~99 之间的数，需要用 8 位二进制数存放；三位 BCD 码可以表示 000~999 之间的数，需要用 12 位二进制数存放；四位 BCD 码可以表示 0000~9999 之间的数，需要用 16 位二进制数存放，以此类推。

对于两位 BCD 码减法来说，因为 XY-xy=XY+100-xy(100 的 BCD 码需要用 12 位二进制数存放，其高位"1"自然丢失)，其中"100"为两位 BCD 码的模，可用"99H+1H"，即"9AH"表示。于是，可直接用减法指令求出"100-xy"= "9AH-xy"的值后，再与 XY 相加，经调正后就会获得两位 BCD 码 XY-xy 的运算结果。可以证明：

当"XY+100-xy"的运算结果为 0 时，表明 XY=xy。例如，BCD 码 56-56 的运算步骤为"56-56=56H+9AH-56H=56H+44H=9AH"，调正后为 00。

当"XY+100-xy"的运算结果小于 XY 时，表明 XY>xy。例如，BCD 码 82-30 的运算步骤为"82-30=82H+9AH-30H=82H+6AH=ECH"，调正后为 52。

当"XY+100-xy"的运算结果大于 XY 时，表明 XY<xy。例如，BCD 码 12-36 的运算步骤为"12-36=12H+9AH-36H=12H+64H=76H"，调正后为 76，即-24 的补码。

不难推导出两位 BCD 码减 1 操作，即"XY-1"相当于"XY+99H"（"XY+9AH-1H"），调正后就是 BCD 码减 1 操作的结果。

同理，对三位 BCD 码减法来说，XYZ-xyz = XYZ+1000-xyz(1000 的 BCD 码需要用 16 位二进制数存放，其高位"1"自然丢失)，其中"1000"为三位 BCD 码的模，用"999H+1H"，即"99AH"表示。于是，可直接用减法指令求出"1000-xyz"="99AH-xyz"的值后，再与 XYZ 相加，经调正后就会获得三位 BCD 码 XYZ-xyz 的运算结果。

三位 BCD 码减 1 操作，即"XYZ-1"相当于"XYZ+999H"，调正后就是 BCD 码减 1 操作的结果。

对四位 BCD 码减法来说，XYZW-xyzw=XYZW+10000-xyzw(10000 的 BCD 码需要用 20 位二进制数存放，其高位"1"自然丢失)，其中"10000"为四位 BCD 码的模，用"9999H+1H"，即"999AH"表示。于是，可直接用减法指令求出"10000-xyzw"="999AH-xyzx"的值后，再与 XYZW 相加，经调正后就会获得四位 BCD 码 XYZW-xyzw 的运算结果。

四位 BCD 码减 1 操作，即"XYZW-1"相当于"XYZW+9999H"，调正后就是 BCD 码减 1 操作的结果。

例 4.3.5 两位 BCD 码减法运算程序。

```
;-------模块名------
BCD_SUB:
    ;入口参数: 假设压缩形式 BCD 码的被减数存放在 R02 存储单元中，减数存放在 R01 存储单
    ;元中运算后，被减数保留不变，但减数已被覆盖
    LD A, #9AH          ;将十进制 100 的等效码 9AH 送累加器
    SUB A, R01          ;求"100-xy"的结果
    LD R00, A           ;将结果存放在 R00 单元中
    LD A, R02           ;被减数送累加器，完成 BCD 码加法运算程序的初始化
    CALL BCD_ADD        ;调用例 4.3.4 压缩 BCD 码加法运算程序段，结果在累加器 A 中
    RET
```

3. 乘法指令

STM8 内核 CPU 提供了两条 8 位无符号数乘法指令，其格式、机器码及执行时间如表 4.3.12 所示。

表 4.3.12 乘法指令格式、机器码及执行时间

目的操作数	源操作数	举 例	功能	执行时间	指 令 码			长度
X	A	MUL X,A	X←XL × A	4		42		1
Y	A	MUL Y,A	Y←YL × A	4	90	42		2

对于"MUL X, A"指令来说，8 位无符号被乘数放在索引寄存器 X 的低 8 位 XL 中(忽略高 8 位 XH)，8 位无符号乘数放在累加器 A 中，乘积(16 位无符号数)存放在索引寄存器 X 中。

对于"MUL Y, A"指令来说，8 位无符号被乘数放在索引寄存器 Y 的低 8 位 YL 中(忽略高 8 位 YH)，8 位无符号乘数放在累加器 A 中，乘积(16 位无符号数)存放在索引寄存器 Y 中。

乘法指令影响标志位：进位标志 C 与半进位标志 H 总为 0，而其他位保持不变。

STM8 内核 CPU 没有提供 8 位×16 位、16 位×16 位、16 位×24 位等多字节乘法指令，只能通过单字节乘法指令实现多字节乘法运算，可采用如图 4.3.2 所示的算法实现相应的多字节乘法运算。

在 16 位乘 8 位运算中，16 位被乘数占 2 字节，用 BA 表示；8 位乘数占 1 字节，用 C 表示，则乘积为 24 位。显然"A*C"为 16 位，"B*C"为 24 位。因此，可用图 4.3.2(a)所示算法实现。

在 16 位乘 16 位运算中，16 位被乘数占 2 字节，用 BA 表示；16 位乘数也占 2 字节，用 DC 表示，则乘积为 32 位。显然"A*C"为 16 位，"B*C"为 24 位；"A*D"为 24 位，"B*D"为 32 位。因此，可用图 4.3.2(b)所示算法实现。

在 24 位乘 16 位运算中，24 位被乘数占 3 字节，用 CBA 表示；16 位乘数占 2 字节，用 ED 表示，乘积应该为 40 位。显然"A*D"为 16 位，"B*D"为 24 位，"C*D"为 32 位；"A*E"为 24 位，"B*E"为 32 位，"E*C"为 40 位。因此，可用图 4.3.2(c)所示算法实现。

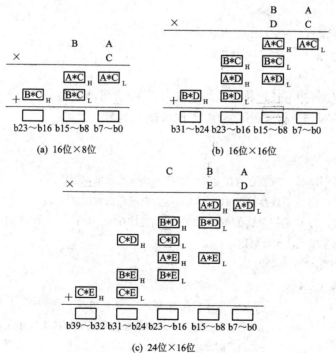

图 4.3.2　多字节乘法算法

例 4.3.6　编写一个程序段，实现 16 位×8 位运算。

```
MUL1608:
;16bit*8bit 运算程序
;入口参数：16 位被乘数存放在 R01～R02 中(高位放在低地址)
;         ：8 位乘数存放在 R00 中
;出口参数：24 位乘积存放在 R03～R05 中(高位放在低地址)
;算法：多字节乘法运算规则
;执行时间为 21 个机器周期
;使用资源 A、X
    CLR R03              ;清除乘积最高位(b23～b16)
    ;计算低 8 位相乘
    LD A, R02            ;取被乘数的低 8 位
    LD XL, A
    LD A, R00            ;取 8 位乘数
    MUL X,A
    LDW R04, X           ;16 位乘积送 R04、R05 中
    ;计算高 8 位相乘
    LD A, R01            ;取被乘数的高 8 位
    LD XL, A
    LD A, R00            ;取 8 位乘数
    MUL X,A
    ;求和
    ADDW X, R03          ;与[AC]H 相加
    LDW R03, X           ;保存结果
    RET
```

以上程序段代码并不长，执行时间也仅为 21 个机器周期。

例 4.3.7 编写一个程序段，实现 16 位×16 位运算。

```
MUL1616:
;16bit*16bit 运算程序
;入口参数：16 位被乘数存放在 R00～R01 中(高位放在低地址)
;         ：16 位乘数存放在 R02～R03 中(高位放在低地址)
;出口参数：32 位乘积存放在 R04～R07 中(高位放在低地址)
;算法：多字节乘法运算规则
;执行时间为 45 个机器周期
;使用资源 A、X
    CLR R04             ;清除存放乘积高 16 位(b31～b16)单元的内容
    CLR R05             ;由于用字传送指令，将低 8 位乘低 8 位结果直接送 R06、R07
                        ;单元，因此不必对 R06、R07 单元清零
    LD A, R01           ;取被乘数的低 8 位
    LD XL, A            ;送寄存器 XL
```

LD A, R03	;取乘数的低 8 位
MUL X,A	;计算 AC
LDW R06,X	;保存 AC 的结果
	;计算 BC
LD A, R00	;取被乘数的高 8 位
LD XL, A	;送寄存器 XL
LD A, R03	;取乘数的低 8 位
MUL X,A	;计算 BC
ADDW X,R05	;计算([AC]H,[AC]L)+([BC]H,[BC]L)
LDW R05,X	
	;16 位乘 8 位，结果为 24 位，不可能产生进位
	;计算 AD
LD A, R01	;取被乘数低 8 位
LD XL, A	;送寄存器 XL
LD A, R02	;取乘数的高 8 位
MUL X,A	;计算 AD
ADDW X,R05	;求和
LDW R05,X	
BCCM R04, #0	;用 BCCM 指令将进位标志送 R04 单元的 b0 位，代替下面三条指令
	;可减少 2 个机器周期
;CLR A	;清除 A
;ADC A, R04	;加进位标志 C
;LD R04,A	
	;计算 BD
LD A, R00	;取被乘数高 8 位
LD XL, A	;送寄存器 XL
LD A, R02	;取乘数的高 8 位
MUL X,A	;计算 AD
ADDW X,R04	;求和
LDW R04,X	;保存和。不可能产生进位
RET	

　　可见，在 STM8 内核 CPU 中充分利用 16 位加法指令 ADDW、16 位数据传送指令 LDW 后，完成多字节乘法运算的用时并不多，在例 4.3.7 中仅用了 45 个机器周期。

4. 除法指令

STM8 内核 CPU 提供了 16 位 ÷ 8 位、16 位 ÷ 16 位的无符号数除法指令，其格式、机器码及执行时间如表 4.3.13 所示。

　　该指令影响标志位：溢出标志 V、半进位标志 H、负数标志 N 总为 0；同时影响 Z ——商为 0 时，Z 置 1；以及进位标志 C——除数为 0，C 为 1，即借用了进位标志 C 指示除数是否为 0。

表 4.3.13　除法指令的格式、机器码及执行时间

目的操作数	源操作数	举例	功　能	执行时间	指　令　码			长度
X	A	DIV X,A	$X \leftarrow Int\left(\dfrac{X}{A}\right)$ $A \leftarrow Mod\left(\dfrac{X}{A}\right)$	2～17		62		1
Y	A	DIV Y,A	$Y \leftarrow Int\left(\dfrac{Y}{A}\right)$ $A \leftarrow Mod\left(\dfrac{Y}{A}\right)$	2～17	90	62		2
X	Y	DIVW X, Y	$X \leftarrow Int\left(\dfrac{X}{Y}\right)$ $Y \leftarrow Mod\left(\dfrac{X}{Y}\right)$	2～17		65		1

对于 16 位÷8 位指令"DIV X, A"来说，商为 16 位，余数为 8 位，显然余数取值范围在 0～[除数−1]之间。

对于 16 位÷16 位指令"DIV X, Y"来说，商为 16 位，余数也是 16 位。

对于更多位除法运算，如 32 位÷16 位等多位除法运算，可借助减法或类似多项式除法运算规则实现。

用减法实现除法运算的原理是：先用被除数减去除数，够减则商为 1，反之则为 0；再循环使用差减除数，够减则商加 1，直到不够减为止。不过当除数远远小于被除数时，执行时间可能偏长。

而用类似多项式除法运算规则完成除法运算的时间是固定的，与除数大小无关。

值得注意的是，计算机系统中的乘法、除法指令，一般由微电路实现，可被中断请求源中断。由于 STM8 内核 CPU 芯片存在设计缺陷，在特定条件下，即当 DIV、DIVW 指令被中断，且在执行第一个中断返回指令 IRET 时刚好又出现第二个中断请求，有可能导致位于中断服务程序中的 DIV、DIVW 指令执行结果不正确。为此，ST 官网建议在中断服务程序中的除法指令前增加如下指令系列，确保 DIV 和 DIVW 指令执行结果的正确性。

方法一：

```
PUSH CC        ;将寄存器 CC 压入堆栈
POP A          ;将堆栈内容弹到累加器 A
AND A, #0BFH   ;与立即数 BFH 逻辑与
PUSH A
POP CC         ;再把 A 回送到寄存器 CC 中
DIVW X,Y       ;执行除法指令
```

方法二：

```
PUSH  #XXH     ;把特定立即数 XX 传送给寄存器 CC。该立即数的 b6 位为 0，b5、b3 为
               ;对应中断的优先级，其他位没有定义。例如，在优先级为 01 的中断服务
               ;中使用 DIV、DIVW 指令时，立即数 XX 可取 08H
POP CC
```

```
      DIVW X,Y                  ;执行除法指令
```

例 4.3.8　利用 16 位除法指令，将 16 位二进制数转换为非压缩形式的 BCD 码。

```
      BIN_BCD:          ;二进制→BCD 码
      ;算法：由于 STM8 内核 CPU 芯片具有 16 位除法指令,因此:
      ;万位 BCD=二进制数/10000
      ;千位 BCD=余数/1000
      ;百位 BCD=上一次除法运算余数/100
      ;十位 BCD=上一次除法运算余数/10
      ;个数 BCD=上一次除法运算余数
      ;入口参数:
      ;BIN_data ds.w (16 位二进制数存放在 BIN_data 变量中)
      ;出口参数：非压缩形式的 BCD 存放在 BCD_data 开始的 RAM 存储区中
      ;使用资源：A,X,Y
      LDW X, BIN_data
      LDW Y, #10000
      DIVW X,Y
      LD A, XL                  ;商，即万位码送累加器 A
      LD {BCD_data+0}, A        ;保存万位码
      ;转换千位
      LDW X,Y                   ;取余数
      LDW Y, #1000
      DIVW X,Y
      LD A, XL                  ;商，即千位码送累加器 A
      LD {BCD_data+1}, A        ;保存千位码
      ;转换百位
      LDW X,Y                   ;取余数
      LD A, #100
      DIV X, A                  ;商在寄存器 XL 中，余数在累加器 A 中
      EXG A, XL                 ;交换商与余数的存放位置
      LD {BCD_data+2}, A        ;保存百位码
      ;转换十位与个位
      LD A, #10
      DIV X, A                  ;商(十位)在寄存器 XL 中，余数(个位)在累加器 A 中
      LD {BCD_data+4}, A        ;先保存个位码
      LD A, XL
      LD {BCD_data+3}, A        ;再保存十位码
      RET
```

4.3.3　增量/减量(Increment/Decrement)指令

加 1 指令也称为"增量指令"，操作结果是强迫操作数加 1。STM8 内核 CPU 芯片提供

了字节加 1 指令 INC 和字加 1 指令 INCW。

减 1 指令也称为"减量指令",操作结果是强迫操作数减 1。STM8 内核 CPU 芯片提供了字节减 1 指令 DEC 和字减 1 指令 DECW。

这类指令仅影响条件码寄存器 CC 中的 Z(零标志)、N(负号标志)、V(溢出标志)。即一个正数进行加、减 1 操作后,当结果超出范围时,则溢出标志 V 有效,如表 4.3.14 所示。

表 4.3.14　增/减量指令对标志位的影响

指令操作码助记符	目的操作数	条件码寄存器 CC							
		V	—	I1	H	I0	N	Z	C
INC	A	V	—	—	—	—	N	Z	—
	mem	V	—	—	—	—	N	Z	—
INCW	X	V	—	—	—	—	N	Z	—
	Y	V	—	—	—	—	N	Z	—
DEC	A	V	—	—	—	—	N	Z	—
	mem	V	—	—	—	—	N	Z	—
DECW	X	V	—	—	—	—	N	Z	—
	Y	V	—	—	—	—	N	Z	—

1. 加 1 指令

加 1 指令操作码助记符、指令格式、机器码及执行时间如表 4.3.15 所示。

表 4.3.15　加 1 指令操作码助记符、指令格式、机器码及执行时间

操作数	举 例	执行时间	指 令 码				长度
A	INC A	1		4C			1
shortmem	INC $50	1		3C	XX		2
longmem	INC $5000	1	72	5C	MS	LS	4
(X)	INC (X)	1		7C			1
(shortoff,X)	INC ($50,X)	1		6C	XX		2
(longoff,X)	INC ($5000,X)	1	72	4C	MS	LS	4
(Y)	INC (Y)	1	90	7C			2
(shortoff,Y)	INC ($50,Y)	1	90	6C	XX		3
(longoff,Y)	INC ($5000,Y)	1	90	4C	MS	LS	4
(shortoff,SP)	INC ($50,SP)	1		0C	XX		2
[shortptr.w]	INC [$10.w]	4	92	3C	XX		3
[longptr.w]	INC [$1000.w]	4	72	3C	MS	LS	4
([shortptr.w],X)	INC ([$10.w],X)	4	92	6C	XX		3
([longptr.w],X)	INC ([$1000.w],X)	4	72	6C	MS	LS	4
([shortptr.w],Y)	INC ([$10.w],Y)	4	91	6C	XX		3
X	INCW X	1		5C			1
Y	INCW Y	1	90	5C			2

对字节加 1 指令来说，当操作数的当前值为 FFH 时，执行 INC 指令后，变为 00，标志 Z 为 1，进位标志 C 不变，这是因为 INC 指令不影响进位标志 C。

INC 指令影响标志 V 是为了判别对有符号数进行"加 1"操作后是否溢出。例如，当操作数为 7FH 时，执行"加 1"操作后，结果为 80H，同时标志 V 为 1，两个正数相加，结果为负。

尽管 INC 指令与加数为 1 的 ADD 指令都能使操作对象加 1，但 ADD 指令会影响包括进位标志 C 在内的所有标志位；当需要对某个存储单元进行加 1 操作时，更应该使用 INC 指令，而不是 ADD 指令。下列指令均可以使 R01 单元加 1，但使用 INC 指令更简单。

```
    INC R01          ;使用 INC 指令使 R01 单元加 1，仅需要一条指令
或
    LD A, R01        ;用 ADD 指令完成需要三条指令
    ADD A, #1
    LD R01, A
```

2. 减 1 指令

减 1 指令操作码助记符、指令格式、机器码及执行时间如表 4.3.16 所示。

表 4.3.16　减 1 指令操作码助记符、指令格式、机器码及执行时间

操作数	举例	执行时间	指令码				长度
A	DEC A	1		4A			1
shortmem	DEC $50	1		3A	XX		2
longmem	DEC $5000	1	72	5A	MS	LS	4
(X)	DEC(X)	1		7A			1
(shortoff,X)	DEC($50,X)	1		6A	XX		2
(longoff,X)	DEC($5000,X)	1	72	4A	MS	LS	4
(Y)	DEC(Y)	1	90	7A			2
(shortoff,Y)	DEC($50,Y)	1	90	6A	XX		3
(longoff,Y)	DEC($5000,Y)	1	90	4A	MS	LS	4
(shortoff,SP)	DEC($50,SP)	1		0A	XX		2
[shortptr.w]	DEC[$10.w]	4	92	3A	XX		3
[longptr.w]	DEC[$1000.w]	4	72	3A	MS	LS	4
([shortptr.w],X)	DEC([$10.w],X)	4	92	6A	XX		3
([longptr.w],X)	DEC([$1000.w],X)	4	72	6A	MS	LS	4
([shortptr.w],Y)	DEC([$10.w],Y)	4	91	6A	XX		3
X	DECW X	1		5A			1
Y	DECW Y	1	90	5A			2

对字节减 1 指令来说，当操作数当前值为 00H 时，执行 DEC 指令后，变为 FFH，进位标志 C 也不变，原因是减 1 指令不影响进位标志 C。

DEC 指令影响标志 V 也是为了判别对有符号数进行"减 1"操作后是否溢出。例如，当操作数为 80H 时，执行"减 1"操作后，结果为 7FH，同时标志 V 为 1，两个负数相加，结果为正数。

4.3.4 逻辑运算(Logical Operations)指令

逻辑运算指令在计算机指令系统中的重要性并不亚于算术运算指令。STM8 内核 CPU 芯片提供了丰富的逻辑运算指令，包括强制清零指令、逻辑非(取反)、求补、与、或、异或等。逻辑运算指令一般仅影响标志 N 与 Z：当结果最高位为 1(负数)时，对 8 位操作数来说是 b7 位，对 16 位操作数来说是 b15 位，则 N = 1；当运算结果为 0 时，Z = 1。具体情况如表 4.3.17 所示。

表 4.3.17　逻辑运算指令对标志位的影响

指令操作码助记符	目的操作数	源操作数	条件码寄存器 CC							
			V	—	I1	H	I0	N	Z	C
CLR	A		—	—	—	—	—	0	1	—
	mem		—	—	—	—	—	0	1	—
CLRW	X		—	—	—	—	—	0	1	—
	Y		—	—	—	—	—	0	1	—
CPL	A		—	—	—	—	—	N	Z	1
	mem		—	—	—	—	—	N	Z	1
CPLW	X		—	—	—	—	—	N	Z	1
	Y		—	—	—	—	—	N	Z	1
NEG	A		V	—	—	—	—	N	Z	C
	mem		V	—	—	—	—	N	Z	C
NEGW	X		V	—	—	—	—	N	Z	C
	Y		V	—	—	—	—	N	Z	C
AND	A	#Byte	—	—	—	—	—	N	Z	—
	A	mem	—	—	—	—	—	N	Z	—
OR	A	#Byte	—	—	—	—	—	N	Z	—
	A	mem	—	—	—	—	—	N	Z	—
XOR	A	#Byte	—	—	—	—	—	N	Z	—
	A	mem	—	—	—	—	—	N	Z	—

逻辑运算指令格式、操作码助记符、指令执行时间及指令长度如表 4.3.18 所示。

表 4.3.18　逻辑运算指令格式、操作码助记符、指令执行时间及指令长度

指令名称	目的操作数	源操作数	举　例	执行时间	长度
CLR/CLRW (强制清 0 指令)	A		CLR A	1	1
	mem		CLR mem	1 或 4	2～4
	X		CLRW X	2	1
	Y		CLRW Y	2	2
	(X)		CLR (X)	1	1
	(Y)		CLR (Y)	1	2
	($10,X)		CLR ($10, X)	1	2
	($1000,X)		CLR ($1000, X)	1	4
	($10,Y)		CLR ($10, Y)	1	3
	($1000,Y)		CLR ($1000, Y)	1	4
CPL/CPLW (取反指令(逻辑非))	A		CPL A	1	1
	mem		CPL mem	1 或 4	4
	X		CPLW X	2	1
	Y		CPLW Y	2	2
NEG/NEGW (求补运算指令)	A		NEG A	1	1
	mem		NEG mem	1 或 4	4
	X		NEGW X	2	1
	Y		NEGW Y	2	2
AND(逻辑与指令)	A	#Byte	AND A, #$55	1	2
	A	mem	AND A, mem	1 或 4	2～4
OR(逻辑或指令)	A	#Byte	OR A, #$55	1	2
	A	mem	OR A, mem	1 或 4	2～4
XOR(逻辑异或指令)	A	#Byte	XOR A, #$55	1	2
	A	mem	XOR A, mem	1 或 4	2～4

（1）清零指令 CLR 与源操作数为立即数 00 的 AND、MOV、LD 指令具有相同的操作结果，唯一区别是指令码长度不同。例如：

```
CLR A              ;A←00。单字节指令
AND A, #00         ;A←A∧00。双字节指令
```

        LD A, #00   ;A←00。双字节指令

CLR、CLRW 指令对标志位的影响容易理解：结果肯定为 0，即标志 Z 为 1；结果为 0，非负，标志 N 自然也为 0。

(2) 取反指令 CPL 与源操作数为立即数 FF 的 XOR 指令具有相同的操作结果，但指令码长度不同，对标志位的影响也有所不同。

        CPL A   ;A←$\overline{A}$。单字节指令

        XOR A, #$FF   ;A←A ⊕ $FF，根据异或运算规则，结果为 $\overline{A}$。双字节指令

CPL 指令将根据操作结果设置标志 N、Z，并强制将标志 C 置为 1。XOR 指令仅根据操作结果设置标志 N、Z，不影响标志 C。

(3) AND 指令常用于将目的操作数中的指定位清零，如：

        AND A, #$03   ;将累加器 A 中的 b7～b2 位全部清零

在构造立即数时，希望清零位取 0，其他位取 1。该指令执行后，A 各位为 000000xxB，可见指定位为 0，其他位保持不变。

(4) OR 指令常用于将目的操作数中的指定位置 1，如：

        OR A, #$03   ;将累加器 A 的 b1、b0 位置 1，而 b7～b2 位不变

在构造立即数时，希望置 1 位取 1，其他位取 0。该指令执行后，A 各位为 xxxxxx11B，可见指定位为 1，其他位保持不变。

(5) XOR 指令常用于将目的操作数中的指定位取反，如：

        XOR A, #$88   ;将累加器 A 中的 b7、b3 位取反，而其他位不变

在构造立即数时，希望取反位取 1，其他位取 0。

(6) 求补运算(NEG、NEGW)的结果是反码+1，例如"NEG A"等效于"A←(A XOR FFH)+1"。利用求补运算可求出负数的绝对值。该指令影响标志 V、N、Z、C：当运算结果为 0 时，标志 Z 为 1；当运算结果不为 0 时，标志 C 为 1，即在补码运算中，标志 C 与 Z 总是满足 C=$\overline{Z}$；N 为负数标志，体现了最高位(符号位)的状态；对于 8 位补码运算来说，当操作数为 80H，或对于 16 位补码运算来说，当操作数为 8000H 时，V 为 1，否则 V 为 0。

可见 STM8 内核 CPU 逻辑运算指令非常丰富，在逻辑与、或、异或等双目逻辑运算指令中，目的操作数为累加器 A，源操作数可以是立即数或存储单元。但 CPU 内两个寄存器之间不能进行逻辑运算，即"AND A, XL"类指令不存在。

4.3.5 位操作(Bit Operation)指令

由于单片机在控制系统中主要用于控制线路的通、断，继电器的吸合与释放等，因此位操作指令在单片机指令系统中占有重要地位。多数 8 位机依然保留了早期一位机的功能，即提供了完整的位寻址功能和位操作指令。

STM8 内核 CPU 具有丰富的位操作指令，可对 00 段内除只读单元外的任一存储单元中的位进行清零、置 1、取反等操作。位地址用"位所在存储单元地址, #位编号"形式表示。例如，1000H 单元的 b3 位表示为"$1000, #3"。

STM8 内核 CPU 位操作指令操作码助记符、指令格式、执行时间及指令码长度如表

4.3.19 所示。

表 4.3.19　位操作指令操作码助记符、指令格式、执行时间及指令码长度

指令名称	操作数	功能	举例	执行时间	长度
BRES(位清零指令)	Longmem,#n		BRES$1000, #2	1	4
BSET(置位 1 指令)	Longmem,#n		BSET$1000, #2	1	4
BCPL(位取反指令)	Longmem,#n		BCPL$1000, #2	1	4
BCCM(进位标志 C 送存储单元指定位指令)	Longmem,#n	bn←C	BCCM$1000, #0	1	4
RCF(进位标志 C 清零指令)	隐含	C←0	RCF	1	1
SCF(进位标志 C 置 1 指令)	隐含	C←1	SCF	1	1
CCF(进位标志 C 取反指令)	隐含	C← $\overline{C}$	CCF	1	1
RVF(溢出标志 V 清零指令)	隐含	V←0	RVF	1	1
SIM(禁止中断指令)	隐含	I1←1 I0←1	SIM	1	1
RIM(允许中断指令)	隐含	I1←1 I0←0	RIM	1	1

(1) 在位操作指令中，除了对进位标志 C 操作的位操作指令(RCF、SCF、CCF)外，均不影响其他标志位。

STM8 内核 CPU 仅提供将进位标志 C 送存储单元指定位的位传送指令 BCCM，没有提供存储单元指定位送进位标志 C 的位传送指令，也没有提供位逻辑与、或、异或等运算指令。

可利用位测试转移指令(BTJT 或 BTJF)、进位标志 C 送存储单元指定位的位传送指令 BCCM，将存储单元中某一位的信息间接传送到另一位。

例 4.3.9　将 1000H 单元的 b3 位送 0100H 单元的 b2 位

```
    BTJT $1000, #3, NEXT1
NEXT1:              ;将 1000H 单元的 b3 位送进位标志 C，并非要跳转
    BCCM $0100, #2  ;将进位标志 C 送 0100H 单元的 b2 位
```

(2) 需要同时将两位或以上的位置 1 或清零时，用逻辑与、或运算可能更方便。

(3) STM8 内核 CPU 内部寄存器，如 A、X、Y、SP 等没有位寻址功能，即没有"BRES A, #2"之类的指令。

(4) 如果需要进行位逻辑运算，只有把位送 CPU 的寄存器，通过字节、字逻辑运算完成；或者先建立位逻辑运算的真值表，然后用查表方式实现。

禁止中断指令 SIM 将禁止所有的可屏蔽中断的请求，若在中断服务程序中使用 SIM 指令，应先将条件码寄存器 CC 压入堆栈，否则将无法恢复原来的中断优先级；用允许中断指令 RIM 开放中断请求功能。

例 4.3.10　假设四个逻辑变量 A、B、C、D 分别从 PD 口的 PD0～PD3 输入，试编写一个程序段实现 F = A ⊕ B + $\overline{CD}$ 的逻辑运算。

分析：虽然 STM8 内核 CPU 没有位逻辑运算指令，但可以通过查表方式实现位逻辑运

算功能：先列出逻辑函数的真值表，通过查表操作获得函数值。这种方式更具有普遍性，一方面变量个数没有限制，另一方面输出量的个数也没有限制。

$F = A \oplus B + \overline{CD} = \overline{A}B + A\overline{B} + \overline{CD}$，其真值表如表 4.3.20 所示。

表 4.3.20 真 值 表

DCBA	F	DCBA	F	DCBA	F	DCBA	F
0000	1	0100	0	1000	0	1100	0
0001	1	0101	1	1001	1	1101	1
0010	1	0110	1	1010	1	1110	1
0011	1	0111	0	1011	0	1111	0

实现该逻辑功能的程序段如下：

```
    LD A, PD_DDR
    AND A, #0F0H
    LD PD_DDR, A              ;PD 口的低 4 位定义为输入
    LD A, PD_CR1
    OR A, #0FH
    LD PD_CR1, A             ;PD 口的低 4 位带上拉电阻
    LD A, EXTI_CR1
    OR A, #0C0H              ;将 PD 口外中断定义为上下沿触发方式
    LD EXTI_CR1, A
;必要时再初始化 6 号中断(对应 PD 口外中断)的优先级
    LD A, PD_CR2
    OR A, #0FH
    LD PD_CR2, A            ;允许 PD 口低 4 位中断功能
    RIM                     ;开中断
    JRT $                   ;虚拟主程序，等待中断
    Interrupt PD_Interrupt_Ser   ;PD 口外中断服务程序
PD_Interrupt_Ser.L
    LD A, PD_IDR
    AND A, #0FH
    CLRW X
    LD XL, A                ;输入数据送寄存器 X
    LD A, (Function_data, X) ;函数 F 的值在累加器 A 的 b0 位中。根据需要可将 b0 送某一引脚
    IRET
Function_data:             ;函数 F 的真值表
;      0, 1, 2 ,3, 4, 5, 6, 7, 8, 9, 10, 11, 12, 13, 14, 15
    DC.B  1, 1, 1, 1, 0, 1, 1,0, 0, 1, 1,  0,  0,  1, 1,  1
```

4.3.6　移位操作(Shift and Rotates)指令

STM8 内核 CPU 提供了丰富的算术、逻辑移位操作指令，如表 4.3.21 所示。移位指令仅影响 Z(零)标志、N(正负)标志及 C 标志(RLWA、RRWA 指令除外)。

表 4.3.21　移位操作指令操作码助记符、指令格式、指令长度及执行时间

指 令 名 称	第一操作数	第二操作数	举　例	执行时间	长度
SLL	A		SLL A	1	1
(8 位逻辑左移)	mem		SLL $10	1 或 4	2～4
SLLW	X		SLLW X	2	1
(16 位逻辑左移)	Y		SLLW Y	2	2
SLA	A		SLA A	1	1
(8 位算术左移)	mem		SLA $10	1 或 4	2～4
SLAW	X		SLAW X	2	1
(16 位算术左移)	Y		SLAW Y	2	2
SRL	A		SRL A	1	1
(8 位逻辑右移)	mem		SRL $10	1 或 4	2～4
SRLW	X		SRLW X	2	1
(16 位逻辑右移)	Y		SRLW Y	2	2
SRA	A		SRA A	1	1
(8 位算术右移)	mem		SRA $10	1 或 4	2～4
SRAW	X		SRAW X	2	1
(16 位算术右移)	Y		SRAW Y	2	2
RLC	A		RLC A	1	1
(字节循环左移)	mem		RLC $10	1 或 4	2～4
RLCW	X		RLCW X	2	1
(字循环左移)	Y		RLCW Y	2	2
RRC	A		RRC A	1	1
(字节循环右移)	mem		RRC $10	1 或 4	2～4
RRCW	X		RRCW X	2	1
(字循环右移)	Y		RRCW Y	2	2
RLWA	X	A	RLWA X,A	1	1
(通过 A 的字循环左移)	Y	A	RLWA Y,A	1	2
RRWA	X	A	RRWA X,A	1	1
(通过 A 的字循环右移)	Y	A	RRWA Y,A	1	2

(1) 字节算术左移 SLA(Shift Left Arithmetic)、字算术左移 SLAW 与字节逻辑左移 SLL(Shift Left Logic)、字逻辑左移 SLLW 操作的结果完全相同。换句话说，在 STM8 内核 CPU 中 SLA 指令与 SLL 指令等效，SLAW 指令与 SLLW 指令等效，均按如下方式移动操作数，相当于操作数乘 2：

$$C \leftarrow [b_7 \leftarrow b_6 \leftarrow b_5 \leftarrow b_4 \leftarrow b_3 \leftarrow b_2 \leftarrow b_1 \leftarrow b_0] \leftarrow 0$$

$$C \leftarrow [b_{15} \leftarrow b_{14} \leftarrow \cdots b_4 \leftarrow b_3 \leftarrow b_2 \leftarrow b_1 \leftarrow b_0] \leftarrow 0$$

逻辑左移位指令"SLL A"常用于实现乘 2^n(如 2、4、8 等)运算。例如，当需要对累加器 A 进行乘 4 操作时，如果 A 小于 3FH，用如下两条逻辑左移位指令实现比用乘法指令实现速度快、代码短：

SLL A　　　;逻辑左移位一次，相当于乘 2

SLL A　　　;再逻辑左移位一次，相当于乘 4

以上两条指令的执行时间仅需 2×1 个机器周期，代码长度为 2×1 字节，但若使用乘法指令实现，则需要 7 个机器周期(2+4+1)，代码长度为 5 字节(3+1+1)：

LDW X, #4 ;3 字节，执行时间为 2 个机器周期

MUL X, A ;1 字节，执行时间为 4 个机器周期

LD A, XL ;1 字节，执行时间为 1 个机器周期

(2) 字节逻辑右移 SRL(Shift Right Logic)、字逻辑右移 SRLW 操作结果如下所示，相当于操作数除 2：

$$0 \rightarrow [b_7 \rightarrow b_6 \rightarrow b_5 \rightarrow b_4 \rightarrow b_3 \rightarrow b_2 \rightarrow b_1 \rightarrow b_0] \rightarrow C$$

$$0 \rightarrow [b_{15} \rightarrow b_{14} \rightarrow \cdots b_4 \rightarrow b_3 \rightarrow b_2 \rightarrow b_1 \rightarrow b_0] \rightarrow C$$

逻辑右移指令"SRL A"常用于实现除 2^n(如 2、4、8 等)运算。例如，当需要对累加器 A 进行除 4 操作时，用如下两条逻辑右移位指令实现比用除法指令实现速度快、代码短：

SRL A　　　;逻辑右移位一次，相当于除 2

SRL A　　　;再逻辑右移位一次，相当于除 4

以上两条指令的执行时间仅需 2×1 个机器周期，代码长度为 2×1 字节，但若使用除法指令实现，则需要 20 个机器周期，代码长度为 6 字节：

CLRW X 　　;1 字节，执行时间为 1 个机器周期

LD XL, A 　　;1 字节，执行时间为 1 个机器周期

LD A, #4 　　;2 字节，执行时间为 1 个机器周期

DIV X, A 　　;1 字节，执行时间为 16 个机器周期

LD A, XL 　　;1 字节，执行时间为 1 个机器周期

(3) 字节算术右移 SRA(Shift Rihgt Arithmetic)、字算术右移 SRAW 操作与逻辑右移不同，即最高位(符号位)不动，如下所示：

$$b_7 \rightarrow [b_7 \rightarrow b_6 \rightarrow b_5 \rightarrow b_4 \rightarrow b_3 \rightarrow b_2 \rightarrow b_1 \rightarrow b_0] \rightarrow C$$

$$b_{15} \rightarrow [b_{15} \rightarrow b_{14} \rightarrow \cdots b_4 \rightarrow b_3 \rightarrow b_2 \rightarrow b_1 \rightarrow b_0] \rightarrow C$$

假设累加器 A 的内容为 BFH，则执行"SRA A"指令后，累加器 A 将变为 DFH。

(4) 字节逻辑循环左移 RLC 与字逻辑循环左移 RLCW 的操作结果如图 4.3.3 所示，即最高位移到进位标志 C，而 C 移到 b0。

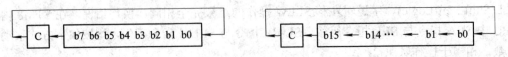

图 4.3.3　逻辑循环左移示意图

(5) 字节逻辑循环右移 RRC 与字逻辑循环右移 RRCW 的操作结果如图 4.3.4 所示,即 b0 移到进位标志 C,而 C 移到最高位 b7(对 RRCW 指令为 b15)。

图 4.3.4　逻辑循环右移示意图

(6) 通过累加器 A 的字循环左移指令 RLWA,如 "RLWA X, A" 指令的操作结果为: XH 原来内容移到累加器 A,XL 原来内容移到 XH,而累加器 A 原来内容移到 XL。相当于 X 连同 A 在内的 24 位二进制数连续左移位 8 次。

实际上 16 位移位指令的操作数据只能是寄存器 X 或 Y,即字存储单元没有 16 位移位指令,只能通过 2 字节移位指令实现。

(7) 通过累加器 A 的字循环右移指令 RRWA,如 "RRWA X, A" 指令的操作结果为: XH 原来内容移到 XL,XL 原来内容移到累加器 A,而累加器 A 原来内容移到 XH。相当于 X 连同 A 在内的 24 位二进制数连续右移位 8 次。

4.3.7　比较(Compare)指令

STM8 内核 CPU 提供了数值比较指令 CP 及逻辑比较指令 BCP。比较指令操作码助记符、指令格式、机器码长度及执行时间如表 4.3.22 所示。

表 4.3.22　比较指令操作码助记符、指令格式、机器码长度及执行时间

指 令 名 称	第一操作数	第二操作数	功能	举　例	执行时间	长度
CP	A	#Byte	A-#Byte	CP A, #$10	1	2
(字节数值比较指令)	A	mem	A-mem	CP A, mem	1 或 4	2~4
	X	#Word	X-#Word	CPW X, #Word	2	3
CPW	X	mem	X-mem	CPW X, mem	2 或 5	2~4
(字数值比较指令)	Y	#Word	Y-#Word	CPW Y, #Word	2	3
	Y	mem	Y-mem	CPW Y, mem	2 或 5	1~4
BCP	A	#Byte	AND	BCP A, #$55	1	2
(逻辑比较)	A	mem	AND	BCP A, mem	1 或 4	2~4

数值比较指令 CP、CPW 实际上是将两操作数相减,并根据差的结果设置除半进位标志 H 外的标志 C、Z、N、V。因此,数值比较指令 CP、CPW 可以理解为不返回运算结果的减法指令,且 CP、CPW 指令中操作数的寻址方式与减法指令完全相同。

在字比较指令中,当第二操作数为字存储单元时,某些寻址方式的组合,如 "CPW X, (X)" "CPW Y, (Y)" 并不存在。

逻辑比较指令 BCP 将两操作数按位进行 "与" 操作,并依据操作结果设置标志 N、Z。因此 BCP 指令实际上是一条不返回运算结果的逻辑与(AND)指令,BCP 指令中操作数的寻址方式与 AND 指令完全相同。BCP 指令常用于判别累加器 A 某一指定位是否为 0 或 1、两位或两位以上是否同时为 0。

在比较指令后往往是条件跳转指令。

```
        BCP A, #01000000B        ;A 与 40H 按位与
        JREQ NEXT1
        ;b6 不为 0，顺序执行
        ⋮
    NEXT1:
        BCP A, #00010000B        ;A 与 10H 按位与
        JREQ NEXT2
        ;b4 不为 0，顺序执行
        ⋮
    NEXT2:
        BCP A, #00000110B        ;A 与 06H 按位与
        JREQ NEXT3               ;b2、b1 同时为 0 跳转
        ;不为 0，说明 b2、b1 可能为 01、10 或 11
        ⋮
    NEXT3:
```

注意： 不能用 BCP 指令判别累加器 A 中两位或两位以上同时为 1 的情形。当需要判别累加器 A 中多个指定位是否为 1 时，只能借助 AND 及 CP 指令实现。例如，可用如下指令判别 A 中的 b2、b1 是否为 11：

```
        AND A, #00000110B        ;A 与 06H 按位与，保留 b2、b1 位
        CP A, #00000110B
        JREQ NEXT1               ;相等转移，即 b2、b1 均为 1
        ; b2、b1 中至少有 1 位为 0
        ⋮
    NEXT1:
```

4.3.8 正负或零测试(Tests)指令

正负或零测试指令是根据操作数内容，设置标志 N(正负标志)及 Z(零)，如表 4.3.23 所示。

表 4.3.23 正负或零测试指令的操作码助记符、指令格式、机器码长度及执行时间

指 令 名 称	操作数	功　能	举　例	执行时间	长度
TNZ (字节 NZ 标志 测试指令)	A	根据 A 内容设置 N(正负标志)与 Z(零标志)	TNZ A	1	1
	mem	根据 mem 单元内容设置 N(正负标志)与 Z(零标志)	TNZ mem	1 或 4	2~4
TNZW (索引寄存器 NZ 标志测试指令)	X	根据寄存器 X 内容设置 N(正负标志)与 Z(零标志)	TNZW X	2	1
	Y	根据寄存器 Y 内容设置 N(正负标志)与 Z(零标志)	TNZW Y	2	2

测试指令后往往是条件跳转指令，例如：

```
    TNZ A              ;对 A 进行测试，根据 A 的内容设置 N(负数)、Z(标志)。
    JRNE NEXT1         ;非零跳转
    ;A 为 0
NEXT1:
```

当仅需知道 A、X 或 Y 是否为 0 或负数时，用 TNZ(TNZW)指令代替 CP(CPW)、BCP 指令更合理，指令代码更短。

4.3.9　控制及转移(Jump and Branch)指令

以上介绍的指令均属于顺序执行指令，即执行了当前指令后，接着就执行下一条指令。但在计算机中，只有顺序执行指令是不够的，更一般的情况是：执行了当前指令后，往往需要根据指令的执行结果做出判别，是继续执行随后的指令系列，还是转去执行其他的指令系列，这就需要控制和转移指令。

控制及转移指令包括跳转(无条件跳转和条件跳转)指令、调用指令、返回指令以及 CPU 控制指令等。

1. 无条件跳转指令(Jump)

STM8 内核 CPU 无条件跳转指令操作码助记符、指令格式、机器码长度及执行时间如表 4.3.24 所示。

表 4.3.24　无条件跳转指令操作码助记符、指令格式、机器码长度及执行时间

指令名称	举例	操作	执行时间	长度
JP(00 段内的绝对跳转)	JP mem(16 位地址)	PC←16 位目的地址	2	3
JPF(长跳转)	JPF TEST(24 位目标地址)	PC←24 位目的地址	2	4
JRT 或 JRA(相对跳转)	JRT NEXT	PC←PC + 相对偏移量	2	2

无条件跳转指令的含义是执行了该指令后，程序将无条件跳转到指令中给定的存储单元执行，其中：

(1) 00 段内的绝对跳转指令 JP 给出了 16 位地址，该地址就是转移后要执行的指令码所在的存储单元的地址。因此；该指令执行后，把指令中给定的 16 位地址直接装入程序计数器 PC。JP 指令可使程序跳到 000000～00FFFFH 地址空间内的任一单元执行。

在 JP 指令中，既可以采用直接地址，例如：

```
    JP Mul_MB
```

其中 Mul_MB 为 16 位地址形式的标号。也可以采用"基址+变址"的变址寻址形式，例如：

```
    JP (TABADDR, X)
```

目标地址是基地址 TABADDR+加变址寄存器 X。由于 X 为 16 位，即在 STM8 内核 CPU 中可实现大于 256 分支的散转。00 段(000000～00FFFFH)内散转程序结构如下所示：

```
    LD A, TASK_Point        ;任务号送 A，TASK_Point 变量已定义
    LD XL, A                ;任务号送寄存器 XL
    LD A, #3                ;因为"JP 16 位地址"指令的机器码长度为 3 字节
    MUL X,A
```

```
        JP (Main_proc_Tab,X)          ;跳转到 "基址+X 变址" 指定的目标地址
Main_proc_Tab.W
        JP TASK0_Proc                 ;跳到任务 0 的首地址
        JP TASK1_Proc                 ;跳到任务 1 的首地址
        JP TASK2_Proc                 ;跳到任务 2 的首地址
        JP TASK3_Proc                 ;跳到任务 3 的首地址


;任务 0 处理过程
TASK0_Proc.w
        ⋮                             ;任务 0 的指令系列
        JP Main_proc
;任务 1 处理过程
TASK1_Proc.w
        ⋮                             ;任务 1 的指令系列
        JP Main_proc
;任务 2 处理过程
TASK2_Proc.w
        ⋮                             ;任务 2 的指令系列
        JP Main_proc
;任务 3 处理过程
TASK3_Proc.W
        ⋮                             ;任务 3 的指令系列
        JP Main_proc
```

(2) 长跳转指令 JPF 给出了 24 位地址，该地址就是转移后要执行的指令码所在的存储单元的地址。因此，该指令执行后，把指令中给定的 24 位地址直接装入程序计数器 PC。JPF 指令可使程序跳到 000000～FFFFFFH 地址空间内的任一单元执行。

(3) 相对跳转指令 JRT rr 中的 rr 是一个带符号的 8 位地址，范围在 $-128 \sim +127$ 之间，当偏移量为负数(用补码形式表示)时，向上跳转；而当偏移量为正数时，向下跳转。因此，相对跳转指令也称为短跳转指令。例如：

```
        JRT NEXT
        ⋮
NEXT:
```

假设 "JRT NEXT" 指令起始物理地址为 xxxx，NEXT 标号对应的物理地址为 yyyy，考虑到 "JRT rr" 指令码长度为 2 字节，则编译时指令中的相对地址为

    rr=yyyy-xxxx-2

对 "Here：JRT Here" 指令来说，显然 yyyy=xxxx，相对地址 rr 为 EFH(-2 的补码).

由于 JRT 指令占 2 字节，执行该指令后，PC=xxxx+2，跳转地址等于 PC=xxxx+2-2=xxxx，即又跳回 JRT 指令码首地址单元，将不断重复执行 JRT 指令，相当于动态停机。在汇编语言中，常写成：

Here：JRT Here

JRT 与 JRA 指令完全等效，这两条指令的机器码相同。

2. 调用指令(CALL)

STM8 内核 CPU 调用指令操作码助记符、指令格式、机器码长度如表 4.3.25 所示。

表 4.3.25　调用指令操作码助记符、指令格式、机器码长度

指令名称	举例	功能	执行时间	长度
CALL (00 段内的绝对调用指令)	CALL mem(16 位地址) CALL [mem.w](目标地址存放在指定的存储单元中)	PC←PC+指令长度 (SP)←PCL (SP)←PCH PC←目的地址	4～6	3
CALLF (长调用指令)	CALLF extmem(24 位目标地址) CALLF [mem.e](目标地址存放在指定的存储单元中)	PC←PC+指令长度 (SP)←PCL (SP)←PCH (SP)←PCE PC←24 位目的地址	5～8	4
CALLR (相对调用指令)	CALLR NEXT	PC←PC+2(指令长度) (SP)←PCL (SP)←PCH PC←PC+相对偏移量	4	2

调用指令与跳转指令不同：调用指令用于执行子程序，调用指令中的地址就是子程序的入口地址，子程序执行结束后，要返回原调用点继续执行。因此，调用时，需要将指令指针 PC 压入堆栈，保存 PC 的当前值，以便在子程序执行结束后，通过 RET(对应的调用指令为 CALL、CALLR)或 RETF(对应的调用指令为 CALLF)指令正确返回，例如：

```
    ⋮
CALL SUB1    ；调用子程序 SUB1
LD $2F, A
    ⋮
SUB1:
PUSH CC
    ⋮
POP CC
RET
```

假设 CALL SUB1 指令的机器码从 9003H 单元开始存放，由于该指令长度为 3 字节，那么该指令后的"LD $2F, A"指令机器码将从 9006H 单元开始存放。执行了"CALL SUB1"指令后，PC 也是 9006H，正好是下一条指令机器码的首地址，为了能够返回，先将 9006H，即 06H、90H 压入堆栈，然后将 SUB1 标号对应的存储单元地址，即子程序入口地址装入

PC，执行子程序中的指令系列，当遇到 RET 指令后，又自动将堆栈中的 9006H，即断点地址传送到 PC 中，返回主程序，继续执行。

在程序设计中，如果子程序返回指令为 RET，则该子程序只能存放在 00 段内，并要求入口地址标号定义为 16 位地址形式的字标号(.W)，同时调用指令 CALL 也只能位于 00 段内；若希望在整个存储空间内，均可调用该子程序，则必须用 RETF 作为返回指令，且入口地址标号必须定义为 24 位地址形式的长标号(.L)，这样就可以通过 CALLF 指令在任一存储位置调用。

由于短调用指令 CALLR 要求子程序存放位置与 CALLR 指令间距为 $-128 \sim +127$，因此尽量避免使用，否则会给程序升级维护带来不便。

3. 返回指令(Return)

程序中有调用指令，就必然存在与之相对应的返回指令，STM8 内核 CPU 返回指令格式、机器码长度、执行时间如表 4.3.26 所示。

表 4.3.26 返回指令格式、机器码长度、执行时间

指 令 名 称	举例	功 能	执行时间	长度
RET (子程序返回指令)	RET	PCH←(++SP) PCL←(++SP)	4	1
RETF (长调用对应的子程序返回指令)	RETF	PCE←(++SP) PCH←(++SP) PCL←(++SP)	5	1
IRET (中断返回指令)	IRET	CC←(++SP) A←(++SP) XH←(++SP) XL←(++SP) YH←(++SP) YL←(++SP) PCE←(++SP) PCH←(++SP) PCL←(++SP)	11	1

子程序返回指令 RET、RETF 是子程序的最后一条指令。执行了 RET 指令后，从堆栈中弹出的 2 字节就是被中断程序的断点地址；执行长调用指令对应的子程序返回指令 RETF 后，从堆栈中弹出的 3 字节就是被中断程序的断点地址，将断点地址装入 PC，返回被中断程序断点处继续执行随后的指令系列。

中断返回指令 IRET 也是中断服务程序的最后一条指令，执行了该指令后，先从堆栈中弹出 6 字节，分别送寄存器 CC、A、X、Y，恢复现场；接着再弹出 3 字节，送 PC 指针，恢复断点，返回被中断程序断点处继续执行随后的指令系列。

4. 条件跳转指令(Conditional Jump Relative Instruction)

为了提高编程效率,STM8 内核 CPU 提供了丰富的条件跳转指令,条件跳转指令格式、机器码长度、执行时间如表 4.3.27 所示。

表 4.3.27　条件跳转指令格式、机器码长度、执行时间

指令名称	跳 转 依 据	功　能	举　例	执行时间	长度
BTJT	指定位为 1	指定位为 1 跳转	BTJT $10,#2,LOOP	2 或 3	5
BTJF	指定位为 0	指定位为 0 跳转	BTJF $10,#2,LOOP	2 或 3	5
JRC	C = 1	C=1 跳转	JRC LOOP	1 或 2	2
JRNC	C = 0	C=0 跳转	JRNC LOOP	1 或 2	2
JREQ	Z = 1	结果为 0 跳转	JREQ LOOP	1 或 2	2
JRNE	Z = 0	结果不为 0 跳转	JRNE LOOP	1 或 2	2
JRPL	N = 0	>=0(非负)跳转	JRPL LOOP		
JRMI	N = 1	< 0 跳转	JRMI LOOP		
JRV	V = 1	溢出跳转	JRV　LOOP		
JRNV	V = 0	不溢出跳转	JRNV LOOP		
JRM	I1、I0 = 11	中断屏蔽时跳转	JRM　LOOP		
JRNM	I1、I0 = 10	中断非屏蔽时跳转	JRNM　LOOP		
JRSGE	(N XOR V) = 0	>=时跳转	JRSGE LOOP	对有符号数进行判别	
JRSLT	(N XOR V) = 1	<时跳转	JRSLT LOOP		
JRSGT	(Z OR (N XOR V)) = 0	>时跳转	JRSGT LOOP		
JRSLE	(Z OR (N XOR V)) = 1	<=时跳转	JRSLE LOOP		
JRUGE	C = 0	>=时跳转(与 JRNC 等效)	JRUGE LOOP	对无符号数进行判别	
JRULT	C = 1	<时跳转(与 JRC 等效)	JRULT LOOP		
JRUGT	C = 0, Z = 0	>时跳转	JRUGT LOOP		
JRULE	C = 1 或 Z = 1	<=时跳转	JRULE LOOP		

(1) 位测试转移指令 BTJF 与 BTJT 指令的操作过程是:先按字节方式读出目标单元的内容,然后将目标单元中指定位的信息送进位标志 C,再判别。

需要注意的是:当使用该指令测试外设状态寄存器时,如果该状态寄存器中两个或两个以上位具有"rc_r"(读自动清除)特性,操作后将自动清除该状态寄存器中全部的"rc_r"特性位的状态,例如:

BTJF FLASH_ IAPSR, #2, next1 　;测试其中的 b2 位,同时自动清除 FLASH_ IAPSR[2,0]

BTJF FLASH_ IAPSR, #0, exit 　;企图测试其中的 b0 位,但上一条指令已清除了 b0 位,
　;因此测试结果总是假

为此,可先用 MOV 指令将 FLASH_ IAPSR 寄存器整体读到某一内存单元中,然后判别,如:

```
        MOV R00, FLASH_IAPSR        ;将 FLASH_IAPSR 内容送 R00 单元中
        BTJF R00, #2, next1
        BTJF R00, #0, exit
```

在 STM8 内核 MCU 芯片外设状态寄存器中，只有 FLASH_IAPSR 寄存器中的两个位具有"cr_c"特性位。

(2) 条件跳转指令的前一条指令一般为算术运算指令、逻辑运算指令、比较指令或标志位测试指令，条件跳转指令就是根据这些指令执行结果设置的标志进行判别的。但这并不意味着条件跳转指令一定要紧接在算术运算指令、逻辑运算指令、比较指令或标志位测试指令后，两者之间可以插有不影响对应标志位的指令。例如，将 30H～33H 单元之间的 32 位二进制数加 1 的指令如下：

```
        LDW X, 32H        ;把低 16 位(存放在 32H、33H 单元)送寄存器 X
        ADDW X, #1        ;加 1
        LDW 32H,X         ;加 1 结果回送 32H、33H 单元，该指令没有影响标志位 C
        JRNC NEXT1        ;如果 "ADDW X, #1" 指令不产生进位，则跳转
        LDW X, 30H        ;把高 16 位(存放在 30H、31H 单元)送寄存器 X
        INCW X
        LDW 30H,X         ;结果回送 30H、31H 单元
NEXT1:
```

(3) 在 STM8 内核 CPU 中，没有减 1 不为 0 跳转指令，需要用 DEC 与 JRNE 指令组合完成。例如，A 减 1 不为 0 时跳转的程序段如下：

```
        DEC A
        JRNE NEXT1        ;Z 标志为 0(A 不等于 0)跳转
        ⋮                 ;A 为 0 时，顺序执行
NEXT1:
```

在 STM8 内核 CPU 中，也没有比较不相等跳转指令，需要用 CP、BCP 或 CPW 与 JREQ 或 JRNE 指令组合完成。例如，可用下列指令对累加器 A 进行判别，当 A<60 时，A 加 1；A>=60 时，A 清零。

```
        CP A, #60         ;A 与 60 比较
        JRNC NEXT1        ;不小于 60 跳转
        INC A             ;小于 60 则加 1
        JRT NEXT2         ;无条件短跳转
NEXT1:
        CLR A             ;A 清零
NEXT2:
```

(4) STM8 指令系统有一条特殊的相对跳转指令 "JRF xxxx"，该指令实际上是 "Never Jump"，即决不跳转。因此，该指令没有实际意义。

(5) 充分利用复合判别条件，如 JRSGE、JRSGT 能有效缩短程序段代码。

5. CPU 控制指令

STM8 内核 CPU 提供了 4 条 CPU 控制指令，包括空操作指令 NOP、停机(掉电)指令 HALT、节电指令 WFI、软件中断指令 TRAP 以及 CPU 冻结指令 WFE，如表 4.3.28 所示。

表 4.3.28　CPU 控制指令的格式、机器码长度及执行时间

指令名称	举例	指令码	功　能	执行时间	长度
NOP (空操作指令)	NOP	9D	延迟一个机器周期	1	1
TRAP (软件中断指令)	TRAP	83	PC ← PC + 1(TRAP 指令码长度为 1 字节) (--SP) ← PCL (--SP) ← PCH (--SP) ← PCE (--SP) ← YL (--SP) ← YH (--SP) ← XL (--SP) ← XH (--SP) ← A (--SP) ← CC (寄存器 CC 的 I1、I0 位置 11)	9	1
HALT (停机(掉电)指令)	HALT	8E	将寄存器 CC 的 I1、I0 位置 10(最低)；振荡电路及外设均处于停止状态；整个 MCU 芯片处于掉电状态，功耗最小；只有外中断请求能唤醒	10	1
WFI (节电指令)	WFI	8F	将寄存器 CC 的 I1、I0 位置 10(最低)；CPU 处于停止状态，但外设仍处于活动状态；任一中断请求均可唤醒。功耗比正常运行时小，比 HALT 状态要大	10	1
WFE (CPU 冻结指令)	WFE	72,8F	与 WFI 指令相似，即 CPU 时钟处于停止状态，外设处于活动状态，但寄存器 CC 的内容保持不变。指定的外部事件可以唤醒(只有 STM8L 芯片支持)	1	2

执行空操作指令 NOP 时，CPU 什么事也没有做，但消耗了一个机器周期的执行时间，在程序中常用于实现短时间的延迟等待。也可用于构成软件冗余，防止多字节指令被拆分。

执行 TRAP 指令将触发一个软件中断，入口地址在 8004H 单元中。软件中断优先级最高，执行 TRAP 命令，在完成了中断调用过程后，寄存器 CC 的 I1、T0 中断优先级指示位被置为 11，阻止了所有的中断请求。但不允许在 TLI 中断服务程序中执行软件中断指令 TRAP。

执行了 HALT 停机指令后，先将寄存器 CC 的 I1、I0 位置 10(最低)，以便让处于允许状态的外中断唤醒，并关闭相应的外设电源。

执行了 WFI 暂停指令后，也先将寄存器 CC 的 I1、I0 位置 10(最低)，以便让处于允许状态的中断唤醒，再停止 CPU 操作。

因此，不能在中断服务程序中执行 HALT、WFI 这两条指令，否则中断唤醒后将无法返回，造成堆栈混乱。有关 HALT、WFI 指令的使用条件、方法可参阅"11.5 低功耗设计"部分。

习 题 4

4-1 STM8 内核 CPU 采用什么类型的指令系统？最短指令机器码为几字节？最长指令机器码为几字节？请分别举例说明。

4-2 在 ST 汇编中，标号具有哪三个属性？

4-3 执行如下指令系列后，分别指出 20H、21H 两个存储单元的内容，由此判定 STM8 内核 CPU 采用什么形式的存储组织方式(小端方式还是大端方式)？

    LDW X, #1234H

    LDW 20H, X

4-4 指出下列指令中各操作数的寻址方式。

(1) LD A, R01

(2) MOV R01, #60

(3) LD (TAB_Data,X), A

(4) LD A, {TAB_Data+2}

(5) CLR R10

(6) NEG A

(7) JRT NEXT1

(8) ADDW X, [10H.w]

(9) LDF A, [10H.e]

(10) LD A, ([10H.w],X)

4-5 如果"LD A, 20H"指令码长度为 2 字节，则能否肯定该指令中的操作数 A 为寄存器寻址？

4-6 举例说明 01 段内 Flash ROM 存储单元读、写(实际上是 IAP 编程中的数据加载)可能的指令与存储单元的寻址方式。

4-7 已知 A=0FFH，分别指出下列指令执行后，累加器 A 与各标志位的内容。

(1) INC A

(2) ADD A, #1

(3) NEG A

(4) LD A, #0

4-8 判断下列指令是否存在，如果不存在，如何实现相应的操作。

(1) LD XH,XL

(2) LD XH,YH

(3) MOV 10H, 10000H

(4) MOV 10000H,#55H

(5) ADDW X,Y

(6) ADD A,XL

4-9　编写 16 位乘 16 位计算程序，并验证。

4-10　编写一个程序段，将不超过 9999 的二进制数转换为非压缩形式的 BCD 码，并验证(假设待转换的二进制数存放在 R00～R01 存储单元中，转换结果存放在 R02～R05 单元中)。

4-11　写出三位压缩形式 BCD 码减法运算程序段。假设被减数存放在 R00、R01 单元中，减数存放在 R02、R03 单元中，运算结果存放在寄存器 X 中。

4-12　回返指令 RET、RETF、IRET 等效吗？如果用 RET 指令替代 RETF 指令，将产生什么后果？用 RETF 指令替代 IRET 指令，又会产生什么后果？

4-13　子程序调用指令 CALL、CALLF 等效吗？如果用 CALL 指令替代 CALLF 指令，将产生什么后果？

4-14　无条件跳转指令 JP、JPF 等效吗？如果用 JP 指令替代 JPF 指令，将产生什么后果？

4-15　为什么说在 STM8 内核 MCU 芯片中，地址编码在 00H～FFH 之间的 RAM 单元均可视为内部寄存器使用？

第 5 章　汇编语言程序设计

5.1　STVD 开发环境与 STM8 汇编语言程序结构

利用 ST 公司提供的 STVD 开发环境，创建、编辑、编译、调试 STM8 内核 CPU 汇编语言或 C 语言源程序非常直观、方便。

5.1.1　在 STVD 开发环境中创建工作站文件

工作站文件的创建过程如下：

(1) 执行"File"菜单下的"New Workspace…"命令，选择"create workspace and project"创建新的 ST 工作站文件(扩展名为.STW)。

(2) 在图 5.1.1 所示的"Workspace"文本框内指定"工作站文件"存放的路径；在"Workspace filename"文本框内输入工作站文件名(不用扩展名)。

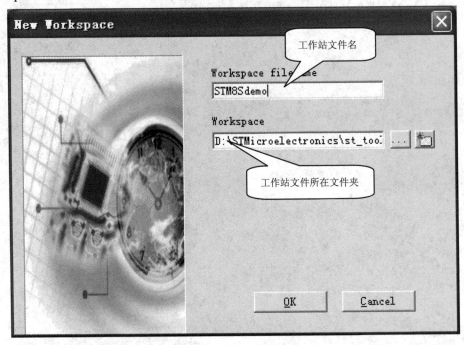

图 5.1.1　创建工作站文件

(3) 在图 5.1.2 所示的"Project filename"文本框内输入"项目文件名"(.STP)；根据选定的开发语言(ST 汇编还是某一特定的 C 语言)，在图 5.1.2 所示的"Tool chain"文本框内

选定相应的连接程序，如"ST Assembler Linker"(ST 汇编连接器)，再单击"OK"进入图
5.1.3 所示的 MCU 类型选择窗。

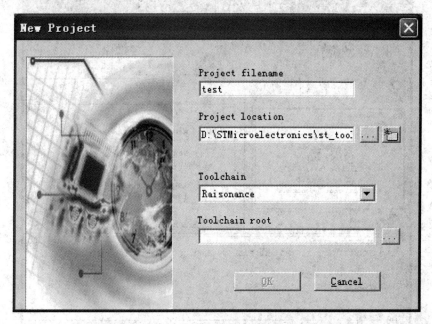

图 5.1.2　选定编译连接器

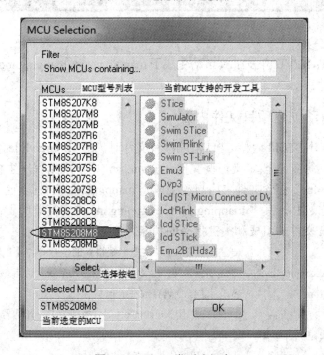

图 5.1.3　MCU 类型选择窗

(4) 在图 5.1.3 所示"MCU"窗口内选择相应的 MCU 芯片的型号，如 STM8S208MB，
双击或单击"Select"按钮，使选定的 MCU 芯片型号出现在"Selected MCU"文本盒内，

然后单击 "OK" 按钮，即可观察到如图 5.1.4 所示的 STVD 自动生成的文件。

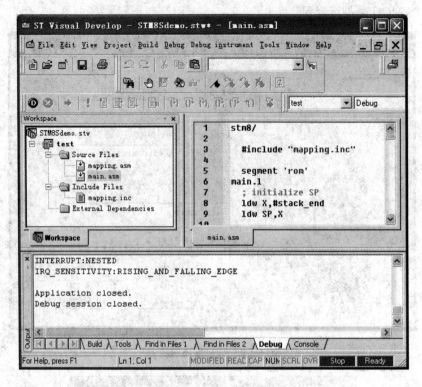

图 5.1.4　STVD 自动生成的文件

由图 5.1.4 可见，STVD 开发工具自动生成了 mapping.asm、mapping.inc 以及 main.asm(主应用程序框架)文件。

5.1.2　STVD 自动创建项目文件内容

利用 STVD 创建 STM8 内核 CPU 汇编项目文件时，在 "Source Files" 文件夹下自动生成了 mapping.asm 源文件(段定义汇编文件)、main.asm(用户应用程序主模块框架汇编源程序)；在 "Include Files" 包含文件夹内自动生成了 mapping.inc 文件(段定义汇编源程序中涉及的符号常量定义文件)。其中 mapping.asm、mapping.inc 内容简单明了，容易理解。下面简要分析 main.asm 文件的组成和关键指令的功能。

```
stm8/                       ;[注 1]指定 CPU 类型汇编格式的伪指令，不能缺省且顶格书写
    #include "mapping.inc"  ;[注 2]包含文件(.inc)的伪指令，凡指令、伪指令行退一个以上字符位
    segment 'rom'           ;下面的指令码存放在 rom 段内
main.l                      ;[注 3]主程序开始的长标号(类型为.L，凡标号一律顶格书写)
    ; initialize SP
    ldw X,#stack_end        ;[注 4]初始化堆栈指针 SP
    ldw SP,X


    #ifdef  RAM0            ;[注 5] 若 RAM0 字符串存在，将存储区 00~FF 单元清 0
```

```
    ; clear    RAM0
ram0_start.b EQU $ram0_segment_start
ram0_end.b EQU $ram0_segment_end
    ldw X,#ram0_start
clear_ram0.l
    clr (X)
    incw X
    cpw X,#ram0_end
    jrule clear_ram0
    #endif


    #ifdef    RAM1                    ;[注 6] 如果 RAM1 字符串存在，将存储区 0100 及以上单元清 0
    ; clear    RAM1
ram1_start.w EQU $ram1_segment_start
ram1_end.w EQU $ram1_segment_end
    ldw X,#ram1_start
clear_ram1.l
    clr (X)
    incw X
    cpw X,#ram1_end
    jrule clear_ram1
    #endif


    ; clear stack                      ;[注 7] 堆栈区单元清 0
stack_start.w EQU $stack_segment_start
stack_end.w EQU $stack_segment_end
    ldw X,#stack_start
clear_stack.l
    clr (X)
    incw X
    cpw X,#stack_end
    jrule clear_stack


infinite_loop.l                        ;虚拟的主程序
    jra infinite_loop


    interrupt NonHandledInterrupt       ;[注 8]中断服务程序定义伪指令
NonHandledInterrupt.l
    iret
```

```
            segment 'vectit'                           ;中断向量表
            dc.l {$82000000+main}                      ; reset [注 9]中断入口地址表
            dc.l {$82000000+NonHandledInterrupt}       ; trap
            dc.l {$82000000+NonHandledInterrupt}       ; irq0
            dc.l {$82000000+NonHandledInterrupt}       ; irq1
            dc.l {$82000000+NonHandledInterrupt}       ; irq2
            dc.l {$82000000+NonHandledInterrupt}       ; irq3
            dc.l {$82000000+NonHandledInterrupt}       ; irq4
            dc.l {$82000000+NonHandledInterrupt}       ; irq5
            dc.l {$82000000+NonHandledInterrupt}       ; irq6
            dc.l {$82000000+NonHandledInterrupt}       ; irq7
            dc.l {$82000000+NonHandledInterrupt}       ; irq8
            dc.l {$82000000+NonHandledInterrupt}       ; irq9
            dc.l {$82000000+NonHandledInterrupt}       ; irq10
            dc.l {$82000000+NonHandledInterrupt}       ; irq11
            dc.l {$82000000+NonHandledInterrupt}       ; irq12
            dc.l {$82000000+NonHandledInterrupt}       ; irq13
            dc.l {$82000000+NonHandledInterrupt}       ; irq14
            dc.l {$82000000+NonHandledInterrupt}       ; irq15
            dc.l {$82000000+NonHandledInterrupt}       ; irq16
            dc.l {$82000000+NonHandledInterrupt}       ; irq17
            dc.l {$82000000+NonHandledInterrupt}       ; irq18
            dc.l {$82000000+NonHandledInterrupt}       ; irq19
            dc.l {$82000000+NonHandledInterrupt}       ; irq20
            dc.l {$82000000+NonHandledInterrupt}       ; irq21
            dc.l {$82000000+NonHandledInterrupt}       ; irq22
            dc.l {$82000000+NonHandledInterrupt}       ; irq23
            dc.l {$82000000+NonHandledInterrupt}       ; irq24
            dc.l {$82000000+NonHandledInterrupt}       ; irq25
            dc.l {$82000000+NonHandledInterrupt}       ; irq26
            dc.l {$82000000+NonHandledInterrupt}       ; irq27
            dc.l {$82000000+NonHandledInterrupt}       ; irq28
            dc.l {$82000000+NonHandledInterrupt}       ; irq29
            end                                        ;汇编程序结束伪指令，不能缺省
```

[注 1] 在 ST 汇编中，汇编程序源文件(.asm)开始处必须用 "st7/(或 ST7/)" 或 "stm8/(或 STM8/)" 伪指令指定随后的汇编指令按哪一种类 MCU 芯片指令格式进行汇编，不可缺省，且必须顶格书写。

[注 2] 由于自动创建的段定义文件使用了符号常量作为段的起始地址、终了地址，因此 STVD 自动创建了 mapping.inc 文件。该文件对段定义中涉及的符号常量、字符串(如 RAM0、RAM1)进行了定义，因此插入了 #include "mapping.inc"伪指令。

[注 3] 在 ROM 段中开始定义了一个 main.l 标号(类型为 .L 的长地址标号)，标号必须顶格书写。这样只要在复位中断入口地址表中用 "dc.l {$82000000+main}" 伪指令填充复位中断向量存储单元，就可以保证将复位中断逻辑指向复位后要执行的第一条指令码所在的存储单元的地址，如[注 9]所示。

在 STM8 内核 CPU 中，复位后将从复位中断逻辑指示的地址单元(可以是 ROM、E²PROM，甚至 RAM 存储区)取出并执行第一条指令。而第一条指令码在 ROM 存储区中的存放位置并没有限制，只要将第一条指令码所在的存储单元地址填入复位中断入口地址表中即可。

[注 4]复位后初始化堆栈指针。尽管复位后堆栈指针 SP 也指向 RAM 的最后一个单元。但复位后，用数据传送指令初始化有关寄存器是一个良好的习惯，避免了用缺省值造成的不确定性。

[注 5]~[注 7]分别对 RAM 存储区、堆栈区各存储单元集中清零。在应用程序中，若复位后没有保留 RAM 单元信息的必要，则复位后对 RAM 单元进行集中清零非常必要。

[注 8]在 ST 汇编中，必须通过 "interrupt" 伪指令定义相应中断服务程序的入口地址标号(长度属性一律为.L)，然后在中断入口地址表中填入对应中断服务程序的入口地址标号。

[注 9] 中断入口地址表。

例如，Port A 外部中断 EXTI0 的中断号为 IRQ03，因此 Port A 口外中断服务程序结构如下：

```
        Interrupt EXTI0
EXTI0.L          ;中断入口地址标号长度属性一律定义为.L(长标号，24 位地址)
    ⋮            ;外中断 EXTI0 服务程序指令系列
        IRET
```

然后将中断向量表内的 IRQ03 改为

```
dc.l {$82000000+NonHandledInterrupt}  ; irq2，未定义的中断入口地址表依然保留
dc.l {$82000000+EXTI0 }               ; irq3，即 Port A 口外中断入口地址表
dc.l {$82000000+NonHandledInterrupt}  ; irq4
```

可见在 STM8 内核 CPU 中，中断服务程序入口地址不固定，只需将对应中断号的服务程序第一条指令所在的存储单元地址(实际上是 82000000H 与中断服务程序第一条指令前的标号所对应的物理地址相加)填入对应中断向量表内即可。

5.1.3 完善 STVD 自动创建的项目文件内容

由 STVD 创建的项目汇编文件尚不十分完善，没有把相应型号 MCU 的外设寄存器定义文件加入到 "Source Files"(汇编语言源文件夹)中，在应用程序中尚不能直接引用外设寄存器名，如 "LD PA_DDR, A" 等；也没有定义外设控制寄存器与外设状态寄存器中的位，如 "FLASH_IAPSR" 的 DUL 位。为此，须按下列步骤完善 STVD 创建的项目文件。

1. 加入相应 MCU 的外设寄存器定义汇编文件(.asm)及其外部标号说明文件(.inc)

将光标移到 "Source Files" 源程序文件夹上，单击右键，选择 "Add Files to Folder…" 将 ST_toolset\asm\include 文件夹内对应型号芯片的外设寄存器定义汇编文件，如 STM8S208MB.asm 加入到源程序文件中。将光标移到 "Include Files" 包含文件夹上，单击右键，选择 "Add Files to Folder…"，将 ST_toolset\asm\include 文件夹内对应芯片的外设寄存器标号说明文件，如 STM8S208MB.inc 加入到该文件夹中。

注意：为避免编译时，STVD 找不到这两个文件，添加操作前，最好先在 STVD 开发工具软件安装目录下找到并将这两个文件复制到当前项目文件夹内。

2. 在 main.asm 文件中插入相应型号 MCU 的.inc 文件

在 main.asm 文件中插入#include "XXXXXXX.inc"(其中 XXXXXX 代表 MCU 芯片的型号)，即上一步添加的包含文件名，以便能在应用程序模块中引用 MCU 芯片的外设寄存器名，如 PA_DDR、PA_CR1、FLASH_IAPSR 等。

到此算是基本完成了汇编环境的创建过程，可以在 main.asm 文件内插入用户指令系列，并进行编译、模拟仿真、联机调试等操作。

3. 在 main.asm 文件头插入通用变量定义伪指令

为便于模块化应用程序的编写、调试，可将 00H～3FH 之间的 RAM 存储单元划分为四个区：其中，00H～0FH 作为主程序的通用变量区，10H～1FH 作为优先级为 1 的中断服务程序的变量区，20H～2FH 作为优先级为 2 的中断服务程序的变量区，30H～3FH 作为优先级为 3 的中断服务程序的变量区，并分别用 R00～R3F 对这 64 字节的 RAM 单元进行命名，具体如下：

```
        segment 'ram0'
        BYTES          ;ram0 段内的标号为字节标号，如果不用 bytes 伪指令或后缀.B 指定为
                       ;字节标号，将默认为字标号，一律采用 16 位地址格式
;00H～0FH 单元定义为字节变量，供主程序使用
.R00 ds.b 1            ;最好定义为公共变量，即用前缀"."进行声明
.R01 ds.b 1
   ⋮
.R0F ds.b 1
;10H～1FH 单元定义为字节变量，供优先级为 1 的中断服务程序使用
.R10 ds.b 1
.R11 ds.b 1
   ⋮
.R1F ds.b 1
;20H～2FH 单元定义为字节变量，供优先级为 2 的中断服务程序使用
.R20 ds.b 1
.R21 ds.b 1
   ⋮
.R2F ds.b 1
;30H～3FH 单元定义为字节变量，供优先级为 3 的中断服务程序使用
.R30 ds.b 1
.R31 ds.b 1
   ⋮
.R3F ds.b 1
        segment 'ram1'
```

WORDS　　　　;ram1 段后定义的标号为字标号。当在 ram0 段中，把变量标号定义为 bytes
　　　　　　　　　　　;时，该语句不能省略

　　值得注意的是，在上述变量定义中，采用了相对标号定义方式，R00、R01 等变量的物理地址在编译、连接后才能确定，即 R00 的物理地址不一定对应 0000H 单元，R10 的物理地址也不一定对应 0010H 单元。

　　在模块化程序结构中，最好将 R00～R3F 公共变量定义的伪指令放在一个特定的源文件(如 User_register.asm)中，同时创建相应的外部变量说明文件，如 User_register.inc。然后分别添加到"Source Files""Include Files"文件夹内，供不同的模块引用。这两个文件的内容如下：

User_register.asm 文件内容：

```
    stm8/                    ;该伪指令前不允许出现包括注释行在内的任何指令或信息
;用户定义公共变量
    segment 'ram0'
;00H～0FH 单元定义为字节变量(供主程序使用)
.R00.B          ds.b 1        ;在变量后用.B 强制将 ram0 段内的标号规定为 8 位地址形式
.R01.B          ds.b 1
.R02.B          ds.b 1
;省略 R03～R0F 变量定义伪指令行
;10H～1FH 单元定义为字节变量(供优先级为 1 的中断服务程序使用)
.R10.B          ds.b 1
.R11.B          ds.b 1
.R12.B          ds.b 1
;省略 R13～R1F 变量定义伪指令行
;20H～2FH 单元定义为字节变量(供优先级为 2 的中断服务程序使用)
.R20.B          ds.b 1
.R21.B          ds.b 1
.R22.B          ds.b 1
;省略 R23～R2F 变量定义伪指令行
;30H～3FH 单元定义为字节变量(供优先级为 3 的中断服务程序使用)
.R30.B          ds.b 1
.R31.B          ds.b 1
.R32.B          ds.b 1
;省略 R33～R3F 变量定义伪指令行
    END                      ;asm 汇编文件的最后一条指令
    User_register.inc 文件内容：
;用户定义公共变量属性说明
;00～0F 单元定义为字节变量(供主程序使用)
    EXTERN    R00.B          ;用户定义的变量
    EXTERN    R01.B          ;用户定义的变量
```

```
    EXTERN    R02.B                    ;用户定义的变量
;省略 R03~R0F 变量定义属性说明伪指令行
    EXTERN    R10.B      ;用户定义的变量
    EXTERN    R11.B      ;用户定义的变量
    EXTERN    R12.B      ;用户定义的变量
;省略 R13~R1F 变量定义属性说明伪指令行
    EXTERN    R20.B      ;用户定义的变量
    EXTERN    R21.B      ;用户定义的变量
    EXTERN    R22.B      ;用户定义的变量
;省略 R23~R2F 变量定义属性说明伪指令行
    EXTERN    R30.B      ;用户定义的变量
    EXTERN    R31.B      ;用户定义的变量
    EXTERN    R32.B      ;用户定义的变量
;省略 R33~R3F 变量定义属性说明伪指令行
```

需要注意的是，在变量、标号属性说明文件(.inc)中，仅存在一系列变量、标号属性说明伪指令 EXTERN，或"#Define 字符串 值"等伪指令，既没有"stm8/"伪指令、段定义伪指令，也不允许在最后一行添加"END"伪指令，否则无法运行，具体表现为：编译、连接通过，但运行时无法定位。

当然在具体应用程序中，可根据需要灵活裁剪，若应用系统的中断源只有两个优先级，则无须保留 30H~3FH 单元作为中断优先级 3 的通用变量区；又如当某一中断优先级服务程序使用的通用变量不足 16 字节时，也可以注销未用的变量，如 R14~R1F、R28~R2F 等。

不过需要注意的是，非屏蔽中断事件 TRAP、顶级中断 TLI(PD7 引脚外中断)可中断优先级为 3 的可屏蔽中断，因此这两类中断服务程序不宜共用 R30~R3F 变量，否则可能会出现资源冲突现象，换句话说，必要时为不可屏蔽中断定义另外的通用变量。

4. 更换汇编语言数制表示方式

若程序员熟悉 Intel 格式汇编语言数制表示方式，则可按下列步骤改造 STVD 自动创建的 main.asm 文件：

(1) 在虚拟主程序段前插入"Intel"伪指令。

(2) 在 segment 'vectit'(中断向量段)前插入"Motorola"伪指令。

5. 创建外设寄存器位定义说明文件(.inc)

创建外设寄存器位定义说明文件不是必需的，只是为了增强汇编语言源程序的可读性。

未用#Define 伪指令定义外设寄存器位前，在 ST 汇编语言源程序中的位操作数只能采用"寄存器名,#位编号"形式表示。例如：

```
    BTJT FLASH_IAPSR, #3, EEPROM_Write_Next1 ;DUL(EEPROM 写保护标志位)为 1，则跳转
```

该指令如果不加注释，则指令的可读性很差，需要查阅用户指南(Reference manual)才能确定 FLASH_IAPSR[3]位是 DUL 标志。此外，当程序中多处出现"FLASH_IAPSR, #3"时，容易出错。例如，将"#3"误写成"#2"，则编译时编译程序不会给出任何提示信息，原因是#2、#3 都是合法的位编号，但运行结果异常。为此，最好创建一个通用的 MCU 外

设寄存器位定义说明文件(periph_bit_define.inc)，以便在程序中用"寄存器名_位名"形式作为位操作数，以提高源程序的可读性，该文件参考格式如下：

```
; -----FLASH_IAPSR 寄存器位定义----
;          位名称                  位编号                读写特性说明
#define FLASH_IAPSR_HVOFF          FLASH_IAPSR, #6        ;r
#define FLASH_IAPSR_DUL            FLASH_IAPSR, #3        ;rc_w0
#define FLASH_IAPSR_EOP            FLASH_IAPSR, #2        ;rc_r
#define FLASH_IAPSR_PUL            FLASH_IAPSR, #1        ;rc_w0
#define FLASH_IAPSR_WR_PG_DIS      FLASH_IAPSR, #0        ;rc_r
```

然后将 periph_bit_define.inc 文件添加到 Include files 文件夹内，并在应用程序文件头部分插入#include "periph_bit_define.IN"伪指令，如图 5.1.5 所示。

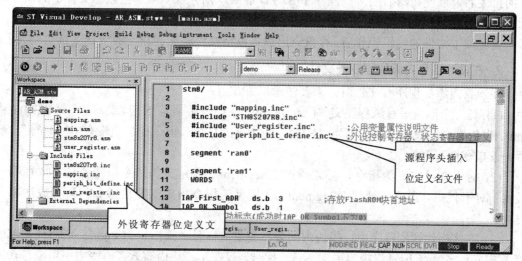

图 5.1.5　插入并引用外设寄存器位定义名

这样在汇编语言源程序中就可以直接使用寄存器位定义名代替"寄存器名，#位编号"形式中的位操作数，因为在这种情况下，" BTJT FLASH_IAPSR_DUL，EEPROM_Write_Next1"与"BTJT FLASH_IAPSR, #3，EEPROM_Write_Next1"等效，显然引用寄存器位定义名后明显提高了源程序的可读性，且只要保证位定义文件中寄存器名、位编号正确，就不会出错。

为防止编译时连接程序找不到指定的文件，一个简单的办法是将 User_register.asm、User_register.inc、periph_bit_define.inc，以及相应型号 MCU 外设寄存器定义文件，如 STM8S207R8.asm、STM8S207R8.inc 等复制到指定工作站目录下，再分类逐一添加到 Source Files、Include Files 文件夹下。

尽管 STM8S 系列 MCU 芯片外设的状态、控制寄存器位很多，编写烦琐，但这毕竟是一劳永逸的事，没有理由不创建寄存器位定义文件。此外，ST 汇编并不检查"#define yyyy XXXX, #n"伪指令中的 XXXX 寄存器或变量是否存在，因此不必为不同资源的芯片设置不同的外设寄存器位定义说明文件(.inc)，即所有 STM8S 系列芯片均可使用同一外设寄存器位定义说明文件。

5.1.4　在项目文件中添加其他文件

STVD 开发环境支持多模块汇编。因此，可创建多个汇编源程序文件(.asm)，并将它添加到"Source Files"文件夹内，汇编后可根据模块内段定义特征连接成一个完整的应用程序。

1. 在 STVD 中创建.asm 或.inc 文件

在 STVD 中创建.asm 或.inc 文件的操作过程如下：

(1) 执行"File"菜单下的"New Text File"命令(或单击工具栏内的"New Text File"按钮)即可在 STVD 编辑器中创建一个空白的文本文件。

(2) 在输入文件内容前，可先执行存盘操作，对新生成的空白文件命名(一定要给出文件的扩展名，以便在随后的编辑操作中 STVD 能够识别并以不同颜色显示文件中的指令码和操作数的助记符)，并保存到盘上指定的文件夹下。

在完成了文件的编辑操作后，存盘退出就可以将文件添加到相应的设计项目文件夹下。

2. 在设计项目内添加程序源文件

在项目内添加程序源文件时，需要注意以下几点：

(1) 任一个汇编语言源程序文件(.asm)的第一条指令必须是"ST7/(或 st7/)"或"STM8/(或 stm8/)"伪指令；最后一条指令为"END"伪指令，且每一指令行必须带有"回车符"，最后一条指令也不例外。

(2) 对于变量定义伪指令，必须通过"Segment"段定义伪指令指定变量存放在哪一段内；对于代码，也必须通过"Segment"段定义伪指令指定汇编后指令代码存放在哪一段内。

(3) 在多模块结构程序中，模块内的公共变量、标号必须指定为 Public 类型(或用前缀"."定义)，否则汇编时将视为局部变量、标号，仅在本模块内有效；模块内引用来自其他模块定义的变量、标号时必须用"EXTERN"伪指令说明，否则编译时将给出"未定义"提示信息。

(4) 在 main.asm 主程序中无须加入"#include 汇编源程序名.asm"指令；对于包含文件(.inc)，则必须通过"#include 文件名.inc"语句声明。

(5) "Source Files"文件夹内的模块顺序决定了连接后的定位顺序。编译时，STVD 先编译"Source Files"文件夹内的 Mapping.asm、main.asm 文件，然后按顺序编译模块内的其他汇编文件。

5.2　STM8 汇编程序结构

经过以上分析，不难看出 STM8 汇编程序项目文件由 mapping.asm、mapping.inc、相应型号 MCU 外设寄存器名定义汇编源程序文件(.asm)和外设寄存器名定义说明文件(.inc)以及主应用程序 main.asm 组成。根据子程序组织方式，可大致分为两大类：子程序与中断服务程序在主模块内，子程序与中断服务程序在各自模块内。

5.2.1 子程序与中断服务程序在主模块内

采用子程序与中断服务程序在主模块内的结构时,工作站文件夹中除了相应型号 MCU 芯片的头文件外,几乎没有其他模块文件,形成了单一主模块程序结构,如图 5.2.1 所示。在该结构中所有的子程序、中断服务程序均位于主应用程序 main.asm 模块内,变量、子程序入口地址标号、中断服务入口地址等均属于局部标号与局部变量,无须指定标号作用范围,也无须用 EXTERN 伪指令声明其来源,但缺点是程序结构不够清晰,查找某一子程序时效率较低。

在这种结构程序中,主应用程序 main.asm 模块大致包含了如下内容:

```
stm8/                   ;按 ST7 还是 STM8 内核 CPU 代码格式汇编源程序
    ;程序头(由#define、equ、cequ 定义的符号常量、标号),如
    #define VAR1 $50


    ;主程序引用的外部标号(变量)说明区(EXTERN)
    segment 'rom'       ;指定了代码存放在哪一段中
mani.l                  ;主程序开始标号
    ;初始化 I/O 引脚的输入/输出方式,并用#define 指令对 I/O 引脚重定义
    ;初始化堆栈指针
    ; RAM0 段存储单元清 0
    ; RAM1 段存储单元清 0
    ;堆栈段存储单元清 0
    ;初始化主时钟及 CPU 时钟频率
    ;硬件初始化(设置外设部件的工作方式)
    ;复位中断优先级(开中断)
    ;主程序实体指令系列
    ;子程序
    ;中断服务程序
    ;常数表(由 dc.b、dc.w 或 dc.l 定义的常数表)
    ;中断向量表
```

STVD 要求位于同一汇编文件内的不同子程序中的标号必须唯一。因此,在 STVD 开发环境下,最好取长标号,可按"模块名_模块内标号"形式给标号取名。例如,在"EEPROM_Write.L"模块中可用"EEPROM_Write_Lab1""EEPROM_Write_Next1""EEPROM_Write_Last1""EEPROM_Write_Loop1"等作为该模块的标号。

尽管在理论上,子程序与中断服务程序可存放在 Flash ROM 存储区中的任一地方,但在 STVD 开发环境下,中断服务程序必须位于子程序后,否则在仿真调试时,调试速度会很慢,单步执行一条指令(包括子程序调用指令)所需时间可能很长,甚至不能接受。

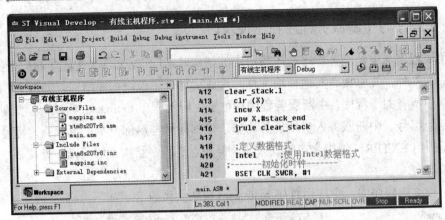

图 5.2.1　单一主模块程序结构

5.2.2　子程序与中断服务程序在各自模块内

把子程序，尤其是指令较多的子程序、中断服务程序安排在各自模块内，就形成了多模块程序结构，如图 5.2.2 所示。这种程序结构清晰，除了指定为"Public"的公共变量、标号外，其他变量、标号均属于局部变量、局部标号，这意味着不同模块内的局部标号可重复使用，同时也有利于程序的维护，以及多人协作完成同一设计项目控制程序的编写与调试。

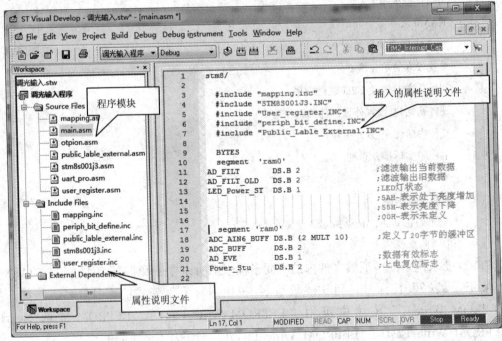

图 5.2.2　多模块程序结构

在多模块程序结构中，建议将各模块用到的全局变量放在 public_lable_external.asm 文件中统一定义(不含模块入口地址标号)；由#Define 定义的字符串常量、全局标号(包括子程序及中断服务程序的入口地址标号)等说明信息统一存放在 public_lable_external.inc 文件中，并将这两个文件分别添加到"Source Files"和"Include Files"文件夹内，然后在需要用到公共变量、全局标号的源文件头部分插入#include "Public_Lable_External.INC"伪指令。

public_lable_external.asm 文件内容举例：

```
stm8/                                ;按 STM8 内核 CPU 指令格式汇编
    segment   'ram0'                 ;位于 ram0 段内的公共变量
    BYTES
. IAP_OK_Symbol.B    DS.B      1     ;IAP 编程失败次数限制变量 IAP_OK_Symbol
.TXD_SP.B            DS.B      1     ;发送指针
;......
    segment   'ram1'                 ;位于 ram1 段内的公共变量
    WORDS
. TXD_BUFF.W         DS.B 4          ;串行口发送缓冲区
;......
    segment   ' eeprom '             ;位于 eeprom 段内的公共变量
;......
    END
```

相应的 Public_Lable_External.inc 文件内容举例：

```
#Define    xxxx       1000          ;一条或多条由#Define 定义的公用字符串常量
;......
EXTERN    IAP_OK_Symbol.B
EXTERN    TXD_SP.B
EXTERN    TXD_BUFF.W
;......
EXTERN    OPTION_BYTE_WIRE.L        ;由各 asm 模块定义的公共地址标号，如模块入口地址
EXTERN    UART1_TXD_INT.L           ;中断服务程序模块入口地址标号
;......
```

各汇编模块(.asm)仅在 RAM0、RAM1 以及 EEPROM 段内定义本模块用到的局部变量，如图 5.2.2 中的 main.asm 模块所示。

为便于程序维护、升级，程序中尽量避免直接使用存储单元地址。因此良好的程序习惯如下：

(1) 对于常数，可在程序头中用#define、EQU 伪指令定义，如：

```
#define Plus_width 50H
```

或

```
Plus_width EQU 50H
```

(2) 对于 RAM、EEPROM 中的存储单元，最好用 ds.B、ds.W、ds.L 伪指令定义，使变量对应的存储单元地址处于浮动状态(变量实际物理地址编译后才能确定)。例如：

```
Segment 'ram0'
TRK1   DS.B   1
```

```
TRK2   DS.B   1
```

(3) 位于 Flash ROM 中的常数表，用 dc.B、dc.W、dc.L 伪指令定义。

5.2.3 大部分子程序嵌入主模块中的混合结构

混合结构的文件组织方式也很常用，其特征是几乎所有的子程序、中断服务程序都位于主程序模块(mian.asm)内，仅保留了通用变量定义汇编源文件 user_register.asm、变量属性说明文件 user_register.inc，以及 MCU 外设寄存器位定义文件 periph_bit_define.inc 等。这类结构设计项目"Source Files"和"Include Files"文件夹内所包含的文件信息大致如图 5.1.5 所示。

5.2.4 子程序结构

所谓子程序，就是供其他程序模块通过 CALL 或 CALLF 指令调用的指令系列。

当子程序中存在改写 CPU 内某一寄存器(包括索引寄存器 X 和 Y、累加器 A、条件码寄存器 CC)时，若返回后需要用到调用前该寄存器的值，则必须将其压入堆栈保护，这容易理解。但最容易忽略的是寄存器 CC 中的标志位，由于 STM8 内核 CPU 许多指令均影响标志位的状态，因此如果返回后还需用到调用前的标志位状态，为防止错误，在子程序中一律将寄存器 CC 压入堆栈是一个良好的习惯。其实，在模块化程序设计中，将子程序中改写过的 CPU 寄存器一律压入堆栈也是一个良好策略，因为 STM8 内核 CPU 堆栈深度较大，若子程序嵌套层数不太多，则遇到堆栈溢出的可能性很小。

在 STM8 指令系统中，子程序入口地址标号可以是 Word 类型，即 16 位地址形式，对应的返回指令为 RET；也可以是 Long 类型，即 24 位地址形式，对应的返回指令为 RETF。采用 L 类型地址标号还是 W 类型地址标号，与子程序的存放位置有关。

(1) 当子程序位于 00 段内时，可定义为 W 类型，也可以定义为 L 类型。当定义为 W 类型时，调用(CALL 指令)与返回(RET 指令)代码短、执行速度快(子程序中所有标号均定义为 W 类型)。为方便程序维护，最好在地址标号后加":"(冒号)。这样当需要将该子程序放到 00 段外时，只要将":"(冒号)用".L"替换，将 JP 绝对跳转指令中的操作码助记符"JP"用"JPF"替换，将返回指令 RET 用"RETF"替换即可。此外，当项目文件采用多模块文件结构时，子程序入口地址标号、中断服务程序入口地址标号等还必须定义为 PUBLIC 类型(用带前缀"."声明)。因此，00 段内入口地址为 W 类型的子程序结构如下：

```
.Sub_xxx:                    ;子程序入口地址标号 Sub_xxx 定义为 W(Word)类型
                             ;入口地址标号定义为全局标号(带前缀".")，以便其他模块调用
        PUSHW X              ;保护索引寄存器 X(子程序用到寄存器 X 时)
        PUSHW Y              ;保护索引寄存器 Y(子程序用到寄存器 Y 时)
        PUSH CC              ;保护寄存器 CC
        PUSH A               ;保护累加器 A
        :                    ;子程序实体
        JP Sub_xxx_NEXT1
        :                    ;子程序实体
    Sub_xxx_NEXT1:           ;子程序内的地址标号也定义为 W 类型
```

```
        POP A
        POP CC
        POPW    Y
        POPW    X
        RET                    ;子程序返回指令
```

这种结构的子程序只能在 00 段内通过 CALL 指令调用。为此，可将 00 段内子程序的入口地址定义为 L 类型，以便在任何位置都可以通过 CALLF 指令调用。因此，00 段内推荐的子程序结构如下：

```
    .Sub_xxx.L                 ;子程序入口地址标号 Sub_xxx 定义为 L(Long)类型
        PUSHW X                ;保护索引寄存器 X(子程序用到寄存器 X 时)
        PUSHW Y                ;保护索引寄存器 Y(子程序用到寄存器 Y 时)
        PUSH CC                ;保护寄存器 CC
        PUSH A                 ;保护累加器 A
        ⋮                      ;子程序实体
        JP Sub_xxx_NEXT1       ;为减少指令码长度，提高运行速度，仍采用 JP 绝对跳转指令
        ⋮                      ;子程序实体
    Sub_xxx_NEXT1:             ;子程序内的地址标号仍定义为 W 类型
        POP A
        POP CC
        POPW    Y              ;如果存在"PUSHW Y"
        POPW    X              ;如果存在"PUSHW X"
        RETF                   ;子程序返回指令
```

(2) 当子程序位于 01 段及以上时，入口地址标号必须定义为 L 类型，同时子程序内的所有地址标号均定义为 L 类型，如下所示：

```
    .Sub_xxx.L                 ;子程序入口地址标号 Sub_xxx 定义为 L(Lord)类型
        PUSHW X                ;保护索引寄存器 X(子程序用到寄存器 X 时)
        PUSHW Y                ;保护索引寄存器 Y(子程序用到寄存器 Y 时)
        ⋮                      ;子程序实体
        JPF Sub_xxx_NEXT1      ;采用远跳转指令 JPF
        ⋮                      ;子程序实体
    Sub_xxx_NEXT1.L            ;子程序内所有地址标号必须定义为 L 类型
        POPW    Y              ;如果存在"PUSHW Y"
        POPW    X              ;如果存在"PUSHW X"
        RETF                   ;子程序返回指令
```

值得注意的是，中断服务程序入口地址标号一律为 L 类型，原因是 STM8 内核 CPU 响应中断请求时，将入口地址标号对应的 3 字节压入堆栈；在中断服务程序中，无须将 CPU 内核寄存器压入堆栈，因为 STM8 内核 CPU 响应中断请求时已自动将 CPU 内各寄存器压入堆栈。

当然在多模块程序结构中，当子程序或中断服务程序以模块文件(.asm)的形式出现在

"Source Files"文件夹内时,尚需按 ST 汇编源程序格式在入口地址前增加"STM8/""#Include "xxxxx.inc"""segment 'rom'" 等伪指令行,并在返回指令后增加 "END" 伪指令行。

5.3 程序基本结构

5.3.1 顺序程序结构

所谓顺序程序结构,是指程序段中没有跳转指令,执行时 CPU 逐条执行。

例 5.3.1 查表程序。假设共阳 LED 数码管数码 0~F 的笔段码存放在以 LED_Data 为地址标号的存储单元中,如下所示:

```
LED_Data:
            ;0,  1,  2,  3, 4, 5, 6, 7, 8, 9, A, B, C, D,  E, F
        DC.B 0C0H,0F9H,0A4H,0B0H,99H,92H,82H,0F8H,80H,90H,88H,83H,C6H,0A1H,86H,8EH
```

显示数码在累加器 A 中,试编写一程序段将显示数码 0~F 对应的笔段码取出。

参考程序如下:

```
CLRW X                   ;寄存器 X 清 0
LD XL, A                 ;显示数码送寄存器 XL
LD A, (LED_Data,X)       ;以"基址+变址"寻址方式取出数码对应的笔段码
```

例 5.3.2 将存放在 R01 单元中压缩形式的 BCD 码转换为二进制数。

参考程序如下:

```
; 功能:把存放在 R01 单元中压缩形式的 BCD 码转换为二进制数
; 算法:a₁×10+a₀
; 入口参数:待转换的 BCD 码存放在 R01 单元中
; 出口参数:结果回送 R01 单元,假定 R01 单元的物理地址在 RAM 存储区中
; 使用资源:寄存器 A、X 及 R01 单元
S_BCD_BI.W              ; 单字节 BCD 码转二进制
    LD A, R01          ; 取 BCD 码
    AND A, #0F0H       ; 保留高 4 位(十位码)
    SWAP A
    LD XL, A
    LD A, #10
    MUL X, A           ; X←XL × A,十位乘 10,最大为 90,高 8 位 XH 为 0
    LD A, R01          ; 取 BCD 码
    AND A, #0FH        ; 保留 BCD 码个位
    LD R01, A          ; 回送 R01 单元暂存
    LD A, XL
    ADD A, R01
    LD R01, A
    RET
```

例 5.3.3　把存放在 R02、R03 单元中压缩形式的 BCD 码转换为二进制数，结果回送到 R02、R03 单元中。

参考程序如下：

```
    ; 功能：把存放在 R02、R03 单元中压缩形式的 BCD 码转换为二进制数
    ; 算法：a₃ × 10³ + a₂ × 10² + a₁ × 10 + a₀ = (a₃ × 10 + a₂) × 100 + (a₁ × 10 + a₀)
    ; 入口参数：待转换的 BCD 码存放在 R02、R03 单元中
    ; 出口参数：结果回送 R02、R03 单元，假定两单元相邻，可按字节访问，也可以按字访问
    ; 使用资源：寄存器 A、寄存器 X 以及 R01 单元
D_BCD_BI.W
    MOV R01, R03        ; 十位、个位送 R01 单元
    CALL S_BCD_BI       ; 调用单字节 BCD 码转二进制子程序，计算 a₁ × 10 + a₀
    MOV R03, R01        ; 结果暂时存放在 R03 单元
    MOV R01, R02        ; 千位、百位送 R01 单元
    CALL S_BCD_BI       ; 调用单字节 BCD 码转二进制子程序，计算 a₃ × 10 + a₂
    LD A, R01
    LD XL, A            ; 结果送寄存器 XL 中
    LD A, #100
    MUL X, A            ; (a₃ × 10 + a₂) × 100，结果存放在寄存器 X 中
    CLR R02             ; 清除 R02 单元
    ADDW X, R02         ; 按字相加
    LDW R02, X          ; 结果回送 R02、R03 单元
    RET
```

例 5.3.4　把 0～65 535 之间的十进制数(以非压缩形式存放)转换为对应的二进制数。

参考程序如下：

```
    ; 入口参数：待转换的非压缩形式 BCD 码存放在 R03～R07 单元
    ; 出口参数：转换结果存放在 R00～R01 单元
    ; 算法：待转换的十进制数在 0～65 535 之间，没有超出 16 位二进制数的表示范围
```

$$; \ a_4 \times 10^4 + a_3 \times 10^3 + a_2 \times 10^2 + a_1 \times 10 + a_0$$

$$; = \ a_4 \times 40 \times \frac{10^4}{40} + (a_3 \times 10 + a_2) \times 10^2 + a_1 \times 10 + a_0$$

$$; = a_4 \times 40 \times 250 + (a_3 \times 10 + a_2) \times 10^2 + a_1 \times 10 + a_0$$

```
BCD_16bit_Binary:
    LD A, R03
    LD XL, A            ;万位 BCD 码送寄存器 XL
    LD A, #40
    MUL X, A            ;万位 BCD 码 × 40，最大值为 240
    LD A, #250
    MUL X, A            ;万位 BCD 码 × 40 × 250
    LDW R00, X          ;送 R00、R01 单元保存
```

```
        LD A, R04
        LD XL, A                  ;千位 BCD 码送寄存器 XL
        LD A, #10
        MUL X, A                  ;千位 BCD 码×10
        ;PUSH R04                 ;入堆保护
        CLR R04                   ;清除了千位 BCD 码，以便用 16 位加法指令完成
        ADDW X, R04               ;加上 R04、R05 单元内容
        LD A, #100
        MUL X, A                  ;完成千位及百位转换
        ADDW X, R00               ;与高位转换结果相加
        LDW R00, X                ;送 R00、R01 单元保存
        ;POP R04                  ;恢复 R04 单元内容
        LD A, R06
        LD XL, A                  ;十位 BCD 码送寄存器 XL
        LD A, #10
        MUL X, A                  ;十位 BCD 码×10
        ;PUSH R06                 ;入堆保护
        CLR R06                   ;清除了十位 BCD 码，以便用 16 位加法指令完成
        ADDW X, R06               ;加上 R06、R07 单元
        ADDW X, R00               ;与高位转换结果相加
        LDW R00, X                ;送 R00、R01 单元保存
        ;POP R06                  ;恢复 R06 单元内容
        RET
```

若转换结束后，希望保留转换前的 BCD 码，则只需在上述程序段中，恢复已经注销了的两条入堆指令和两条出堆指令即可。

例 5.3.5 将存放在 R01 单元中的二进制数转换为压缩形式的 BCD 码，结果存放在 R02(百位)、R03(十位及个位)单元。

参考程序如下：

```
        ;算法：待转换的二进制数除 100，所得的商就是百位，余数再除 10 所得的商是十位，余数为个位
        ;入口参数：待转换的二进制数存放在 R01 单元中
        ;出口参数：百位码存放在 R02 单元中，十位及个位码存放在 R03 单元中
        ;使用资源：寄存器 A、X 及 R02、R03 单元
S_BI_BCD:                 ;单字节二进制数转化为压缩形式的 BCD 码
        CLRW X
        LD A,R01
        LD XL, A
        LD A, #100
        DIV X, A          ;商(百位码)存放在寄存器 XL 中，余数存放在寄存器 A 中
        EXG A,XL          ;商与余数交换
```

```
        LD R02, A          ;保存百位码
        LD A, #10
        DIV X, A           ;商(十位码)存放在寄存器 XL 中，余数(个位)存放在寄存器 A 中
        LD R03, A          ;个位码先放 R03 单元
        LD A, XL           ;取十位码
        SWAP A             ;十位码转移到高 4 位
        OR A, R03          ;合并形成压缩形式的 BCD 码
        LD R03, A
        RET
```

5.3.2　循环程序结构

循环程序结构由初始化、循环体、包含条件跳转指令的循环控制指令等三部分组成。

例 5.3.6　将 ram0 段(00 H～FFH)存储单元清 0。

由于需要清除 256 个单元，不能再用例 5.3.1～例 5.3.5 所示的顺序程序结构，否则程序代码将很长，须用循环程序结构实现。

参考程序如下：

```
        ;初始化
        LDW X, # ram0_start        ;ram0 段起始地址送索引寄存器 X
        ;循环体
        Ram0_CLR_LOOP:
            CLR (X)                ;把寄存器 X 内容对应的存储单元清 0
            INCW X                 ;X 加 1，指向下一个存储单元
        ;循环控制指令
            CPW X, # ram0_end      ;与 ram0 段的终了地址比较
            JRULE   Ram0_CLR_LOOP  ;当 X 不大于终了地址时，跳转到标号为 LOOP 处继续执行
```

5.3.3　分支程序结构

分支程序也是一种常见的程序结构，在程序中，常需要根据前面一条或几条指令的运算结果、某一引脚的电平状态，决定是否执行相应的操作。根据分支多少，将分支程序结构分为简单分支(两分支)程序结构和多路分支程序结构。

1. 简单分支

简单分支常用条件转移指令实现。例如，位测试转移指令如下：

```
        BTJT R00, #3, NEXT1
        ⋮
        NEXT1:
        ⋮
```

2. 多路分支

在 STM8 指令系统中，00 段内的多路分支可用无条件跳转指令 JP (TAB_ADR,X)实现，

可为菜单设计、并行多任务程序结构中的任务与作业切换操作等提供方便。由于变址寄存器 X 为 16 位，因此在 STM8 内核 CPU 中，可以实现超过 256 路分支的散转。

例 5.3.7 编写一段程序，完成 32 位除以 16 位的运算。假设 32 位被除数存放在 R04、R05、R06、R07 单元中，16 位除数存放在 R00、R01 单元中。

STM8 内核 CPU 没有 32 位除以 16 位的除法运算指令，只能通过类似多项式除法完成，根据运算规则可知商为 32 位，余数为 16 位。因此，需要把被除数扩展为 16+32=48 位，然后通过移位相减方式获得对应位的商。

参考程序如下：

```
DIV3216:                  ;32 位除 16 位运算子程序(没有检查除数为 0 的情况)
;32 bit/16 bit 运算程序
;入口参数: 32 位被除数存放在 R04~R07 单元中(高位放在低地址)
;          :16 位除数存放在 R00~R01 单元中(高位放在低地址)
;出口参数: 32 位商存放在 R04、R05、R06、R07 单元中
;          : 余数存放在 R02、R03 单元中
;算法: 通过类似多项式除法实现,先将被除数扩展为 16+32, 即 48 位
;执行时间约为 584 个机器周期
;使用资源: 寄存器 X, A
    CLR R02
    CLR R03               ;扩展被除数为(16+32)位
    LD A, #32             ;定义移位相减的次数(与被除数位数一致)
DIV3216_LOOP1:
    SLL R07               ;逻辑左移位(C←b7,b7←b6,b0←0)
    RLC R06               ;左循环移位
    RLC R05
    RLC R04
    RLC R03
    RLC R02
    BCCM R07,#0           ;C 移到 R07 的 b0 位
    LDW X, R02            ;取扩展被除数高 16 位
    SUBW X, R00
    JRNC DIV3216_NEXT1
    ;C=1,即有借位
    BTJF R07,#0, DIV3216_NEXT2   ;移出位为 0, 无须再设置(商已为 0)
    ;移出位为 1,说明也够减
DIV3216_NEXT1:
    ;够减,用差替换被减数
    BSET R07, #0         ;b0 位置 1, 用差替换被减数
    LDW R02, X
DIV3216_NEXT2:
```

```
        DEC A
        JRNE DIV3216_LOOP1
        ;必要时,执行如下指令系列,对余数进行四舍五入处理:
        LDW X, R00              ;取 16 位除数
        SRLW X                  ;逻辑右移,除 2,获得除数/2
        CPW X, R02              ;与余数比较
        JRUGT   DIV3216_NEXT3
        ;除数/2<=余数,商应该加 1
        LDW X, R06
        ADDW X, #1
        LDW R06, X              ;回送 R06、R07 单元
        JRNC DIV3216_NEXT3      ;无进位
        LDW X, R04
        INCW X
        LDW R04, X             ; 回送 R04、R05 单元
DIV3216_NEXT3:
        RET
```

可见，实现 32 位除以 16 位运算程序段指令代码不长，执行时间大约为 584 个机器周期。用多项式除法运算规则实现除法运算时，一般情况下需要扩展被除数，但在特殊情况下，也可以不用扩展被除数。

5.4　多任务程序结构及实现

根据控制程序的结构，可将程序分为串行多任务程序结构和并行多任务程序结构两大类。

5.4.1　串行多任务程序结构

在串行多任务程序结构中，按预先设定的顺序执行各任务(模块)，任何时候只执行其中的一个任务，如图 5.4.1 所示。

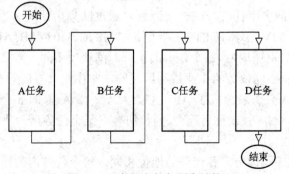

图 5.4.1　串行多任务程序结构

串行多任务程序结构简单、清晰，编写、调试比较容易，是单片机应用系统中最常用的程序结构之一。但在串行多任务程序结构中，只能通过查询(若满足条件，则通过 CALL

或 CALLF 指令)和中断方式执行某些需要实时处理的事件，不适合于具有多个需要实时处理事件的应用系统。例如，在无线防盗报警器中，某一防区报警时，第一，要通过电话线将报警信息以 DTMF 方式发送到接警中心，或以语音方式通知用户；第二，要监控其他防区有无被触发，即无线接收、解码不能停顿；第三，要监视电话线的状态，如忙音、回铃音、被叫方提机、断线等；第四，要控制内置警笛的音量及音调。为此，在单片机应用系统中，有时需要用"实时(或称为并行)多任务"程序结构。由于单片机系统内嵌 RAM 存储器的容量小，如 STM8 内核 MCU 芯片内嵌的 RAM 存储器的容量只有几 KB，没有更多的空间存放任务切换时需要保护的数据——断点(PC 指针)、现场(CPU 内的寄存器，如累加器 A、通用寄存器、标志寄存器等)和中间结果，因此决定了单片机应用系统并行多任务程序的结构与一般微机、小型机等的并行多任务操作系统的程序结构有所不同。

5.4.2　并行多任务程序结构

并行多任务程序结构如图 5.4.2 所示。

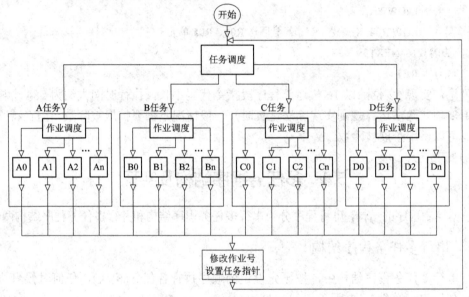

图 5.4.2　并行多任务程序结构

把需要实时处理的多个任务排成一个队列，通过队列指针(也称为任务号)，借助散转指令，如 MCS-51 的"JMP @A+DPTR"指令、STM8 的"JP (TAB_ADR, X)"指令(或条件转移指令)可实现任务间的切换。每个任务的执行时间长短不同，需将每个任务细分为若干作业(或称为子过程)，不同任务的作业量不尽相同，即作业量与任务本身的复杂程度有关。例如，图 5.4.2 中的 A 任务就分成了 A0、A1、A2、…、An，即 n 个作业。为此，还需给每个任务设置一个作业指针(或称为作业号)。切换到某个任务后，执行其中的哪个作业由任务内的作业指针确定。

在并行多任务程序结构中，各任务的地位相同，每个任务内的作业地位也相同。并行多任务程序结构清晰，能方便地增减其中的任一个模块；任务调度也很灵活，可根据当前作业的执行结果选择下一步将要执行的任务号，非常适合于需要实时处理的多任务控制系统，实用价值较高。

在设计单片机并行多任务程序结构时，需要考虑的问题及注意事项如下：

1. 作业划分原则

为减少任务、作业切换时需要保护的数据量，任务内的每个作业必须是一个完整的子过程。对于执行时间较长的任务，通过设置若干标志后，再细分为多个作业，使每个作业的执行时间不超出系统基本定时器的溢出时间。

按上述原则划分作业后，在作业处理过程中，除中断外不被其他任务所中断。作业执行结束后，只需将处理结果保存到相应的 RAM 存储单元中即可，对于初始化类作业，根本无需保存结果——类似 C 语言程序中无返回参数的函数，也无需保护现场，即 CPU 各寄存器的值，如 STM8 内核 CPU 的寄存器 CC、A、X、Y 等。

2. 任务切换方式

在微机、小型机的实时多任务操作系统中，一般按设定顺序执行各任务，即每个作业执行结束后任务指针加 1，当执行到最后一个任务时，将指针切换到第一个任务。

但在单片机控制系统中，一般不宜采用"定时时间到切换"规则，如果系统中没有需要精确定时的事件，根本不需要启动定时器。原因是单片机系统的时钟频率低，CPU 的响应速度慢，内嵌的 RAM 存储器容量有限，没有更多的空间存放任务切换时需要保存的大量数据。但另一方面，在单片机应用系统中，控制对象属性、控制对象所要执行的操作又非常明确，完全可根据当前作业的执行结果和系统的当前状态，直接切换到某个任务，以提高系统的实时性。这与十字路口交通灯切换时间最好由当前的车流量决定问题类似。

例如，在报警器设计中，报警器上传接警中心信息可分为三大类：布防、撤防及报警信息(包括旁路信息及系统状态信息)。为减轻用户话费负担，这三类信息须分别拨打不同的电话号码。对于布防、撤防信息来说，接警中心一般只需了解该信息来自哪一个用户及时间，完全可借助"来电显示"功能感知信息来源与发生的时间(用 FSK 来电信息帧内嵌的时间信息或接警中心内部时钟)，无须提机；而对于布防、撤防以外的信息，如报警、旁路信息等，还需要进一步了解是哪个防区报警、什么样的警情，哪个防区被旁路、谁执行了旁路操作等，需要提机接收报警器上传的详细信息。为此，在拨号前除了先根据缓冲区内的信息类型确定拨打的电话号码外，在拨号过程中还必须根据缓冲区内出现的新信息，决定是继续拨号，还是挂机后拨打另一个号码。

为进一步提高系统的即时处理能力，除了在每个作业执行结束后根据当前作业的执行结果、系统当前状态设置任务号外，还可以在中断服务程序中重新设置任务号。

3. 通过中断方式响应需要实时处理的事件

在作业处理过程中，只能通过中断方式(包括定时器溢出中断、外部中断等)响应需要实时处理的事件。

为避免中断服务程序执行时间过长，降低系统对同级或更低优先级中断请求响应的实时性，需在中断服务程序中引入事件驱动方式：响应某一中断请求后，仅设置事件发生标志或进行简单处理后就退出，而事件执行由事件处理程序完成，也就是说把中断响应与事件处理过程分离，以提高系统的实时响应速度。例如，DTMF 解码芯片 8870 解码有效 DV 信号接 STM8S 系列 MCU 的外中断 PD 口的某一个引脚，则 PD 口中断服务程序如下：

```
Interrupt PD_Interrupt_proc
```

```
PD_Interrupt_proc.L              ;中断入口地址标号
    BSET PA_ODR, #6              ;解码输出允许 OE 接 PA6 引脚
    LD A, PI_IDR                 ;解码输出引脚 D3~D0 分别接 MCU 的 PI3~PI0 引脚
    AND A, #0FH                  ;屏蔽与解码输入无关位
    OR   A, #80H                 ;将 DTMF 输入寄存器 b7 位置 1,作为解码输入数据有效标志
    LD DTMF_IN, A                ;输入数据放入 DTMF_IN 变量后就退出,至于输入什么数据
                                 ;由解码输入处理程序去判别和处理
    BRES PA_ODR, #6              ;将 8870 解码输出端置为高阻态
    IRET
```

系统中由主定时器控制的各定时时间必须呈整数倍关系,主定时器溢出时间就是最小的定时时间。

对于需要精确定时的事件,可放在系统主定时器中断服务程序中计时,定时时间到,相应标志位置 1,处理程序检查相应标志即可确定是否需要处理相应事件。例如,当主定时器溢出时间为 10 ms,而键盘定时扫描间隔为 20 ms 时,在主定时器中断服务程序内与键盘扫描定时有关的指令如下:

```
    DEC KEY_TIME
    JRNE EXIT_K_T               ;键盘扫描定时器减 1,不为 0 跳转
    BSET R_S_KEY, #0            ;置位键盘扫描执行标志 R_S_KEY[0]
    MOV KEY_TIME, #2            ;重置键盘扫描定时时间
EXIT_K_T:
```

4. 子程序调用原则

各任务内任意一个作业均可调用同一个子程序,但不允许中断服务程序调用,以免产生混乱。主定时器中断服务程序应尽量短小,当遇到处理时间较长的事件时,可通过设置执行标志后返回,在主程序任务调度处理过程中执行。

下面是具有 4 个任务的"实时多任务"程序结构:

```
Segment 'ram0'
Bytes
    ⋮
TASKP          DS.B   1              ;任务指针
TASK0P         DS.B   1              ;任务 0 的作业指针
;TASK0P_TIME   DS.B   1              ;任务 0 执行时间(对于有时间限制的任务,可设置
                                     ;任务执行时间)
TASK1P         DS.B   1              ;任务 1 的作业指针
;TASK1P_TIME   DS.B   1              ;任务 1 执行时间
TASK2P         DS.B   1              ;任务 2 的作业指针
;TASK2P_TIME   DS.B   1              ;任务 2 执行时间
TASK3P         DS.B   1              ;任务 3 的作业指针
;TASK3P_TIME   DS.B   1              ;任务 3 执行时间
    ⋮
```

```
    Words
    Segment 'rom'
main.L
    ⋮
    ;初始化部分
    MOV TASKP, #0                      ;从任务 0 开始执行
    MOV TASK0P, #0                     ;任务 0 从作业 0 开始
    MOV TASK1P, #0                     ;任务 1 从作业 0 开始
    MOV TASK2P, #0                     ;任务 2 从作业 0 开始
    MOV TASK3P, #0                     ;任务 3 从作业 0 开始


TASKPRO:
    ;--------实时处理事件子程序调用区 -----------
        BTJF R_S_KEY, #0, Main_NEXT1   ;检查相关标志，判别是否需要执行
        BRES R_S_KEY, #0               ;清除标志，避免重复执行
        CALL Key_Scan_Proc             ;调用键盘扫描子程序
    Main_NEXT1:
        ⋮
    ;任务调度
        LD A, TASKP                    ;取出将要执行的任务号
        LD XL, A
        LD A, #3
        MUL X, A                       ;由于 JP 指令码的长度为 3 字节
        JP (TASKTAB, X)                ;借助无条件跳转指令实现散转
    TASKTAB:                           ;项目任务入口地址表
        JP TASK0                       ;跳到任务 0 入口地址
        JP TASK1                       ;跳到任务 1 入口地址
        JP TASK2                       ;跳到任务 2 入口地址
        JP TASK3                       ;跳到任务 3 入口地址
    ;------------------------任务 0 开始------------------------
TASK0:                                 ;任务 0 程序段
    ;任务内作业切换
        LD A, TASK0P                   ;取出任务 0 内将要执行的作业号
        LD XL, A
        LD A, #3
        MUL X, A
        JP (JOBTAB0,X)
    JOBTAB0:                           ;任务 0 作业入口地址表
        JP TASK0_JOB0                  ;跳到作业 0
```

```
        JP TASK0_JOB1              ;跳到作业 1
        JP TASK0_JOB2              ;跳到作业 2
        JP TASK0_JOB3              ;跳到作业 3
        ⋮                          ;跳到作业 n

    ;--------作业 0 开始--------
TASK0_JOB0:
        ⋮                          ;作业 0 实际内容
    ;--------作业 0 结束--------
    ;根据需要将处理结果保存到任务数据区内
    ;根据执行结果设置下一次要执行的作业指针
    ;设置任务指针
        JP TASK0_EXIT


    ;--------作业 1 开始--------
TASK0_JOB1:
        ⋮
TASK0_EXIT:
        JP TASKPRO                 ;返回任务调度
    ;-----------------------任务 0 结束-----------------------


    ;-----------------------任务 1 开始-----------------------
        ⋮
```

这种以过程作为基本单位的并行多任务程序结构在单片机系统中具有很强的实用性，与编程语言无关，即使在 C 语言源程序中也同样适用，在方便、易用上并不亚于某些实时操作系统，灵活性更强，代码更简短。

5.5　程序仿真与调试

在完成了源程序编辑后，可按如下步骤调试，找出并纠正源程序中可能存在的错误或隐患。

(1) 单击"Source Files"文件夹下有改动的源程序文件(.asm)，并执行"Bulid"菜单下的"Compile xxxxxx.asm"命令，逐一编译有改动的源程序文件(.asm)，查找并纠正其中的语法、寻址范围错误。

(2) 首次调试项目控制程序时，先执行"Debug Instrument"菜单下的"Target Settings…"命令，在图 5.5.1 所示的"Debug Instrument Settings"窗口中选择调试所用的工具，如 SWIM ST-link 等硬件开发工具或 Simulator 软件模拟器。

(3) 如果修改后的项目尚未编译，则在执行"D"命令时，先弹出如图 5.5.2 所示的提示信息，这时可根据需要确定是否重新编译项目文件。

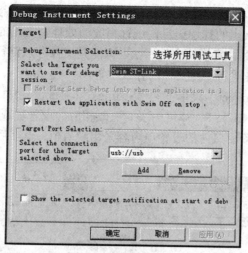

图 5.5.1 选择调试工具

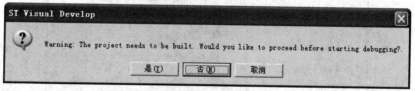

图 5.5.2 提示重新编译项目文件信息

(4) 执行 "Debug" 菜单下的 "Start Debug" 命令，或直接双击工具按钮栏内的 "D" 工具，试图进入调试状态，如果连接正确，将进入图 5.5.3 所示的调试状态。

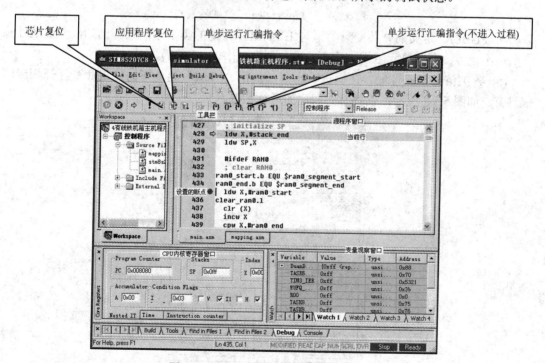

图 5.5.3 模拟调试状态下的窗口界面

进入调试状态后，就可以用单步、设置断点后连续运行等手段对源程序进行调试。

　　如果每一模块编译都通过，但执行 D 命令后不能进入调试状态，则很可能是模块连接不成功，应根据 STVD 给出的提示信息，进行相应的处理。常见的错误主要有：

　　• 在连接时，找不到特定模块文件：原因可能是文件存放路径不正确，连接时找不到指定的文件。解决办法是重新调整文件的存放位置。

　　当然也可以执行"Project"菜单下的"Settings"(项目设置)命令，在图 5.5.4 所示窗口内，分别单击"General"与"ST ASM"标签，更改相应的设置项或直接单击"Defaults"(缺省)按钮，强迫这两个标签窗口内的设置项内容采用缺省值，返回后再执行 D 命令，试着进入运行状态。

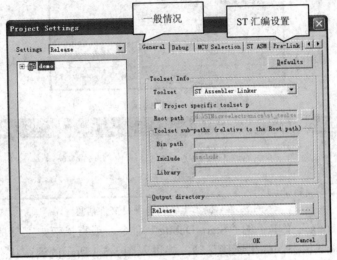

图 5.5.4　　"Project Settings"命令窗口

　　• PUBLIC 定义的公共变量类型与 EXTERN 指定的类型不一致。例如，变量地址长度属性不一致；存储单元组织方式不一致，如字节(.B)、字(.W)、双字(.L)等。

　　(5) 各类信息窗口管理。在调试状态下，执行"View"菜单下的特定命令打开相应的信息窗，如图 5.5.5 所示，以便感知程序的运行状态。

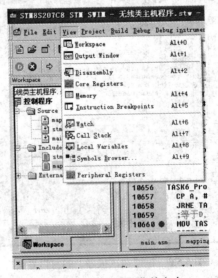

图 5.5.5　　"View"菜单命令

在调试状态下，各重要信息窗口的含义、用途如表 5.5.1 所示。

表 5.5.1　调试状态下信息窗口的含义、用途

窗口名称	含　义	用　途
Disassembly	反汇编窗口	查看汇编语言指令的机器码；C 语言指令编译后对应的汇编指令；查看 C 语言源程序是否有语句被优化掉
Core Registers	CPU 内核寄存器窗口	观察 CPU 内核寄存器的状态，尤其是寄存器 CC 中各标志位的状态
Memory	存储器窗口	查看整个存储器的状态，该窗口具有 Read/Write on the fly 功能，可以在运行时读取存储单元的信息，或者实时修改存储单元的内容
Watch	用户定义变量窗口	在调试过程中，根据需要在该窗口添加待观察的变量或外设寄存器名，透过这些变量的状态来判别程序的正确性。该窗口具有 Read/Write on the fly 功能，可以实时读取或者修改变量值
Instruction Breakpoints	指令断点列表窗口	列出程序中设置的断点。单击该列表窗口内的断点可迅速定位到断点处
Call Stack	堆栈窗口	用于观察堆栈区的使用情况
Local Variables	局部变量窗口	观察布局变量的状态
Peripherals registers	MCU 外设寄存器窗口	用于观察外设寄存器的状态。需要注意的是，该窗口不具有 Read/Write on the fly 功能。打开该窗口时，对于具有 rc_r 特性的状态位，不仅显示结果不正确，还可能自动清除了 rc_r 特性位的状态。因此，不建议打开该窗口

(6) 设置及取消断点。在调试状态下连续执行操作的过程中，程序将暂停在断点处，以便程序员从"Core Registers""memory""watch"等窗口内观察到 CPU 内部寄存器、存储单元、用户定义变量的当前状态，为判别当前程序段的正确性提供依据。

在编辑或暂停状态下，将鼠标移到源程序窗口内特定命令行前，单击左键即可放置或取消一个断点。在 STVD 开发环境下，允许设置的断点个数没有限制。

执行"Edit"菜单下的"Remove All Breakpoints"可取消全部的断点。

(7) 设置程序计数器 PC 的当前值，以便从特定指令行开始执行。在暂停状态下，先将鼠标移到目标指令行上单击，再执行"Debug"菜单下的"Set PC"命令(或直接单击工具栏内的 ⚑ 按钮)，即可将目标指令行作为当前指令行(尚未执行)。

当然，跳过程序中某一指令行或某一程序段的执行要非常慎重，如跳过外设的初始化

指令或数据输入指令去执行相应的数据处理指令，结果不正确。

习 题 5

5-1 创建 STM8 汇编开发环境，并记录创建过程与注意事项。

5-2 如何完善 ST 汇编创建的 STM8 主程序模块？

5-3 简述程序的两种基本结构及其特征。

5-4 编写一个 24 位(被除数存放在 R03～R05 单元中)除 24 位(除数存放在 R06～R08 单元中)程序段，调试并验证。

第 6 章　STM8S 系列 MCU 芯片中断控制系统

6.1　CPU 与外设通信方式概述

在介绍中断概念之前,先介绍外设与 CPU 之间的数据传输方式。在计算机系统中,CPU 的速度快,外设的速度慢,这样 CPU 与外设之间进行数据交换时,就遇到了 CPU 与外设之间的同步问题。例如,当 CPU 读外设送来的数据时,外设必须处于准备就绪状态(外设利用 CPU 读选通信号 $\overline{RD}$ 的下降将数据发送到 CPU 的数据总线上),CPU 方能从数据总线上读出有效的数据;反之,当 CPU 向外设输出数据时,CPU 必须确认外设是否处于空闲状态,否则外设可能无法接收 CPU 送来的数据。目前,外围设备与 CPU 之间常用的通信方式有三种:查询方式、中断传输方式和直接存储器存取(DMA)方式。由于在单片机控制系统中,外设与 CPU 之间需要传送的数据量较少,对传输率的要求不高,因此多以中断传输方式为主。

当不同外设之间通过 DMA 方式进行数据传输时,在 DMA 控制器的控制下,CPU 总线处于挂起状态,由 DMA 控制器直接控制数据的传输过程。其特点是速度快,适合外设与内存之间进行批量数据传送。因此,绝大部分 32 位 MCU(如 ARM 内核)芯片,以及部分 8 位 MCU(如 STM8L 系列)芯片均内置了支持 4~8 个通道的 DMA 控制器,以实现外设与内存之间的高速数据传输(DMA 传输控制及应用可参阅 12.6 节)。

6.1.1　查询方式

查询方式包括查询输入方式和查询输出方式。所谓查询输入方式,是指 CPU 读外设数据前,先查询外设是否已准备就绪;查询输出方式是指 CPU 向外设输出数据前,先查询外设是否处于空闲状态,即外设是否可以接收 CPU 输出的数据。

下面以 CPU 向外设输出数据为例,简要介绍查询方式的工作过程:当 CPU 需要向外设输出数据时,先将外设的控制命令(如外设的启动命令)写入外设的控制口(控制寄存器),然后不断读取外设的状态口(外设状态寄存器或状态寄存器中的特定位),当发现外设处于空闲状态时,就将数据写入外设的数据口(数据寄存器),完成数据的输出过程。

可见,查询方式硬件开销少,数据传输程序简单;但缺点是 CPU 占用率高,原因是在外设未准备就绪或处于非空闲状态前,CPU 一直处在查询外设的状态,不能执行其他操作,且任何时候也只能与一个外设进行数据交换。

6.1.2　中断传输方式

采用中断传输方式可以克服查询方式存在的缺陷。当 CPU 需要向外设输出数据时,将外设启动命令写入外设的控制口后，就继续执行随后的指令序列，而不是被动等待。当外设处于空闲状态可以接收数据时，由外设向 CPU 发出允许数据传送的请求信号——中断请求信号，如果满足中断响应条件，CPU 将暂停执行随后的指令序列，转去执行预先安排好的数据传送程序——中断服务程序。CPU 响应外设中断请求的过程称为中断响应。

在数据传送完成后，CPU 再返回断点处继续执行被中断了的程序，这一过程称为中断返回。可见，在这种方式中，CPU 输出外设的控制命令后，将继续执行控制命令后的指令序列，而不是通过读取外设的状态信息来确定外设是否处于空闲或准备就绪状态，这不仅提高了 CPU 的利用率，而且在合理安排相应中断优先级以及同优先级中断的硬件查询顺序后，能同时与多个外设进行数据交换。因此，中断传输方式是 CPU 与外设之间最常见的一种数据传输方式。

1. 中断源

在计算机控制系统中，把引起中断的事件称为中断源。在单片机控制系统中，常见的中断源有：

(1) 外部中断，如 MCU 芯片某些特定引脚电平变化(由高到低或由低到高跳变)引起的中断。

(2) 各类定时/计数器溢出中断(定时时间到或计数器溢出中断)。

(3) E^2PROM 或 Flash ROM(擦除、写入)操作结束中断。

(4) AD 或 DA 转换结束中断。

(5) 串行发送结束中断。

(6) 串行接收有效中断。

(7) 电源掉电中断。

在计算机控制系统中，中、低速外设一般以中断方式与 CPU 进行数据交换，中断源的数目较多。为此，需要一套能够管理、控制多个外设中断请求的部件——中断控制器。在计算机内，中断控制器的功能越强，能够管理、控制的中断源的个数越多，该计算机系统的性能指标也就越高。

2. 中断优先级

当多个外设以中断方式与 CPU 进行数据交换时，就可能遇到两个或两个以上外设中断请求同时有效的情形。在这种情况下，CPU 应先响应哪个外设的中断请求呢？这就涉及中断优先级问题。一般来说，为了能够处理多个中断请求的情形，中断控制系统均提供中断优先级控制。有了中断优先级控制后，就解决了多个中断请求同时有效时，先响应哪个中断请求的问题(先响应优先级高的中断请求，并且允许高优先级中断请求中断低优先级中断的处理进程，从而实现中断嵌套)。

3. 中断开关

为避免某一事件处理过程被中断，中断控制器给每一个中断源都设置了一个中断请求屏蔽位，用于屏蔽(禁止)相应中断源的中断请求，当某一中断源的中断请求处于禁止状态时，即使该中断请求标志有效，CPU 也不响应。此外，还设置了一个总的中断请求屏蔽位，当该位处于禁止状态时，CPU 将忽略所有可屏蔽中断源的中断请求，相当于中断源的总开关。

4. 中断处理过程

中断处理过程涉及中断查询和响应两个方面。下面结合 STM8S 系列 MCU 芯片的中断控制系统逐一介绍。

6.2　STM8S 系列 MCU 芯片中断系统

6.2.1　中断源及其优先级

STM8S 系列 MCU 芯片支持 32 个中断，32 个中断源入口地址(中断向量表)存放在 8000H~807FH 之间的存储区内，每个中断向量占用 4 字节，共计 4×32(128)字节，其内容为"82H, VTee, VThh, VTll"[①]。其中 82H 为中断操作码，随后的 3 字节为中断服务程序的入口地址。因此，STM8S 系列 MCU 的中断服务程序可放在 16 MB 线性地址空间内的任意一片存储区内。

这 32 个中断向量中包含了两个不可屏蔽的中断事件(复位中断 RESET、软件中断 TRAP)、一个不可屏蔽的顶级中断源 TLI；可屏蔽中断，包括 I/O 引脚外部中断 EXTI 以及内嵌的多个外设中断，如定时/计数器溢出中断、捕获中断、发送结束中断、接收有效中断等，如表 6.2.1 所示。特定 MCU 芯片包含的中断源及其对应的中断号都可从相应型号的 MCU 芯片数据手册中查到。

不可屏蔽中断事件(复位中断 RESET、软件中断 TRAP)、顶级中断源 TLI(由 PD_CR2[7] 位控制)不受 RIM、SIM 指令控制，即使中断未开放 CPU 依然能响应这类中断请求。

表 6.2.1　STM8S 系列 MCU 芯片中断源及其中断向量表

中断号	中断源	说　明	唤醒停机模式	唤醒活跃停机模式	中断向量地址
	RESET	Reset	Yes	Yes	8000H
	TRAR	Software interrupt	—	—	8004H
0	TLI	External Top level Interrupt	—	—	8008H
1	AWU	Auto Wake up from Halt	—	Yes	800CH
2	CLK	Clock controller	—	Yes	8010H
3	EXTI0	Port A external interrupts	Yes	Yes	8014H
4	EXTI1	Port B external interrupts	Yes	Yes	8018H
5	EXTI2	Port C external interrupts	Yes	Yes	801CH
6	EXTI3	Port D external interrupts	Yes	Yes	8020H
7	EXTI4	Port E external interrupts	Yes	Yes	8024H

---

① 在应用程序中，无须把 24 位中断入口的物理地址直接填入对应中断向量表中，而是在中断向量段内用 DC.L 伪指令"DC.L {82000000H+中断入口地址标号}"形式表示，经编译后自动生成对应中断向量表 (详见第 5 章内容)。

中断号	中断源	说　明	唤醒停机模式	唤醒活跃停机模式	中断向量地址
8	CAN	CAN RX interrupt	Yes	Yes	8028H
9	CAN	CAN TX/ER/SC interrupt	—	—	802CH
10	SPI	End of Transfer	Yes	Yes	8030H
11	TIM1	Update/Overflow/Underflow/Trigger/Break	—	—	8034H
12	TIM1	Capture/Compare	—	—	8038H
13	TIM2	Update/Overflow	—	—	803CH
14	TIM2	Capture/Compare	—	—	8040H
15	TIM3	Update/Overflow	—	—	8044H
16	TIM3	Capture/Compare	—	—	8048H
17	UART1	Tx complete	—	—	804CH
18	UART1	Receive Register DATA FULL	—	—	8050H
19	I2C	I2C interrupt	Yes	Yes	8054H
20	UART2/3	Tx complete	—	—	8058H
21	UART2/3	Receive Register DATA FULL	—	—	805CH
22	ADC	End of Conversion	—	—	8060H
23	TIM4	Update/Overflow	—	—	8064H
24	FLASH	EOP/WR_PG_DIS	—	—	8068H
Reserved					806CH to 807CH

除不可屏蔽中断(软件中断 TRAP、顶级中断 TLI)外，每个中断均具有 3 个优先级(原因是 10 级已分配给主程序，剩余的 01、00、11 这 3 个优先级分配给可屏蔽中断源)，分别由 ITC_SPRx(中断控制器软件优先级寄存器)定义，每两位对应一个中断源，如表 6.2.2 所示。STM8S 系列 MCU 芯片中断源优先级排列顺序可用图 6.2.1 描述。

表 6.2.2　软件优先级寄存器

软件优先级寄存器	b7　b6	b5　b4	b3　b2	b1　b0
ITC_SPR1	VECT3SPR[1:0]	VECT2SPR[1:0]	VECT1SPR[1:0]	VECT0SPR[1:0]
ITC_SPR2	VECT7SPR[1:0]	VECT6SPR[1:0]	VECT5SPR[1:0]	VECT4SPR[1:0]
ITC_SPR3	VECT11SPR[1:0]	VECT10SPR[1:0]	VECT9SPR[1:0]	VECT8SPR[1:0]
ITC_SPR4	VECT15SPR[1:0]	VECT14SPR[1:0]	VECT13SPR[1:0]	VECT12SPR[1:0]
ITC_SPR5	VECT19SPR[1:0]	VECT18SPR[1:0]	VECT17SPR[1:0]	VECT16SPR[1:0]
ITC_SPR6	VECT23SPR[1:0]	VECT22SPR[1:0]	VECT21SPR[1:0]	VECT20SPR[1:0]
ITC_SPR7	VECT27SPR[1:0]	VECT26SPR[1:0]	VECT25SPR[1:0]	VECT24SPR[1:0]
ITC_SPR8	11(保留)	11(保留)	VECT29SPR[1:0]	VECT28SPR[1:0]

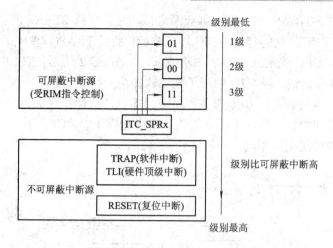

图 6.2.1　STM8S 系列 MCU 芯片中断源优先级排列顺序

在表 6.2.2 中:

(1) 每两位对应一个中断源,含义如表 6.2.3 所示。

表 6.2.3　中断源优先级

I1	I0	优 先 级
1	0	0 级(最低,只能分配给主程序)
0	1	1 级(可分配给中断源)
0	0	2 级(可分配给中断源)
1	1	3 级(最高,可分配给中断源)

(2) ITC_SPR1 寄存器中的 VECT0SPR[1:0]对应顶级中断 TLI,即 PD7 引脚中断,其中断优先级被系统强制置为 11(最高级),不可更改,且属于不可屏蔽中断,即 TLI 中断源有效时,可中断优先级为 3 的任一可屏蔽中断源的中断服务程序。

(3) 不可屏蔽中断事件 RESET、TRAP 的优先级被默认为 11(最高),因此无须软件优先级寄存器位与之对应。一旦这两个中断事件有效,CPU 响应后寄存器 CC 内的中断优先级标志 I1、I0 位自动置 1。

正因如此,ITC_SPR1 寄存器的 b1、b0 位对应 TLI,即 0 号中断,而不是复位中断 RESET;同理,TC_SPR1 寄存器的 b3、b2 位对应 AWU,即 1 号中断,而不是软件中断 TRAP;ITC_SPR8 的 b3、b2 位对应 29 号中断,即 ITC_SPR8~ITC_SPR1 定义了 30 个中断源(编号为 0~29,其中 25~29 中断号保留,没有定义)的优先级,而 ITC_SPR8 寄存器的高 4 位没有定义。

(4) 优先级 10 最低,分配给主程序使用。因此,不允许将中断优先级设为 10。如果误将某一中断源的优先级设为 10,为使对应中断请求得到响应,STM8 内核 CPU 将保留该中断源先前的优先级。换句话说,当前中断优先级设置操作无效。

(5) 当两个或两个以上可屏蔽中断源具有相同的软件优先级时,硬件查询顺序如表 6.2.1 所示,即 1 号中断(自动唤醒中断 AWU)的优先级最高,CLK 中断次之,而 24 号中断 (FLASH)的优先级最低。未被响应的中断请求处于等待状态。

(6) 对 RESET、TRAP、TLI 不可屏蔽源来说，复位中断 RESET 的级别最高，只要复位中断事件 RESET 有效，任何时候 CPU 均可响应。而当 TRAP(软件中断)、TLI (顶级硬件中断)同时有效时，CPU 先响应 TRAP 中断请求，如图 6.2.2 所示。TLI 中断源的级别比可屏蔽中断源高，换句话说，当 CPU 响应了某一软件优先级为 3 的可屏蔽中断后，依然能响应 TLI 中断请求；此外在 TLI 中断服务程序中，不允许执行软件中断指令 TRAP，否则可能会遇到返回异常问题。当然在 TRAP 软件中断服务程序中，CPU 不可能响应 TLI 中断请求，这是因为两者的优先级相同，不能嵌套。

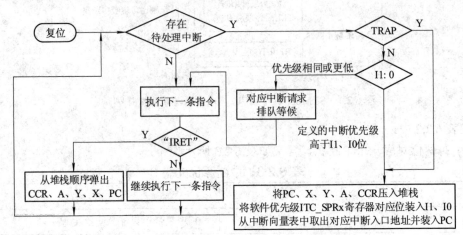

图 6.2.2　STM8 内核 CPU 中断处理流程

不同优先级的中断嵌套如图 6.2.3 所示。

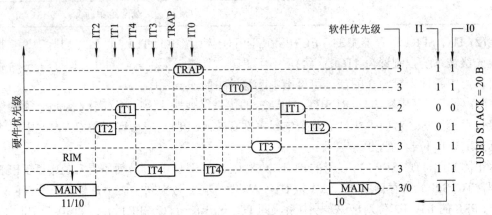

图 6.2.3　不同优先级的中断嵌套示意图

从图 6.2.3 中不难看出，IT0、IT3、IT4 的软件优先级为 3(最高)，IT1 的软件优先级为 2(次之)，IT2 的软件优先级为 1(最低)，且规定同优先级硬件查询顺序为 IT0、IT1、IT2、IT3、IT4。当这些中断按图 6.2.3 所示顺序有效时，CPU 响应过程如下：

在执行主程序 MAIN 时，IT2 中断(优先级为 1)有效，CPU 响应 IT2 中断请求，进入 IT2 中断服务程序；在执行 IT2 中断服务程序过程中，IT1 中断(优先级为 2)有效，CPU 响应 IT1 中断请求，挂起 IT2 中断服务程序，进入 IT1 中断服务程序(实现了中断嵌套)；在执行 IT1

中断服务程序过程中，IT4 中断(优先级为 3)有效，CPU 响应 IT4 中断请求，挂起 IT1 中断服务程序，进入 IT4 中断服务程序(再次嵌套)；在执行 IT4 中断服务程序过程中，IT3 中断(优先级为 3)有效，CPU 不响应 IT3 的中断请求，原因是 IT3 与 IT4 的优先级相同，不能嵌套；在执行 IT4 中断服务程序中遇到 TRAP 指令，CPU 立即响应 TRAP 中断请求，挂起 IT4 中断服务程序，进入 TRAP 中断服务程序，理由是 TRAP 属于不可屏蔽的中断请求，级别更高；在执行 TRAP 中断服务程序过程中，尽管 IT0 有效(优先级为 3)，但 CPU 同样不响应，这是因为它属于可屏蔽中断，级别比 TRAP 低。

在 TRAP 中断服务程序执行结束后，返回 IT4 中断服务程序，从 IT4 返回后，先响应 IT0 的中断请求(尽管 IT3 比 IT0 先有效，但在执行 IT4 中断服务返回指令时，CPU 认为 IT0、IT3 同时有效，同优先级中断硬件查询顺序约定为 IT0 在前)；在 IT0 中断服务程序执行结束后，响应 IT3 的中断请求；在 IT3 执行结束后，返回 IT1 的中断服务程序；在 IT1 执行结束后，返回 IT2 的中断服务程序；在 IT2 执行结束后，返回主程序 MAIN。

复位后，寄存器 CC 内的中断优先级指示位 I1、I0 为 11(3 级，最高)，除软件中断 TRAP、复位中断 RESET、TLI (非屏蔽中断)外，所有中断功能都被禁止。因此，在主程序中完成了相应存储单元(RAM)与外设的初始化后，要执行 RIM(复位中断)指令，开放中断功能。

6.2.2　中断响应条件与处理过程

1. 中断响应条件

对于可屏蔽中断来说，当某一中断请求出现时，必须满足下列条件，CPU 才会响应:

(1) 对应中断必须处于允许状态。

(2) 该中断优先级(由 ITC_SPRx 寄存器对应位定义)必须高于当前正在执行的中断服务程序的优先级(记录在寄存器 CC 的 I1、I0 位)。

如果不满足以上这两个条件，中断请求标志将被锁存，排队等候。

2. 中断处理过程

除复位中断 RESET 外，CPU 响应了某一中断请求后均按如下步骤处理:

(1) 当前指令执行结束后，挂起当前正在执行的程序。

(2) 把 CPU 内核寄存器中的程序计数器 PC(3 字节)、索引寄存器 X(2 字节)、索引寄存器 Y(2 字节)、累加器 A、条件码寄存器 CC 共 9 字节顺序压入堆栈保存，即自动保护了断点和现场。

(3) 把 ITC_SPRx 寄存器中对应中断的软件优先级信息复制到条件码寄存器 CC 的 I1、I0 位，阻止同级以及更低优先级的中断请求。

(4) 从中断向量表中取出对应中断源的入口地址并装入 PC，执行中断服务程序的第一条指令。

(5) 中断服务程序结束后执行 IRET 指令返回，从堆栈中依次弹出 CC、A、Y、X 以及断点处的 PC 指针，继续运行被中断了的原程序。可见在 STM8 内核 MCU 中，CPU 响应中断请求后，自动保护了断点(PC 指针)与现场(寄存器 A、CC、X 及 Y)。因此，堆栈深度要足够深，以避免堆栈溢出。

6.2.3 外中断源及其初始化

1. 外中断源

STM8S 系列 MCU 芯片支持 6 个外部中断源，包括 PA、PB、PC、PD、PE 口中断和 PD7 引脚的顶级外部中断，最多有 37 根外中断输入端，如图 6.2.4 所示，即

PA 口的 PA6～PA2 引脚，共 5 根中断输入引脚，相或后作为一个外中断源 EXTI0。

PB 口的 PB7～PB0 引脚，共 8 根中断输入引脚，相或后作为一个外中断源 EXTI1。

PC 口的 PC7～PC0 引脚，共 8 根中断输入引脚，相或后作为一个外中断源 EXTI2。

PD 口的 PD6～PD0 引脚，共 7 根中断输入引脚，相或后作为一个外中断源 EXTI3。

PE 口的 PE7～PE0 引脚，共 8 根中断输入引脚，相或后作为一个外中断源 EXTI4。

PD7 引脚，即顶级中断源 TLI(一个不可屏蔽的中断源——通过 PD_CR2 寄存器的 b7 位可禁止 PD7 引脚的中断输入功能，只是其优先级被硬件固定设为 11，不能更改，此外，也不允许在 TLI 中断服务程序中执行 TRAP 软件中断指令)。对于 8 引脚、20 引脚封装的少引脚封装芯片，没有 PD7 引脚，必要时可将 OPT2 选项字节的 b3 位置 1，将 TLI 顶级中断映射到 PC3 引脚，相应地由 PC_CR2 寄存器的 b3 位控制。

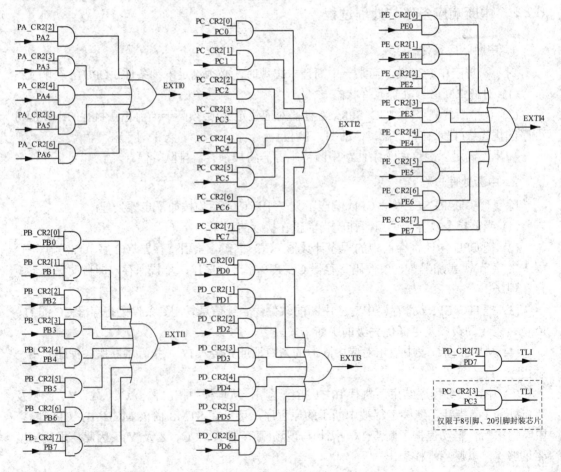

图 6.2.4　外中断源

　　STM8S 系列 MCU 芯片的外中断标志对程序员不透明，无论采用何种触发方式，CPU 响应了外中断请求后均会自动清除对应的外中断标志。

　　需要注意的是，由于 PA1 引脚接外晶振输入端(OSCIN)，因此没有中断输入功能。

2. 外中断控制及其初始化顺序

　　对 EXTI_CR1、EXTI_CR2 进行写操作时，就 TLI 来说，必须保证 PD7 中断处于禁止状态(确保 PD7 引脚控制寄存器位，即 PD_CR2 的 b7 位为 0)；对 PA～PE 口外中断来说，必须确保寄存器 CC 中的 I1、I0 位为 11 或 Px_CR2 寄存器相应位为 0(保证不响应可屏蔽中断的请求)。因此，最好在复位后，按如下顺序初始化外中断：

　　(1) 初始化 GPIO 引脚控制寄存器 Px_DDR 和 Px_CR1，选择悬空或上拉输入方式。

　　(2) 初始化外中断控制寄存器 EXTI_CR1、EXTI_CR2 的相应位，选择对应外中断输入端的触发方式(同一 I/O 口上的外中断输入线只能选择同一种触发方式，这是因为 STM8S 系列 MCU 芯片外中断控制寄存器 EXTI_CR1、EXTI_CR2 以 I/O 口作为控制单位，而不是引脚)。

　　EXTI_CR1 的 b1b0 位控制 PA 口引脚外中断的触发方式，b3b2 位控制 PB 口引脚外中断的触发方式，b5b4 位控制 PC 口引脚外中断的触发方式，b7b6 控制 PD 口 PD6～PD0 引脚外中断的触发方式。

　　EXTI_CR2 的 b1b0 位控制 PE 口引脚外中断的触发方式， b2 位控制 TLI 外中断的触发方式(0 表示下沿触发；1 表示上沿触发)，而 b7～b3 位保留。

　　除 TLI 中断外，EXTI0～EXTI4 外中断触发方式控制位取值的含义如下：

　　00：下降沿或低电平触发(对于低电平触发的外中断，在中断返回前必须确保引脚已恢复为高电平状态，或禁止该引脚的中断输入功能，否则会出现"一次请求多次响应"的现象)。

　　在 MCU 控制系统中，一般应尽量避免将外中断定义为低电平触发方式。对于低电平维持时间可能大于其中断服务程序执行时间的触发信号，最好采用上下沿触发方式：在下沿触发时，执行低电平期间对应的操作；在上沿触发时，取消低电平期间执行的操作，这样就可以用边沿触发方式代替低电平触发方式，而无须在中断服务程序中查询并等待低电平触发信号消失后才执行中断返回指令。具体做法可概括为：开始时初始化为下沿触发(10)方式，在下沿触发状态下，进入中断服务程序后执行引脚为低电平时的操作，将触发方式改为上沿触发方式后退出；在上沿触发状态下，进入中断服务程序后取消相应的操作，并在将触发方式恢复为下沿触发方式后退出。

　　01：上升沿触发。

　　10：仅下降沿触发。

　　11：上升沿、下降沿均可触发(双沿触发)。

　　(3) 初始化相应外部中断软件优先级控制寄存器 ITC_SPRx，设置对应外中断的优先级(可设为 1、0、3 级)。

　　(4) 如果同一 I/O 口上允许多个引脚中断，为了在中断服务程序中方便判别该 I/O 口上到底是哪个引脚电平变化引起的中断，在使能中断功能前，最好将 I/O 引脚电平读到 RAM 存储单元中保存，如：

```
MOV shadow_Px_IDR, Px_IDR      ;将 I/O 引脚当前状态保存到 shadow_Px_IDR 存储单元中
```

(5) 初始化 I/O 引脚配置寄存器 Px_CR2，开放引脚的中断输入功能。

(6) 执行 RIM 指令，复位中断优先级，允许 CPU 响应可屏蔽中断请求。

3. 同一 I/O 口不同引脚中断识别

同一 I/O 口上的多个外部中断端共用同一个中断入口地址，被视为同一个中断源，而 STM8S 系列 I/O 引脚中断标志又不透明。当 I/O 口上只允许一个引脚具有中断输入功能时，那么只要该中断源有效，则可以肯定对应的外中断输入引脚出现了中断请求。但是当同一 I/O 口上多个引脚中断输入同时有效时，只能通过读 I/O 引脚输入寄存器(Px_IDR)来判别是哪一个引脚引起的中断。方法是允许相应 I/O 口中断前，先将 I/O 引脚输入寄存器(Px_IDR)的内容保存到 RAM 存储器的某一个单元中，进入中断服务程序后将 Px_IDR 与先前保存的内容进行异或，即可判定出到底是哪一个引脚出现了中断请求。

```
;中断服务程序入口处
LD A, Px_IDR                    ;读相应 I/O 口输入寄存器 Px-IDR 的内容
XOR A, shadow_Px_IDR           ;将 I/O 口输入寄存器的当前状态与先前保存的状态异或
MOV shadow_Px_IDR, Px_IDR      ;保存当前 I/O 引脚的状态，以备下次中断有效时比较
;判别累加器 A 内与中断输入引脚相关位的状态，从而确定是哪一个引脚出现了中断请求
BCP A, #80H
JREQ NEXT
;不为 0，说明 b7 位为 1，对应引脚输入电平有变化
   ⋮                           ;处理对应的外部中断
NEXT:
   ⋮
```

由于从中断有效到中断响应延迟时间较长，因此采用该方法检测同一 I/O 口上不同的引脚中断输入是否有效时，输入信号不能太快，否则可能会出现漏检出现象。

6.2.4 中断服务程序结构

在 ST 汇编中，必须通过"interrupt"伪指令定义相应中断服务程序的入口地址标号，然后在中断入口地址表中填入对应中断服务程序的入口地址标号。例如，Port A 外部中断 EXTI0 的中断号为 IRQ3，因此 Port A 口外中断服务程序结构如下：

```
Interrupt EXTI0      ;中断服务程序定义伪指令
EXTI0.L              ;中断服务程序入口地址标号类型一律定义为 L 类型(24 位地址形式)
;BRES 中断标志       ;除外部中断外，进入中断服务程序后一般需要清除对应的中断标志
   ⋮                ;外中断 EXTI0 服务程序指令系列
                     ;在 STM8 内核 CPU 中断服务程序中，无须保护现场
IRET                 ;中断返回(中断服务程序最后一条指令)
```

进入中断服务程序后，应立即清除中断标志位，而不宜在中断返回指令 IRET 前清除中断标志位，否则有可能清除了在执行该中断服务程序过程中出现的新的中断请求标志，导致出现漏响应现象。

然后，将中断向量表内 IRQ3 中断入口地址标号 NonHandledInterrupt 改为 EXTI0 即可，例如：

```
    segment 'vectit'                      ;中断向量段
    dc.l {$82000000+main}                 ; reset
    dc.l {$82000000+NonHandledInterrupt}  ; trap
    dc.l {$82000000+NonHandledInterrupt}  ; irq0
    dc.l {$82000000+NonHandledInterrupt}  ; irq1
    dc.l {$82000000+NonHandledInterrupt}  ; irq2，未定义中断入口地址表依然保留
    dc.l {$82000000+EXTI0 }               ; irq3，即 Port A 口外中断入口地址表
    dc.l {$82000000+NonHandledInterrupt}  ; irq4
```

例 6.2.1　将 PA3 引脚外中断输入定义为下沿触发方式。

复位后的初始化指令如下：

```
    ;初始化 EXIT0 的外中断触发方式，用读—改—写方式初始化中断触发方式
    LD A, EXTI_CR1
    AND A,   #11111100B
    OR A,    #00000001B          ;01 下沿触发
    LD EXTI_CR1, A
    ;初始化 EXTI0 的中断优先级(3 号中断)，最好用读—改—写方式初始化中断优先级别
    LD A,    ITC_SPR1
    AND A, #00111111B
    OR   A,  #01000000B          ;01，即 1 级
    LD   ITC_SPR1, A
    BRES     PA_DDR, #3          ;0，输入
    BSET     PA_CR1, #3          ;1，上拉(至于选择上拉还是悬空由中断输出信号电路确定)
    BSET     PA_CR2, #3          ;1，带中断输入
    RIM                          ;开中断
```

例 6.2.2　将 PD7 引脚外中断输入(TLI 中断)定义为上沿触发方式。

复位后初始化指令如下：

```
    ;在中断未使能前，先初始化其触发方式
    BSET EXTI_CR2, #2            ;b2 位置 1，选择上沿触发。TLI 中断触发方式仅由 b2 位控制
    BRES     PD_DDR, #7          ;0，输入
    BSET     PD_CR1, #7          ;1，上拉(至于选择上拉还是悬空由中断输出信号电路确定)
    BSET     PD_CR2, #7          ;1，允许中断输入
    ;TLI 中断优先级固定为 11，无须初始化
```

6.2.5　中断服务程序执行时间的控制

由于每个中断源仅有一个中断标志位来指示对应的中断事件是否已发生，当某个中断请求未被响应时，同一中断源又出现了新的中断请求，CPU 只能响应一次，即存在漏响应现象。

例如，某系统存在两个中断事件 IT1 和 IT2，且 IT2 的优先级高于 IT1。当 CPU 在执行 IT2 的中断服务程序时，IT1 中断出现了。由于 IT1 的优先级低，因此 CPU 不响应 IT1 的中断请求。如果在 IT2 中断返回前，IT1 中断请求又一次出现(IT1 出现了两次)，则返回后 CPU 只响应 IT1 中断请求一次，显然漏掉了一次，如图 6.2.5 所示。

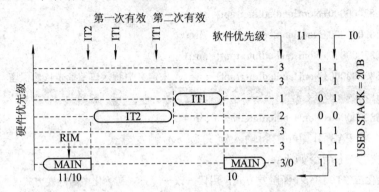

图 6.2.5　被忽略了中断请求的示意图

为避免中断漏响应，任何中断服务程序的执行时间均不宜超出系统中同级(包括该中断自身)和更低优先级中断事件发生的最小间隔。这样当系统存在多个中断事件时，为避免漏响应中断请求，事件发生间隔越短的中断源，它的中断优先级就应越高。此外，所有高优先级中断服务程序执行时间总和不能超出低优先级中断事件发生的间隔。

例如，某应用系统存在三个中断源 IT1、IT2、IT3，假设各中断源事件发生的最小间隔分别为 3.0 ms、4.0 ms、5.0 ms。为避免中断漏响应，IT1 的中断优先级应设为 11(3 级)，且 IT1 中断服务程序的执行时间 t_{IT1} 应小于 3.0 ms；IT2 的中断优先级应设为 00(2 级)，且 IT2 中断服务程序的执行时间 t_{IT2} 应小于 4.0 ms；IT3 的中断优先级应设为 01(1 级)，且 IT3 中断服务程序的执行时间 t_{IT3} 应小于 5.0 ms。同时，还必须保证 $t_{IT1} + t_{IT2} < t_{IT3}$，否则 IT3 的中断请求也有可能出现漏响应现象。

在本例中，即使 IT1～IT3 中断服务程序的执行时间 t_{IT1}～t_{IT3} 完全满足以上要求，也不能保证不出现中断漏响应现象，如图 6.2.6 所示。

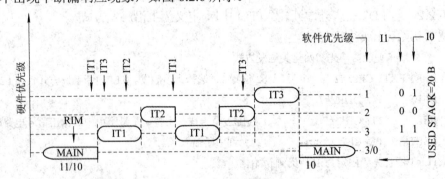

图 6.2.6　IT3 中断漏响应特例

因此，必须尽可能缩短中断服务程序的执行时间，如仅在中断服务程序中接收数据、设置特定标志后即刻返回，而复杂的数据判读、处理等应放在主程序中完成，以减少潜在的中断漏响应风险。

习 题 6

6-1 指出 STM8S 系列 MCU 芯片中断向量表存放位置，其中 IT2(2 号中断)中断向量起始于什么单元？

6-2 简述不可屏蔽中断源与可屏蔽中断源的区别，STM8S 系列 MCU 芯片含有哪几个不可屏蔽中断源？其中 TLI 中断源可通过什么方式关闭。

6-3 简述 STM8 内核 MCU 中断的处理过程？在 STM8 内核 CPU 中断服务程序中是否需要保护现场？

6-4 STM8 内核 CPU 具有几个中断优先级？如果将某一可屏蔽中断源，如 TIM1 的溢出中断优先级设为 10，会出现什么后果。

6-5 STM8S 系列 MCU 外中断可以选择哪几种触发方式？PB 口上不同引脚的中断输入线是否可以选择不同的触发方式？为什么？

6-6 在计算机系统中，为什么要求高优先级中断服务程序的执行时间必须小于系统中同级或低优先级中断事件发生的最短间隔？

6-7 简述中断请求漏响应现象的成因以及解决办法。

6-8 如何验证 TLI 中断属于不可屏蔽中断？

第 7 章　STM8S 系列 MCU 芯片定时器

在单片机控制系统中，定时/计数器是 MCU 芯片重要的外设部件之一，几乎所有的单片机芯片均内置一个或数个不同计数长度的定时/计数器。内嵌定时器的计数长度、数量、功能强弱是衡量 MCU 芯片功能强弱的重要指标之一。

定时/计数器的核心部件是一个加法(或减法)计数器，可工作在定时方式和计数方式，因此称为定时/计数器。不过，这两种工作方式并没有本质的区别，只是计数脉冲的来源不同而已。如果计数脉冲是频率相对稳定的系统时钟信号(一般是系统时钟的分频信号)，则称为定时方式；反之，当计数脉冲来自 MCU 芯片的某一特定 I/O 引脚时，则称为计数方式。

STM8S 系列 MCU 芯片内部含有多个不同计数长度的定时器，按功能强弱可分为三大类：

(1) 一个可编程设置计数方向(向上、向下或双向计数)的 16 位高级控制定时器 TIM1，其功能最完善。

(2) 三个 16 位向上计数的通用定时器 TIM2、TIM3 和 TIM5，功能比 TIM1 略差，其中 TIM2、TIM3 的结构和功能最简单。

(3) 两个 8 位向上计数的基本定时器 TIM4、TIM6。

其中，TIM1、TIM2、TIM3、TIM4 之间没有关联，彼此独立，而 TIM1、TIM5、TIM6 之间有关联。这几个定时器的主要功能如表 7.0.1 所示。

表 7.0.1　STM8S 系列 MCU 芯片定时器的主要功能

定时器编号	计数方向	计数长度(位)	分频系数	捕获/比较通道数	互补输出通道	重复计数器	外部刹车输入	与其他定时器级联	计数脉冲可选
TIM1	编程选择	16	$1 \sim 65\,536$ 之间任意整数	4	3	8 位	1	TIM5、TIM6	可选，有外部触发输入
TIM2	向上	16	$1 \sim 32\,768$(2^n 分频，n 的取值范围为 $0 \sim 15$)	3	—	—	—	—	不可选，固定为 f_{MASTER}
TIM3				2				—	
TIM5				3				有	可选，没有外部触发输入
TIM4	向上	8	$1 \sim 128$(2^n 分频，n 的取值范围为 $0 \sim 7$)	—	—	—	—	—	不可选，固定为 f_{MASTER}
TIM6								有	可选，没有外部触发输入

不过，并非所有的 STM8S 系列 MCU 芯片都含有表 7.0.1 所示的六个定时器，实际上 STM8S105、STM8S207、STM8S208 芯片仅含有 TIM1、TIM2、TIM3、TIM4 四个定时器；STM8S001J3、STM8S103、STM8S003、STMS005 芯片仅含有 TIM1、TIM2、TIM4 三个定时器；STM8S903 芯片仅含有 TIM1、TIM5、TIM6 三个定时器。

在 STM8S2XX 系列单片机芯片中，与定时器有关的引脚如表 7.0.2 所示。

表 7.0.2　在 STM8S2XX 系列单片机芯片中与定时器有关的引脚

定时器	信号名称	含　义	I/O	缺省复用引脚	映射复用引脚
TIM1	TIM1_ETR	外部触发信号	I	PH4	PB3
	TIM1_BKIN	外部刹车(中断)输入	I	PE3	PD0
	TIM1_CH1	输入捕获/输出比较通道 1	I/O	PC1	—
	TIM1_CH1N	输出比较通道 1 反相输出	O	PH7	PB2
	TIM1_CH2	输入捕获/输出比较通道 2	I/O	PC2	—
	TIM1_CH2N	输出比较通道 2 反相输出	O	PH6	PB1
	TIM1_CH3	输入捕获/输出比较通道 3	I/O	PC3	—
	TIM1_CH3N	输出比较通道 3 反相输出	O	PH5	PB0
	TIM1_CH4	输入捕获/输出比较通道 4	I/O	PC4	PD7
TIM2	TIM2_CH1	输入捕获/输出比较通道 1	I/O	PD4	
	TIM2_CH2	输入捕获/输出比较通道 2	I/O	PD3	
	TIM2_CH3	输入捕获/输出比较通道 3	I/O	PA3	PD2
TIM3	TIM3_CH1	输入捕获/输出比较通道 1	I/O	PD2	PA3
	TIM3_CH2	输入捕获/输出比较通道 2	I/O	PD0	

7.1　高级控制定时器 TIM1 结构

高级控制定时器 TIM1 的内部结构如图 7.1.1 所示，主要由以下部件组成：

(1) 时钟/触发控制(CLOCK/TRIGGER CONTROLLER)；

(2) 时基单元(TIME BASE UNIT)；

(3) 捕获/比较阵列(Capture/Compare Array)。

TIM1 定时器功能完善，可实现下列操作：

(1) 基本定时操作(预分频器输入脉冲为内部主时钟信号 f_{MASTER})、计数操作(预分频器输入脉冲来自外部引脚 TIM1_ETR 或 TIM1_CH1、TIM1_CH2 输入通道)。

(2) 利用输入捕获功能，可测量接在 TIM1_CH4～TIM1_CH1 引脚的脉冲信号的时间参数(如高、低电平的持续时间)。

(3) 利用输出比较功能，可产生单脉冲信号、PWM 信号等。

(4) 在 PWM 输出信号中，具有死区时间编程选择功能。

(5) 具有与其他定时器联动功能。

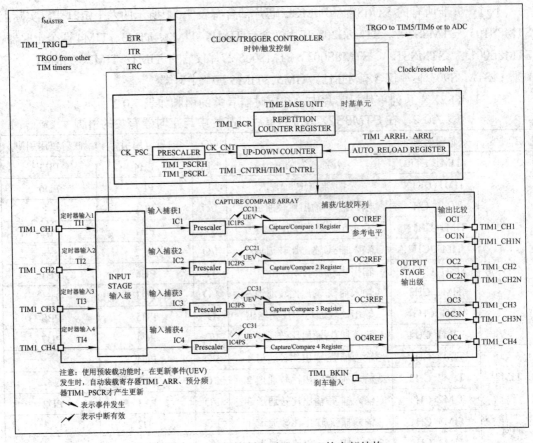

图 7.1.1 高级控制定时器 TIM1 的内部结构

7.2 TIM1 时基单元

TIM1 时基单元的内部结构如图 7.2.1 所示，由 16 位预分频器 TIM1_PSCR (TIM1_PSCRH, TIM1_PSCRL)、16 位双向(向上或向下)计数器 TIM1_CNTR (TIM1_CNTRH, TIM1_CNTRL)、16 位自动重装寄存器 TIM1_ARR(TIM1_ARRH,TIM1_ARRL)以及 8 位重复计数器 TIM1_RCR 组成。

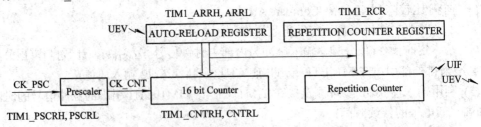

图 7.2.1 TIM1 时基单元的内部结构

输入信号 CK_PSC 经预分频器 TIM1_PSCR 分频后，其输出信号 CK_CNT 作计数器 TIM1_CNTR 的计数脉冲。每来一个脉冲计数器 TIM1_CNTR 加 1 或减 1，溢出时产生更新事件(UEV)，并触发计数器 TIM1_CNTR 重装，强迫自动重装寄存器 TIM1_ARR 和预分频器 TIM1_PSCR 更新，如果允许更新中断(UIF)，则产生更新中断请求。

7.2.1　16 位预分频器 TIM1_PSCR

预分频器本质上就是一个溢出后能自动重装初值的重复计数器，溢出信号就是预分频器的输出信号。

TIM1 预分频器 TIM1_PSCR 为 16 位寄存器，预分频器输出信号 CK_CNT(计数器 TIM1_CNTR 的计数脉冲信号)与输入信号 CK_PSC 之间的关系为

$$f_{CK\_CNT} = \frac{f_{CK\_PSC}}{PSCR[15:0]+1} \tag{7.2.1}$$

通过预分频器可对输入信号 CK_PSC 实现 1~65 536 之间任意整数的分频。

16 位预分频器(TIM1_PSCRH, TIM1_PSCRL)带有输入缓冲器(预装载寄存器)。写入的分频值在更新事件发生时才会传送到其影子寄存器中，即在更新事件发生前，依然使用先前设定的分频值。

注意：写预分频器时，只能用字节传送指令实现，且先写高 8 位 TIM1_PSCRH，后写低 8 位 TIM1_PSCRL，不能用字传送指令实现，原因是按字写入时先写低 8 位，后写高 8 位。不过读预分频器时没有顺序限制，甚至允许使用 LDW 字传送指令将其读到 16 位索引寄存器 X 或 Y，这是因为读操作对象为分频器的预装载寄存器。

7.2.2　16 位计数器 TIM1_CNTR

尽管允许在计数过程中读写 16 位计数器 TIM1_CNTR 的当前值，但由于计数器 TIM1_CNTR 没有输入缓冲器，因此最好不要在计数过程中对计数器进行写入操作，可先把计数器暂停(将计数允许/停止控制位 CEN——TIM1_CR1[0]清 0)后，再写入，以免产生不必要的误差。

由于计数器读操作带有 8 位锁存功能，因此任何时候均可对计数器 TIM1_CNTR 进行"飞"读操作(计数器仍在计数时的读操作)，但必须用字节传送指令实现，且先读高 8 位 TIM1_CNTRH(此时自动锁存了低 8 位 TIM1_CNTRL 的值，即读操作带有 8 位锁存功能)，再读低 8 位 TIM1_CNTRL 才能获得正确的结果。即使在读计数器高 8 位 TIM1_CNTRH 后，CPU 响应了中断请求，执行了其他指令，返回后再读计数器低 8 位 TIM1_CNTRL 也没有关系(实际上在读计数器 TIM1 的低 8 位时，数据来源是锁存器，而不是计数器低 8 位 TIM1_CNTRL 的当前值)。因此，不能用 LDW 指令读计数器的当前值，原因是 16 位数据读指令先读低 8 位，实际读到的低 8 位是缓冲器的值(若复位后，没有执行读 TIM1_CNTRH 操作，则缓冲器的值不确定)，而不是计数器低 8 位 TIM1_CNTRL 的当前值。

例如，可用如下指令将 TIM1_CNTR 的当前值"飞"读到寄存器 X 中。

```
LD A, TIM1_CNTRH    ;先用字节传送指令 LD 或 MOV 读计数器高 8 位,此时自动锁存了低 8 位
                    ;TIM1_CNTRL 的当前值
LD XH, A            ;读了高 8 位 TIM1_CNTRH 后,无论中间执行了多少条指令,读低 8 位均能
                    ;获得正确结果
```

```
LD A, TIM1_CNTRL    ;该指令似乎读 TIM1_CNTRL，但实际上是从锁存器中读出计数器的低 8 位
LD XL, A
```

但 STM8S 系列芯片存在设计缺陷(在读低 8 位 TIMx_CNTRL 字节前不能执行多周期指令，否则结果可能不正确)，建议采用如下方式对计数器进行"飞"读操作：

```
;BRES    PD_CR2,#7       ;若系统中允许 TLI 中断，则暂时关闭 PD7 引脚的 TLI 中断
PUSH CC                 ;把条件码寄存器 CC 压入堆栈
SIM                     ;关闭中断
LD A, TIMx_CNTRH
LD XH, A
LD A, TIMx_CNTRL
LD XL,A
POP CC                  ;恢复寄存器 CC，也就恢复了中断的优先级
;BSET    PD_CR2,#7       ;若前面关闭了 TLI 中断，则需要重新开放 TLI 中断
```

7.2.3 16 位自动重装寄存器 TIM1_ARR

16 位自动重装寄存器 TIM1_ARR 具有影子寄存器(影子寄存器对程序员不透明)。在向上计数过程中，当计数值等于 TIM1_ARR 影子寄存器的值时，发生上溢，再从 0 开始计数，这时 TIM1_ARR 相当于比较寄存器；在向下计数过程中，当计数值回 0 时，发生下溢，计数器以 TIM1_ARR 影子寄存器的内容作初值重新计数，这时 TIM1_ARR 相当于重装初值寄存器。

在写入时也只能用字节指令完成，且先写高 8 位，后写低 8 位。当控制寄存器 TIM1_CR1 的 ARPE 位为 0(不使用预装载功能)时，对自动重装寄存器 TIM1_ARR 执行写入操作，则新写入的内容立即传送到其影子寄存器中(影响当前计数周期)，如图 7.2.2(a)所示。

当控制寄存器 TIM1_CR1 的 ARPE 位为 1(使用预装载功能)时，对自动重装寄存器 TIM1_ARR 执行写入操作，新写入的数据不会立即传送到其影子寄存器中，更新事件(如溢出或通过软件强迫更新)发生时，新写入的数据才被送入其影子寄存器中。换句话说，若没有使用软件强迫更新，则不影响当前计数周期，溢出后下一个计数周期才生效，如图 7.2.2(b)所示。

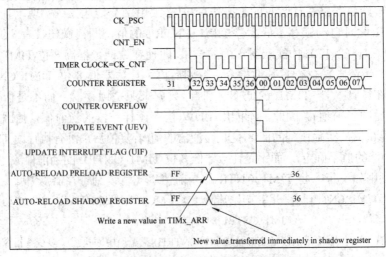

(a) ARPE=0 时写自动重装寄存器 TIM1_ARR 立即生效

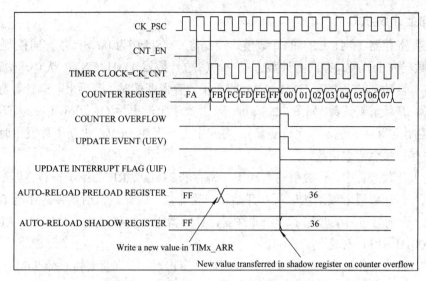

(b) ARPE=1 时写自动重装寄存器 TIM1_ARR 在更新事件发生时生效

图 7.2.2　自动重装寄存器的更新

在向上计数方式中，自动重装寄存器 TIM1_ARR 复位后为 0FFFFH，该寄存器的初值不能设为 0，否则计数器将无法计数。

7.2.4　计数方式

TIM1 计数器的计数方式由配置寄存器 TIM1_CR1 的计数模式控制位 CMS[1:0]和计数方向控制位 DIR 决定，可以编程为向上(加法)计数、向下(减法)计数或向上向下双向计数三种方式，如图 7.2.3 所示。

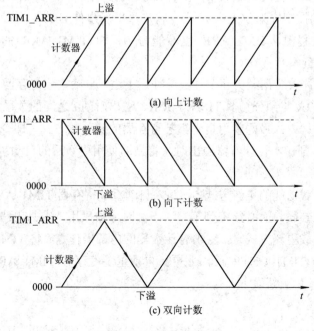

图 7.2.3　计数方式

1. 向上计数方式

当配置寄存器 TIM1_CR1 的计数模式控制位 CMS[1:0]为 00、计数方向控制位 DIR 为 0 时，计数器向上计数。在向上计数方式中，16 位计数器 TIM1_CNTR 从 0 开始递增计数，当计数值与自动重装寄存器 TIM1_ARR 的影子寄存器匹配时，若再来一个计数脉冲，则计数器将从 0 开始重新计数，如图 7.2.3(a)所示，并产生上溢事件(Overflow Event)。若 UDIS(禁止更新)控制位为 0(无效，即允许更新)，将产生更新事件 UEV。更新事件发生时，时基单元内各寄存器将全部被更新。

在向上计数过程中，计数值与自动重装寄存器 TIM1_ARR 的影子寄存器匹配，再来一个计数脉冲时计数器上溢，然后从 0 开始新一轮计数。因此，自动重装寄存器 TIM1_ARR 不能为 0，否则溢出后又匹配了。如此往复，计数器无法向前计数，即 TIM1_ARR 的取值范围在 0001H～FFFFH 之间。

显然，当希望计数器在经历 n 个计数脉冲后溢出时，自动重装寄存器 TIM1_ARR 的值应为($n-1$)。TIM1_ARR 与预分频器 TIM1_PSCR、溢出时间 t 之间的关系为

$$TIM1\_ARR = \frac{f_{CK\_PSC}}{PSCR[15:0]+1} t - 1 \qquad (7.2.2)$$

当时间 t 的单位取 μs 时，输入信号 f_{CK_PSC} 的单位取 MHz。

2. 向下计数方式

当配置寄存器 TIM1_CR1 的计数模式控制位 CMS[1:0]为 00、计数方向控制位 DIR 为 1 时，计数器向下计数。在向下计数方式中，16 位计数器 TIM1_CNTR 从自动重装寄存器 TIM1_ARR 的影子寄存器开始递减计数，当计数值回 0 时，若再来一个计数脉冲，则产生下溢，从自动重装寄存器 TIM1_ARR 的影子寄存器开始新一轮计数，如图 7.2.3(b)所示。若 UDIS(禁止更新)控制位为 0(允许更新)，将产生更新事件 UEV。

在向下计数过程中，TIM1_ARR 也不能为 0，即 TIM1_ARR 的取值范围也必须在 0001H～FFFFH 之间。

显然，当希望计数器在经历 n 个计数脉冲后下溢，自动重装寄存器 TIM1_ARR 的值就是($n-1$)。TIM1_ARR 与预分频器 TIM1_PSCR、溢出时间 t 之间的关系与式(7.2.2)相同。

在向下计数过程中，最好禁用自动重装寄存器的预装载方式，即令 TIM1_CR1 寄存器的 APRE 位为 0，则在本轮计数器溢出时，将立即使用更新后的自动重装寄存器的内容作为计数器的初值，如图 7.2.4 所示。

若使用了预装载功能的更新方式，则写入自动重装寄存器 TIM1_ARR 的新值并不能在本轮计数器下溢时装载，而必须等到第二次下溢时才被采用，容易出错，如图 7.2.5 所示。其原因是使用预装载更新方式时，溢出时计数器的内部操作是"将 TIM1_ARR 影子寄存器的内容装入计数器 TIM1_CNTR 后，才更新自动重装寄存器 TIM1_ARR 影子寄存器的内容"，简称"先装入后更新"。

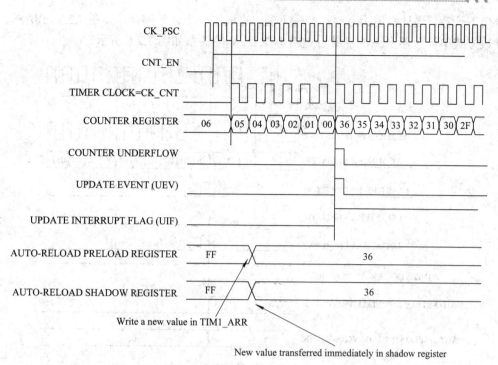

图 7.2.4　在向下计数方式中 APRE=0 时的更新情况

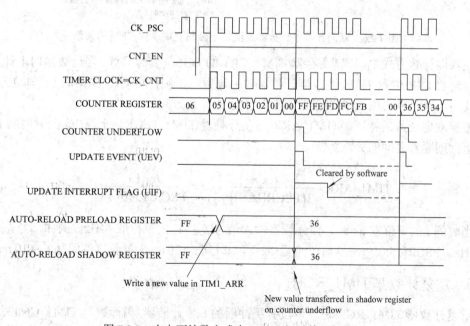

图 7.2.5　在向下计数方式中 APRE=1 时的更新情况

3. 向上向下双向计数方式

当配置寄存器 TIM1_CR1 的计数模式控制位 CMS[1:0]不为 00 时，计数器处于双向计数状态。当计数器处于向上向下双向计数方式时，计数器先从 0 开始计数，直到计数值等于自动重装寄存器(TIM1_ARR-1)时出现上溢，接着计数值达到最大值 TIM1_ARR，然后计数器向下计数，当计数值为 0 时，产生下溢，完成了一个计数周期，如图 7.2.3 (c)所示。双向计数方式中计数器上溢、下溢与更新事件 UEV 的关系如图 7.2.6 所示。

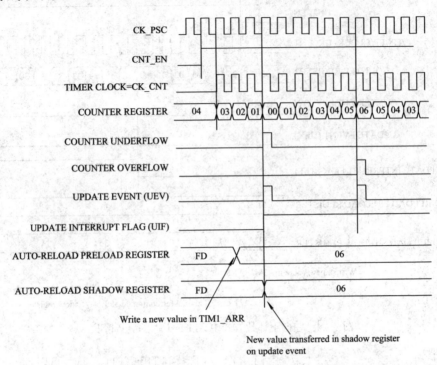

图 7.2.6　双向计数中计数器上溢、下溢与更新事件 UEV 的关系

在双向计数方式中，控制寄存器 TIM1_CR1 的 DIR 位变为只读。当计数器向下计数时，硬件自动将 DIR 位置 1；反之，当计数器向上计数时，硬件自动将 DIR 清 0。即在双向计数方式中，可借助 DIR 位内容了解当前计数器的计数方向。

根据双向计数的特征，TIM1_ARR 与预分频器 TIM1_PSCR、上溢(或下溢)时间 t 以及更新事件间隔 t' 之间的关系为

$$TIM1\_ARR = \frac{f_{CK\_PSC}}{2(PSCR[15:0]+1)}t = \frac{f_{CK\_PSC}}{PSCR[15:0]+1}t' \tag{7.2.3}$$

当时间 t 的单位取 μs 时，预分频器输入信号 f_{CK_PSC} 的单位取 MHz。例如，当 f_{CK_PSC} = 2.0 MHz、PSCR[15:0]为 199 时，上溢(或下溢)时间 t = 20 ms，更新事件间隔 t' = 10 ms。

7.2.5　重复计数器 TIM1_RCR

重复计数器 TIM1_RCR 是一个没有缓冲器的 8 位计数器，当计数器 TIM1_CNTR 上溢、下溢一次时，TIM1 先判别重复计数器 TIM1_RCR 是否为 0。若是 0，则产生溢出更新事件；否则不产生溢出更新事件，同时将重复计数器 TIM1_RCR 减 1(STM8 内核 MCU 芯片对重复计数器 TIM1_RCR 采用"先判别后减 1"的处理方式)。图 7.2.7 给出了不同计数状态下，重复计数器 TIM1_RCR 对溢出更新事件的影响。显然，当 TIM1_RCR > 0 时，必须经过"TIM1_RCR+1"个计数周期后，才产生溢出更新事件。

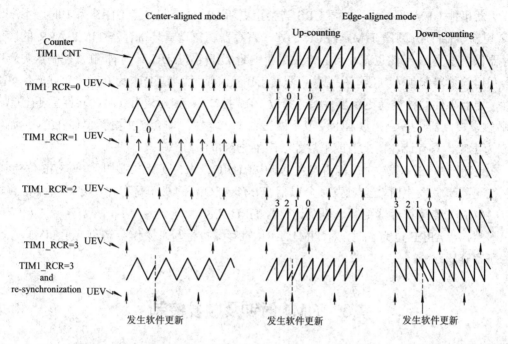

图 7.2.7　不同计数状态下重复计数器 TIM1_RCR 对溢出更新事件的影响

7.2.6　更新事件(UEV)与更新中断(UIF)控制逻辑

时基单元内预分频器 TIM1_PSCR 的影子寄存器、自动重装寄存器 TIM1_ARR 的影子寄存器的更新均受更新事件 UEV 的控制，其逻辑关系如图 7.2.8 所示。

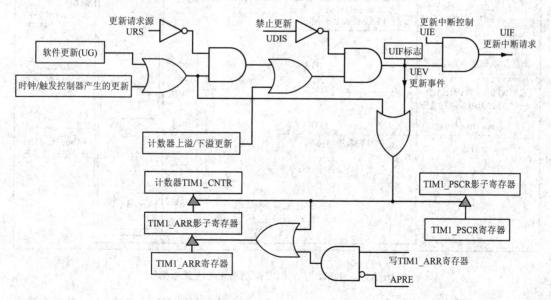

图 7.2.8　UEV 及 UIF 的产生与受控制逻辑

更新事件 UEV 受更新请求源 URS 与禁止更新 UDIS 控制：当 UDIS 为 1 时，不产生 UEV 更新事件(预分频器 TIM1_PSCR 的影子寄存器、自动重装寄存器 TIM1_ARR 的影子寄存器保持不变)，当然也就不可能产生更新中断 UIF(不过 UG 或时钟/触发控制器更新依然会强迫计数器和预分频器产生更新，只是 UIF 无效)；而当 UDIS 为 0 时，允许产生更新事件，更新事件的种类受更新事件源选择位 URS 控制。当 URS 为 0 时，软件更新(UG)、时钟/触发控制器更新、计数器上溢或下溢三者之一发生，均会产生更新事件 UEV；而当 URS 为 1 时，只有计数器上溢或下溢才会产生更新事件 UEV。

在更新事件 UEV 发生时，能否产生更新中断(UIF)请求，则受更新中断允许 UIE 位控制。

在更新事件发生时，会触发预分频器 TIM1_PSCR 的影子寄存器、自动重装寄存器 TIM1_ARR 的影子寄存器更新，以及计数器 TIM1_CNTR 重装。

显然，当 APRE 位为 0 时，对 TIM1_ARR 寄存器执行写入操作会立即更新 TIM1_ARR 的影子寄存器。

7.3　TIM1 时钟及触发控制

TIM1 时钟/触发控制单元的内部结构如图 7.3.1 所示。

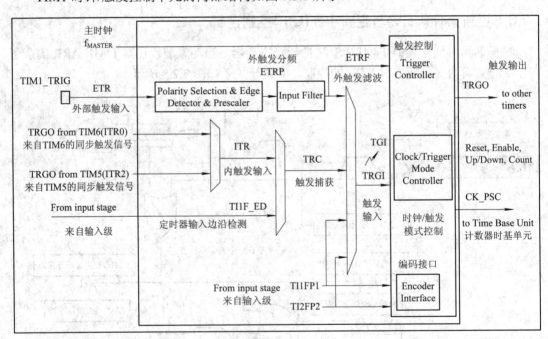

图 7.3.1　TIM1 时钟/触发控制单元的内部结构

TIM1 时钟/触发控制单元的工作状态由从模式控制寄存器 TIM1_SMCR 内的触发选择 TS[2:0](TIM1_SMCR[6:4])、SMS[2:0](TIM1_SMCR[2:0])，以及外触发寄存器 TIM1_ETR 的 ECE 位(TIM1_ECR[6])控制，如表 7.3.1 所示。

表 7.3.1　时钟/触发控制

时钟/触发	模式	ECE	SMS[2:0]	TS[2:0]	说　明	
时钟输入	主时钟模式	0	000	xxx (未定义)	CK_PSC 来自 f_{MASTER}(触发标志 TIF 无效)	
	外部时钟模式 2	1	000	xxx (未定义)	CK_PSC 来自 ETRF(触发标志 TIF 无效)	
	外部时钟模式 1	0	111	000	CK_PSC 来自 TIM6 的 TRGO	触发标志 TIF 有效
				011	CK_PSC 来自 TIM5 的 TRGO	
				100	CK_PSC 来自 TI1F_ED	
				101	CK_PSC 来自 TI1FP1	
				101	CK_PSC 来自 TI2FP2	
				111	CK_PSC 来自 ETRF	
触发同步	复位触发模式	0	100	xxx	计数脉冲为主时钟, 触发输入信号 TRGI 由 TS[2:0] 位定义	
	门控触发模式		101	xxx		
	标准触发模式		110	xxx		
	复位触发模式	1	100	xxx	计数脉冲为外输入信号 ETR, 触发输入信号 TRGI 由 TS[2:0] 位定义	
	门控触发模式		101	xxx		
	标准触发模式		110	xxx		

时基单元预分频器输入信号 CK_PSC 可以是下列三类信号之一：

(1) 主时钟信号 f_{MASTER}。其特征是时钟/触发选择控制位 SMS[2:0] 初始化为 000、TIM1_ETR 的 ECE 位初始化为 0。

(2) 外部时钟模式 1。其特征是时钟/触发选择控制位 SMS[2:0] 初始化为 111、TIM1_ETR 的 ECE 位初始化为 0。外部触发时钟来自 TI1FP1(TS[2:0]为 101)、TI2FP2(TS[2:0]为 110)、TI1F_ED (TS[2:0]为 100)、ETRF(TS[2:0]为 111)，以及来自 TIM6 的触发输出信号(ITR0)或来自 TIM5 的触发输出信号(ITR2)，当触发选择 TS[2:0]为 000 时；选择 TIM6 的 TRGO；当触发选择 TS[2:0]为 011 时，选择 TIM5 的 TRGO 。对于 STM8S105、STM8S2XX 芯片来说，没有 TIM5、TIM6，因此不存在这两个同步触发信号。

当选择 TIM1_CH1(TI1)的边沿触发信号 TI1F_ED 作为外部触发时钟信号时，触发信号的频率是 TI1FP1 触发信号的 2 倍，原因是 TI1F_ED 在 TI1 信号的上、下沿都会产生触发脉冲。

(3) 外部时钟模式 2。其特征是时钟/触发选择控制位 SMS[2:0] 初始化为 000、TIM1_ETR 的 ECE 位初始化为 1。

7.3.1　主时钟信号

当从模式控制寄存器 TIM1_SMCR 的 SMS=000(在这种情况下，该寄存器其他位没有定义)，以及外触发寄存器 TIM1_ETR 的 ECE＝0(不使用外部时钟)时，主时钟信号 f_{MASTER} 就是预分频器 TIM1_PSCR 的输入信号 CK_PSC。

当选择主时钟 f_{MASTER} 作为时基单元的输入信号时，定时器的工作状态由 CEN(计数允许/禁止)、DIR(计数方向)、UG(软件更新)位控制。

下面通过具体实例介绍将主时钟 f_{MASTER} 作为预分频器 TIM1_PSCR 输入信号 CK_PSC 的初始化过程。

例 7.3.1 当系统主时钟频率为 2 MHz 时,利用向上计数方式,使 TIM1 每 10 ms 产生一次溢出中断。

根据式(7.2.2),在向上计数方式中,自动重装寄存器

$$TIM1\_ARR = \frac{f_{MASTER}}{PSCR[15:0]+1}t-1 = \frac{2}{1+1}\times10000-1 = 9999 \text{ (270FH)}$$

当定时时间 t 的单位取 μs 时,主时钟频率 f_{MASTER} 的单位取 MHz。其中预分频器 TIM1_PSCR 取 1,即采用 2 分频,计数频率为 1 MHz。

在选择计数频率时,以定时精度为依据,计数频率太高会增加计数器的功耗。在本例中,计数频率为 1 MHz,即定时精度为 1 μs。

初始化步骤如下:

(1) 初始化从模式控制寄存器 TIM1_SMCR 的 SMS 位为 000,禁止时钟/触发控制器工作。

    MOV TIM1_SMCR, #00H

(2) 初始化外触发寄存器 TIM1_ETR 寄存器的 ECE 位,禁止外部触发输入。

    BRES TIM1_ETR, #6

(3) 初始化预分频器 TIM1_PSCR。

    MOV TIM1_PSCRH, #00H ;先写高 8 位,后写低 8 位

    MOV TIM1_PSCRL, #01H ;2 分频

(4) 初始化自动重装寄存器(TIM1_ARR)

    ;MOV TIM1_ARRH, #{HIGH 9999} ;先写入高 8 位

    ;MOV TIM1_ARRL, #{LOW 9999} ;再写入低 8 位,该寄存器初值为 9999,即 270FH

(5) 初始化重复计数寄存器(TIM1_RCR)。

    MOV TIM1_RCR, #00H ;若该计数器不为 0,则必须经过"TIM1_RCR+1"周期后溢出更新
                           ;才有效

(6) 初始化控制寄存器 TIM1_CR1,定义 APRE、CMS[1:0]、DIR、UDIS、URS(一般取 1)。

    MOV TIM1_CR1, #04H   ;向上计数、允许更新、仅允许计数器溢出时中断标志有效

(7) 执行软件更新操作,将事件产生寄存器 TIM1_EGR 的 UG 位置 1,触发 TIM1_ARR、TIM1_PSCR 重装,并初始化计数器 TIM1_CNTR(在向上计数、双向计数方式中,将 TIM1_CNTR 清 0;在向下计数方式中,将 TIM1_ARR 寄存器内容送 TIM1_CNTR)。

    BSET TIM1_EGR, #0 ;将 UG 位置 1,触发重装并初始化计数器

    ;BRES TIM1_SR1, #0 ;清除更新中断标志(当 URS 为 0 时,UIF 标志有效,可根据需要清除)

(8) 初始化中断使能寄存器(TIM1_IER)的 UIE 位。如果允许更新中断,尚需要设置其优先级,并写出相应的更新中断服务程序。

    LD A, ITC_SPR3

    AND A, #3FH   ;TIM1 的更新中断号为 11,由 ITC_SPR3 的 b7b6 位控制

    OR   A, #40H   ;11 号中断的优先级设为 01

```
        LD      ITC_SPR3, A
        BSET TIM1_IER, #0           ;允许更新中断
```

(9) 将控制寄存器 TIM1_CR1 的 CEN 位置 1，启动定时器 TIM1。

```
        BSET TIM1_CR1, #0           ;将 CEN 位置 1，启动
```

(10) 若允许 TIM1 溢出中断，则必须写出相应的溢出中断服务程序。

假设利用 TIM1 溢出中断，每 500 ms 控制与 PC4 引脚相连的 LED 指示灯亮、灭一次，则 TIM1 溢出中断参考程序如下：

```
        ;----------TIM1 的更新中断服务程序----------------
        interrupt TIM1_Interrupt_Over
TIM1_Interrupt_Over.l
        BRES TIM1_SR1, #0           ;清除更新中断标志
        DEC R10
        JRNE TIM1_Interrupt_Over_EXIT
        ;软件计数器 R10 回 0
        MOV R10, #50
        BCPL PC_ODR, #4  ;50 × 10 ms 时间到，PC4 引脚输出寄存器位取反，使 LED 指示灯亮或灭
TIM1_Interrupt_Over_EXIT.L
        IRET
        DC.B 05H,05H,05H,05H        ;在 IRET 指令后插入 4 个单字节的非法指令码 05H,构成软件陷阱
```

7.3.2　外部时钟模式 1

所谓外部时钟模式 1，是指外部时钟信号从计数器的 TIM1_CH1、TIM1_CH2 或 TIM1_ETR 引脚输入，经滤波、边缘选择、极性变换后，形成 TI1FP1(TS[2:0]为 101)、TI2FP2(TS[2:0]为 110)、TI1F_ED (TS[2:0]为 100)、ETRF(TS[2:0]为 111)信号，作为预分频器的输入信号 CK_PSC。其特征是时钟/触发选择控制位 SMS[2:0] 初始化为 111,TIM1_ETR 的 ECE 位初始化为 0。不过值得注意的是，计数脉冲从 TIM1_CH1 或 TIM1_CH2 引脚输入时，计数脉冲频率不能大于 $\dfrac{f_{MASTER}}{4}$，否则可能无法准确检出输入脉冲的边沿，导致出现漏计数现象。

图 7.3.2 所示为如何将连接在 TI2(TIM1_CH2)引脚的输入信号作为外部时钟源的例子，其初始化过程大致如下所示：

(1) 将 TIM1_CH2 引脚初始化为不带中断的输入方式(悬空还是上拉由信号源的输出级电路决定)。

(2) 将 TIM1_CCMR2 寄存器的 CC2S[1:0]设为 01，即将 TIM1_CH2 通道置为输入，且将 IC2 连接到 TI2FP2 上。在外部时钟模式 1 方式下，输入通道 1(TI1)只能接 TI1FP1；输入通道 2(TI2)只能接 TI2FP2，不支持相互映射。

(3) 根据外部输入时钟信号的特征，初始化 TIM1_CCMR2 寄存器的 IC2F[3:0]，选择滤波参数(采样频率及采样次数)。

在外部时钟模式 1 中，由于仅利用了输入功能，并没有利用其捕获功能,TI1FP1、TI2FP2

信号直接输入到由触发选择位 TS[2:0]确定的多路开关，产生触发输入信号 TRGI，并没有经过由 IC2PSC[1:0]控制的输入捕获预分频，因此无需初始化 IC2PSC[1:0]位。

```
MOV TIM1_CCMR2, #xxxx0001B        ;xxxx 选择滤波特性, IC2PSC[1:0]没有定义, 固定为 00
                                  ; CC2S[1:0]固定为 01
```

使用软件滤波功能时，所选的滤波参数必须适当，否则有可能滤掉部分或全部输入信号的边沿，导致漏计数或无法计数。

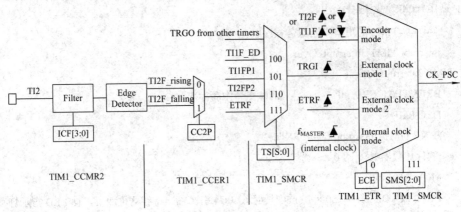

图 7.3.2 外部时钟模式 1 下的连接示意图

(4) 将 TIM1_CCER1 寄存器的 CC2P 设为 0 或 1，选定上升沿或下降沿极性，但必须禁止捕获操作，即 CC2E 位必须取 0。

(5) 令 TIM1_SMCR 寄存器的触发选择 TS=110，选定 TI2FP2 信号作为输入源(必须在 SMS 为 000 的情况下初始化)。

(6) 令 TIM1_SMCR 寄存器的 SMS=111，强迫使用外部时钟模式 1。

```
MOV TIM1_SMCR, #01100111B        ;b7 位为 0 或 1 均可
```

(7) 令 TIM1_CR1 寄存器的 CEN=1，启动计数器。

(8) 将外触发寄存器 TIM1_ETR 的 ECE 位置 0，原因是外部时钟模式 1 的计数脉冲来自 TI1 引脚的滤波、极性选择信号 TI1FP1，或 TI2 引脚的滤波、极性选择信号 TI2FP2。

这样在外部时钟的每一个上升沿计数器便计数，且 TIM1_SR1 寄存器的 TIF(触发标志)位会置 1，如果允许触发中断(与溢出中断共用更新中断逻辑)，将产生一个触发中断如图 7.3.3 所示。

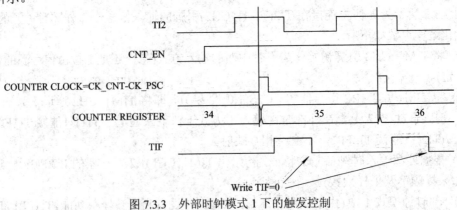

图 7.3.3 外部时钟模式 1 下的触发控制

计数脉冲从 TI2 引脚输入的外部时钟模式 1 的初始化参考程序段如下所示:

```
MOV TIM1_CCMR2, #xxxx0001B      ;软件滤波 IC2F 为 xxxx(采样频率，采样次数)
                                ;IC2PSC(预分频系数)没有定义，  CC2S[1:0]固定为 01
BRES   TIM1_CCER1_CC2E          ;CC2E 位为 0，禁止输入通道 2 的捕获操作
BRES   TIM1_CCER1_CC2P          ;CC2P 位为 0，选择上升沿
MOV TIM1_SMCR, #01100111B       ;TS 位初始化为 110,选择 TI2FP2 作为触发输入信号
;其后的初始化指令与主时钟模式相同
BRES TIM1_ETR_ECE               ;ECE 位必须初始化为 0
MOV TIM1_PSCRH, #{HIGH xxxx}    ;先写高 8 位，后写低 8 位
MOV TIM1_PSCRL, #{LOW xxxx}     ;初始化预分频器
MOV TIM1_ARRH, #{HIGH xxxx}     ;初始化自动重装寄存器，先写高 8 位
MOV TIM1_ARRL, #{LOW xxxx}      ;再写低 8 位
MOV TIM1_RCR, #00H              ;初始化 8 位重复计数器 TIM1_RCR
MOV TIM1_CR1, #04H              ;向上计数、允许更新、仅允许计数器溢出时中断标志有效
BSET TIM1_EGR_UG                ;将 UG 置位 1，触发重装并初始化计数器
BSET TIM1_IER_UIE               ;允许 TIM1 更新中断
LD    A, ITC_SPR3
AND A, #3FH                     ;TIM1 更新中断号为 11,由 ITC_SPR3 的 b7b6 位控制
OR    A, #xx000000B             ;定义 11 号中断的优先级
LD    ITC_SPR3, A               ;回写中断优先级寄存器
BSET TIM1_CR1_CEN               ;将 CEN 置位 1，启动
```

7.3.3　外部时钟模式 2

　　计数器能够在外部触发输入信号 ETR(接 PH4 或 PB3 引脚)的每一个上升沿或下降沿计数。将外触发寄存器 TIM1_ETR 寄存器的 ECE 位置 1，即可选定外部时钟模式 2。但除了 TIM1 高级定时器外，其他定时器均没有外部触发输入信号 ETR(部分少引脚芯片没有 PB3 引脚，也就没有外部触发输入信号 ETR)。

　　对于具有外部触发输入信号 ETR 的定时器，可通过两个途径把 ETR 信号作为时基单元预分频的输入信号 CK_PSC：一是直接将外部触发寄存器 TIM1_ETR 的 ECE 位置 1，选择 ETR 时钟(外部时钟模式 2)；二是将 TIM1_SMCR 寄存器的 SMS 位置 111，并令触发选择 TS=111(TRGI 连接到外部触发滤波输出 ETRF 的外部时钟模式 1，同样需要初始化外触发寄存器 TIM1_ETR，只是 ECE 位置 0，见图 7.3.2 所示)。不过，这两种方式基本等效，只是将外部触发滤波输出信号接 TRGI 时，在触发信号的上升沿触发标志 TIF 有效(TIF 为 1)。

　　外部时钟模式 2 的连接方式如图 7.3.4 所示。

　　外部时钟模式 2 的初始化过程如下：

　　(1) 将外部触发输入引脚 TIM1_ETR 初始化为不带中断的输入方式，悬空还是弱上拉方式由外部时钟信号输出级电路的结构决定。

　　(2) 初始化外部触发寄存器(TIM1_ETR)的 ETP 位选择触发极性(0-不反相；1-反相)。

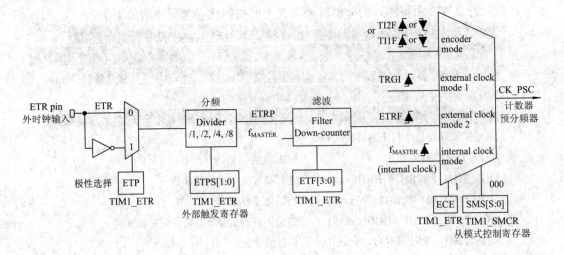

图 7.3.4 外部时钟模式 2 的连接方式

(3) 初始化外部触发寄存器(TIM1_ETR)的 ETPS 位选择外触发输入信号的分频系数。为防止漏计数，外部触发分频器输出信号 ETRP 最高频率$\leqslant \dfrac{f_{MASTER}}{4}$。因此，当输入引脚 TIM1_ETR 信号时钟频率太高时，必须选择适当的分频系数，如 01(2 分频)，将 ETRP 信号频率降低。

(4) 当分频系数为 1(不分频)时，可根据 ETR 信号的边沿是否存在抖动或尖峰干扰选择相应的滤波参数(采样频率与采样次数)。显然，当采用了外部触发分频器后，输入滤波就没有意义了。

(5) 将外部触发寄存器 TIM1_ETR 的 ECE 位置 1，选择外部时钟。

(6) 将 TIM1_SMCR 寄存器的 SMS[2:0]置 000，禁止时钟/触发控制单元动作。

(7) 将 TIM1_CR1 寄存器的 CEN 位置 1，启动定时器。这样计数器就在每个输入信号的上升沿加 1，如图 7.3.5 所示。

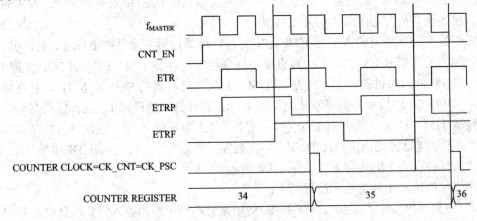

图 7.3.5 外部时钟模式 2 下的触发控制

可见外部时钟模式 2 在时钟边沿来到时，触发标志(TIF)无效。初始化参考程序段如下：

```
MOV TIM1_SMCR, #00H          ;禁止时钟/触发控制器动作
```

MOV TIM1_ETR, #z1xxYYYYB　　;ECE 位置 1(用 ETR 时钟),xx 选择分频系数，YYYY 选

　　　　　　　　　　　　　　;择滤波参数，z 选择外时钟极性

　⋮　　　　　　　　　　　;后面的初始化指令与主时钟模式、外部时钟模式 1 相同

　　若用外部时钟模式 1 方式，将外部时钟 ETR 的分频、滤波输出信号 ETRF 作为预分频器输入信号 CK_PSC，只需将上述初始化程序段中的前两条指令改为：

MOV TIM1_SMCR, #77H　　　　;将 SMS 置 111、触发选择 TS 置 111

MOV TIM1_ETR, #z0xxYYYYB　;ECE 位置 0(外部时钟模式 1),xx 为分频系数，YYYY 为滤波参

　⋮　　　　　　　　　　　;数省略其他初始化指令

　　可见，当外部计数脉冲信号从 TIM1_ETR 引脚输入时，计数脉冲上限频率为主时钟频率 f_{MASTER} 的 2 倍，原因是可利用 ETR 通道的分频器降低输入信号的频率。

7.3.4　触发同步

　　当从模式控制寄存器 TIM1_SMCR 的 SMS[2:0]不是 000 或 111 时，由 TS[2:0]定义的输入信号 TRGI 就作为触发同步信号。同时，触发中断 TIF 标志有效，如果触发中断控制位 TIE 为 1，则 CPU 将响应触发中断 TIF 的请求。

　　所谓触发同步是指计数器用主时钟 f_{MASTER} 或外部时钟 ETR 进行计数时，可被下列触发输入信号之一所控制，具体由从模式控制寄存器 TIM1_SMCR 的触发选择 TS[2:0]确定，如表 7.3.1 所示，这些触发输入信号包括：

　　(1) ETR(外部触发信号)。

　　(2) TI1(连接在 TIM1_CH1 引脚的外部输入信号)。

　　(3) TI2(连接在 TIM1_CH2 引脚的外部输入信号)。

　　(4) 来自 TIM5/TIM6 的 TRGO(触发输出)。

　　TIM1 定时器使用三种模式与以上触发输入信号保持同步,这三种模式分别是标准触发模式、门控触发模式和复位触发模式。

1. 标准触发模式

　　当 TIM1_SMCR 寄存器的 SMS[2:0]被初始化为 110 时，触发同步电路就处于标准触发模式(有时也称为触发启动模式)。在标准触发模式中，由 TS[2:0]位指定的触发输入信号 TRGI 的上升沿将计数器的 CEN 位置 1 代替软件置 1 指令，完成计数器的启动操作。触发输入信号 TRGI 持续时间没有限制，可以是电平信号、宽脉冲触发信号，甚至是窄脉冲触发信号。

　　例 7.3.2　利用 TI2 引脚输入信号的上升沿启动 TIM1 计数器的初始化程序段如下：

MOV TIM1_CCMR2, #00000001B　　;IC2F 为 0000、IC2PS 为 00，触发输入无须滤波、分频

　　　　　　　　　　　　　　　;CC2S[1:0]固定为 01，选择 TI2FP2 信号

BRES　TIM1_CCER1_CC2P　　　;CC2P 位置 0，采用 TI2FP2 信号的上升沿启动

MOV TIM1_SMCR, #01100110B　　;TS 位初始化为 110，选择 TI2FP2 作为触发输入信号

　　　　　　　　　　　　　　　;SMS 位置 110，选择标准触发模式

BRES TIM1_ETR_ECE　　　　　;ECE 位置 0，将主时钟作为 CK_PSC 信号

MOV TIM1_PSCRH, #{HIGH xxxx}　;先写高 8 位，后写低 8 位

```
MOV TIM1_PSCRL, #{LOW xxxx}        ;初始化分频器
MOV TIM1_ARRH, #{HIGH xxxx}        ;初始化自动重装寄存器的高8位和低8位
MOV TIM1_ARRL, #{LOW xxxx}
MOV TIM1_RCR, #00H                 ;初始化8位重复计数器 TIM1_RCR
MOV TIM1_CR1, #04H                 ;向上计数、允许更新、仅允许计数器溢出时中断标志有效
BSET TIM1_EGR_UG                   ;将 UG 置 1,触发重装并初始化计数器
BSET TIM1_IER_UIE                  ;允许 TIM1 更新中断
```

在触发启动模式中，不能用软件方式，如 "BSET TIM1_CR1, #0" 指令将 CEN 位置 1，必须等待触发输入信号 TRGI 的边沿将 CEN 位置 1，否则就失去了触发启动的意义，退化为主时钟模式或外部时钟模式 2。TI2 引脚上沿触发信号与计数器动作的关系如图 7.3.6 所示。

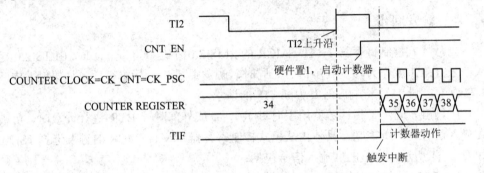

图 7.3.6 TI2 引脚上沿触发信号与计数器动作的关系

当然，若 TI2 引脚没有出现由低到高跳变的触发输入信号，则计数器不会计数，原因是 CEN 位一直为 0。

2. 门控触发模式

当 TIM1_SMCR 寄存器中的 SMS[2:0] 被初始化为 101 时，触发同步电路就处于门控触发模式。在门控触发模式中，当 TS[2:0] 选定的触发输入信号 TRGI 为高电平时，计数器 TIM1_CNTR 的状态翻转，对输入脉冲进行计数；而当触发输入信号 TRGI 为低电平时，计数器 TIM1_CNTR 停止计数 (但不清 0)。

在门控触发模式中，必须用软件方式，如 "BSET TIM1_CR1, #0" 指令将 CEN 位置 1，否则计数器不工作。只要将例 7.3.2 中的 "MOV TIM1_SMCR, #01100110B" 指令改为 "MOV TIM1_SMCR, #01100101B"，并在初始化结束后增加将 CEN 位置 1 的 "BSET TIM1_CR1, #0" 指令，就获得了在 TI2 引脚输入信号为高电平期间计数器动作的门控触发计数模式。

3. 复位触发模式

当 TIM1_SMCR 寄存器中的 SMS[2:0] 被初始化为 100 时，触发同步电路就处于复位触发模式。在复位触发模式中，当 TS[2:0] 选定的触发输入信号 TRGI 的上升沿来到时，将使定时器产生事件更新信号 UEV，强迫定时器进行一系列的复位操作，具体动作如图 7.2.8 所示。

7.3.5 触发输出信号 TRGO

某一定时器的触发输出信号 TRGO 不仅可以作为另一定时器的触发输入信号 TRGI 或

计数脉冲预分频器的输入信号 CK_PSC，以实现不同定时器之间的级联；也可以作为 MCU 芯片内其他部件(如 ADC)的启动信号。

TIM1 触发输出信号 TRGO 由配置寄存器 TIM1_CR2 的主模式选择 MMS[2:0]位确定，如图 7.3.7 所示。

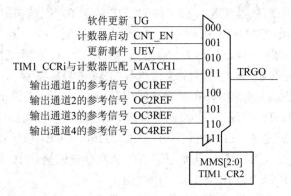

图 7.3.7　选择定时器触发输出信号 TRGO

由于复位后，MMS[2:0]为 000，因此对定时器进行软件更新操作(UG 有效)时，触发输出信号 TRGO 将有效。

7.4　捕获/比较通道

定时器输入捕获/输出比较各通道(TIM1_CH4～TIM1_CH1)既可以工作于输入捕获(CC)方式，也可以工作于输出比较(OC)方式，由相应通道的捕获/比较模式寄存器 TIM1_CCMRi(i=1～4 表示通道号)的 CCiS[1:0]位确定。各通道的输入捕获/输出比较模块的结构相同，图 7.4.1 是通道 1 输入捕获/输出比较模块的内部结构。

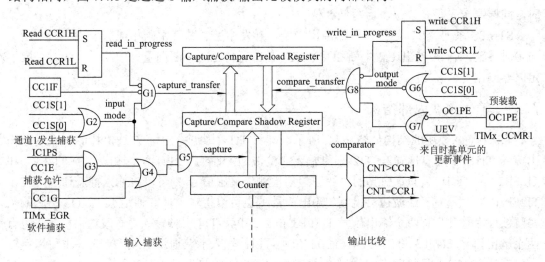

图 7.4.1　通道 1 输入捕获/输出比较模块的内部结构图

每一个输入捕获/输出比较通道均以捕获/比较寄存器(包括捕获/比较预装载寄存器

TIM1_CCRi 及其影子寄存器)为中心。输入捕获由输入数字滤波、边沿检测、多路开关、预分频器等单元电路组成，输出比较由数值比较器、输出控制等单元电路组成。

当 TIM1_CCMR1 寄存器的控制位 CC1S 为 01 或 10 时，通道 1(TI1)就处于输入捕获状态，使图 7.4.1 中的或门 G2 输出高电平，导致与门 G1、G5 解锁；未发生捕获时，SR 触发器输出低电平，且状态寄存器 TIM1_SR1 的 CC1IF 位为 0，因此与门 G1 输出高电平，使捕获/比较预装载寄存器 TIM1_CCRi 与它的影子寄存器连通。当通道 1 发生捕获时，IC1PS 有效，导致与门 G3、或门 G4、与门 G5 输出高电平，先将计数器 TIM1_CNT 的当前值复制到捕获/比较影子寄存器中，然后传送到捕获/比较预装载寄存器 TIM1_CCRi 中。对 TIM1_CCRi 高 8 位进行读操作时，SR 触发器输出高电平，与门 G1 输出低电平，TIM1_CCRi 寄存器被冻结，再对 TIM1_CCRi 寄存器低 8 位进行读操作时，自动清除了 CCiIF 中断标志，并使 SR 触发器输出低电平，强迫与门 G1 解锁，TIM1_CCRi 影子寄存器与 TIM1_CCRi 连通。因此，在输入捕获方式中，只能用字节传送命令先读捕获/比较寄存器 TIM1_CCRi 的高 8 位，后读 TIM1_CCRi 的低 8 位，如下所示：

```
MOV R02, TIM1_CCR1H    ;先读通道 1 捕获/比较寄存器 TIM1_CCR1 的高 8 位
MOV R03, TIM1_CCR1L    ;再读 TIM1_CCR1 的低 8 位，清除捕获标志，同时解除冻结状态
```

若顺序颠倒或用 LDW 命令从 TIM1_CCRi 寄存器读取数据，则结果可能不正确，并断开了捕获/比较预装载寄存器 TIM1_CCRi 与其影子寄存器的连接。

当 TIM1_CCMR1 寄存器的 CC1S 控制位为 00(CC1S[1]、CC1S[0]均为 0)时，或非门 G6 输出高电平，使与门 G8 解锁，此时通道 1(TI1)就处于输出比较状态。在输出比较状态下，不使用预装载功能(OC1PE 位为 0)时，对捕获/比较寄存器 TIM1_CCRi 的低 8 位写入后，与门 G8 输出高电平，使捕获/比较寄存器 TIM1_CCRi 立即传送到其影子寄存器中，否则必须等待来自时基单元的更新事件 UEV 有效时，写入捕获/比较寄存器 TIM1_CCRi 的内容才传送到其影子寄存器中。

在输出比较状态下，读 TIM1_CCRi 寄存器的顺序没有限制，不过对 TIM1_CCRi 写入时，同样要求先写高 8 位，后写低 8 位。

STM8S 系列 MCU 芯片定时器溢出中断、触发中断、断开中断相或后形成更新中断，与定时器输入捕获/输出比较中断相互独立，各自有自己的中断向量、中断优先级，扩展了定时器的用途。

7.4.1 输入模块内部结构

TIM1 输入模块的结构如图 7.4.2 所示，其中 TI1 引脚输入"滤波边沿检测"有两个输出信号 TI1FP1 和 TI1FP2，TI2 引脚输入"滤波边沿检测"也有两个输出信号 TI2FP1 和 TI2FP2，且 TI1FP2(TI1 引脚的"滤波边沿检测"输出信号 2)可以接输入捕获通道 IC2，TI2FP1(TI2 引脚的"滤波边沿检测"输出信号 1)也可以接输入捕获通道 IC1。TI3 引脚输入"滤波边沿检测"有两个输出信号 TI3FP3 和 TI3FP4，TI4 引脚输入"滤波边沿检测"也有两个输出信号 TI4FP3 和 TI4FP4，且 TI3FP4 可以接输入捕获通道 IC4，TI4FP3 也可以接输入捕获通道 IC3，即通道 1 与通道 2 的滤波边沿检测输出可以相互映射；通道 3 与通道 4 的滤波边沿检测输出也可以相互映射。

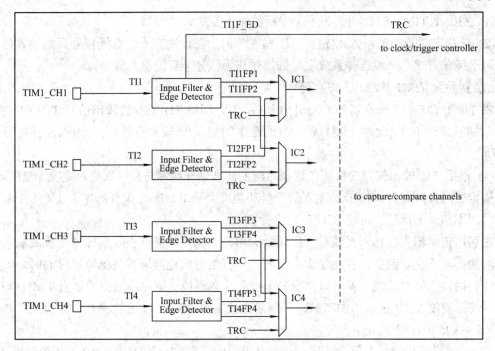

图 7.4.2　TIM1 输入模块的结构

每个输入通道内部的结构完全相同，其中 TIM1 通道 1(TIM1_CH1)的输入结构如图 7.4.3 所示。不过值得注意的是，一些少引脚封装芯片(如 20 引脚封装的 STM8S103F3)，尽管没有 TIM1_CH4 引脚，但内部依然存在输入捕获 IC4 通道。

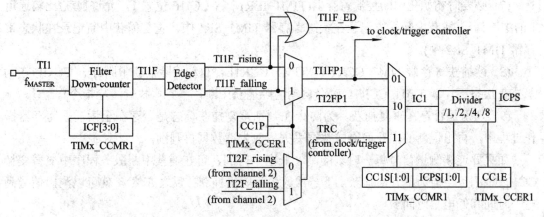

图 7.4.3　TIM1 通道 1(TIM1_CH1)的输入结构

在输入捕获状态下，输入引脚 TI1 信号经过 TIM1_CCMR1 寄存器的 IC1F3[3:0]定义的软件滤波、IC1PSC[1:0]定义的预分频(捕获状态下不分频，取 00)、TIM1_CCER1 寄存器的 CC1P 位选择捕获极性(上沿还是下沿)。

7.4.2　输入捕获初始化与操作举例

作为特例，下面给出了捕获 TI1(TIM1_CH1)引脚输入信号上升沿的初始化过程。

(1) 初始化 TIM1_CH1 引脚为不带中断的输入方式。

(2) 选择定时器的工作方式(定时器工作在单向加法计数方式、选择预分频器输入信号等，对于捕获方式，一般选择系统主时钟信号作为预分频器的输入信号)。

(3) 初始化 TIM1_CCMR1 寄存器。

将 TIM1_CCMR1 寄存器的 CC1S[1:0]位置 01，即将 TI1 的滤波输出信号 TI1FP1 连接到输入捕获通道 IC1。此时 TIM1_CCR1(通道 1 的捕获/比较寄存器)变为输入捕获寄存器(只读)。

(4) 根据 TI1 输入信号的特征，选择相应的滤波采样频率与采样次数，定义 IC1F[3:0]位。假定主时钟频率为 4 MHz，输入信号抖动频率大于 1 MHz，采样频率取 1/4 主频率；抖动时间不超过 8 周期。可将 IC1F[3:0]位置 0111。

在利用定时器实现输入捕获时，应充分利用输入滤波功能，去除窄脉冲干扰或输入信号边沿的抖动干扰。例如，在测量含有窄脉冲干扰信号的连续脉冲高低电平时间时，如果能充分利用输入滤波功能，就可以把窄的干扰脉冲忽略掉。例如，当主频率为 4 MHz 时，若希望滤除宽度在 10 μs 以内的窄脉冲，则采样频率为 1/8 主频，6 次采样，即总采样时间为 $8 \times 6 \times 0.25$ μs，即 12 μs。

(5) 由于需要检测输入信号的每一个上升沿，因此无须分频，即将 IC1PSC[1:0]取为 00。于是 TIM1_CCMR1 寄存器内容为 0111 00 01B。

(6) 将捕获/比较使能寄存器 1(TIM1_CCER1)的 CC1P 位置 0，选择上升沿捕获；将 CC1E 位置 1，允许输入捕获。

(7) 必要时初始化中断控制寄存器(TIM1_IER)，将 CC1IE 位置 1，允许捕获/比较通道 1 的中断请求(捕获中断标志记录在状态寄存器 TIM1_SR1 中，重复捕获中断记录在状态寄存器 TIM1_SR2 中)。

(8) 读捕获寄存器 TIM1_CCR1H、TIM1_CCR1L，自动清除捕获中断标志 CCxIF(在输入捕获状态下，读 TIM1_CCR1L 时会自动清除捕获中断，不宜再执行清除指令)。

(9) 判别是否存在重复捕获。为防止在判别重复捕获标志是否存在至读捕获寄存器操作过程中，再出现新的捕获而造成数据丢失，应先读数据再判别。

如果要连续测量信号每一时刻的高、低电平时间，可在捕获中断服务程序中交替变换 CC1P 的极性(当前为上升沿捕获，下一次改为下降沿捕获；反之亦然)，就可以测出信号高电平时间和低电平时间。

当然，也可以用引脚上、下沿中断方式，在中断服务程序中对定时器进行"飞"读操作，获取信号边沿发生的时间来判别连续脉冲信号的高、低电平时间。这与利用定时器捕获功能相比，主要缺点是：精度差，从中断有效到中断响应有延迟；无法利用捕获输入滤波特性去除窄脉冲干扰信号。

在 STM8S 系列 MCU 芯片中，当利用 TIMx_CHn 输入捕获功能测量脉冲信号周期或高低电平持续时间的长短时，如果两次捕获的时间间隔小于对应定时器的溢出时间，可用 $T2$(当前捕获时刻)$- T1$(前一次捕获时刻)计算出两次捕获的时间间隔，如图 7.4.4 所示。

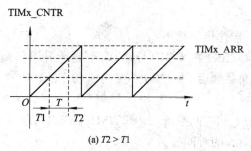
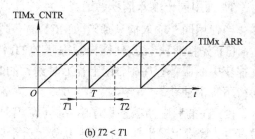

(a) $T2 > T1$　　　　　　　　　　　　(b) $T2 < T1$

图 7.4.4　相邻两次捕获时间间隔小于定时器的溢出时间

　　显然，对图 7.4.4(a)来说，相邻两次捕获的时间间隔 $T = T2 - T1$；对图 7.4.4(b)来说，相邻两次捕获的时间间隔 $T = (\mathrm{TIMx\_ARR}+1) + T2 - T1$。相应的计算程序如下：

```
    LD A, TIMx_CCRiH          ;在输入捕获情况下，必须按字节读取，且先读高 8 位
    LD XH, A                  ;其中 i 为通道号，取值在 1～4 之间
    LD A, TIMx_CCRiL          ;读低 8 位，自动清除捕获标志 CCiIF
    LD XL, A
    LD A, TIMx_CCRiH          ;可能出现重复捕获，再次读捕获寄存器，并保存到寄存器 Y 中。
    LD YH, A
    LD A, TIMx_CCRiL
    LD YL, A
    BTJF TIMx_SR2, #i, TIMx_CHn_Overcap1 ;没有出现重复捕获，跳转，忽略寄存器 Y 的内容
                              ;存在重复捕获现象，捕获数据存放在寄存器 Y 中
    BRES TIMx_SR2, #i         ;清除重复捕获标志，其中 i 为通道号
    MOV OverCAP_Lab, #55H     ;设置出现重复捕获标志
TIMx_CHn_Overcap1:
    SUBW X, T1                ;减上一时刻捕获值
    JRNC NEXT1
    ADDW X, TIMx_ARR          ;有借位，说明定时器曾经溢出，必须再加上自动重装寄存器的值
    INCW X                    ;这是由于计数器溢出后从 0 开始计数
NEXT1:
```

　　而当两次捕获时间间隔≥定时器溢出时间时，在计算捕获时间间隔 T 的过程中，还必须考虑定时器溢出次数 m，即

$$T = T2(当前捕获时刻) + m \times (\mathrm{TIMx\_ARR}+1) - T1(前一次捕获时刻)$$

　　当需要测量图 7.4.5 所示的 PWM 脉冲信号的时间参数，如高电平时间(脉宽 $t_2 - t_1$)、低电平时间($t_3 - t_2$)或周期($t_3 - t_1$)时，可选择如下方式之一实现：

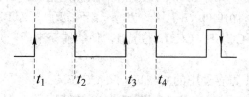

图 7.4.5　脉冲信号测量

1. 使用同一输入捕获通道

当使用同一输入捕获通道(如 IC1)捕获时，操作步骤如下：

(1) 先将捕获/比较使能控制寄存器 TIM1_CCER1 的 CC1P 位清 0，强迫上升沿捕获。在捕获中断服务程序中，读上升沿时刻 t_1 的时间参数后，将 TIM1_CCER1 的 CC1P 位置 1，等待下降沿捕获。

(2) 在捕获中断服务程序中，读下降沿时刻 t_2 的时间参数后，将 TIM1_CCER1 的 CC1P 位清 0，等待上升沿捕获，以便获得上升沿时刻 t_3 的时间参数。

显然输入信号高电平持续时间为 t_2-t_1、低电平持续时间为 t_3-t_2、周期为 t_3-t_1。如此往复，即可获得连续 PWM 信号各周期的时间参数。

该方法的优点是仅占用一个输入捕获通道，但不能用于捕获时间间隔很短的窄脉冲信号，原因是从中断有效到中断响应有延迟。

2. 使用两个输入捕获通道

对于高或低电平持续时间很短的 PWM 信号，可使用两个输入捕获通道，如 IC1、IC2 实现，操作步骤如下：

(1) 将 TIM1_CH1 引脚初始化为不带中断的输入方式(悬空输入还是上拉输入由外部信号源输出级电路结构决定)。

(2) 将 TIM1_CCMR1 寄存器的 CC1S 位置 01，使 TI1FP1(输入信号 TI1 的第 1 路滤波信号)与输入捕获 IC1 通道相连，捕获的计数值存放在 TIM1_CCR1 寄存器中。

    MOV TIM1_CCMR1, #xxxx0001B   ;根据输入信号特征选择软件滤波参数

(3) 将 TIM1_CCER1 的 CC1P 位初始化为 0，使 IC1 通道处于上升沿捕获状态。

(4) 将 TIM1_CCMR2 寄存器的 CC2S 位置 10，使 TI1FP2(输入信号 TI1 的第 2 路滤波信号)与输入捕获 IC2 通道相连，捕获的计数值存放在 TIM1_CCR2 寄存器中。由于 IC2 的输入信号来自 TI1FP2，没有占用 TIM1_CH2 引脚，因此 IC2F[3:0]没有定义，但 IC2PSC[1:0] 有定义。

    MOV TIM1_CCMR2, #00000010B

(5) 将 TIM1_CCER1 的 CC2P 位初始化为 1，使 IC2 通道处于下降沿捕获状态。

(6) 将 TIM1_SMCR 寄存器中的触发选择 TS 位置 101，选择 TI1FP1 作为触发同步输入信号。

(7) 配置从模式控制器为复位触发模式，即将 TIM1_SMCR 中的 SMS 位置 100，捕获后强制计数器复位，从 0 开始计数，并产生更新事件，强迫时基单元预分频器、自动重装寄存器更新。

以上(6)~(7)两步仅仅是为了利用 TI1 的滤波信号 TI1FP1 的上升沿触发计数器 TIM1_CNT 复位，计数器 TIM1_CNT 的计数脉冲依然是主时钟的分频信号。

    MOV TIM1_SMCR, #01010100B   ;一般不需要触发延迟，即 b7 位为 0

(8) 将 TIM1_IER 的 CC1IE、CC2IE 位置 1，使能捕获中断，并初始化中断优先级，写出相应的中断服务程序。

(9) 使 TIM1_CCER1 寄存器中的 CC1E = 1、CC2E = 1，允许捕获。

测量实例如图 7.4.6 所示，显然脉冲高电平持续时间就是 IC2 的捕获值(存放在

TIM1_CCR2H、TIM1_CCR2L 寄存器中)，脉冲周期就是 IC1 的捕获值(存放在 TIM1_
CCR1H、TIM1_CCR1L 寄存器中)。

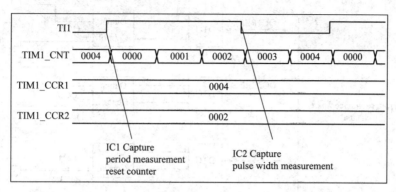

图 7.4.6　双通道捕获的测量实例

　　尽管利用触发复位计数方式能直接获得波形的各时间参数，但定时器 TIM1_CNT 不断
被复位，不能再做其他(如做系统主定时器等)使用。因此，可将 TIM1_SMCR 寄存器初始
化为 00H，即取消触发输入同步和触发复位方式，在捕获中断服务程序中计算不同时刻的
时间差，同样可获得波形的时间参数，初始化参考程序如下：

```
MOV TIM1_CCMR1, #00110001B    ;软件滤波 IC1F 为 0011(采样频率与主频相同，采样 8 次)
                              ;IC1PSC 预分频值取 00，即输入捕获不需要分频捕获/比
                              ;较选择 CC1S 为 01，即 TI1FP1 接输入捕获通道 IC1
BRES   TIM1_CCER1_CC1P        ;CC1P 位置 0，选择上升沿捕获
BSET   TIM1_IER_CC1IE         ;CC1IE 位置 1，允许 IC1 捕获中断
MOV    TIM1_CCMR2, #00000010B ;软件滤波 IC2F[3:0]没有意义，IC2PSC 为 00，捕获不需
                              ;要分频，捕获/比较选择 CC2S 为 10，即 TI1FP2 接输入捕
                              ;获通道 IC2
BSET   TIM1_CCER1_CC2P        ;CC2P 位置 1，选择下降沿捕获
BSET   TIM1_IER_CC2IE         ;CC2IE 位置 1，允许 IC2 捕获中断
MOV    TIM1_SMCR, #00H        ;取消同步复位触发
BSET   TIM1_CCER1_CC1E        ;CC1E 位置 1，允许 IC1 捕获
BSET   TIM1_CCER1_CC2E        ;CC2E 位置 1，允许 IC2 捕获
```

7.4.3　输出比较模式的内部结构

　　当对应通道的捕获/比较模式寄存器 TIM1_CCMRi(i=1~4)的 CCiS[1:0]位定义为 00 时，
对应通道 1~4 处于输出比较方式，主要用于产生精确的定时信号、PWM 信号。

1. 输出比较电路的内部结构

　　输出比较电路以数值比较器为核心，由数值比较器、多路开关、输出波形极性控制、
刹车控制等部分组成，如图 7.4.7 所示。

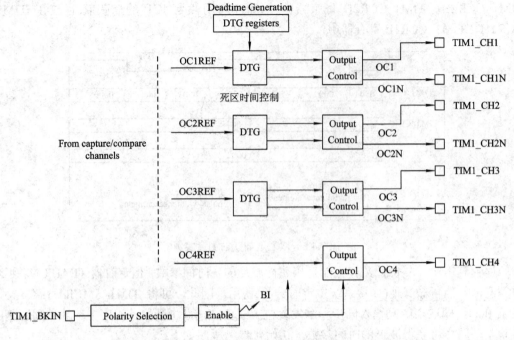

图 7.4.7　输出比较电路的内部结构

在图 7.4.7 中，通道 4 没有互补输出引脚，通道 1～3 的输出结构完全相同。下面以通道 1 为例，介绍各输出比较通道的内部结构以及输出信号的控制逻辑。通道 1 的输出比较内部结构如图 7.4.8 所示。

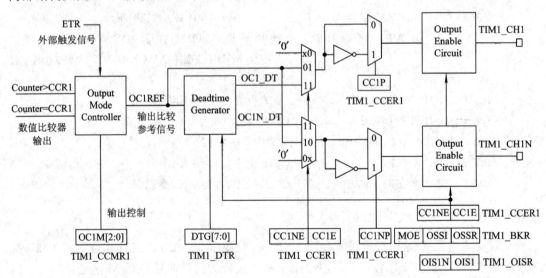

图 7.4.8　通道 1 的输出比较内部结构

当通道 1 处于输出比较状态时，引脚输出电平以 OC1REF(输出比较的参考电平)作参考。参考信号 OC1REF 的有效电平被定义为高电平，而 OC1、OC1N 引脚的输出电平由 CC1P、CC1NP 位定义。由图 7.4.8 可以看出，当 CC1P 位为 0 时，参考信号 OC1REF 与

TIM1_CH1 引脚直接相连，即 TIM1_CH1 = OC1REF；而当 CC1P 位为 1 时，参考信号 OC1REF 经反相器反相后与 TIM1_CH1 引脚相连，即 TIM1_CH1=$\overline{\text{OC1REF}}$。

从图 7.4.8 还可以看出：带有刹车功能的互补输出 OCi、OCiN 信号还要受到刹车寄存器 TIM1_BKR 的 MOE、OSSI(空闲状态输出控制)、OSSR(运行状态输出控制)，输出空闲状态寄存器 TIM1_OISR 的 OISi、OISiN 位控制，如表 7.4.1 所示。在使用 TIM1 的输出比较功能时，必须初始化表 7.4.1 中所列相关寄存器的控制位，否则不输出。

表 7.4.1　带刹车控制的 OCi 与 OCiN 输出信号控制

MOE	OSSI	OSSR	CCiNE	CCiE	OCi	OCiN
1	x	x	0	0	输出禁止(与 TIM1 单元断开)	输出禁止(与 TIM1 单元断开)
1	x	x	1	1	OCiREF + 极性 + 死区	OCiREF 反相 + 极性 + 死区
1	x	0	1	0	输出禁止(与 TIM1 单元断开)	OCiREF ⊕ CCiNP
1	x	0	0	1	OCiREF ⊕ CCiP	输出禁止(与 TIM1 单元断开)
1	x	1	1	0	关闭(输出使能且为无效电平) 即引脚电平 OCi = CCiP	OCiREF ⊕ CCiNP
1	x	1	0	1	OCiREF ⊕ CCiP	关闭(输出使能且为无效电平) 即引脚电平 OCiN = CCiNP
0	0	x	x	x	输出禁止(与 TIM1 单元断开)	输出禁止(与 TIM1 单元断开)
0	1	x	x	x	关闭(输出使能且为无效电平) 即引脚电平 OCi = CCiP	关闭(输出使能且为无效电平) 即引脚电平 OCiN = CCiNP

不过，需要注意的是，在仿真状态下按下暂停键时，TIM1_CHi 引脚的电平状态由 Px_ODR 寄存器位确定。

2. 输出比较方式

通道 1 可以工作在多种输出比较方式，由 TIM1_CCMR1 寄存器的 OC1M[2:0]位定义，具体如下：

(1) 000：OC1REF 输出被冻结(输出比较寄存器 TIM1_CCR1 与计数器 TIM1_CNT 间的比较对 OC1REF 不起作用)。

(2) 001：匹配前通道 1 的参考电平 OC1REF 为无效电平(低电平)；当计数器 TIM1_CNT 的值与捕获/比较寄存器 TIM1_CCR1 相等时，强制通道 1 的参考电平 OC1REF 为高电平(有效电平)。当 CC1P(极性控制)位为 0 时，可获得由低到高的阶跃信号。

(3) 010：匹配前通道 1 的参考电平 OC1REF 为有效电平(高电平)；当计数器 TIM1_CNT 的值与捕获/比较寄存器 TIM1_CCR1 相等时，强制通道 1 的参考电平 OC1REF 为低电平。当 CC1P(极性控制)位为 0 时，可获得由高到低的阶跃信号(与 001 情形刚好相反)。

(4) 011：匹配(TIM1_CNT = TIM1_CCR1)时触发参考电平 OC1REF 反转(首次匹配前 OC1REF 为低电平)，在边沿计数状态下，输出信号频率与 TIM1_ARR 有关，即 OC1REF 信号周期为 $2\times\dfrac{\text{TIM1\_PSCR}}{f_{\text{CK\_PSC}}}\times(\text{TIM2\_ARR}+1)$，而与捕获/比较寄存器 TIM1_CCR1 无关(获得精确方波的手段之一)，如图 7.4.9 所示。

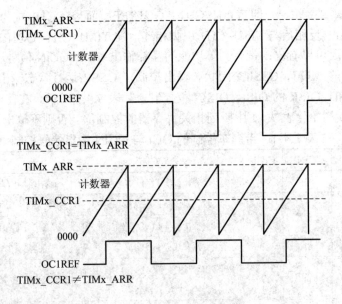

图 7.4.9　匹配时触发 OC1REF 电平翻转

值得注意的是，当配置寄存器 TIM1_CR1 内的计数模式控制位 CMS[1:0]为 01、10 或 11 时，TIM1 计数器处于双向计数状态(中央对齐模式)。在中央对齐模式下，由于匹配时触发参考电平 OC1REF 反转，因此输出信号高、低电平的时间与捕获/比较寄存器 TIM1_CCR1 的内容有关，将获得 PWM 输出信号。

(5) 100：强制 OC1REF 为无效电平(低电平)，用于将引脚输出电平强制为某一确定状态，引脚实际输出电平受 CCiP 位控制。

(6) 101：强制 OC1REF 为有效电平(高电平)，用于将引脚输出电平强制为某一确定状态，引脚实际输出电平受 CCiP 位控制。

(7) 110：PWM 模式 1。在向上计数过程中，当 TIM1_CNT < TIM1_CCR1 时，通道 1 的输出参考电平 OC1REF 为有效电平，否则为无效电平，如图 7.4.10(a)所示，图中的 i 表示通道号；而在向下计数过程中，当 TIM1_CNT > TIM1_CCR1 时，通道 1 为无效电平(OC1REF = 0)，否则为有效电平(OC1REF = 1)，如图 7.4.10(b)所示。由此可见：在 PWM 模式 1 中，无论是向上还是向下计数，在 TIM1_CNT < TIM1_CCRi 时段内，对应通道的参考电平 OCiREF 为有效电平(高电平)；而在 TIM1_CNT > TIM1_CCRi 时段内，对应通道的参考电平 OCiREF 为无效电平(低电平)。

图 7.4.10 仅给出了参考电平 OCiREF 的变化，引脚实际输出电平受 CCiP 位控制。当 CCiP = 0 时，COi = COiREF；当 CCiP = 1 时，COi = $\overline{\text{COiREF}}$。此外，引脚的输出状态还受到 MOE、OSSI、CCiE、CCiEN 等控制位的控制，如表 7.4.1 所示。

(8) 111：PWM 模式 2。在向上计数时，当 TIM1_CNT < TIM1_CCR1 时，通道 1 的参考电平 OC1REF 为低电平(无效电平)，否则为有效电平；在向下计数时，当 TIM1_CNT > TIM1_CCR1 时，通道 1 的参考电平 OC1REF 为高电平(有效电平)，否则为无效电平。与 110 情形相比，这相当于输出波形取反。

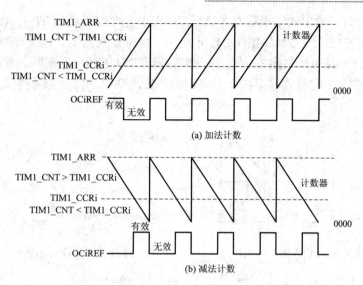

图 7.4.10　OC1M[2:0]为 110 情况下参考电平 OCiREF 的变化

　　由于 TIM1 属于高级控制寄存器,同相(OCi)、反相(OCiN)输出比较引脚电平还要受刹车寄存器 TIM1_BKR 有关位的控制,而 TIM2、TIM3、TIM5 通用寄存器比较输出引脚 OCi 仅受 CCiP 位控制。

3. 边沿对齐模式与中央对齐模式对 PWM 波形的影响

（1）PWM 边沿对齐模式。

　　当配置寄存器 TIM1_CR1 内的计数模式控制位 CMS[1:0]为 00 时,TIM1 计数器处于单向计数状态,计数方向由 DIR 位决定。此时,输出比较通道参考信号 COiREF 电平与计数器 TIM1_CNTR、比较/捕获寄存器 TIM1_CCRi 的关系如图 7.4.11(a)所示,特征是当计数器 TIM1_CNTR 与对应通道的比较/捕获寄存器 TIM1_CCRi 匹配时,相应通道的比较/捕获中断标志 CCiIF 有效。

（2）PWM 中央对齐模式 1。

　　当配置寄存器 TIM1_CR1 内的计数模式控制位 CMS[1:0]为 01 时,TIM1 计数器处于双向计数状态。此时,输出比较通道参考信号 COiREF 电平与计数器 TIM1_CNTR、比较/捕获寄存器 TIM1_CCRi 的关系如图 7.4.11(b)所示,特征是仅在向下计数过程中,当计数器 TIM1_CNTR 与对应通道的比较/捕获寄存器 TIM1_CCRi 匹配时,相应通道的比较/捕获中断标志 CCiIF 有效。

（3）PWM 中央对齐模式 2。

　　当配置寄存器 TIM1_CR1 内的计数模式控制位 CMS[1:0]为 10 时,TIM1 计数器处于双向计数状态。此时,输出比较通道参考信号 COiREF 电平与计数器 TIM1_CNTR、比较/捕获寄存器 TIM1_CCRi 的关系如图 7.4.11(c)所示,特征是仅在向上计数过程中,当计数器 TIM1_CNTR 与对应通道的比较/捕获寄存器 TIM1_CCRi 匹配时,相应通道的比较/捕获中断标志 CCiIF 有效。

（4）PWM 中央对齐模式 3。

　　当配置寄存器 TIM1_CR1 内的计数模式控制位 CMS[1:0]为 11 时,TIM1 计数器处于双向计数状态。此时，输出比较通道参考信号 COiREF 电平与计数器 TIM1_CNTR、比较/捕获寄存器 TIM1_CCRi 的关系如图 7.4.11(d)所示，特征是在向上、向下计数过程中，当计数器 TIM1_CNTR 与对应通道的比较/捕获寄存器 TIM1_CCRi 匹配时，相应通道的比较/捕获中断标志 CCiIF 均有效，即在一个完整的计数周期内，比较/捕获中断标志 CCiIF 出现两次。

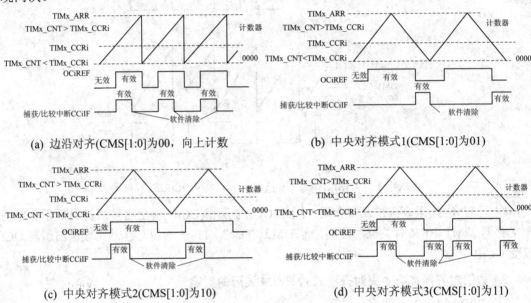

(a) 边沿对齐(CMS[1:0]为00，向上计数) (b) 中央对齐模式1(CMS[1:0]为01)

(c) 中央对齐模式2(CMS[1:0]为10) (d) 中央对齐模式3(CMS[1:0]为11)

图 7.4.11 在 OC1M[2:0]为 110 状态下不同对齐方式的 PWM 波形

显然，在自动重装寄存器 TIM1_ARR 不变的情况下，由边沿对齐模式改为中央对齐模式后，PWM 信号周期将增加一倍。

7.4.4 输出比较初始化举例

1. 输出比较方式的初始化过程

下面以 TIM1_CH1 为例，介绍 TIM1 通道 1~4 输出比较的初始化过程。

(1) 初始化 TIM1_CH1 引脚为输出方式，输出电平与 OC1M[2:0]位定义的模式有关。例如，当 OC1M[2:0]位为 110 时，可将 TIM1_CH1 引脚初始化为高电平状态。

(2) 初始化定时器的工作方式(初始化定时器的计数模式、计数方式、预分频器输入信号的来源等)、溢出中断控制，并写出相应的溢出中断服务程序(如果允许溢出中断的话)。

(3) 初始化捕获/比较寄存器 TIM1_CCR1 寄存器。在 OC1PE 为 0 时，先初始化 TIM1_CCR1，否则第一个 PWM 脉冲头宽度不同；且只能按字节方式写入，先写高位字节，后写低位字节。

(4) 初始化捕获/比较模式寄存器 TIM1_CCMR1 的 CC1S[1:0]位为 00(比较输出方式)，以及 OC1M[2:0]位，选择相应的输出比较方式。在 PWM 方式中，一般要用预装载功能，即 OC1PE 位为 1，否则写入捕获/比较寄存器 TIM1_CCR1 的内容立即传送到其影子寄存器中，无须等到计数器溢出时才传送。需要注意的是，在 PWM 方式 1、方式 2 中，一般不需要将 OC1FE 位置 1(启用快速输出)，尤其是当定时器工作在外时钟模式 1 时，

OC1FE 位必须为 0(禁用快速输出), 否则比较器可能不动作, 即 OCi 引脚恒为低电平或高电平。

(5) 初始化刹车寄存器 TIM1_BKR。因为 TIM1 属于高级控制定时器, OCi 的输出受 TIM1_BKR 寄存器有关位(如 MOE、OSSR 位)控制。

(6) 对于互补输出方式, 必须初始化死区控制寄存器 TIM1_DTR。

(7) 初始化捕获/比较使能寄存器 TIM1_CCER1 的 CC1P(选择同相输出极性)、CC1E(同相输出允许)、CC1NP(选择反相输出极性)、CC1NE(反相输出允许), 以便获得一路或互补的两路输出信号。

注意: 由于 STM8S 系列 MCU 芯片 TIM1_CH3～TIM1_CH1 的反相输出端 TIM1_CH3N～TIM1_CH1N 属于多重复用引脚, 由选项字节 OPT2 的相应位控制, 因此, 必须先通过 IAP 编程方式或在 STVP 编程状态下, 将 OPT2 的相应位置 1, 否则可能无法输出反相信号 TIM1_CH3N～TIM1_CH1N。

(8) 若允许匹配时比较输出中断, 则还需要初始化中断控制寄存器 TIM1_IER, 并设置相应的中断优先级, 写出相应的中断服务程序。

作为特例, 下面给出了 TIM1_CH1 通道输出比较模式的初始化指令系列。

```
MOV TIM1_CCMR1, #0xxx0000B      ;b6～b4 是模式控制,b3 为 0(先禁用预装载), b2 为 0
                                ;(禁用快速输出)
MOV TIM1_CCR1H, #{HIGH xxxx}    ;初始化比较/捕获寄存器
MOV TIM1_CCR1L, #{LOW xxxx}
BSET TIM1_CCMR1, #3             ;b3 为 1(启用预装载功能)
MOV TIM1_CCER1, #00000001B      ;b1 是 CC1P 位(输出极性), b0 是 CC1E 位(输出允许)
MOV TIM1_BKR, #10000000B        ;MOE(b7)、OSSR(b3)
LD A, ITC_SPR4                  ;初始化 TIM1 比较/捕获中断优先级(12 号)
AND A, #0FCH                    ;TIM1 比较/捕获中断优先级由 b1、b0 位控制
OR A, #000000xxB                ;若允许 TIM1 捕获/比较中断,则需要定义其中断优先级
LD ITC_SPR4, A
BSET TIM1_IER, #1               ;允许通道 1 中断
```

2. 互补输出死区时间对输出波形的影响

TIM1 输出比较通道 1～3 具有互补输出功能, 当死区时间 D(TIM1_DTR)为 0 时, OC1 与 OC1N 仅为简单的反相关系, 如图 7.4.12 中的粗实线所示。当死区时间 D 不为 0 时, OC1 输出脉冲头前沿被延迟了一个死区时间, 相当于 OC1 的前沿减小了死区时间 D, 使 OC1 的正脉冲宽度减小为$(W - D)$; 而 OC1N 的后沿也被延迟了一个死区时间, 相当于 OC1N 后沿增加了死区时间 D, 使 OC1N 的负脉冲宽度加宽为$(W + D)$, 如图 7.4.12 中的虚线所示。

为保证 OC1 正脉冲头宽度 > 0, 捕获/比较寄存器 TIM1_CCR1(死区时间为 0 时的脉冲头宽度 W)必须大于死区时间 D, 否则 OC1 输出恒为低电平或高电平(取决于 CC1P 位)。

显然, 为保证 OC1N 正脉冲头持续时间$(T - W - D) > 0$, 也必须保证 $W + D < T$(自动重装寄存器 TIM1_ARR), 否则 OC1N 的状态也不翻转, 输出恒为低电平或高电平(取决于

CC1NP 位)。

死区时间 D 的存在可保证 OC1、OC1N 信号不能同时为高电平,这在电机、开关电源控制电路中非常必要。

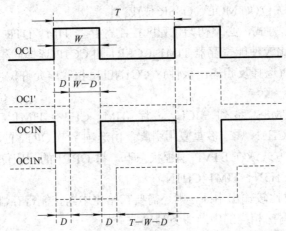

(脉冲宽度 W = TIM1_CCR1,死区时间 D = TIM1_DTR,脉冲周期 T = TIM1_ARR)

图 7.4.12 两路互补输出波形示意图

死区时间 D 的长短可编程选择,由 TIM1_DTR 寄存器控制(TIM1_CH1~TIM1_CH3 三个通道共用),如表 7.4.2 所示。

表 7.4.2 死区时间与死区时间寄存器 TIM1_DTR 内容之间的关系

死区时间寄存器 DTG[7:5]位的内容	死区时间 D	分辨率
0xx	DTG[7:0]$\times t_{\text{CK\_PSC}}$	$t_{\text{CK\_PSC}}$
10x	$(64+\text{DTG}[5:0])\times 2\times t_{\text{CK\_PSC}}$	$2\,t_{\text{CK\_PSC}}$
110	$(32+\text{DTG}[4:0])\times 8\times t_{\text{CK\_PSC}}$	$8\,t_{\text{CK\_PSC}}$
111	$(32+\text{DTG}[4:0])\times 16\times t_{\text{CK\_PSC}}$	$16\,t_{\text{CK\_PSC}}$

注:表中 $t_{\text{CK\_PSC}}$ 为预分频器输入信号的周期。

3. 产生具有特定相位关系的两路 PWM 脉冲信号

在某些应用中,可能需要产生如图 7.4.13(a)所示的具有特定相位关系的两路 PWM 脉冲信号,这时可令 TIM1 处于双向计数方式,并将其中的一个通道,如 TIM1_CH1 工作在 PMW 模式 1(TIM1_CCMR1 寄存器的 OC1M[2:0]位定义为 110),另一个通道,如 TIM1_CH2 工作在 PMW 模式 2(TIM1_CCMR2 寄存器的 OC2M[2:0]位定义为 111),再根据 PWM 的信号宽度与特征,初始化各自通道的捕获/比较寄存器 TIM1_CCR1H、TIM1_CCR1L、TIM1_CCR2H、TIM1_CCR2L,就会获得期望的两路 PWM 脉冲信号,如图 7.4.13(b)、图 7.4.13(c)、图 7.4.13(d)所示。

当 TIM1_CCR1 小于 TIM1_ARR/2,而 TIM1_CCR2 内容设为(TIM1_ARR−TIM1_CCR1)时,将获得脉冲头宽度相同、相位差为 180° 的两路 PWM 信号,如图 7.4.13(e)所示。

当希望两路信号存在如图 7.4.13(b)、图 7.4.13(c)、图 7.4.13(e)所示的死区时间时,不宜采用单向(加法或减法)计数方式,否则只能获得类似图 7.4.13(f)所示的 PWM 波形。

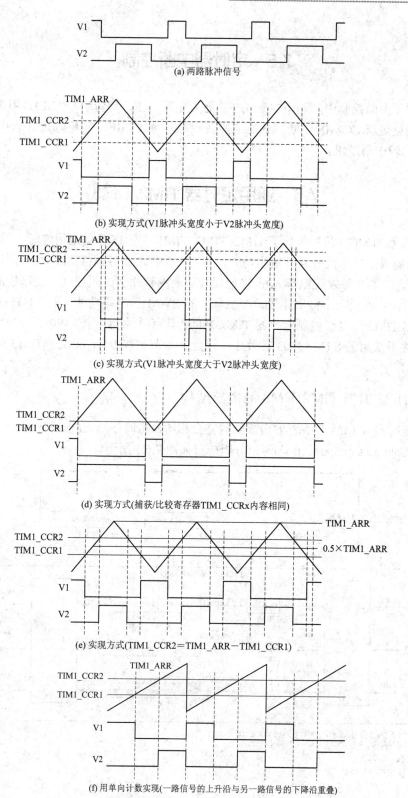

(a) 两路脉冲信号

(b) 实现方式(V1脉冲头宽度小于V2脉冲头宽度)

(c) 实现方式(V1脉冲头宽度大于V2脉冲头宽度)

(d) 实现方式(捕获/比较寄存器TIM1_CCRx内容相同)

(e) 实现方式(TIM1_CCR2=TIM1_ARR－TIM1_CCR1)

(f) 用单向计数实现(一路信号的上升沿与另一路信号的下降沿重叠)

图 7.4.13　具有特定相位关系的两路 PWM 脉冲信号

7.5　定时器中断控制

在定时器中断控制中，刹车中断 BIF、触发中断 TIF、更新中断(UIF)共用更新中断逻辑；而控制位更新 COMIF 中断、各通道捕获/比较中断 CCiIF、重复捕获/比较中断 CCiOF 共用捕获/比较中断逻辑。

7.6　通用定时器 TIM2/TIM3

STM8S 系列 MCU 芯片包含了 TIM2、TIM3、TIM5 三个 16 位的通用定时器。其中 TIM2、TIM3 的功能最简单，没有互补输出功能，只有一个控制寄存器(TIMx_CR1)，计数脉冲来源也单一(没有时钟/触发控制单元)；输出比较通道没有死区时间控制、刹车控制等功能，可实现定时、输入捕获、输出比较、产生单一的 PWM 信号等功能。而 TIM5 的功能介于通用定时器 TIM2 与高级控制定时器 TIM1 之间，具有时钟/触发控制单元，但考虑到 TIM5 仅出现在并不常用的 STM8S903 芯片中。因此，本节也仅介绍 TIM2、TIM3 的基本使用方法。

7.6.1　通用定时器 TIM2/TIM3 的内部结构

通用定时器 TIM2、TIM3 的内部结构完全相同，由时基单元(Time Base Unit)、捕获/比较阵列(Capture Compare Array)两部分组成，如图 7.6.1 所示。

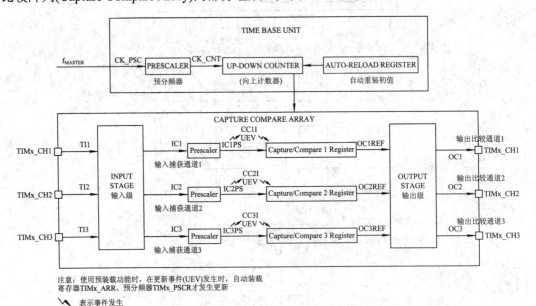

图 7.6.1　通用定时器 TIM2、TIM3 的内部结构

　　由于 TIM2、TIM3 没有时钟/触发控制单元，也就没有外触发寄存器 TIM2_ETR、TIM3_ETR，以及从模式控制寄存器 TIM2_SMCR、TIM3_SMCR。

7.6.2　通用定时器时基单元

　　通用定时器 TIM2、TIM3 的时基单元电路由预分频器(TIMx_PSCR)、16 位加法计数器(TIMx_CNTR)以及自动重装寄存器(TIMx_ARR)组成，如图 7.6.2 所示。

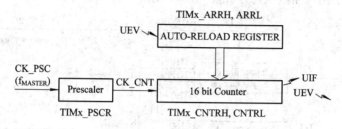

图 7.6.2　TIM2/TIM3 时基单元

1．预分频器

　　预分频器输入信号 CK_PSC 由主时钟信号 f_{MASTER} 提供(TIM2、TIM3 计数脉冲不可选，只有内部主时钟一种方式，不能对外部事件进行计数，只有定时功能)，预分频器输出信号 CK_CNT(计数器输入信号，也就是计数脉冲)频率与预分频器 TIMx_PSCR 之间的关系为

$$f_{CK\_CNT} = \frac{f_{CK\_PSC}}{2^{(TIMx\_PSCR[3:0])}} = \frac{f_{MASTER}}{2^{(TIMx\_PSCR[3:0])}} \tag{7.6.1}$$

　　通用定时器 TIM2、TIM3 预分频器是一个基于 4 位控制的 15 位计数器，只有 16 个可选的分频值，根据 TIMx_PSCR 内容的不同，可对输入信号 CK_PSC 实现 1 分频(TIMx_PSCR=0 时)、2 分频(TIMx_PSCR=1 时)、2^2、…、2^{15}(32 768)分频(TIMx_PSCR=15 时)。

2．16 位加法计数器 TIMx_CNTR

　　通用定时器 TIM2、TIM3 计数器 TIMx_CNTR 是一个 16 位的加法计数器，在每个计数脉冲的上升沿加 1，当 TIMx_CNTR 的计数值等于自动重装寄存器(TIMx_ARR)的影子寄存器时，再来一个计数脉冲，则产生上溢，然后从 0 开始计数，同时产生更新事件 UEV。

　　其他情况与高级控制定时器 TIM1 相同，如 URS、UDIS、UIE 与 UEV 的逻辑关系如图 7.2.8 所示。

3．自动重装寄存器(TIMx_ARR)

　　通用定时器 TIM2、TIM3 自动重装寄存器(TIMx_ARR)与高级控制定时器 TIM1 相同。自动重装寄存器 TIMx_ARR 与定时器溢出时间 t、预分频器 TIMx_PSCR 之间的关系为

$$TIMx\_ARR = \frac{f_{MASTER}}{2^{(TIMx\_PSCR[3:0])}} t - 1 \tag{7.6.2}$$

式中：f_{MASTER} 的单位为 MHz，溢出时间 t 的单位为 μs。

7.6.3　通用定时器输入捕获/输出比较

　　通用定时器 TIM2/TIM3 输入捕获/输出比较部分与 TIM1 类似，只是没有死区时间、互

补输出、刹车控制等功能。其中 TIM2 有 3 个输入捕获/输出比较通道,每个通道处于输入捕获(CC)还是输出比较(OC)状态,由各自通道的捕获/比较模式寄存器 TIMx_CCMRi(i 表示通道号)的 CCiS 位(定义对应通道处于输入捕获还是输出比较方式)确定。

1. 输入捕获

当某一通道的捕获/比较模式寄存器 TIMx_CCMRi(i 表示通道号)的 CCiS 位为 01、10 时,对应通道处于输入捕获状态,如图 7.6.3 所示。

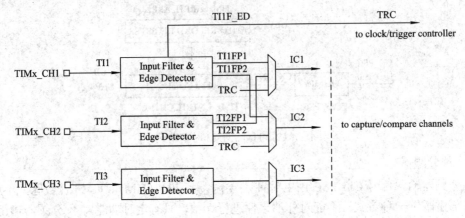

图 7.6.3　输入状态内部结构

其中 TI1 引脚输入"滤波边沿检测"有两个输出信号 TI1FP1 和 TI1FP2,TI2 引脚输入"滤波边沿检测"也有两个输出信号 TI2FP1 和 TI2FP2,且 TI1FP2(TI1 引脚的"滤波边沿检测"输出信号 2)可以接输入捕获通道 IC2,TI2FP1(TI2 引脚的"滤波边沿检测"输出信号 1)也可以接输入捕获通道 IC1。但 TI3 引脚输入"滤波边沿检测"只有一路输出信号,固定接输入捕获通道 IC3,这是因为 TIM2、TIM3 通用定时器没有输入捕获/输出比较通道 TI4。

图 7.6.4 给出了 TIM2 通道 1 输入捕获状态下的结构框图。

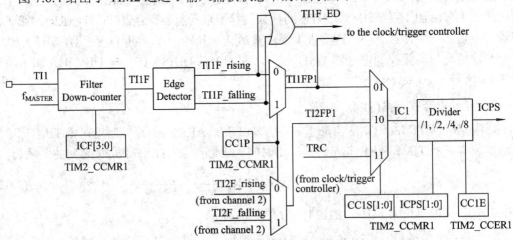

图 7.6.4　TIM2 通道 1 在输入捕获状态下的结构框图

2. 输出比较

当某一通道的捕获/比较模式寄存器 TIMx_CCMRi(i 表示通道号)的 CCiS 位为 00 时，对应通道就处于输出比较状态，如图 7.6.5 所示。

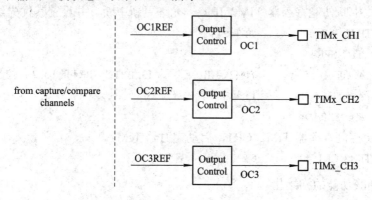

图 7.6.5　输出比较接口

TIM2 定时器通道 1 输出比较模式的结构如图 7.6.6 所示。与 TIM1 输出比较情况类似，参考信号 OC1REF 有效电平总是高电平，而 OC1 引脚实际输出的电平状态由 CC1P 位定义。当 CC1P 位为 0 时，OC1=OC1REF；而 CC1P 位为 1 时，OC1=$\overline{OC1REF}$。

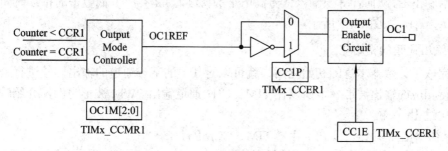

图 7.6.6　TIM2 通道 1 在输出比较状态下的结构框图

7.6.4　通用定时器 TIM2/TIM3 初始化举例

1. 计数器初始化

由于 TIM2/TIM3 预分频器输入信号直接来自主时钟 f_{MASTER}，因此不存在从模式触发选择问题。计数器初始化的步骤如下：

(1) 初始化预分频器 TIM2_PSCR。

```
MOV TIM2_PSCR, #0xH              ;PSC[3:0]取 0～F 之间，选择分频值
```

(2) 初始化自动重装寄存器(TIM2_ARR)。

```
MOV TIM2_ARRH, #{HIGH xxxx}      ;先写入高 8 位
MOV TIM2_ARRL, #{LOW xxxx}       ;再写入低 8 位
```

(3) 初始化控制寄存器 TIM2_CR1，定义 APRE、OPM、UDIS、URS(一般取 1)。

```
MOV TIM2_CR1, #04H               ;连续计数、允许更新、仅允许计数器溢出时中断标志有效
```

(4) 必要时，执行软件更新。将事件产生寄存器 TIM2_EGR 的 UG 位置 1，触发重装

操作。

```
    BSET TIM2_EGR, #0          ;UG 位置 1，触发重装并初始化计数器
    ;BRES TIM2_SR1, #0          ;清除软件更新产生的更新标志 UIF
```

(5) 初始化中断使能寄存器(TIM2_IER)，允许更新中断，并设置其优先级。

```
    BSET TIM2_IER, #0          ;允许更新中断
    LD    A, ITC_SPR4
    AND   A, #0F3H             ;TIM2 溢出中断号为 13,由 ITC_SPR4 的 b3b2 位控制
    OR    A, #0000xx00B        ;13 号中断优先级为 xx
    LD    ITC_SPR4, A
```

(6) 初始化控制寄存器 TIM2_CR1，启动定时器 TIM2。

```
    BSET TIM2_CR1, #0          ;CEN 置位 1，启动
```

2. 输入捕获功能的初始化

在完成了定时器的初始化后，就可以初始化输入捕获相关寄存器，以便捕获外部输入信号上沿或下沿发生的时刻。当仅需要测量信号周期时，可使用一个输入捕获通道，如 IC1 捕获输入信号的上沿，从而计算出输入信号周期$(t_3 - t_1)$，如图 7.4.5 所示；当需要测量信号时间参数(如高、低电平持续时间)时，可使用两个输入捕获通道 IC1、IC2 分别捕获输入信号的上沿和下沿，从而计算出输入信号高电平的持续时间$(t_2 - t_1)$、低电平的持续时间$(t_3 - t_2)$ 及周期$(t_3 - t_1)$，如图 7.4.5 所示。

3. 输出比较的初始化

在完成了计数器本身的初始化后，就可以对其中的某一通道的输出比较进行初始化，以便获得相应的输出波形。下面以在 TIM2_CH1 通道输出 PWM 波形为例，介绍输出比较的初始化过程：

(1) 初始化捕获/比较模式寄存器 TIM2_CCMR1。

将 CC1S[1:0]位定义为 00(选择输出比较方式)；将 OC1PE 置位 1，选择输出比较寄存器的预装载功能；初始化 OC1M[2:0]，选择相应的输出方式。

由于通用定时器 TIM2、TIM3 只有向上计数一种方式，因此 PWM 输出波形与 TIM1 向上计数时的 PWM 输出波形完全相同。

(2) 初始化对应通道的捕获/比较寄存器 TIM2_CCR1(注意一定要按字节方式写入，且先写高 8 位 TIM2_CCR1H，后写低 8 位 TIM2_CCR1L)。

(3) 初始化中断使能寄存器(TIM2_IER)，允许/禁止输出比较匹配中断，并设置其优先级。

(4) 初始化捕获/比较使能寄存器 1(TIM2_CCER1)的 CC1P 位,定义 OC1 引脚电平与参考电平 OC1REF 之间的关系，并将 CC1E 置位 1，使能输出比较功能。

作为特例，下面给出了 TIM2_CH1 通道输出比较模式的初始化指令系列。

```
    MOV TIM2_CCMR1, #0xxx0000B     ;b6~b4 是模式控制,b3 为 0(先不用预装载)
    MOV TIM2_CCR1H, #{HIGH xxxx}   ;初始化比较/捕获寄存器
    MOV TIM2_CCR1L, #{LOW xxxx}
    BSET TIM2_CCMR1, #3            ;b3 为 1(启用预装载)
```

```
MOV TIM2_CCER1, #00000001B   ;b5 是 CC2P 位(输出极性),b4 是 CC2E 位(输出允许),b1 是 CC1P
                             ;位(输出极性)，b0 是 CC1E 位(输出允许)
LD A, ITC_SPR4               ;初始化 TIM2 比较/捕获中断优先级(14 号)
AND A, #0CFH                 ;TIM2 比较/捕获中断优先级控制位为 b5b4
OR A, #00xx0000B
LD ITC_SPR4, A
BSET TIM2_IER, #1            ;允许通道 1 中断
BSET TIM2_CR1, #0            ;将 CEN 位置 1，启动定时器 TIM2
```

7.7　8 位定时器 TIM4 与 TIM6

　　STM8S 系列 MCU 芯片内嵌了两个 8 位的定时器 TIM4 和 TIM6，特征是没有输入捕获/输出比较单元，只用于定时操作。其中定时器 TIM4 的内部结构如图 7.7.1 所示，仅有时基单元。

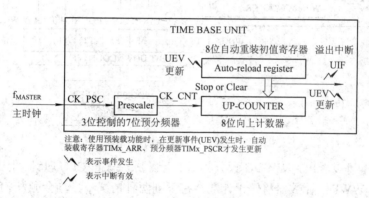

图 7.7.1　定时器 TIM4 的内部结构

　　TIM4 的初始化方法与处于定时状态的 TIM2、TIM3 定时器相同，其配置寄存器 TIM4_CR1 中 ARPE、OPM、URS、UDIS、CEN 位的含义与 TIM2、TIM3 的 TIMx_CR1 寄存器也相同，URS、UDIS、UIE 与 UEV 的逻辑关系如图 7.2.8 所示，只是计数长度为 8 位。

　　与 TIM4 相比，TIM6 具有时钟/触发控制单元，可以与其他定时器同步，但考虑到 TIM6 仅出现在并不常用的 STM8S903 芯片中，很少遇到。因此，本章不详细介绍。

7.8　窗口看门狗定时器 WWDG

　　为避免因程序计数器 PC "跑飞" 导致 MCU 应用系统长时间处于失控状态，在 MCU 应用系统中增加看门狗计数器就显得非常必要。看门狗计数器本质是一个 8 位的加法或减法计数器，溢出后唯一的动作就是在 MCU 芯片的复位引脚产生复位脉冲，强迫系统复位。在正常状态下，CPU 在看门狗计数器溢出前，执行刷新操作。而在异常情况下，如 PC "跑

飞"进入死循环或掉入人为设置的软件陷阱中，CPU 无法在看门狗计数器溢出前执行刷新操作，导致看门狗计数器溢出，强迫系统复位。

7.8.1 窗口看门狗定时器结构及其溢出时间

窗口看门狗定时器 WWDG 本质上是一个软件看门狗定时器，不过其优先权低于独立看门狗定时器 IWDG，即 IWDG 使能时 WWDG 自动关闭，预分频器 WDG prescaler(12 288 分频)的计数脉冲来自 CPU 的时钟信号 f_{CPU}，内部结构如图 7.8.1 所示。窗口看门狗计数器由预分频器 WDG prescaler、看门狗控制寄存器 WWDG_CR(内含 7 位向下计数器 T[6:0])、看门狗窗口寄存器 WWDG_WR 及逻辑门电路组成。

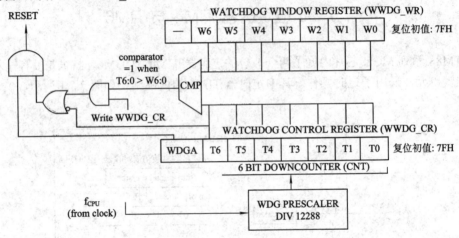

图 7.8.1 窗口看门狗定时器内部结构

由图 7.8.1 可以看出，WWDG 预分频器的计数脉冲来自 CPU 时钟，因此在节电模式、停机模式下，WWDG 计数器将停止计数。在下列两种情况下，均会触发 MCU 芯片复位。

(1) 当 WWDG_CR 寄存器的 WDGA(看门狗使能控制)位为 1 时，如果 WWDG_CR 寄存器的 T6 位由 1 变为 0，则或门输出高电平，复位控制信号 RESET 输出高电平，强迫复位单元电路内的下拉 N 沟 MOS 管导通，触发 MCU 芯片复位。

WWDG_CR 寄存器的取值范围为 FF~C0H(7 位向下计数器 T6~T0 的取值范围为 7FH~40H)。当向下计数器 T6~T0 由 40H 变为 3FH 时，T6 位由 1 变为 0，复位信号有效。

显然，窗口看门狗计数器的溢出时间为

$$t_{WWDG}=\frac{1}{f_{CPU}}\times12\ 288\times(T[6:0]-3FH) \tag{7.8.1}$$

因为 T[6:0]可表示为 T[6]·2^6 + T[5:0]，而启用 WWDG 时，WWDG_CR 的 T6 位一定为 1，所以窗口看门狗计数器的溢出时间也可以表示为

$$t_{WWDG}=\frac{1}{f_{CPU}}\times12\ 288\times(2^6+T[5:0]-3FH)=\frac{1}{f_{CPU}}\times12\ 288\times(T[5:0]+1) \tag{7.8.2}$$

当 f_{CPU} 的单位取 MHz 时，窗口看门狗的溢出时间 t_{WWDG} 的单位为 μs。例如，当 f_{CPU}

为 10 MHz 时，如果计数器 T[6:0]的初值为 7FH，则溢出时间为 78 643.2 μs。在已知溢出时间 t、CPU 时钟频率的情况下，由式(7.8.1)可知向下计数器 T[6:0]的初值为

$$T[6:0] = \frac{t_{WWDG} \times f_{CPU}}{12\ 288} + 63 \tag{7.8.3}$$

可见，当 f_{CPU} 一定时，窗口计数器溢出时间的范围也就确定了。例如，当 $f_{CPU} = 8$ MHz 时，可选的溢出时间为 1 536～98 304 μs。

(2) 当 T[6:0]>W[6:0]时，数值比较器 CMP 输出高电平。如果此时写入递减计数器 WWDG_CR，则与门输出高电平，同样会使 RESET 信号有效，触发系统复位，即过早"喂狗"同样会引起系统复位——这是为了防止 PC "走飞"，提前重写向下计数器 T[6:0]，造成 WWDG 失效而设计的复位模式。

换句话说，在 STM8 内核 MCU 芯片中，启动 WWDG 定时器后，在正常情况下，用户必须且只能在 "40H≤T[6:0]<WWDG_WR" 期间内，执行 MOV WWDG_CR, #11xxxxxxB 指令 "喂狗"，防止 WWDG 定时器溢出触发系统复位。既不能早喂——不饿，会触发复位；也不能太晚喂——也会触发复位，如图 7.8.2 所示。

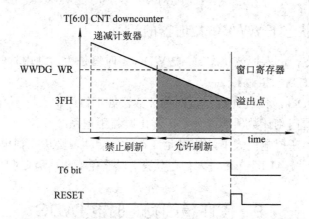

图 7.8.2 窗口看门狗定时器刷新(喂狗)时机示意图

当 WWDG_WR=7FH 时，"T[6:0]小于 WWDG_WR" 条件总是成立的，在递减计数器 T[6:0]≤40H 时间内均可喂狗，即这时 WWDG 退化为普通的软件看门狗。

需要注意的是："喂狗"指令 "MOV WWDG_CR, #11xxxxxxB" 一般只能放在主程序中，严禁放在定时中断服务程序中，否则即使程序计数器 PC "走飞"，导致系统异常，也可能无法复位。原因是定时中断总会发生，结果位于定时溢出中断服务程序段内的 "喂狗"指令每隔一段时间就被执行，看门狗计数器不可能溢出。

7.8.2 窗口看门狗定时器初始化

窗口看门狗定时器 WWDG 有两种启动方式，即硬件启动和软件启动。

1. 硬件启动方式

在写片时，将看门狗配置选项 OPT3 字节的 WWDG_HW 位置 1(硬件启动)，复位后窗口看门狗 WWDG 处于启动状态(由于复位后 WWDG_CR、WWDG_WR 初值均为 7FH)。此时，窗口看门狗定时器退化为普通的软件看门狗定时器，溢出时间为

$$t_{WWDG} = \frac{1}{f_{CPU}} \times 12\,288 \times 64 \tag{7.8.4}$$

2. 软件启动方式

在写片时，将看门狗配置选项 OPT3 字节的 WWDG_HW 位清 0(软件启动)，复位后窗口看门狗 WWDG 处于禁止状态，可通过如下初始化过程激活：

(1) 根据 CPU 时钟频率、所需的溢出时间 t，计算出向下计数器 T[6:0]的初值。

(2) 根据看门狗启动后至少需要经过多少时间才能允许刷新窗口看门狗控制寄存器 WWDG_CR，确定并执行写看门狗窗口寄存器 WWDG_WR。

例如：

MOV WWDG_CR, #11xxxxxxB ;b7 位 WDGA 为 1(允许 WWDG 工作)，b6 位肯定为 1，否
;则初始化窗口看门狗计数器后，会立即溢出

MOV WWDG_WR, #01xxxxxxB ;b7 位(保留位)为 0, b6 位应为 1，否则在 T[6:0]计数到 3FH 前
;均不满足刷新条件 T[6:0]< WWDG_WR

7.8.3 在 HALT 状态下 WWDG 定时器的活动

执行 HALT 指令，进入掉电状态时，WWDG 定时器是否活动由看门狗配置选项 OPT3 字节的 WWDG_HALT 位控制。

0——禁止 WWDG 看门狗计数，看门狗计数器处于暂停状态，不产生复位信号。

1——WWDG 看门狗计数器继续计数，溢出时将强迫系统复位。

需要注意的是：在掉电模式下，如果允许看门狗活动，则进入掉电模式前，最好先执行喂狗指令，再执行"HALT"指令进入掉电状态，以避免唤醒后看门狗溢出导致系统复位。

7.9 硬件看门狗定时器 IWDG

STM8 内核 MCU 芯片除了提供软件看门狗定时器 WWDG 外，还提供了优先权高于 WWDG 的硬件看门狗定时器 IWDG(启动 IWDG 定时器后，WWDG 定时器自动失效)。

IWDG 定时器的可靠性比 WWDG 高，原因是 IWDG 启动后无法关闭，其计数器减 1 回零后将强迫芯片复位，而 WWDG 寄存器有可能被软件意外关闭。当然，使用 IWDG 定时器必然会启动内部 LSI 时钟电路，功耗略有增加。

7.9.1 硬件看门狗定时器结构

STM8 内核 MCU 芯片硬件看门狗定时器也称为独立看门狗定时器 IWDG，内部结构如图 7.9.1 所示，由预分频寄存器 IWDG_PR、重装寄存器 IWDG_RLR、钥匙寄存器 IWDG_KR 以及 8 位向下计数器组成。

计数器脉冲来自低速内部 RC 时钟 LSI(128 kHz)的输出信号，经 2 分频后送 7 位预分频器(分频数由预分频寄存器 IWDG_PR 选择)，作为 8 位向下计数器的计数脉冲信号，每来一个脉冲，计数器减 1，当计数器减到 0 时将产生看门狗复位信号，强迫 NRST 引脚出现

宽度在 20 μs 以上的负脉冲，触发 MCU 芯片以及连接到 NRST 引脚上的其他芯片复位。当硬件看门狗 IWDG 使能后，LSI 自动启动，无须通过指令将内部时钟寄存器 CLK_ICKR 的 LSIEN 位置 1。

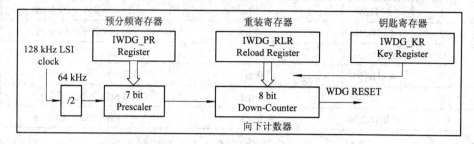

图 7.9.1　硬件看门狗定时器内部结构

7.9.2　硬件看门狗定时器控制与初始化

与 IWDG 功能有关的控制寄存器有：硬件看门狗预分频寄存器 IWDG_PR(3 位控制的 8 位分频器)、重装寄存器 IWDG_RLR 与钥匙寄存器 IWDG_KR，这些寄存器各位的含义与初值如表 7.9.1 所示。

表 7.9.1　硬件看门狗寄存器位含义

寄存器名	寄存器位		取值及含义	复位后初值
IWDG_PR	b7～b3	b2～b0(分频因子)	预分频值为 $\dfrac{1}{4\times 2^{\text{IWDG\_PR[2:0]}}}$	00H
	00000 (保留)	000：1/4 分频 001：1/8 分频 010：1/16 分频 011：1/32 分频 100：1/64 分频 101：1/128 分频 110：1/256 分频 111：保留(未定义)		
IWDG_KR	b7～b0		CCH：启动 IWDG(IWDG 上电)； AAH：触发重装向下计数器(喂狗)； 55H：解除预分频寄存器、重装初值寄存器的写保护	xxH(不确定)
IWDG_RLR	b7～b0		保存向下计数器的重装初值	FFH

1. 溢出时间

根据分频器输入信号频率及分频关系，显然 8 位向下计数器计数脉冲频率为

$$f = \frac{f_{\text{LSI}}}{2\times 4\times 2^{\text{IWDG\_PR[2:0]}}} = \frac{f_{\text{LSI}}}{8\times 2^{\text{IWDG\_PR[2:0]}}} \tag{7.9.1}$$

表 7.9.2 所示为当 IWDG_RLR 为 0 和 FFH 时，溢出时间与分频系数之间的关系。

表 7.9.2　硬件看门狗溢出时间

IWDG_PR	计数频率	IWDG_RLR = 00 时的溢出时间	WDG_RLR = FF 时的溢出时间
00	64 kHz/4	62.5 μs	62.5 μs× 256 = 16.0 ms
01	64 kHz/8	125 μs	125 μs× 256 = 32.0 ms
02	64 kHz/16	250 μs	250 μs× 256 = 64.0 ms
03	64 kHz/32	500 μs	500 μs× 256 = 128 ms
04	64 kHz/64	1.0 ms	1.0 ms× 256 = 256 ms
05	64 kHz/128	2.0 ms	2.0 ms× 256 = 512 ms
06	64 kHz/256	4.0 ms	4.0 ms× 256 = 1.024 s

考虑到每来一个计数脉冲，看门狗计数器减 1，减到零时再来一个脉冲，看门狗计数器溢出，强迫芯片复位。因此，当重装寄存器 IWDG_RLR=0 时，IWDG 的最短溢出时间为 62.5 μs；当重装寄存器 IWDG_RLR=FF 时，最长溢出时间为 1.024 s。

溢出时间 t_{IWDG} (ms)与重装寄存器 IWDG_RLR 之间的关系为

$$IWDG\_RLR[7:0] = INT\left(\frac{f_{LSI}}{8\times 2^{IWDG\_PR[2:0]}} t_{IWDG}\right) - 1 \qquad (7.9.2)$$

例 7.9.1　假设看门狗的溢出时间为 100 ms(精度为 1.0 ms)，试确定重装寄存器 IWDG_RLR 和分频器 IWDG_PR 的值。

解　计数脉冲周期 T 由溢出时间精度确定。当 f_{LSI} 为 128 kHz 时，由式(7.9.1)可知计数脉冲周期 $T = \dfrac{1}{f} = \dfrac{2^{IWDG\_PR[2:0]}}{16}$。当计时精度取 1.0 ms 时，分频器 IWDG_PR 的值为 4。

而由式(7.9.2)可知，重装寄存器 IWDG_RLR 的值为

$$IWDG\_RLR = INT\left(\frac{f_{LSI}}{8\times 2^{IWDG\_PR[2:0]}} t_{IWDG}\right) - 1 = \frac{128}{8\times 2^4}\times 100 - 1 = 99$$

考虑 LSI 时钟频率 f_{LSI} 的误差(中心频率为 128 kHz，下限频率为 110 kHz，上限频率为 150 kHz)后，实际溢出时间为 85.3~116.4 ms。

2. IWDG 看门狗硬件启动

写片时，将看门狗配置选项 OPT3 字节的 IWDG_HW 位置 1(硬件启动)时，复位后硬件看门狗 IWDG 即处于启动状态(由于复位后 IWDG_PR 寄存器初值为 00H，即选择 4 分频；IWDG_RLR 为 0FFH，即重装初值为 FFH)，向下计数回 0 的时间约为 16.00 ms。因此，采用硬件启动方式时，复位后必须在 16.00 ms(考虑 LSI 时钟频率最大为 150 kHz 后，实际时间应小于 13.65 ms)内执行"喂狗"指令或重新初始化看门狗分频器，避免看门狗溢出强迫系统复位。

当然，复位后也可以修改分频寄存器 IWDG_PR 及初值重装寄存器 IWDG_RLR 的值，选择所需的溢出时间。但值得注意的是，为安全起见，复位后 IWDG_PR、IWDG_RLR 寄存器自动处于写保护状态。在执行写入操作前，必须先向钥匙寄存器 IWDG_KR 写入 55H，解除其写保护功能，方能执行写入操作。

MOV IWDG_KR, #55H	;向钥匙寄存器写 55H，解除 IWDG_PR、IWDG_RLR 寄存器 ;的写保护状态
MOV IWDG_RLR, #xx	;写入新的重装初值
MOV IWDG_PR, #00000xxxB	;选择新的分频系数
MOV IWDG_KR, #0AAH	;向钥匙寄存器写 AAH，触发向下计数器重装初值，并恢复 ;其写保护状态

3. IWDG 看门狗软件启动

如果看门狗配置选项 OPT3 字节的 IWDG_HW 位为 0(通过软件启动)，那么用户可在应用程序中向钥匙寄存器 IWDG_KR 写入 CCH 启动硬件看门狗定时器后，再初始化硬件看门狗分频器、重装初值寄存器。例如：

MOV IWDG_KR, #0CCH	;向钥匙寄存器写 CCH，启动硬件看门狗定时器(未启动前对 ;看门狗寄存器读写操作无效)
MOV IWDG_KR, #55H	;向钥匙寄存器写 55H，解除 IWDG_PR、IWDG_RLR 寄存器 ;的写保护状态
MOV IWDG_RLR, #xx	;写入新的重装初值
MOV IWDG_PR, #00000xxxB	;选择新的分频系数
MOV IWDG_KR, #0AAH	;向钥匙寄存器写 AAH，触发向下计数器重装初值，并恢复 ;写保护状态

4. 刷新(喂狗)指令

IWDG 启动后，除复位外，不能关闭。在正常情况下，必须在小于向下计数器回 0 时间内，向钥匙寄存器 IWDG_KR 写入 AAH，触发向下计数器重装存放在 IWDG_RLR 寄存器中的初值，重复计数，避免计数器回 0 而强迫芯片复位。

　　MOV IWDG_KR, #0AAH　;向钥匙寄存器写 AAH，触发向下计数器重装初值，执行喂狗操作

需要注意的是，"喂狗"指令"MOV IWDG_KR, #0AAH"一般只能放在主程序中，严禁放在定时中断服务程序中，否则即使程序计数器 PC "走飞"，导致系统异常，也可能无法复位，原因是定时中断总会发生，结果位于定时溢出中断服务程序段内的"喂狗"指令每隔一段时间就被执行，看门狗计数器不可能溢出。

7.10　自动唤醒(AWU)

自动唤醒(Auto-Wakeup，AWU)计数器用于唤醒处于节电或活跃停机状态的 CPU，AWU 计数器的内部结构如图 7.10.1 所示。

通过选项字节 OPT4 选择 HSE 时钟的分频信号或内部 LSI 时钟的输出信号作为 AWU 预分频器 AWU_APR 的输入信号 f_{LS}。低频输入信号 f_{LS} 的频率固定为 128 kHz，当选择 HSE 时钟源时，可根据晶振频率设置 OPT4 选项字节的 b1~b0 位，启用对应的分频器，使 f_{LS} 的频率固定为 128 kHz。

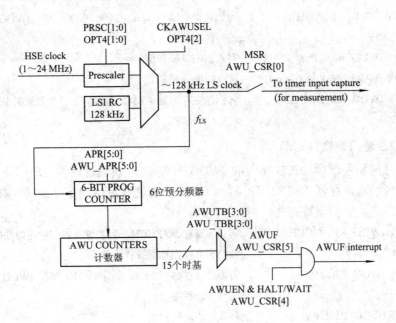

图 7.10.1　自动唤醒计数器内部结构

　　低频输入信号 f_{LS} 经 6 位异步分频器 AWU_APR 分频后作为 AWU 计数器的计数脉冲，AWU 计数器有 15 个可选的溢出输出端，借助时基选择寄存器 AWU_TBR 可选择 15 个溢出端中的一个时基信号作为 AWU 单元的输出信号。在自动唤醒允许控制位 AWUEN 置 1，并执行了 HALT 或 WFI(WAIT)指令后，AWU 计数器便开始计数。计数器溢出时，自动唤醒标志 AWUF 有效，并产生 AWU 中断。

　　芯片复位后，预分频器 AWU_APR 的初值为 3FH(为 3FH 时不动作)。当该寄存器的内容被初始化为 00～3EH 时，6 位异步分频器 AWU_APR 动作，输出信号频率为

$$f_{AWU\_APR} = \frac{f_{LS}}{AWU\_APR[5:0]+2}$$

　　芯片复位后，AWU_TBR 的初值为 00H(为 00H 时不计数，自然也就无法唤醒)，当被初始化为 01H～0FH 时，对应不同的计数长度。规律是：当 AWU_TBR 的内容为 0001～1101 时，计数长度为 $2^{AWU\_TBR[3:0]-1}$；当 AWU_TBR 的内容为 1110 时，计数长度为 5×2^{11}；当 AWU_TBR 的内容为 1111 时，计数长度为 30×2^{11}。例如，当 AWU_TBR 的内容为 1001 时，计数长度为 $2^{9-1}(=2^8)$，即 256。

　　例如，当自动唤醒的目标时间为 78.5 ms 时，AWU_APR 及 AWU_TBR 寄存器内容的计算过程如下：

$$\frac{AWU\_APR[5:0]+2}{f_{LS}} \times (AWU\_TBR选定的计数长度) = 78.5$$

即 $(AWU\_APR[5:0]+2) \times (AWU\_TBR选定的计数长度) = 78.5 \times f_{LS} = 78.5 \times 128 = 10\ 048$。

　　显然，当 AWU 的计数长度为 256，即 AWU_TBR 的内容取 1001 时，AWU_APR[5:0]+2 为 39.25(取 2～64 中误差最小的整数，即 39)，则 AWU_APR[5:0]应取 37。此时，AWU 唤

醒时间为 $\dfrac{\text{AWU\_APR}[5:0]+2}{f_{\text{LS}}} \times (\text{AWU\_TBR选定的计数长度}) = \dfrac{39}{128} \times 256 = 78.0\ \text{ms}$，与目标时间仅差 0.5 ms。

值得注意的是：

(1) 将 AWUEN 位置 1 仅使能了 AWU 单元，但 AWU 计数器并没有进入计数状态，只有执行了 HALT 或 WFI 指令后 AWU 才进入定时状态，定时时间到 AWUF 标志位硬件置 1，且 AWU 自动停止操作。

(2) 启用 AWU 计数器时，一定要编写出相应的 AWU 中断服务程序，且在 AWU 中断服务程序中只能通过读 AWU 控制及状态寄存器 AWU_CSR 的方式来清除 AWUF 标志位，避免 CPU 重复响应 AWU 的中断请求。

7.11　蜂鸣器(BEEP)输出信号

在 STM8S 系列 MCU 芯片中，可借助蜂鸣器(BEEP)计数器输出 500 Hz～32 kHz 的低频方波信号，以便驱动应用系统中的蜂鸣器，发出"嘀-嘀"的响声。蜂鸣器(BEEP)计数器的内部结构如图 7.11.1 所示。

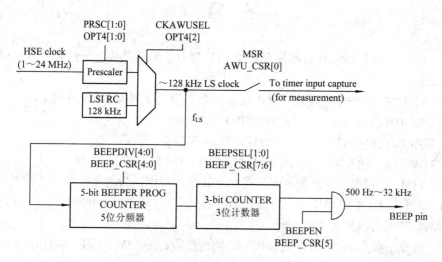

图 7.11.1　蜂鸣器(BEEP)计数器的内部结构

从图 7.11.1 中可以看出，在 STM8S 系列 MCU 芯片中，BEEP 计数器的输入信号依然是 f_{LS}(与自动唤醒 AWU 计数器使用同一输入信号)。f_{LS} 信号经 5 位分频器 BEEPDIV[4:0] 分频后，进入由频率选择 BEEPSEL[1:0]位控制的 3 位计数器计数，溢出时触发 BEEP 输出端状态翻转。当允许 BEEP 输出时，在 BEEP 引脚上就可以获得所需要的低频方波信号。

芯片复位后，分频器 BEEPDIV[4:0]的初值为 1FH(为 1FH 时不动作)，当 BEEPDIV[4:0] 的内容被初始化为 00～1EH 时，分频器动作，输出信号频率为

$$f_{\text{BEEPDIV}} = \dfrac{f_{\text{LS}}}{\text{BEEPDIV}[4:0]+2}$$

当频率选择 BEEPSEL[1:0]控制位为 00 时，经历 8 个计数脉冲后 3 位计数器溢出，即

BEEP 输出信号是 f_{BEEPDIV} 的 8 分频；当频率选择 BEEPSEL[1:0]控制位为 01 时，经历 4 个计数脉冲后 3 位计数器溢出，即 BEEP 输出信号是 f_{BEEPDIV} 的 4 分频；当频率选择 BEEPSEL[1:0]控制位为 1x 时，经历 2 个计数脉冲后 3 位计数器溢出，即 BEEP 输出信号是 f_{BEEPDIV} 的 2 分频。可见，当 BEEPSEL[1:0]取值为 0～2 时，BEEP 输出信号的频率为

$$f_{\text{BEEP}} = \frac{f_{\text{BEEPDIV}}}{2^{3-\text{BEEPSEL}[1:0]}} = \frac{f_{\text{LS}}}{2^{3-\text{BEEPSEL}[1:0]} \times (\text{BEEPDIV}[4:0]+2)}$$

因此，当 BEEPDIV[4:0]取 1EH，BEEPSEL[1:0]取 00 时，BEEP 输出信号的频率最低，即 $f_{\text{BEEP}} = \dfrac{f_{\text{LS}}}{2^{3-\text{BEEPSEL}[1:0]} \times (\text{BEEPDIV}[4:0]+2)} = \dfrac{128}{2^{3-0} \times (30+2)} = 500\ \text{Hz}$；当 BEEPDIV[4:0]取 00H，BEEPSEL[1:0]取 10 时，BEEP 输出信号的频率最高，即 $f_{\text{BEEP}} = \dfrac{128}{2^{3-2} \times (0+2)} = 32\ \text{kHz}$。

显然，当 BEEPDIV[4:0]取 0EH，BEEPSEL[1:0]取 00(或 BEEPDIV[4:0]取 1EH，BEEPSEL[1:0]取 01)时，BEEP 输出信号的频率为 1 kHz，初始化指令如下：

```
BSET  CLK_PCKENR2, #2    ;若 AWU 单元时钟未接通，则必须接通 AWU 单元时钟
MOV   BEEP_CSR, #01111110B ;BEEPDIV[4:0]取 1EH(32 分频)，BSEEPSEL[1:0]取 01(4 分频)
```

习 题 7

7-1 STM8S207系列MCU芯片有几个16位定时器？简要描述通用定时器TIM2、TIM3的主要功能。

7-2 对 TIM1 相关寄存器读写时应注意什么？指出下列操作错误的原因。

```
LDW TIM1_PSCR, X    ;初始化 TIM1 的预分频器
LDW X, TIM1_CNT     ;读 TIM1 计数器的当前值
LDW TIM1_ARR, X     ;写 TIM1 的自动重装寄存器
```

7-3 TIM1 具有哪几种计数方式，在向下计数过程中，为何要求禁止预装载功能？

7-4 在例 7.3.1 中，如果定时精度为 10 μs，则预分频 TIM1_PSCR 取值为多少？自动重装寄存器 TIM1_ARR 又是多少？

7-5 假设主频为 16 MHz，试编程初始化程序段，使 TIM1_CH1 与 TIM1_CH1N 引脚输出带死区时间的互补 PWM 信号。

7-6 试用 TIM2 通用定时器的输入捕获功能，测量低频信号的周期及脉冲宽度。

7-7 假设主时钟频率 f_{MASTER} 为 8.0 MHz。试用 TIM2 的定时功能实现每 1 ms 产生一次更新中断；并在中断服务程序中，定时开关与 PC3 引脚相连的 LED 指示灯(低电平亮，高电平灭，亮时间为 100 ms，灭时间为 200 ms)。

7-8 假设主时钟频率 f_{MASTER} 为 8.0 MHz，通过编程实现在 TIM3_CH1 引脚产生周期为 4 ms 的精确方波信号(误差不超过 125 ns)。

7-9 计数器预分频输入信号 CK_PSC 来自 TI1 或 TI2 引脚输入，与来自 ETR 引脚有什么异同？提示：输入信号上限频率的限制。

7-10 对于 TIM1 计数器来说，外部计数脉冲信号能否从 TI3 或 TI4 引脚输入？

7-11　在输出比较状态下，当配置寄存器 TIM1_CR1 的 CMS[1:0]不等于 00，且捕获/比较模式寄存器 TIM1_CCMRi 的 OCiM 位为 011 时，画出各种可能的 OCi 波形(假设 CCiP 为 0)。

7-12　简述看门狗定时器的作用，指出 STM8S 系列 MCU 芯片硬件看门狗定时器在什么条件下溢出时间最长。

7-13　喂狗指令为什么不宜放在定时中断服务程序中？

第 8 章　STM8S 系列 MCU 芯片串行通信

STM8 内核 MCU 芯片内嵌了 UART、SPI、I²C、CAN 等串行通信接口电路。本章主要介绍异步串行通信接口 UART 及串行外设总线接口 SPI 的功能及使用方法。

8.1　串行通信的概念

CPU 与外设之间信息交换的过程称为通信，根据 CPU 与外设之间数据线连接、数据发送方式的不同，可将通信分为并行通信和串行通信两种基本方式。

在并行通信方式中，数据各位同时传送，如图 8.1.1(a)所示。并行通信的优点是速度快，但需要的连线多。例如，对于 8 位数据并行传输来说，至少需要 8 根数据线和 1 根地线，此外还需要片选、读/写控制线，常用于同一设备内不同器件或模块之间的数据传输，不适合作长距离的数据传输，原因是干扰大，可靠性差，线路架设困难，线材成本高。

而在串行通信方式中，借助串行移位寄存器将多位数据按位逐一传送，如图 8.1.1(b)所示。串行通信的优点是所需连线少，适合远距离传输，缺点是速度慢。假设并行传送 8 位二进制数所需时间为 T，则在发送速率相同的情况下，串行传送至少需要 $8T$。而在实际的异步串行通信系统中，还需要在数据位的前、后分别插入起始位和停止位，以保证数据可靠接收，因此实际传输时间要大于 $8T$。

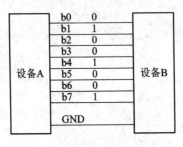

(a) 并行通信

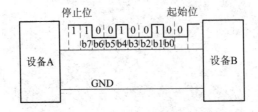

(b) 串行通信

图 8.1.1　基本通信方式

8.1.1　串行通信的种类

根据数据传输方式的不同,可将串行通信分为同步串行通信和异步串行通信两种方式。

同步串行通信是一种数据连续传输的串行通信方式。在同步串行通信方式中,发送方把需要发送的多个字节数据、校验信息连接在一起,形成一个数据块。发送方发送时只需在数据块前插入 1~2 个特殊的同步字符,然后按特定速率逐位输出(发送)数据块内的每一个数据位。接收方在接收到特定的同步字符后,也按相同速率接收数据块内的各位数据。显然,在这种通信方式中,数据块内各字节数据之间没有间隙,即无须插入起始位、停止位标志,数据传输效率高,但发送、接收双方必须保持同步(使用同一时钟信号沿来实现)。因此,同步串行通信设备复杂(要求发送方能自动插入同步字符,接收方能自动检测出同步字符,且发送、接收时钟相同,即除了数据线、地线外,还需要同步时钟线),成本较高,多用在高速数字通信系统中。

典型的同步串行通信数据帧格式如图 8.1.2 所示。

| 同步字符1 | 同步字符2 | n个字节的连续数据 | 校验信息1 | 校验信息2 |

图 8.1.2　同步串行通信数据帧格式

异步串行通信的特点是每帧只传送一个字符,每个字符由起始位(规定为 0 电平)、数据位、可选的奇偶校验位、停止位(规定为 1 电平)组成,典型的异步串行通信数据帧格式如图 8.1.3 所示。

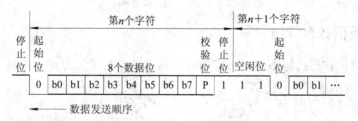

图 8.1.3　异步串行通信数据帧格式

可见,异步串行通信与同步串行通信并没有本质上的区别,只是在异步串行通信方式中数据块长度短(一般为 8 位或 9 位二进制数)、数据传输率低,收发双方容易实现同步,但各数据块之间不连续(插入了起始位、停止位),因此传输效率较低,传输速度较慢。

异步串行通信过程可概述如下:

对异步串行通信的发送方来说,发送时先输出低电平的起始位,然后按特定速率发送数据位、奇偶校验位,当最后一位数据(对于采用奇偶校验的异步串行通信来说,最后一个数据位往往是奇偶校验位)发送完毕后,发送一个高电平的停止位,这样就完成了一帧数据的发送过程。如果发送方不再需要发送新的数据或尚未准备好下一帧的数据,发送器就自动将数据线置为高电平状态,提示接收方当前数据线处于空闲状态。

异步通信接收方往往以 16 倍的发送速率检测传输线上的电平状态,当发现传输线的电平由高变低时(起始位标志),就认为有数据传入,进入接收状态,然后以相同速率不断地检测传输线的电平状态，接收随后的数据位、奇偶校验位和停止位。为提高通信的可靠性，在异步串行通信中，接收方多采用"3 中取 2"的方式确认收到的信息位是 0 码还是 1 码。也就是说，在异步串行通信方式中，发送方通过控制数据线的电平状态来实现数据的发送；接收方通过检测数据线上的电平状态来确认是否有数据传入以及接收到的数据位是 0 码还是 1 码，只要发送速率和接收检测速率相同，就能准确接收，发送、接收设备使用各自的时钟源实现数据的发送和接收过程，无须使用同一个时钟信号。因此，异步串行通信所需连线最少，一根数据线和一根地线就能实现数据的发送或接收，在单片机控制系统中得到了广泛应用。

8.1.2 波特率

在串行通信系统中常用波特率来表示通信的快慢，其含义是每秒中传送的二进制数码的位数，单位是位/秒(b/s 或 Kb/s)，简称"波特"。例如，两个异步串行通信设备之间每秒传送的信息量是 240 字节，如果一帧数据包含 10 位(1 个起始位、8 个数据位和 1 个停止位)，则发送、接收波特率为

$$240 \times 10 = 2400(b/s) = 2400(波特)$$

相应地，发送 1 位二进制数所需的时间就是波特率的倒数。在本例中，发送 1 位二进制数所需的时间为(1/2400)s，约为 0.4167 ms，发送一帧数据所需的时间约为 4.167 ms。

一般异步串行通信的波特率为 110～9600 波特，而同步串行通信的波特率在 56K 波特以上。在选择通信波特率时，不要盲目追高，以满足数据传输要求为原则，原因是波特率越高，对发送、接收时钟信号频率的一致性要求就越高。

8.1.3 串行通信数据传输方向

根据串行通信数据传输方向，可将串行通信系统分为单工方式、半双工方式和全双工方式，如图 8.1.4 所示。

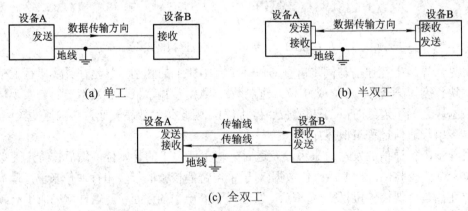

图 8.1.4 数据传输方式

两串行通信设备之间只有一根数据线，一方发送，另一方接收，就形成了"单工"通信方式，即数据只能由发送设备单向传输到接收设备，如图 8.1.4(a)所示。

如果两串行通信设备之间依靠一根数据线分时收、发数据(发送时，不接收；接收时，

不发送)，就构成了"半双工"通信方式。在这种方式中，在同一传输线上要完成数据的双向传输，因此通信双方不可能同时既发送，又接收，任何时候只能是一方发送，另一方接收，如图 8.1.4(b)所示。

如果两串行通信设备之间能同时接收和发送，就构成了"全双工"通信方式。由于允许同时发送、接收，就需要两根数据线：设备 A 的发送端接设备 B 的接收端；设备 B 的发送端接设备 A 的接收端，如图 8.1.4(c)所示。

尽管单片机内嵌的 UART 通信口具有独立的数据发送引脚 TXD 和数据接收引脚 RXD，可同时接收、发送数据，但任何时候 CPU 只能处理发送或接收数据，因此还不是真正意义上的全双工异步串行通信口，准确地说属于准双工异步串行通信口。

8.1.4　串行通信接口种类

根据串行通信格式及约定(如同步方式、通信速率、信号电平范围等)的不同，派生出不同的串行通信接口标准，如常见的 RS-232、RS-422、RS-485、IEEE 1394、I^2C、SPI(同步通信)、USB(通用串行总线接口)、CAN 总线接口等。下面将详细介绍 STM8S 系列 MCU 芯片 UART 接口的功能及基本使用规则，由于 STM8S 系列 MCU 芯片 I^2C 总线接口部件错误较多，在涉及 I^2C 总线器件的应用系统中，建议用软件模拟 I^2C 总线时序方式完成 I^2C 总线的操作过程。

8.2　UART 串行通信接口

STM8S 系列 MCU 芯片提供了 3 个通用异步串行通信接口 UART(Universal Asynchronous Receiver Transmitter)，分别编号为 UART1、UART2、UART3，各 UART 接口功能略有差异，如表 8.2.1 所示，由于 UART1、UART2 支持同步模式，因此也称为 USART(通用同步异步串行口)。不过，值得注意的是该系列 MCU 芯片并非所有型号都具有 UART1～UART3 串行接口，实际上 STM8S207、STM8S208 芯片有 UART1 及 UART3 两个串行接口；STM8S105、STM8S005 芯片仅有 UART2 串行接口，而 STM8S103、STM8S003、STM8S001J3 等芯片仅有 UART1 串行接口。

表 8.2.1　STM8S 系列 MCU 芯片 UART 接口功能

UART 模式	UART1	UART2	UART3	相应模式控制位
异步模式	√	√	√	
多机通信模式	√	√	√	
同步模式	√	√	NA	
智能卡模式	√	NA	NA	LINEN
IrDA	√	NA	NA	IREN
半双工模式(单线模式)	√	NA	NA	HDSEL
LIN 主模式	√	√	√	
LIN 从模式	NA	√	√	

由于 UART1、UART2、UART3 功能不同，因此其内部结构也就略有区别，其中 UART1 的内部结构大致如图 8.2.1 所示，UART3 的内部结构大致如图 8.2.2 所示。

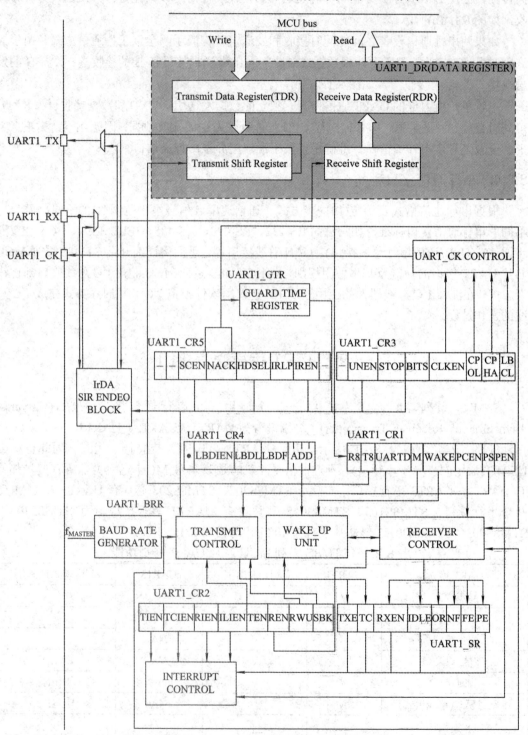

图 8.2.1　UART1 的内部结构

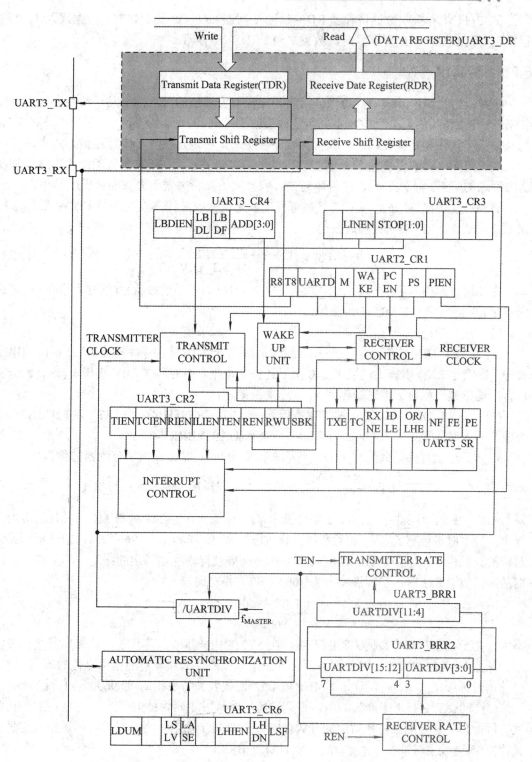

图 8.2.2　UART3 的内部结构

在全双工通信系统中，数据寄存器 UART_DR 往往对应物理上完全独立的发送数据寄存器 TDR(只写)和接收数据寄存器 RDR(只读)。写 UART_DR 寄存器时，数据写入 TDR 寄存器；而读 UART_DR 寄存器时，数据来源是 RDR 寄存器。

8.2.1　波特率设置

在异步串行通信方式中，为保证接收、发送双方通信的可靠性，发送波特率与接收波特率应严格相同，否则会因收发不同步造成接收不正确。为此，某些 MCU 芯片(如 MCS-51)的晶振频率往往不是整数，以便获得标准的波特率。不过，在异步串行通信方式中，信息帧长度较短(10 位或 11 位)，只要收发双方的波特率误差不大，接收方依然能正确地接收发送方发送的信息。实践表明，波特率越高，收发双方波特率误差允许的范围就越小。

STM8 内核 MCU 芯片 UART 接口部件的发送、接收波特率发生器由主时钟 f_{MASTER} 经 16 位分频器 UART_DIV 分频后获得，串行口波特率为

$$串行口收发波特率 = \frac{f_{MASTER}}{UART\_DIV} \tag{8.2.1}$$

在使用过程中，可根据主时钟 f_{MASTER}(单位为 Hz)、期望的波特率(单位为 b/s)，通过式(8.2.1)计算出分频器 UART_DIV 的值。

值得注意的是：

(1) UART_DIV 的值不能小于 16，原因是接收方以 16 倍的速率检测 RXD 引脚的电平状态，以确定 RXD 引脚上的数据是 0 电平还是 1 电平。当 UART_DIV 小于 16 时，意味着串行口通信速率相对于主时钟频率 f_{MASTER} 来说偏高。

(2) UART_DIV 寄存器由波特率寄存器 UART_BRR1[11:4]、UART_BRR2[15:12;3:0] 组成，装入时必须先装入 UART_BRR2，后装入 UART_BRR1。

例如，当主时钟频率为 8 MHz，目标波特率为 9600 时，波特率分频器的值为

$$UART\_DIV = \frac{8\,000\,000}{9600} = 833.3 = 833(取最接近的整数) = 0341H$$

即 UART_BRR1 为 34H，UART_BRR2 为 01H。可见，在 STM8 内核 MCU 芯片的应用系统中，当主时钟频率 f_{MASTER} 为整数时，标准波特率(如 4800 b/s、9600 b/s、19 200 b/s 等)对应的分频值往往不是整数，即实际波特率与标准波特率存在一定的偏差。当波特率分频器的分频值取 833 时，实际波特率为 9603.8 b/s，相对误差

$$\alpha = \frac{9603.8 - 9600}{9600} = 0.04\%$$

不大，完全能正常接收数据。实践表明，在 STM8 内核 MCU 芯片中，计算串行接口波特率分频器 UART_DIV 的值时，因"四舍五入"取整产生的误差对通信可靠性的影响不大，除非主时钟频率 f_{MASTER} 很低(如 2 MHz 以下)，而收发波特率很高(如 9600 b/s 以上)。

(3) UART_BRR1 不能为 00H，否则波特率时钟发生器将被关闭，导致 UART 停止收发。因此，当选定的波特率对应的分频值刚好使 UART_BRR1 为 0 时，必须重新选定另一波特率(或更改主时钟 f_{MASTER} 频率)，使 UART_BRR1 $\neq$ 0。

当然，如果不需要与标准波特率异步串行接口(如微机的 COM 口)通信时，可以选择非标准波特率，如 1000 b/s、3000 b/s 等。

8.2.2　信息帧格式

STM8 内核 MCU 芯片 UART 接口帧的种类及格式如图 8.2.3 所示。对于 9 位字长的数据帧(Data Frame)来说，由低电平的起始位(Start Bit)、b0~b8(9 个数据位)、高电平的停止位(Stop Bit)组成。而 8 位字长的数据帧与 9 位字长的数据帧相似，只是数据位长度为 8 位。

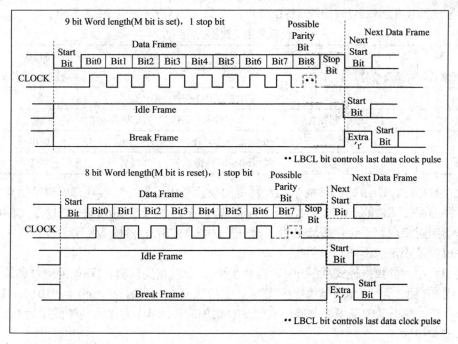

图 8.2.3　STM8 内核 MCU 芯片 UART 接口帧的种类及格式

在异步串行通信方式中，起始位(持续时间固定为 1 位)总为低电平，接收方收到低电平的起始位后，立即复位接收波特率发生器，并按指定速率接收随后的数据位与停止位；停止位总为高电平，在 STM8 内核 MCU 芯片中停止位持续时间可编程选择(1 位、1.5 位或 2 位)；数据位中的最高位(9 位字长中的 b8 或 8 位字长中的 b7)可能是奇偶校验位，在多机通信方式中也可能是地址/数据的标识位。

空闲帧(Idle Frame)的长度与数据帧的相同，只是各位全为高电平(其起始位也是高电平)。当 UART 口发送使能位 TEN 由 0 跳变为 1 时，将自动在 TXD 引脚发送一空闲帧，然后才发送 UART_DR 寄存器内的数据帧，即使在 TEN 位置 1 指令后紧跟发送寄存器 UART_DR 的写入指令也不例外。在当前数据帧停止位结束后，若下一数据帧尚未准备就绪(发送缓冲区内没有数据)，发送器将自动进入空闲状态，TXD 引脚输出高电平。

断开帧(Break Frame)的长度也与数据帧的长度相同，只是包括停止位在内的所有位全为低电平。当由断开帧转入数据帧时，UART 接口会自动插入一个附加的高电平停止位。在某些应用系统中，可能需要在一完整数据帧后发送一断开帧。任何时候只要将 UART_CR2 寄存器的 SBK 位置 1，发送器就会在当前帧发送结束后自动插入一断开帧。当断开帧发送到停止位后，UART 口自动将 SBK 位清 0，即软件将 SBK 位置 1 一次，UART 口只发送一次断开帧。

8.2.3 奇偶校验选择

STM8 内核 MCU 芯片的串行口支持奇偶校验功能,由 UART_CR1 的 PCEN(奇偶校验允许/禁止)、PS(奇/偶校验方式)选择位定义。

发送数据时,UART 自动检测待发送数据的奇偶属性(数据位异或运算),并将奇偶标志位填入发送数据的 MSB 位(借用 MSB 位作为奇偶标志位),如表 8.2.2 所示。

表 8.2.2 数据帧格式

M (字长)	PCEN (奇偶校验)	信息帧格式	MSB (数据最高位)
0	0	起始位+8 位数据(b0~b7)+停止位	b7
0	1	起始位+7 位数据(b0~b6)+奇偶校验位(b7)+停止位	b6
1	0	起始位+9 位数据(b0~b7、T8)+停止位	T8/R8
1	1	起始位+8 位数据(b0~b7)+奇偶校验位(T8)+停止位	b7

接收数据时,UART 部件能自动判别奇偶校验是否正确,当发现奇偶校验错误时,状态寄存器 UART_SR 的 PE 位置 1(表示奇偶校验错误),即 STM8 内核 MCU 芯片的串行接口能自动判别接收数据奇偶校验是否正确——这与 MCS-51 内核 MCU 芯片需要手工判别奇偶数校验是否正确不同。

例如,在 8 位数据模式(M=0)中,当 PCEN=1、PS=0(偶校验)时,如果接收到的数据为 2AH,则 PE 标志为 1,表示奇偶校验错误。其原因是数据部分 b6~b0 为 0101010B,含有奇数个 "1"。在正常情况下,奇偶校验位 b7(MSB)应该为 1,而接收到的数据为 0,即出现了奇偶校验错误。

清除 PE 标志位的过程为:读状态寄存器 UART_SR,再读数据寄存器 UART_DR 后将自动清除。这与采用奇偶校验后,接收判别过程相同,例如:

```
        BTJF UART_SR, #0, UART_RX_NEXT1      ;没有奇偶校验错误,跳转
UART_RX_NEXT11:
        BTJF UART_SR, #5, UART_RX_NEXT11     ;出现奇偶校验错误时,等待接收标志 RXNE
                                             ;有效后再读数据寄存器
        LD A, UART_DR                        ;读数据寄存器,清除 PE 标志
        JP xxxx                              ;转入错误处理
UART_RX_NEXT1:
```

由于 STM8S 系列 MCU 芯片 UART 口的奇偶校验存在设计缺陷(STM8S001、STM8S003、STM8S103 芯片 PE 标志不能清除;此外 STMS105、STM8S207、STM8S208 芯片还存在奇偶校验出错而 PE 标志不立即有效的缺陷,具体可参阅芯片的勘误表),因此建议在 STM8S 串行口应用中允许接收有效中断(将 RIEN 位置 1),而禁止 PE 中断(将 PIEN 位清 0),或禁止奇偶校验(如采用和校验代替奇偶校验)。

8.2.4 数据发送/接收过程

1. 发送过程与发送中断控制

当发送功能处于禁用状态时,TX 引脚与 UART 口发送端处于断开状态,引脚电平由

相应引脚的 GPIO 寄存器位定义。在完成了 UART 口初始化后，将发送允许控制位 TEN(UART_CR2[3])置 1，UART 口发送功能即处于使能状态，TX 引脚与 UART 口发送端相连，UART 部件即刻在 UART_TX 引脚输出空闲帧。此时，对数据寄存器 UART_DR 进行写操作，将触发串行发送进程，发送结束后，TC(UART_SR[6])(发送结束)标志有效。不过 STM8 内核 MCU 芯片的 UART 口具有 1 字节的发送缓冲区，在当前字节发送结束前，如果 TXE(UART_SR[7])(发送缓冲寄存器空闲)标志为 1(空闲)，也可以将新数据写入 UART_DR。TC/TXE 标志位状态及含义如表 8.2.3 所示。

表 8.2.3　TC/TXE 标志位状态及含义

TXE(UART_SR.7)(发送缓冲区空闲)	TC(UART_SR.6)(发送结束)标志	说　明
1(空闲)	1(发送结束)	UART 口使能后的缺省状态。此时，对 UART_DR 进行写操作，写入的数据立即进入发送串行移位寄存器，UART_SR[7:6]变为 10
1(空闲)	0(正在发送)	发送移位寄存器的当前信息未发送结束。此时，对 UART_DR 进行写操作，数据将进入发送缓冲寄存器，UART_SR[7:6]变为 0x
0(非空闲)	1(发送结束)	发送移位寄存器的当前信息发送结束，发送缓冲内容自动进入串行移位寄存器，UART_SR[7:6]将变为 10
0(非空闲)	0(正在发送)	正在发送串行移位寄存器的当前信息，发送缓冲寄存器非空，不能对 UART_DR 寄存器执行写入操作

当 TC 标志为 1 时，可通过如下方式之一清除：
(1) 软件写"0"清除，如"BRES UART_SR, #6"指令。
(2) 先读 UART_SR 寄存器，再对 UART_DR 寄存器写入，操作指令如下：

```
        BTJF UART_SR, #6, UART_TX_exit   ;发送结束标志 TC 标志无效跳转
        MOV UART_DR, A                   ;新数据写入 UART_DR，自动清除 TC 标志
    UART_TX_exit:
```

在理论上，可用软件查询方式确定 TC、TXE 标志位的状态。不过 UART 发送速率不高，发送一帧数据所需时间较长。例如，当波特率为 4800 b/s 时，对长度为 10 位的信息帧，发送时间约为 2.083 ms。因此，建议用中断方式确定发送是否结束，STM8 内核 MCU 芯片 UART 接口发送中断逻辑如图 8.2.4 所示。

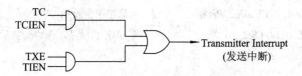

图 8.2.4　STM8 内核 MCU 芯片 UART 接口发送中断逻辑

串行口发送过程往往由外部程序触发，在串行口发送结束中断服务程序中，仅需判别是否还有数据要发送，参考程序如下：

```
;每次发送 17 字节，其中首字节为 AA，而最后一字节为和校验的低 7 位(字长为 9 位)
UART_TX_SP        DS.B        1        ;发送指针
UART_TX_BUF       DS.B        16       ;在 RAM1 段中定义 16 字节的发送缓冲区
;发送前的初始化过程
        BSET UART1_CR2, #3               ;TEN 位置 1，允许串行发送(该指令也可以放
                                         ; 在串行口初始化部分)
        LD A, {UART_TX_BUF+0}            ;取和的第 1 个数
        LDW X, #1                        ;指针置 1
UART_TX_LOOP1:
        ADD A, (UART_TX_BUF,X)           ;对前 15 字节求和
        INCW X
        CPW X, #15
        JRC UART_TX_LOOP1
        AND A, #7FH
        LD (UART_TX_BUF,X), A            ;保存校验和的低 7 位
        CLR UART_TX_SP                   ;发送指针清 0
        MOV UART1_DR, #0AAH              ;发送首字节标志 AAH，启动发送过程
        ⋮                                ;其他指令系列
        interrupt UART1_TX_proc          ;串口发送中断服务程序
UART1_TX_proc.L
        BRES UART1_SR, #6                ;清除发送结束标志 TC(软件清除)
        LD A, UART_TX_SP                 ;检查发送指针
        CP A, #16
        JRNC UART1_TX_proc_EXIT          ;已经没有数据要发送
        CLRW X
        LD XL, A
        LD A, (UART_TX_BUF,X)            ;取发送数据
        LD UART1_DR, A                   ;发送数据送 UART1_DR 寄存器
        INC UART_TX_SP                   ;发送指针+1
        ;LD A, UART_TX_SP                ;如果希望在数据块最后发送一断开帧,则
        ;CP A, #16                       ;取消以下注释符(增加以下命令行)
        ;JRC UART1_TX_proc_Return        ;当前帧不是最后 1 字节
        ;BSET UART1_CR2, #0              ;将 SBK 位置 1，在数据块后发断开帧
;UART1_TX_proc_Return:
        IRET
        DC.B    05H,05H,05H,05H          ;在返回指令后添加由非法指令码构成的软件陷阱
UART1_TX_proc_EXIT:
        BRES UART1_CR2, #3               ;TEN 位清 0，禁止发送(是否需要禁止发送
                                         ;功能，由串口工作方式、是否需要发送空闲帧确定)
```

IRET

　　　　DC.B　05H,05H,05H,05H　　　　　　　　　　;在返回指令后添加由非法指令码构成的软件陷阱
　　如果每次发送结束后，没有禁止串行口发送功能，则可以取消上述程序段中允许发送的指令(带灰色背景)。

　　如果希望在每个数据块前均插入空闲帧，以便唤醒接收方或强迫接收方进入接收状态，则每次发送结束后均需要将 TEN 位清 0，下次发送前再将 TEN 位置 1。

　　本例中仅使用了发送结束标志 TC 控制发送数据的装入过程，在双向全双工应答式通信系统中，为减小串行收发程序的代码量，可同时利用 STM8 内核 MCU 芯片串行口部件的发送结束标志 TC、发送缓冲区空闲标志 TXE 控制发送数据的装入过程。

　　若串行口工作在双工通信(如 RS-232 总线接口)状态下，则可在串行口初始化结束前将 TEN 位置 1，使串行口处于发送状态，不必每次发送前使能 TEN 位，发送结束后当然也就不必禁止发送功能。但若串行口工作在半双工通信(如 RS-485 总线接口)状态下，则不宜在串行口初始化结束前使能 TEN 位，只能在每次发送前使能 TEN 位，且发送结束后立即禁止发送功能，转入接收状态，避免总线冲突。

　　在不含奇偶校验信息的 8 位(或含有奇偶校验信息的 9 位)字长通信方式中，常用高位(b7)为 1 的编码作为首字节(如在本例中使用了 AAH)、尾字节或应答标志。这样当数据信息在 00～FFH 之间时，将被迫拆分为多字节发送，以便接收方判别。例如，待发送的信息为取值没有限制的 2 字节 xyH、XYH，可拆分为 0xH、0yH、0XH、0YH 4 字节，加入首字节标志 AAH(或 A5H)以及高位为零的和校验信息后，便获得了 "AAH、0xH、0yH、0XH、0YH、zzH" 的发送信息。当然，也可以将数据字节的高 4 位由 0 改为 5 或 1～7 之间的其他数码，使发送信息变为 "AAH、5xH、5yH、5XH、5YH、zzH"。当然，为减少发送的字节数，也可以采用不含奇偶校验信息的 9 位字长的通信方式，其中当 T8 位为 0 时，b7～b0 是数据信息；当 T8 位为 1 时，b7～b0 是首字节、尾字节等标志信息。

　　为减小串行口的功耗，当不需要串行接收、发送数据时，可将 UART_CR1 寄存器的 UARTD 位置 1，使串行口进入低功耗状态(串行口波特率分频器停止计数、TXD 输出处于断开状态，TXD 引脚电平状态由 I/O 引脚定义)。

2. 接收过程与接收中断控制

　　在完成了 UART 接口的初始化后，将 REN 位置 1，UART 接口部件便进入接收状态，以 16 倍波特率的采样速率不断地检测 UART_RX 引脚的电平状态，看是否存在低电平的起始位。

　　当一信息帧完整地移到接收移位寄存器后，数据并行送入接收缓冲寄存器 UART_DR (RDR)，同时 RXNE(接收有效)标志为 1，表示 UART_DR 寄存器非空。此时，接收功能并没有停止。因此，必须在接收下一帧信息结束前，读出 UART_DR 寄存器中的信息(读 UART_DR 将自动清除 RXNE 标志，这与 MCS-51 不同)，否则过载标志 OR 有效。

　　当过载标志 OR 被置 1 时，表示位于接收缓冲器 UART_DR 内的上一帧数据未取出，串行接收移位寄存器又接收了新的信息帧。按下列顺序读出数据不会造成数据丢失(除非第 3 帧信息覆盖了位于串行接收移位寄存器 RDR 中的第 2 帧信息)：

　　　　BTJF UARTx_SR, #3, UART_RX_NEXT1

```
                 ;过载标志 OR 有效
          JRT UART_RX_NEXT2              ;读出上一帧数据,并自动清除 OV 标志,串行移位接收寄
                                         ;存器中的内容自动进入 UARTx_DR
   UART_RX_NEXT1:
          BTJF UARTx_SR, #5, UART_RX_EXIT
          ;RXNE 标志有效, 立即读数据寄存器, 并清除 RXNE 标志
   UART_RX_NEXT2:
          LD A, UARTx_DR              ;读数据
             ⋮                        ;数据处理
   UART_RX_EXIT:                      ;退出
```

在数据接收过程中,如果线路噪声大,在"3 中取 2"的采样方式中发现采样数据不是 111(接收 1 码时)或 000(接收 0 码时),则噪声标志 NF 置 1(与 RXNE 标志同时有效)。在噪声不是很大的情况下, NF 置 1, UART_DR 寄存器内的信息可能还是真实的,只是线路存在噪声。读状态寄存器 UART_SR 与 UART_DR 寄存器将自动清除 NF 标志。

在数据接收过程中,因噪声、线路故障或发送方意外瘫痪,造成在指定时间内未接收到有效的停止位时,帧错误标志 FE 置 1(读状态寄存器 UART_SR 及 UART_DR 寄存器将自动清除 FE 标志)。此时,接收到的数据可靠性较低,一般应丢弃。

在 UART 通信中,如果允许奇偶校验,在数据接收过程中,发现奇偶校验错误,则 PE 标志置 1。等待 RXNE 标志出现后,若通过读状态寄存器 UART_SR 与 UART_DR 寄存器清除 PE 标志,奇偶错误属于严重错误,则必须丢弃接收到的数据。

一般应采用中断方式判别 UART 接口接收数据是否有效,STM8S 系列芯片 UART 接口接收中断控制逻辑如图 8.2.5 所示。

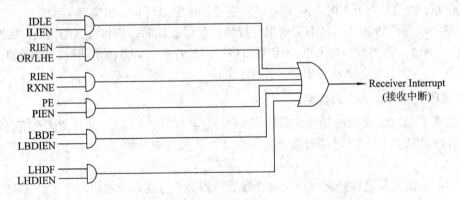

图 8.2.5   STM8S 系列芯片 UART 接口接收中断控制逻辑

为提高 UART 接口接收数据的可靠性,在接收中断服务程序中,应优先判别是否出现了 FE、PE 等严重错误,再判别是否存在 NF 标志,接收中断服务程序的结构大致如下所示:

```
          ;每次接收 17 字节,其中首字节为 AA,而最后 1 字节为和校验的低 7 位(字长为 9 位)
   UART_RX_SP        DS.B       1        ;接收指针
   UART_RX_BUF       DS.B       16       ;在 RAM1 段中定义 16 字节的接收缓冲区
   UART_RX_BUF_EV    DS.B       1        ;接收缓冲数据有效标志
```

```
        interrupt UARTx_RX_proc
UARTx_RX_proc.L
;*******奇偶校验错误判别**************(如果允许奇偶校验)
    BTJF UARTx_SR, #0, UART_RX_NEXT1        ;检查 PE(奇偶)错误标志
    ;奇偶标志 PE 为 1，属于严重错误
UART_RX_NEXT11.L
    BTJF UARTx_SR, #5, UART_RX_NEXT11       ;等待 RXNE 标志为 1
    JPF UART_RX_EEEOR                       ;进入错误处理，如要求对方重发
UART_RX_NEXT1.L
;*******帧错误判别*************(必须判别)
    BTJF UARTx_SR, #1, UART_RX_NEXT2
    JPF UART_RX_EEEOR                       ;FE(帧错误)标志为 1，属于严重错误
UART_RX_NEXT2.L
    ;*******如果对可靠性要求很高，可检查噪声标志(NF) **************
    BTJF UARTx_SR, #2, UART_RX_NEXT3
    JPF UART_RX_EEEOR                       ;转入错误处理
UART_RX_NEXT3.L
    ;没有错误，接收数据并清除接收有效标志 RXNE
    LD A, UARTx_DR                          ;读数据寄存器，清除 RXNE 标志
    LD R10, A                               ;接收数据暂存到 R10 单元中
    CP A, #0AAH
    JRNE UART_RX_DaPro1                     ;属于数据块内的数据
    ;接收到的数据为 AA，属于首字节信息
    CLR UART_RX _SP                         ;接收指针清 0
    JRT UART_RX_EXIT
UART_RX_DaPro1.L
    LD A,UART_RX _SP                        ;接收指针送寄存器 X
    CLRW X
    LD XL, A
    LD A, R10
    LD (UART_RX _BUF,X), A                  ;保存数据
    LD A,UART_RX _SP
    CP A, #15
    JRC UART_RX_DaPro2                      ;未接收到全部数据
    ;已收齐，要校验
    LD A, {UART_RX_BUF+0}                   ;取和的第 0 个数
    LDW X, #1
UART_RX_DaPro21.L
```

```
        ADD A, (UART_RX_BUF,X)                    ;求和
        INCW X
        CPW X, #15
        JRC UART_RX_DaPro21
        AND A, #7FH                               ;保留和的低 7 位
        CP A, (UART_RX_BUF,X)                     ;与和单元比较
        JRNE UART_RX_EEEOR1                       ;进入错误处理
        ;正确发送，发送 A5H 信息给发送方
        MOV UART_RX_BUF_EV, #0AAH                 ;用 AA 作为接收缓冲区数据有效标志
        JRT UART_RX_EXIT
UART_RX_DaPro2.L
        ;未接收完
        INC UART_RX_SP                            ;指针加 1
        JRT UART_RX_EXIT
UART_RX_EEEOR.L                                   ;错误处理
        LD A, UARTx_DR                            ;读数据寄存器，清除接收有效及相应错误标志
UART_RX_EEEOR1.L
UART_RX_EXIT.L
        IRET
        DC.B   05H,05H,05H,05H                    ;在返回指令后添加由非法指令码构成的软件陷阱
```

可以看出，充分利用奇偶校验、帧错误侦测等可靠性检测手段后，UART 通信的可靠性较高。在空闲期间，RX 引脚受到负脉冲干扰时，UART 误判为起始位，将按指定波特率接收数据，但奇偶校验不可能通过。若在正常接数据收期间受到干扰，则奇偶校验不正确的可能性就更大。

8.2.5 多机通信

在某些应用系统中，常需要多个单片机芯片协同工作，这就涉及多机通信问题。由 STM8 内核 MCU 芯片串行口构成的多机通信系统硬件连接如图 8.2.6 所示，其通用串行总线接口 UART 配置了支持多机通信功能的选择性接收控制位，如表 8.2.4 所示。

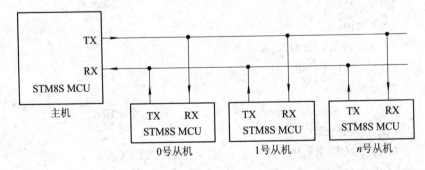

图 8.2.6　由 STM8 内核 MCU 芯片串行口构成的多机通信系统硬件连接示意图

表 8.2.4　选择性接收控制位

RWU(接收/静默)	WAKE(唤醒方式)	说　明
0(正常接收)	x	正常接收
1(静默状态)	0(空闲帧唤醒)	收到空闲帧后，自动清除 RWU 位，进入正常接收状态
1(静默状态)	1(地址帧唤醒)	收到与本机地址相同的地址帧时，自动清除 RWU 位，进入正常的接收状态(注意：接收地址帧时 RXNE 也有效)

在图 8.2.6 所示的多机通信系统中，由于各从机发送引脚 TX 通过"线与"方式与主机接收引脚 RX 相连(主机 RX 引脚必须初始化为不带中断的上拉输入方式)，因此在多机通信系统中，从机发送引脚 TX 必须初始化为 OD 输出方式，使从机 TEN 为 0 时(TX 引脚与 UART 接口发送端断开)，保证 TX 引脚支持"线与"逻辑；从机之间不能通信，而主机可与任一从机通信。为避免总线冲突，主机只能通过查询方式与从机通信，从机不能主动发送数据。

在多从机通信系统中，各从机可同时处于接收状态，但任何时候最多只有一台从机处于发送状态。为减小主机功耗，在非查询期间，主机可进入禁用模式(将 UARTD 位置 1)，而从机不能进入禁用模式，原因是从机无法预测主机什么时候会发送数据。

在由 STM8 内核 MCU 芯片 UART 接口组成的多机通信系统中，可以选择 8 位数据(M=0)，也可以选择 9 位数据(M=1)。不论信息帧长度为 8 位还是 9 位，在多机通信方式中，同样可以选择奇偶校验功能，如表 8.2.2 所示。

在多机通信方式中，主机与从机之间的通信过程为：主机先发送目标从机地址(特征是数据最高位 MSB 为 1)，再发送数据信息(特征是数据最高位 MSB 为 0)。

1. 唤醒控制位 WAKE 为 0 时的多机通信系统

STM8 内核 MCU 芯片提供了总线空闲检测功能，当 WAKE 为 0 时，可以利用 RWU 位完成多机通信的控制，其过程如下：

(1) 开始时从机的 RWU 位为 1、WAKE 位为 0，处于静默状态。

(2) 每次通信前，主机先发送一个空闲帧，使各从机被唤醒(当 WAKE 为 0、RWU 为 1 时，空闲帧可以唤醒处于静默状态的 UART 接收功能)。

(3) 主机发送目标从机地址(在这种方式中，从机地址及存放位置由用户设定，与 UART_CR4 寄存器内的从机地址位无关，从机数量也不受限制)。

(4) 从机接收了主机发来的从机地址信息后，核对是否属于本机地址。若不是本机地址，则可将 RWU 位置 1，强迫从机进入静默状态(收到空闲帧时再度被唤醒)；若是本机地址则接收、处理地址帧，将 TEN 位置 1，允许发送，向主机发送应答信号(目的是使主机感知该从机是否存在)，并将从机地址接收有效标志置 1，接收主机随后送来的数据信息。在从机接收了最后一个数据帧后，清除从机地址接收有效标志；发送结束后，清除 TEN 位。

由于空闲帧可以唤醒处于静默状态的 UART 串行口，考虑到主机发送两信息帧间隔可能会超出一帧间隔，即两信息帧之间从机有可能反复被唤醒，因此在从机中必须设置从机地址接收有效标志位。被唤醒后，如果接收到数据信息，则先检查地址接收有效标志是否存在，否则不处理，并将对应从机的 RWU 位置 1，强迫其进入静默状态。

2. 唤醒控制位 WAKE 为 1 时的多机通信系统

通过 AURT_CR4 寄存器设置从机地址(最多支持 16 个从机)，将从机的 WAKE 位置 1，使从机具有选择性接收功能——仅接收与自己地址编码相同的地址信息(数据最高位为1)。

1) 从机个数在16以内的多机通信系统

开始时主机发送目标从机地址信息(无奇偶校验时,MSB 位为1;有奇偶校验时,MSB-1 位为1),此时所有从机均自动接收并与自己的地址信息比较。

匹配时,UART 退出静默模式,自动清除 RWU 位,进入正常接收状态,且接收有效标志 RXNE(由于先清除了 RWU 位)置1(注意目标从机接收了地址信息帧,要处理),从机即可接收随后送来的数据信息(无奇偶校验时,MSB=0;有奇偶校验时,MSB-1 位=0)。通信结束后,借助手工方式将从机的 RWU(接收器接收控制)位置1,强迫对应从机再度进入有选择性接收的静默模式。

不匹配时,对应从机的 RWU(接收器接收控制)位状态依然为1,从机仍然处于静默模式,不接收任何数据信息。

在16个从机模式下,唤醒控制位 WAKE 为1时的从机 UART 串行接收流程如图 8.2.7 所示。

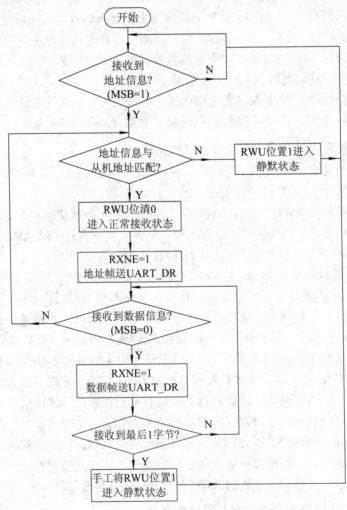

图 8.2.7 WAKE=1 时 UART 串行接口接收流程

2) 从机个数在 16 个以上的多机通信系统

UART_CR4 寄存器的从机地址 ADD[3:0]只有 4 位，最多可以选择 16 个从机。当从机个数在 16 个以上时，可将从机分组，每组最大从机数由 M(字长)、PCEN(奇偶校验允许)位定义，如表 8.2.5 所示。

表 8.2.5　每组从机数及信息帧格式

M (字长)	PCEN (奇偶校验)	MSB (数据最高位)	每组最大从机数	MSB=1 (地址帧格式)	MSB=0 (数据帧格式与范围)
0	0	b7	8	1nnn a3～a0	0b6～b0 (00～7FH)
0	1	b6	4	x1nn a3～a0	x0b5～b0 (00～3FH)
1	0	T8/R8	16	1nnnn a3～a0	0b7～b0 (00～FFH)
1	1	b7	8	x1nnn a3～a0	x0b6～b0 (00～7FH)

其中，x 为奇偶校验信息；低 4 位(a3～a0)为组编号，而 nn(b5～b4)、nnn(b6～b4)、nnnn(b7～b4)为组内从机编号。

当接收到地址信息时，同一组内的所有从机(低 4 位 b3～b0 相同)均被唤醒(RWU 位自动被清 0，并接收地址信息)，然后借助手工方式将接收到的地址信息与本机地址比较，不同就强制将 RWU 位置 1。接收流程与图 8.2.7 类似，仅需增加地址信息判别与 RWU 位置 1 这两条指令。

这种分组方式还可以实现主机以广播方式向同组内的多个从机同时发送信息。

8.2.6　UART 同步模式

STM8S 的 UART1、UART2 支持同步模式，即提供了同步串行时钟输出信号 SCK，其目的是将 UART 异步通信接口改造为具有同步串行通信功能的部件，以便与遵守 SPI 接口协议的部件或芯片(如 74HC595)连接。在同步模式下，下列控制位必须清 0：UART_CR3 寄存器的 LINEN(禁止 LIN 模式)、UART_CR5 寄存器的 SCEN (禁止 LIN 模式下的时钟输出)、HDSEL(禁止半双工模式)、IREN(禁止红外模式)。

在同步模式下，UART 部件相当于 SPI 总线的主设备，TX 相当于 MOSI 引脚(输出)、RX 相当于 MISO 引脚(输入)，SCK 输出同步时钟，可利用这一方式将 UART 口与 SPI 总线从设备相连，如图 8.2.8 所示。

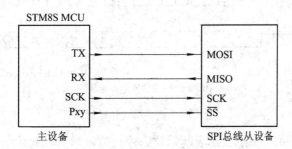

图 8.2.8　UART 以同步方式与 SPI 总线从设备的连接

在同步模式下，时钟 SCK 极性、相位由 UART_CR3 寄存器的 CPOL、CPHA 位控制，发送最后 1 bit 时是否产生时钟由 LBCL 位控制，操作时序如图 8.2.9 所示。若 CPOL 位为

0，则空闲时时钟 SCK 为低电平；反之，若 CPOL 位为 1，则空闲时时钟 SCK 为高电平。CPHA 控制数据捕捉发生在时钟信号 SCK 的前沿或后沿：CPHA 位为 0，外部设备在时钟 SCK 的前沿锁存数据；反之，CPHA 位为 1，串行接口外部设备在时钟 SCK 的后沿锁存数据。由此不难看出，当 CPOL、CPHA 位为 00 或 11 时，数据锁存操作发生在 SCK 信号的上升沿；而当 CPOL、CPHA 位为 01 或 10 时，数据锁存操作发生在 SCK 信号的下降沿。所选的时钟 SCK 极性、相位必须与串行接口外设时钟边沿要求一致。

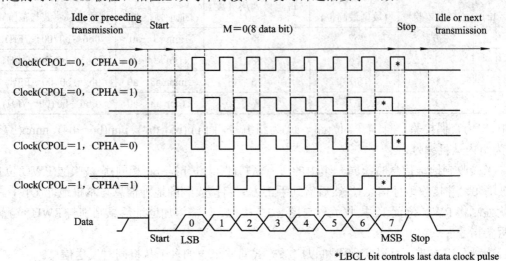

(a) 帧长为8位的同步传输时序

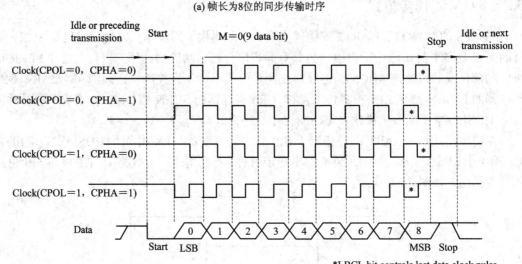

(b) 帧长为9位的同步传输时序

图 8.2.9 同步模式传输时序

可见，在同步模式下依然会出现起始位、停止位，只是在起始位、停止位期间不输出时钟信号 SCK，相当于忽略这两个标志位的存在。为了与 SPI 总线协议保持一致，发送最后一位需要输出时钟。即在一般情况下，令 LBCL 为 1，否则将出现传输开始前与结束后 SCK 时钟电平不一致的现象。例如，在 CPOL、CPHA=00 的情况下，空闲状态时，SCK

时钟应为低电平，而当 LBCL 为 0 时，因最后一位不发送时钟信号，其结果是最后一位传输结束后 SCK 为高电平——这不符合 SPI 协议的规定。

在同步模式中选择波特率时，尽可能使 UART_DIV[3:0]为 0，使数据建立与保持时间为 1/16 位的发送时间；此外，尽可能用一条指令使 TEN、REN 位同时为 1(因为在同步方式中，TEN 为 1，立即启动传输)，否则接收数据可能不可靠。

在同步模式中，对发送来说，TC、TXE 标志依然有效；对接收来说，仅 RXNE 标志有效，而 PE、NE、FE 等标志无效。

不过，处于同步模式下的 UART 接口只是部分实现了 SPI 总线的功能，与标准 SPI 总线相比，区别在于：不能选择先发 LSB 位(b0 位)还是 MSB 位(b7 位)，而是一律先发 b0 位；只能作 SPI 总线主设备使用，且发送速率没有标准 SPI 总线高。

8.2.7　UART 串行通信的初始化步骤

1. 发送器初始化

(1) 由于 UART 发送功能未被激活时，UART_TX 引脚的电平状态由 GPIO 寄存器位定义，为避免接收错误或总线瘫痪，最好将 UART_TX 引脚初始化为高电平的互补推挽方式(点对点通信)、OD 方式或不带中断的上拉输入方式(多机通信)。

(2) 初始化外设时钟门控寄存器(CLK_PCKENR1)的 PCKEN13、PCKEN12，将主时钟 f_{MASTER} 接到对应串行口部件的波特率发生器的输入端。

(3) 初始化 UART 控制寄存器 UART_CR1 的 M 位，选择数据帧的长度。

(4) 初始化 UART 控制寄存器 UART_CR3 的 STOP 位，选择停止位的长度。

(5) 按顺序初始化波特率分频器 UART_BRR2、UART_BRR1。

(6) 初始化 UART 控制寄存器 UART_CR2 的相关中断控制位。理论上，既可以用查询方式感知发送是否结束，也可以用中断方式确定发送是否结束。不过 STM8 内核 CPU 速度快，而串行发送速率低，因此，最好采用中断方式。当采用中断方式时，在允许中断前，即执行 RIM 指令或将 UART_CR2 寄存器的 TCIEN 位置 1 前，必须清除状态寄存器 UART_ST 中的发送结束标志 TC，否则会立即响应发送结束中断请求，可能会误发一帧信息，原因是复位后 TC 标志有效。

(7) 初始化 UART 接口发送中断的优先级。

(8) 将 UART 控制寄存器 UART_CR2 的 TEN 位置 1，使能发送器(在多机通信中，当采用空闲帧唤醒处于睡眠状态的从机时，在使能主机的 TEN 位后，会自动插入一空闲帧)。

(9) 将待发送数据送数据寄存器 UART_DR(对数据寄存器 UART_DR 进行写入时，状态寄存器 UART_SR 的 TXE 位被清 0，表示数据尚未送到串行输出寄存器中，此时不能对 UART_DR 寄存器写入)，触发发送过程。

2. 接收器初始化

(1) UART_RX 引脚初始化为不带中断的上拉输入方式。

执行发送初始化过程的(2)~(7)，选择数据帧、停止位长度、接收波特率、中断控制位及接收中断优先级。由于接收方无法确定发送方什么时候将数据送出，因此只能用中断方式确定接收是否有效。

(2) 将 UART 控制寄存器 UART_CR2 的 REN 位置 1，UART 接口部件便进入接收状态，以 16 倍波特率的采样速率不断检测 UART_RX 引脚的电平状态，确定是否出现了低电平的起始位。

作为特例，下面给出了 UART1 串行发送、接收的初始化程序(假设主时钟频率为 8 MHz)：

```
BSET PCKEN1, #3           ;接通 UART1 的时钟(STM8S103 芯片由 PCKEN13 控制)
MOV UART1_CR1, #00010100B  ;每帧 9 位，采用偶校验，不允许奇偶校验中断
MOV UART1_CR3, #00000000B  ;停止位长度为 1 bit
MOV UART1_BRR2, #08H       ;发送波特率为 8000。8000000/8000=1000=03E8H
MOV UART1_BRR1, #3EH       ;先装高位，后装低位
LD A, ITC_SPR5            ;17 号(IREQ17)中断
AND A, #11110011B         ;UART1 发送中断优先级为 00(2 级)
LD ITC_SPR5, A
LD A, ITC_SPR5            ;18 号(IREQ18)中断
OR A, #00110000B          ;UART1 接收中断优先级为 11(3 级)
LD ITC_SPR5, A
BRES UART1_SR, #6         ;在允许结束中断前，先清除中断发送结束标志 TC
MOV UART1_CR2, #01101100B ; b6 为 1(发送结束中断)、b5 为 1(接收有效中断)
                          ;b3 为 1(允许发送)、b2 为 1(允许接收)
```

8.3 RS-232C 串行接口标准及应用

RS-232C 是美国电子工业协会 EIA(Electronic Industry Association)于 1962 年制定的一种串行通信接口标准(1987 年 1 月修改的 RS-232C 标准称为 RS-232D，不过两者差别不大，因此仍用旧标准称呼)。

RS-232C 标准规定了在串行通信中数据终端设备(简称 DTE，如个人计算机)和数据设备(简称 DCE，如调制解调器)间物理连接线路的机械、电气特性，以及通信格式与约定，是异步串行通信中应用较广的串行总线标准之一。

8.3.1 RS-232C 的引脚功能

完整的 RS-232C 接口由主信道、辅信道共 22 根连线组成，不过该标准对引脚的机械特性并未做出严格规定，一般采用标准的 25 芯 D 型插座(通过 25 针的 D 型插头连接)，各引脚信号含义如图 8.3.1(a)所示。

尽管辅信道也可用于串行通信，但速率较低，很少用。此外，当两个设备以异步方式通信时，也无须使用主信道中所有的联络信号，因此 RS-232C 接口也可以用 9 芯 D 型插座(通过 9 针的 D 型插头连接，如微机系统中的串行口)，其各引脚信号含义如图 8.3.1(b)所示。

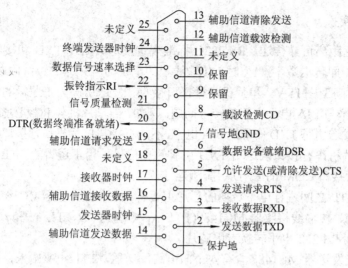

(a) 25芯D型插座 RS-232C 接口信号名称及主要信号流向

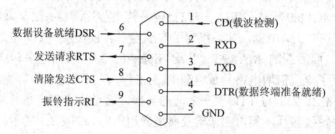

(b) 9芯D型插座 RS-232C 接口信号名称及主要信号流向

图 8.3.1　RS-232C 接口插座

8.3.2　RS-232C 串行接口标准中主信道重要信号的含义

在 RS-232C 串行接口中，标准主信道各重要信号的含义如下：

(1) TXD：串行数据发送引脚，输出。

(2) RXD：串行数据接收引脚，输入。

(3) DSR：数据设备(DCE)准备就绪信号，输入，主要用于接收联络。当 DSR 信号有效时，表示本地的数据设备(DCE)处于就绪状态。

(4) DTR：数据终端(DTE)准备就绪信号，输出。用于 DTE 向 DCE 发送联络，当 DTR 有效时，表示 DTE 可以接收来自 DCE 的数据。

(5) RTS：发送请求，输出。当 DTE 需要向 DCE 发送数据时，向接收方(DCE)输出 RTS 信号。

(6) CTS：发送允许或清除发送，输入。作为"清除发送"信号使用时，由 DCE 输出，当 CTS 有效时，DTE 将终止发送(如 DCE 忙或有重要数据要回送 DTE)；而作为"允许发送"信号使用时，情况刚好相反：当接收方接收到 RTS 信号后进入接收状态，就绪后向请求发送方回送 CTS 信号，发送方检测到 CTS 有效后，启动发送过程。

8.3.3 电平转换

为保证数据远距离可靠传送，RS-232C 标准规定发送数据线 TXD 和接收数据线 RXD 均采用 EIA 电平，即传送数字"1"时，传输线上的电平为 -3～-15 V；传送数字"0"时，传输线上的电平为 +3～+15 V。单片机串行接口接收、发送引脚为正逻辑的 TTL 电平，这样就存在 TTL 电平与 EIA 电平之间的转换问题。例如，当单片机与 PC 机进行串行通信时，PC 机 COM 接口发送引脚 TXD 信号是 EIA 电平，不能直接与单片机串行接口接收引脚 RXD 相连；同样，单片机串行接口发送端 TXD 引脚输出信号采用正逻辑的 TTL 电平，也不能直接与 PC 机串行接口 COM 的 RXD 引脚相连。

RS-232C 与 TTL 之间进行电平转换的芯片主要有：传输线发送器 MC1488(把 TTL 电平转换成 EIA 电平)、传输线接收器 MC1489(把 EIA 电平转换成 TTL 电平)、MAX232 以及 Sipex202/232 系列 RS-232 电平转换专用芯片。

早期的传输线发送器 MC1488 含有 4 个门电路发送器，TTL 电平输入，EIA 电平输出；而早期的传输线接收器 MC1489 也含有 4 个接收器，EIA 电平输入，TTL 电平输出。但是由 MC1488 和 MC1489 构成的 EIA 与 TTL 电平转换芯片需要 ±12 V 双电源，而在单片机应用系统中一般只有 +5 V 电源，如果仅为了实现电平转换增加 ±2 V 电源，会使系统体积增加、成本升高。而后期的 MAX232 以及 Sipex202/232 系列电平转换芯片集成度高，单 +5 V 电源(内置了电压倍增电路及负电源电路)工作，只需外接 5 个容量为 0.1～1 μF 的小电容即可完成两路 RS-232 与 TTL 电平之间的转换，这是十多年来单片机应用系统中最常用的 RS-232 电平转换芯片，其内部结构及典型应用电路如图 8.3.2 所示。

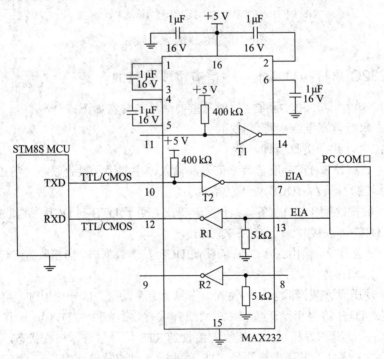

图 8.3.2　MAX232 电平转换芯片内部结构及典型应用电路

8.3.4　RS-232C 的连接

RS-232C 接口联络信号没有严格定义，通过 RS-232C 接口标准通信的两个设备可能只使用了其中的部分联络信号，在极端情况下可能不用联络信号，只通过 TXD、RXD 和 GND 三根连线实现串行通信。此外，联络信号的含义和连接方式也可能因设备种类的不同而略有差异。正因如此，通过 RS-232C 接口通信的设备可能遇到不兼容的问题。

下面是常见的 RS-232C 连接方式：

(1) 两设备通过 RS-232C 接口标准连接时，可能只需"发送请求"信号 RTS 和"发送允许"信号 CTS 作联络信号实现串行通信，如图 8.3.3 所示。

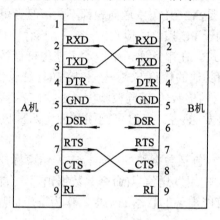

图 8.3.3　只有 RTS、CTS 联络信号的串行通信

(2) 没有联络信号的串行通信。如果通信双方"协议"好了收发条件(如通信数据量、格式等)，且在规定时间内准备就绪，就可以不用任何联络信号实现串行通信，如图 8.3.4 所示。

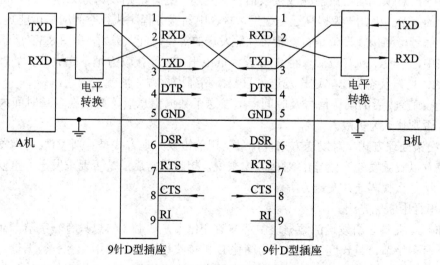

图 8.3.4　没有联络信号的串行通信

在图 8.3.4 中，如果通信双方距离很近，如同一设备内的不同模块或同一电路板上的两

个 MCU 芯片之间，就无须使用电平转换芯片，将串行通信口对应引脚直接相连即可。

8.3.5 通信协议及约定

在单片机应用系统中，由于彼此之间需要传输的数据量少，常使用没有联络信号的串行通信协议，只需明确如下的收发条件即可：

(1) 波特率(CPS)。发送、接收双方的波特率必须相同，误差不得超过一定的范围，否则不能正确接收数据。

(2) 数据位长度(8 位还是 9 位)。

(3) 以二进制代码发送还是 ASCII 码形式发送。对于单片机与单片机之间的串行通信来说，以二进制代码发送还是 ASCII 码发送问题都不大。但当单片机与 PC 机串行通信时，以 ASCII 码发送可能更有利于 PC 控件的检测。

(4) 校验有无及校验方式。在串行通信中，除了使用奇偶校验、帧错误侦测等帧内检测方式外，还可能需要使用其他的检验方式——和校验(往往仅保留和的低 8 位或低 7 位，甚至低 4 位)、某个特征数码的倍数(如连同校验信息在内，各字节"和"的结果为 15 的倍数)、双循环校验(信息重复发送)等。有时可能同时使用两种校验方式，以保证通信的可靠性。

(5) 规范数据块的格式。包括数据块的起始标志、结束标志、数据块长度、校验方式及校验信息存放位置等。常使用发送信息(命令、数据)中不可能出现的状态编码作为数据块的起始和结束标志，不可能出现的状态编码也常作为发送信息的类别——是数据，还是命令的识别码。

(6) 字节与字节之间的等待时间。接收方接收了一个字节的信息后，往往需要对信息进行判别、存储等初步处理。在没有联络信号的情况下，当通信波特率较高，而 CPU 频率较低时，发送了一字节后，可能需要等待特定时间后，才能发送下一字节。不过，当接收方能在下一信息帧发送结束前完成接收信息的判别、处理，则发送方无须等待，可以连续发送剩余的字节。因此，为提高通信速度，接收中断服务程序执行时间应尽可能短。当然，通过联络信号检测接收设备是否就绪将缩短发送的等待时间。例如，在图 8.3.3 所示的串行通信线路中，接收中断有效后，将 RTS 置为低电平，表示接收方忙，完成数据处理后，清除 RTS 的"忙"状态标志，这样发送方只要检测到接收方非忙就发送。

(7) 正确接收后的确认信号及时间，即发送了数据信息后，必须在多长时间内收到应答信号，否则就认为失败。

(8) 出错处理方式。对发送方来说，最常用的错误处理方式是重新发送(明确发送失败后是否重发以及重发的次数等)；对接收方来说，接收异常后，是否要求发送方重发、在什么时候、用什么代码通知发送方等。

(9) 串行中断优先级。

例如，A 机向 B 机发送的数据块中字节数变化大，如命令信息只有一字节，而数据信息可能含有多字节，且长度不确定。为简化 B 机接收程序，可使用命令、数据信息中不可能出现的数码作为数据块的起始标志和结束标志。这样接收方只要收到数据块的起始标志字节，即认为是一数据块信息的开始。收到结束标志，则认为已完整地接收了数据块的信息。

当然，如果发送的信息量少，数据块的长度变化不大。也可不设结束标志，而采用每次固定发送若干字节的方式。这样接收方收到数据块的起始标志后便开始计数，当接收了指定字节后，即认为已完整地接收了数据块的信息。

例如，A 机仅需向 B 机发送少量信息，如 1 字节的命令信息或 1～2 字节的数据信息，且命令或数据信息中不含 0A2H、0A6H。为简化 B 机接收程序，协议如下：

每次固定发送 4 字节。其中第 1 字节为 A2H，是数据块的起始标志，这样 B 机收到 A2H 时，即认为是数据块信息的开始；第 2、3 字节为发送的命令或数据；第 4 字节高位为 0，低 7 位为 2、3 字节和的低 7 位。对于长度为 1 字节的命令或数据，可用无效状态码 A6 或其他填充。

对于 B 机来说，如果收到的内容为 A2H，则认为是数据块信息的开始，复位接收计数器，当接收了 4 字节后，就认为已完整地接收了数据块的信息，校验正确后发特征字，如 A5H 给 A 机，表明正确接收了 A 机发来的信息。

下面是串行通信中常用的数据块格式：

首字节标志 + n 字节信息(数据或命令) + 校验字节(可选) + 尾字节标志 (发送信息量不固定)

首字节标志 + 信息长度字节 + n 字节信息(数据或命令) + 校验字节(可选) (发送信息量不固定)

首字节标志 + n 字节信息(数据或命令) + 校验字节(可选) (固定长度)

8.4　RS-422/RS-485 总线

RS-232 是单片机应用系统中较常见的串行通信接口标准，采用非平衡传输方式，硬件接口简单、成本低廉，但在干扰严重的环境下，误码率较高，通信可靠性较低。此外，最大传输距离也只有 15 m，仅适合低速短距离通信。为此，EIA 制定了一种平衡(差分)传输方式，将通信距离提高到 1000 m，数据传输率达到 10 Mb/s 的 RS-422/RS-485 接口标准。

8.4.1　RS-422 接口标准

RS-422 接口标准的发送器将 TTL 电平的发送信号 DI 转换为差分驱动模式(Differential Driver Mode)的 A、B 两路信号输出，即 A 路信号与 B 路信号极性相反(可用逻辑驱动门电路实现)。当 RS-422 接口标准发送器输出信号的电位差 $U_{AB}(U_A - U_B)$ 的电平为 +1.5～+6 V 时，被定义为逻辑 "1"；而当输出信号的电位差 U_{AB} 的电平为 -1.5～-6 V 时，被定义为逻辑 "0"。

相应地，RS-422 标准接口的接收器将接收到的 A、B 两路差分输入信号还原为 TTL 电平的输出信号 U_O(可用类似模拟比较器电路实现)。对于接收器来说，当输入信号的电位差 $U_{AB} \geqslant +200$ mV 时，输出信号 U_O 为高电平(逻辑 "1")；当输入信号的电位差 $U_{AB} \leqslant -200$ mV 时，输出信号 U_O 为低电平(逻辑 "0")。

可见，RS-422 标准是一种采用平衡(差分)传输方式、单机发送多机接收的单向串行通信接口，如图 8.4.1(a)所示。为了能够实现收发全双工通信方式，需要 4 根传输线形成两对差分信号线，即采用 RS-422 接口标准实现甲乙两设备之间的数据接收与发送时，一般需要 5 根线(4 根信号线和 1 根地线)，如图 8.4.1(b)所示。

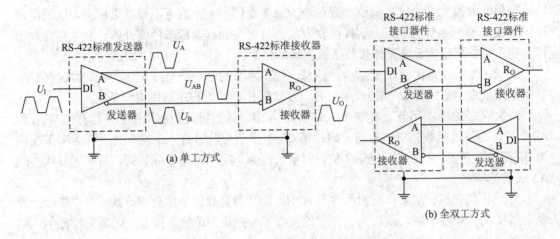

图 8.4.1　RS-422 接口标准串行通信示意图

发送器 A、B 两输出端的电位差 U_{AB} 的电平范围，以及接收器 A、B 两输入端的电位差 U_{AB} 的电平范围如图 8.4.2 所示。

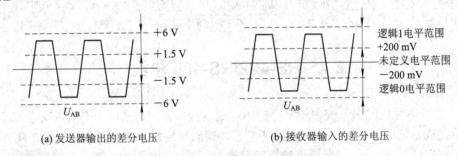

图 8.4.2　差分输出/输入信号电平范围

发送器 A、B 两路输出信号经双绞线传输到接收器 A、B 两输入端后，将会有不同程度的衰减。衰减幅度与传输线的长度、线径(直流电阻大小)等因素有关，当输入的差分信号 u_{AB} 小于接收器最小输入电压(200 mV)时，接收器将无法识别。因此，尽管 RS-422 接口标准最高传输率可达 10 Mb/s，但这时传输线长度将迅速锐减到 1 m 以内。实践表明，当传输线为 1000 m 时，传输率不宜超过 20 kb/s。

尽管在图 8.4.1 中将接收、发送双方的地线连在一起，不过 RS-485、RS-422 总线采用差分传送方式，并不一定需要将接收、发送双方的地线连在一起，尤其是当传输线较短时，地线连接与否对通信速率的影响不大。

8.4.2　RS-485 标准

采用 RS-422 标准实现数据双向传输时，两设备之间一般只需 5 条连线，这在远距离通信系统中，成本较高。为此，EIA 于 1983 年在 RS-422 基础上制定了 RS-485 接口标准，主要增加了多点、双向通信功能，即允许多个发送器连接到同一条总线上，同时增加了发送器的驱动能力和冲突保护功能，并扩展了总线的共模电压范围后，命名为 TIA/EIA-485-A 标准(简称 RS-485 标准)。它实际上是 RS-422 接口标准的发送器和接收器借助同一对差分信号线分时发送、接收数据，属于典型的半双工通信方式。

在 RS-485 接口标准中，由于接收、发送分时使用同一对数据线，因此必须给发送器增加使能控制信号 DE(高电平有效)。当发送控制信号 DE 无效(低电平状态)时，发送器不工作，发送器两差分输出信号线 A、B 处于高阻态。

相应地，为减小功耗，一般也给接收器增设使能控制信号 $\overline{RE}$ (低电平有效)。当接收控制信号 $\overline{RE}$ 无效时，接收器不工作，输出端 R_O 为高阻态，如图 8.4.3 所示。

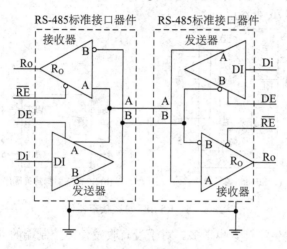

图 8.4.3　RS-485 标准接口连接示意图

8.4.3　RS-422/RS-485 标准性能指标

为便于比较，表 8.4.1 列出了 RS-232、RS-422、RS-485 三种接口标准的主要性能指标。

表 8.4.1　RS-232、RS-422、RS-485 接口标准主要性能指标

标准	RS-232	RS-422	RS-485
传输方式	非平衡单端	平衡双端(差分)	平衡双端(差分)
节点数	1 发 1 收(点对点)	1 发 10 收(多点广播方式)	1 发 32 收(多点广播方式)
最高传输率	20 kb/s	10 Mb/s	10 Mb/s
最大通信距离	12.7 m	1000 m	1000 m
发送器输出信号电平范围	±5.0～±15.0 V	±2.0～±6.0 V	±1.5～±6.0 V
接收器输入信号电平范围	±3.0～±15.0 V 逻辑 1(−3.0～−15.0 V) 逻辑 0(+3.0～+15.0 V)	±200 mV～±6.0 V 逻辑 1($u_{AB} \geqslant 200$ mV) 逻辑 0($u_{AB} \leqslant -200$ mV)	±200 mV～±6.0 V 逻辑 1($u_{AB} \geqslant 200$ mV) 逻辑 0($u_{AB} \leqslant -200$ mV)
发送器负载阻抗	3～7 kΩ	100 Ω	54 Ω
接收器输入电阻	3～7 kΩ	4 kΩ(最小)	≥12 kΩ

8.4.4　RS-485/RS-422 接口标准芯片简介

采用 RS-485/RS-422 接口标准通信时，发送方需要通过专用的接口器件，将待发送的

TTL 电平兼容信号转换为两路差分信号输出(单端输入双端输出);接收方也需要通过专用的接口器件,将差分形式的输入信号转换为 TTL 电平信号(双端输入单端输出)。目前 RS-485、RS-422 电平转换器件生产厂家很多,均采用单一+5.0 V(或+3.3 V)电源供电,同一类型接口器件引脚大多相互兼容,差别仅限于 ESD(人体放电保护)功能有无与强弱、发送器的负载能力、最大传输率、电源电压的高低、功耗的大小等参数。

图 8.4.4 给出了 Sipex 公司的 SP485E 接口器件的内部框图及引脚排列顺序(与工业标准 485 总线接口芯片 75176 兼容)。

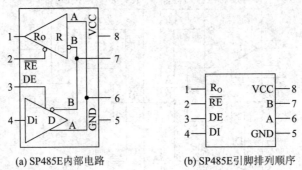

(a) SP485E内部电路   (b) SP485E引脚排列顺序

图 8.4.4   RS-485 总线接口器件

RS-422 接口器件生产厂家也很多。对于没有收发使能控制端的 RS-422 总线接口芯片(如 Sipex 公司的 SP490E 芯片),一般采用 DIP-8 或 SOP-8 封装,如图 8.4.5(a)所示;对于带有收发使能控制端的 RS-422 总线接口芯片(如 Sipex 公司的 SP491E 芯片),一般采用 DIP-14 或 SOP-14 封装,如图 8.4.5(b)所示。

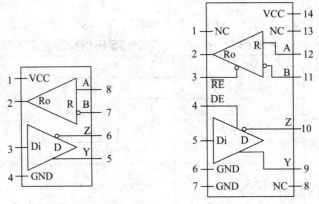

(a) 不带收发使能控制端的RS-422接口芯片   (b) 带有收发使能控制端的RS-422接口芯片

图 8.4.5   RS-422 总线接口器件

在图 8.4.5 中,A 为接收器同相信号输入端,B 为接收器反相信号输入端;Y 为发送器同相信号输出端,Z 为发送器反相信号输出端。

在低速长距离串行通信系统中,一般应优先使用 RS-485 总线,构成半双工通信方式,原因是仅需要三根连线,一方面布线容易(可利用地线隔离),可靠性高;另一方面,线材消耗小,成本低。只有在高速短距离通信系统中,才考虑使用 RS-422 总线。

8.4.5　RS-485/RS-422 通信接口实际电路

由 RS-485 接口标准器件组成的基本串行通信电路如图 8.4.6 所示。

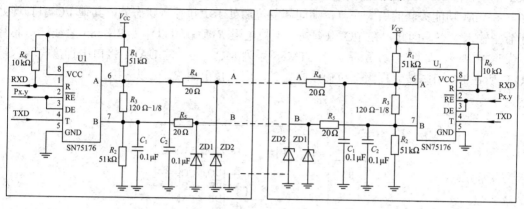

A 设备　　　　　　　　　　　　　　　　　　B 设备

图 8.4.6　RS-485 通信接口基本电路

在图 8.4.6 中，发送器输入端 T(Di)可与 MCU，如 STM8 内核 MCU 芯片的 UART 接口的串行数据发送端 TXD 引脚相连，接收器输出端 R 可与 MCU 芯片的 UART 接口的串行数据输入端 RXD 引脚相连。由于发送器使能端 DE 与接收器使能端 $\overline{RE}$ 一般连在一起，由 MCU 芯片的另一 I/O 引脚控制，当控制信号为高电平时，接收器输出端 R 处于高阻态，因此，对于没有上拉输入特性的 RXD 引脚，则必须通过 10 kΩ 电阻接电源 V_{CC}，以保证接收器输出为高阻态时，MCU 芯片的串行输入引脚 RXD 电平处于确定的高电平状态。

R_3 为终端匹配电阻，其大小原则上与传输线特性阻抗相同。由于双绞线特性阻抗大致为 120 Ω，因此 R_3 一般取 120 Ω。不过当通信距离小于 300 m 或通信速率较低(小于 20 kb/s)时，可不接 R_3(其好处是可以降低 RS-485 接口芯片的功耗)。

R_1、R_2 是为了保证在 RS-485 总线处于悬空(没有连接)状态时，使 A、B 差分线处于确定的高、低电平状态，避免 RS-485 总线网络瘫痪。

电容 C_1、C_2，以及电阻 R_4、R_5 是为了减小 RS-485 总线工作的 EMI(电磁辐射干扰)而设置的，它能有效减小信号传输过程中的波形上冲、下冲。在 EMI 要求严格时,最好用 100~220 µH 电感或直流磁珠代替电阻 R_4、R_5，而在 EMI 要求不高的应用场合中，可以省去电容 C_1、C_2。

ZD1、ZD2 是 TVS 管。尽管 RS-485 总线内部具有一定的过压保护功能，但为了保证接口电路的安全，仍有必要外接 TVS 管。

R_6 是上拉电阻，当 MCU 芯片的 UART 接口的串行接收引脚 RXD 可编程为上拉输入方式时，可省略。

8.4.6　避免总线冲突方式

RS-485 总线属于"一主多从"的半双工通信方式，任何时候系统中都最多允许一个总线接口芯片处于发送状态，因此在正常状态下，多采用主机轮流查询方式与各从机通信，避免总线冲突。当 RS-485 网络中同时存在两个或以上 485 总线接口芯片处于发送状态时，网络会面临瘫痪，甚至会有烧毁 RS-485 总线接口芯片的危险。在基于 RS-485 总线的多机通信系统中，应根据 MCU 复位期间及复位后 I/O 引脚的电平状态，保证从机上电复位期间及上电复位后 RS-485 总线接口芯片处于接收状态。例如，在 STM8 内核 MCU 芯片中，除了与 SWIM 功能关联的引脚在复位期间和复位后处于上拉输入状态外，其他 I/O 引脚均处于悬空输入状态。因此，在 I/O 引脚外接下拉电阻 R_d 后就可以作为 RS-485 总线接口芯片的发送控制端，如图 8.4.7 所示。当 STM8S 系列 MCU 芯片的 UART 接口串行接收输入端 RXD 所在 I/O 引脚被编程为上拉输入方式时，则上拉电阻 R_{pu} 可以不接。

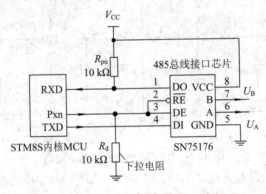

图 8.4.7　从机发送允许引脚 DE 上电控制电路

鉴于 485 总线属于半双工串行通信接口，因此一般约定发送方发送完最后一字节后，才进入接收状态；接收方必须接收到发送方送来的最后一字节后，才允许发送应答信号，不能在发送方尚未完成发送的情况下，接收方就转入发送状态——这不仅无法接收，甚至会造成 RS-485 总线瘫痪。

8.5　串行外设接口(SPI)

STM8 内核 MCU 芯片内置了数据传输率高达 8 Mb/s 的可工作在"双线单向"的全双工模式或"单线双向"的半双工模式的串行外设接口(Serial Peripheral Interface，SPI)部件。SPI 是一种高速、同步的串行通信接口总线，其数据传输率比 I^2C 串行总线高，但通信协议简单，是单片机应用系统中常见的一种同步串行通信方式之一。

SPI 总线有主、从两种工作模式，使用 MOSI(Master Out/Salve In)引脚、MISO(Master In/Salve Out)引脚、输入/输出同步时钟信号 SCK、从设备选通信号 $\overline{NSS}$，来完成两个 SPI 接口设备之间的数据传输。

SPI 总线的通信过程总是由 SPI 主设备启动和控制的，主设备提供了用于串行数据输入/输出所需的同步时钟信号 SCK。因此对主设备来说，SCK 是输出引脚；对从设备来说，SCK 是输入引脚。当 SPI 主设备通过 MOSI 引脚把数据串行传输到从设备时，从设备也同时通过 MISO 引脚将数据回送到主设备。显然，MOSI 引脚对主设备是输出引脚，对从设备是输入引脚；而 MISO 引脚对主设备是输入引脚，对从设备是输出引脚。

根据 SPI 总线的传输协议，对主设备来说，MISO 引脚总处于高阻输入状态。当 SPI 总线处于激活状态时，MOSI、SCK 引脚处于互补推挽输出状态；而当 SPI 总线空闲时，

MOSI、SCK 引脚处于高阻态，避免争夺 SPI 总线。

对于从设备来说，MOSI、SCK 引脚总处于高阻输入状态，当 SPI 总线处于选中(片选信号输入端 $\overline{\text{NSS}}$ 为低电平)状态时，MISO 引脚处于互补推挽输出状态；而当 SPI 总线处于非选中(片选信号输入端 $\overline{\text{NSS}}$ 为高电平)状态时，MISO 引脚处于高阻态，同样也是为了避免争夺多机通信系统中的 SPI 总线。

为保证通信的可靠性，当 SPI 时钟 SCK 频率较高时，输出引脚必须初始化为快速输出模式。在"一主多从"的 SPI 总线通信系统中，SPI 总线主设备通过控制从机片选信号 $\overline{\text{NSS}}$ 输入端的电平，选中指定的从设备。

8.5.1　STM8 内核 MCU 芯片 SPI 总线接口部件结构

STM8 内核 MCU 芯片 SPI 总线接口部件的内部结构如图 8.5.1 所示，包括移位寄存器 (Shift Register)、波特率发生器(Baud Rate Generator)、主设备控制逻辑(Master Control Logic)、通信控制(Communicaton Control)及相关寄存器等部分。STM8L 系列 MCU 芯片内嵌的 SPI 总线与 STM8S 系列 MCU 芯片内嵌的 SPI 总线的功能、使用方法几乎相同，唯一差别是 STM8L 系列芯片的 SPI 总线可以借助 DMA 控制器的特定通道从指定存储区获取发送数据或将接收数据存入指定的 RAM 存储区内。

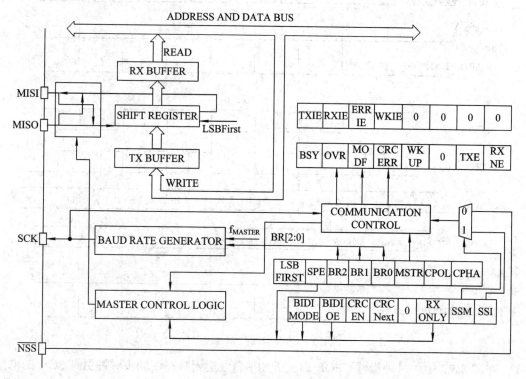

图 8.5.1　STM8 内核系列 MCU 芯片 SPI 总线接口部件的内部结构

STM8 内核 MCU 芯片 SPI 总线接口部件的功能很强，除了支持主从设备、时钟速率、时钟极性、时钟相位等方式编程选择外，还具有如下功能：

(1) 主从设备可选择软件。在软件选择方式下，从设备选择端 $\overline{\text{NSS}}$(PE5 或 PA3)可作为

GPIO 引脚使用。

(2) 单一数据线的半双工发送模式与接收模式。

(3) CRC 校验。

8.5.2　STM8 内核 MCU 芯片 SPI 总线接口部件功能

1. 数据传输时序

数据传输时序由数据传输顺序(LSBFIRST)、时钟极性 CPOL(Clock Polarity)、时钟相位 CPHA(Clock Phase)确定，如图 8.5.2 所示。

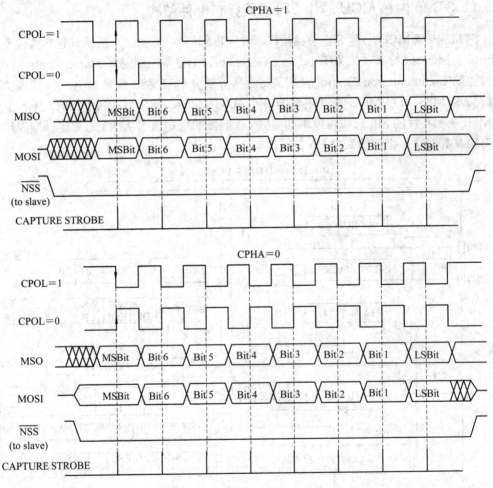

图 8.5.2　SPI 总线数据传输时序

在图 8.5.2 中，时钟极性 CPOL 确定了 SPI 总线空闲状态下同步时钟引脚 SCK 的电平状态：当 CPOL 为 0 时，在空闲状态下，SCK 引脚处于低电平；当 CPOL 为 1 时，在空闲状态下，SCK 引脚处于高电平。时钟相位 CPHA 确定了数据传送发生在同步时钟 SCK 的前沿还是后沿，具体情况如表 8.5.1 所示。

数据传输顺序(LSBFIRST)决定了先输出低位(LSB)还是高位(MSB)。当 LSBFIRST 位为 0 时，先输出 MSB，如图 8.5.2 所示；当 LSBFIRST 位为 1 时，先输出 LSB。

表 8.5.1　CPHA 与 CPOL 的不同组合对数据传输时序的影响

时钟相位(CPHA)	时钟极性(CPOL)	数据采样发生在 SCK 时钟	空闲时 MOSI、MISO 引脚的信息
0	0	上升沿(前沿)	数据有效
0	1	下降沿(前沿)	数据有效
1	0	下降沿(后沿)	数据无效
1	1	上升沿(后沿)	数据无效

为保证数据正确传输，SPI 总线主从设备的数据传输顺序(LSBFIRST)、时钟极性(CPOL)、时钟相位(CPHA)必须保持一致。

由于 SPI 总线的通信过程由主设备控制，串行移位时钟 SCK 由主设备提供，因此对从设备来说，SPI_CR1 寄存器中的波特率位没有意义。

对从设备来说，必须保证 SPI 总线在空闲状态下 SCK 引脚电平状态与 CPOL 位保持一致。

从图 8.5.2 所示的 SPI 总线数据传输时序可以看出，SPI 总线的抗干扰能力比 UART 串行总线低。若时钟极性 CPOL 位为 1(总线空闲时 SCK 为高电平)，则在总线空闲期间，当从设备 $\overline{NSS}$、SCK 引脚同时受到负脉冲干扰时，从设备会出现误动作——串行移位寄存器通过 MISO 引脚输出一个位；而在数据传输(从设备片选信号 $\overline{NSS}$ 有效)期间，如果 SCK 引脚受到正、负窄脉冲干扰，串行移位寄存器也会多移出一个位。因此，SPI 总线仅适用于干扰不严重的高速近距离通信的应用场合。此外，尽可能将时钟极性 CPOL 位定义为 0(使空闲时 SCK 引脚为低电平)，原因是总线空闲时，从设备选通信号 $\overline{NSS}$ 为高电平，可有效避免共模干扰造成从设备误动作。

2. 从设备选通信号的硬件/软件选择

STM 内核 MCU 芯片的 SPI 总线从设备选通信号 $\overline{NSS}$ 具有硬件、软件两种选择方式，如图 8.5.3 所示。

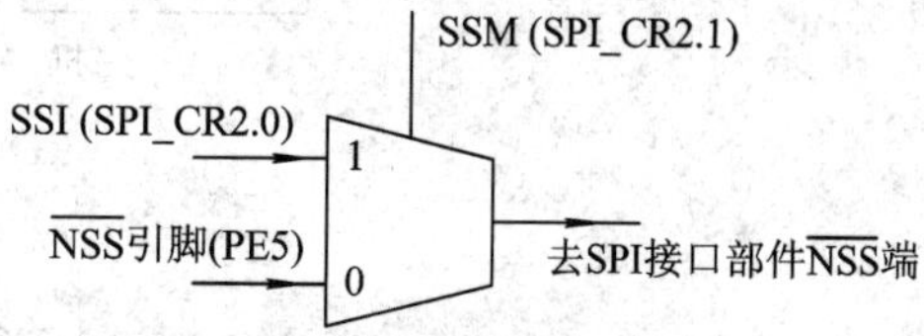

图 8.5.3　从设备选通信号控制

当 SPI_CR2 的 SSM 位为 0 时，SPI 总线从设备选通信号 $\overline{NSS}$ 来自 PE5 或 PA3 引脚，即采用硬件选通方式；当 SPI_CR2 的 SSM 位为 1 时，SPI 总线从设备选通信号 $\overline{NSS}$ 由 SPI_CR2 的 SSI 位控制，此时 PE5 或 PA3 引脚可作为 GPIO 引脚使用，具体情况如表 8.5.2 所示。在 STM8S 系列芯片中，内部 $\overline{NSS}$ 无效(高电平)，则无论是主设备还是从设备，SPI 总线均处于禁用状态，与 SPI 总线有关的输出引脚的电平状态由 GPIO 寄存器位定义。

表 8.5.2　主从设备选通信号

主从属性	SSM 位	主从属性控制位 MSTR	SSI 位	$\overline{NSS}$ 引脚
主设备	0 (硬件选择)	1	x	在数据传送过程中，要求 $\overline{NSS}$ 引脚接高电平或初始化为带上拉的输入方式
从设备		0	x	在数据传送过程中，要求 $\overline{NSS}$ 引脚为低电平
主设备	1 (软件选择)	1	1	外部 PE5 引脚可作 GPIO 引脚使用
从设备		0	0	外部 PE5 引脚可作 GPIO 引脚使用

由表 8.5.2 可以看出,在 STM8 内核 MCU 芯片的应用系统中,当采用硬件选择方式(SSM 位为 0)时,由 MSTR 位和 $\overline{NSS}$ 引脚的电平状态共同确定 SPI 总线的主从属性——11 表示主设备,01 表示处于空闲状态的从设备,00 表示处于选中状态的从设备。即采用硬件方式定义主从设备时,在 SPI 总线数据传送过程中,主设备的 $\overline{NSS}$ 引脚必须处于高电平状态(否则 MSTR、SPI 总线使能控制位 SPE 无法保持"1"态)。此外,当 STM8 内核 MCU 芯片为主设备时,考虑到 STM8 内核 MCU 复位前后 I/O 引脚处于悬空输入状态,为防止从设备误动作,需在主设备的 SCK 引脚外接下拉(时钟相位 CPOL 为 0 时)或上拉(时钟相位 CPOL 为 1 时)电阻 R_1;当从设备采用硬件选通方式时,出于同样的理由,也需在作为从设备选通信号的 I/O 引脚外接上拉电阻 R_2,以确保 STM8 内核 MCU 复位时从设备的 SCK、$\overline{NSS}$ 两输入信号处于期望的电平状态,如图 8.5.4 所示。

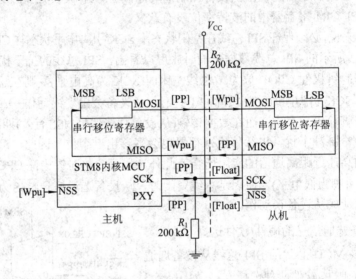

(a) CPOL=0的"一主单从"系统

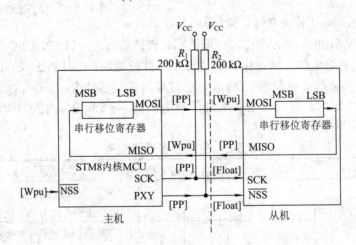

(b) CPOL=1的"一主单从"系统

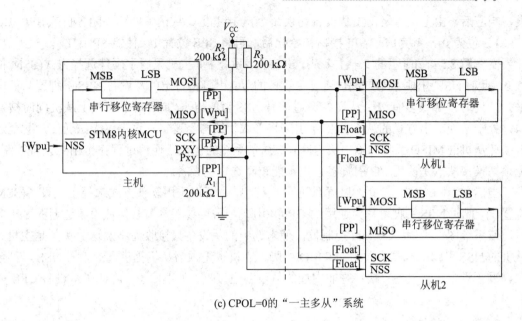

(c) CPOL=0 的"一主多从"系统

图 8.5.4　硬件从机选通方式的 SPI 通信系统

为更好地理解 SPI 总线通信系统中相关 I/O 引脚的状态，在图 8.5.4 中标出了相应引脚的输入/输出特性：[PP]全称为 push pull，即推挽输出；[Float]全称为 floating，即悬空输入；[Wpu]全称为 weak pull-up，即弱上拉。

在图 8.5.4 中，主机的 MOSI 引脚、从机的 MISO 引脚、主机的 SCK 引脚应初始化为高速推挽输出方式，即[PP]；从机的 SCK、从机的 $\overline{\text{NSS}}$、主机的 $\overline{\text{NSS}}$ 引脚应初始化为不带中断的悬空输入方式，即[Float]，当然主机的 $\overline{\text{NSS}}$ 引脚也可以初始化为不带中断的上拉输入方式，即[Wpu]；主机的 MISO 引脚、从机的 MOSI 引脚似乎可以初始化为不带中断的悬空输入方式，但考虑到主机、从机有可能关闭 SPI 总线(SPI_CR1 配置寄存器的 SPE 位被强制清 0)或从机未选中时，SPI 总线输出引脚处于高阻态，因此，最好将主机的 MISO 引脚、从机的 MOSI 引脚初始化为不带中断的上拉输入方式，即[Wpu]。

从图 8.5.4 可以看出，在 SPI 总线通信系统中，主设备与从设备串行移位寄存器通过 MOSI、MISO 引脚首尾相连。

在由 STM8 内核 MCU 芯片内嵌的 SPI 接口部件构成的"一主单从"或"一主多从"的 SPI 通信系统中，主设备、从设备均可选择软件从片选通方式，这样可将主、从机的 $\overline{\text{NSS}}$ 引脚作为 GPIO 引脚使用。在软件选择方式(SSM 位置 1)中，由 MSTR、SSI 位状态共同确定 SPI 总线的主从属性——11 表示主设备，01 表示处于空闲状态的从设备，00 表示处于选中状态的从设备。

在"一对一"的 SPI 通信方式中，主从设备最好采用软件选择方式(SSM 位置 1)，一方面不占用 $\overline{\text{NSS}}$ 引脚(可作为 GPIO 引脚用)，也无须使用主设备的其他 I/O 引脚提供选通信号；另一方面，允许通过软件方式重新选定设备的主从属性，灵活性高。当需要重新设定主设备时，由主设备发出总线主从属性切换命令(或先由从设备发出主从属性切换请求信号，主设备响应后，由主设备发出主从设备切换命令)，接着主、从设备分别关闭各自的 SPI 总线 (使 SPE 位为 0)，待完成了 SPI 接口初始化后，再将 SPE 位置 1，使能 SPI 总线。

而在图 8.5.4(c)所示的"一主多从" SPI 通信系统中，主机采用了硬件选择方式(SSM 位置 0，此时 $\overline{NSS}$ 引脚接高电平)，通过主设备的 I/O 引脚将特定的从设备 $\overline{NSS}$ 引脚置为低电平，任何时候都最多有一个从设备选通信号 $\overline{NSS}$ 为低电平(如果两个或以上从机同时被选中，处于推挽输出方式的从机 MISO 引脚将形成"线与"逻辑，这不仅无法通信，甚至还会损坏从机的 MISO 引脚的输出级电路)。该通信系统的优点是通信过程完全由主设备控制，无须切换；缺点是占用 I/O 引脚多，也不能重新选定主设备。

当然，在"一主多从"的 SPI 总线通信系统中，也可以采用软件方式选择主从设备(SSM 位置 1)，此时 $\overline{NSS}$ 引脚可作为通用的 GPIO 引脚使用(可参考本节软件从设备选通的 SPI 多机通信系统图)。利用 RXOnly 控制位，使未选中的从设备只接收而不发送。优点是主机、从机的 $\overline{NSS}$ 引脚均可作为通用的 GPIO 引脚，主机也无须为从机提供选通信号 $\overline{NSS}$，甚至允许重新设定主从设备；缺点是非中选的从设备也接收、处理信息，降低了从设备 CPU 的利用率。

3. 数据传输模式

STM8 内核 MCU 芯片 SPI 总线的数据传输模式由控制寄存器 SPI_CR2 的 BDM(单/双向数据传输模式)、BDOE(双向数据传输模式下的输入/输出选择)、RXONLY(输出禁止)三个控制位控制，如表 8.5.3 所示。

表 8.5.3　数据传输模式

BDM (单/双向数据传输模式)	BDOE (双向数据传输模式下的输入/输出选择)	RXONLY (输出禁止)	主设备		从设备	
			MOSI	MISO	MOSI	MISO
0(双线单向)	x	0(全双工)	O	I	I	O
		1(只接收)	Z	I	I	Z
1(单线双向)	0(数据输入)	x	I	Z	Z	I
	1(数据输出)		O	Z	Z	O

注：O 表示输出(发送)；I 表示输入(接收)；Z 表示高阻(SPI 总线与该引脚断开)。

(1) 在 BDM=0、RXONLY=0 情况下的全双工模式。

这是一般的 SPI 总线通信接口方式，主设备使用 MOSI 引脚发送数据，使用 MISO 引脚接收数据；从设备使用 MISO 引脚发送数据，使用 MOSI 引脚接收数据。不仅适用于"一主单从"的 SPI 通信系统中，也可用于图 8.5.4(c)所示的从机由硬件选通方式的"一主多从"的 SPI 通信系统中。

对主设备来说，把数据写入 SPI_DR 寄存器后即刻触发数据的发送过程，可通过 BSY(SPI 总线忙)标志或 TXE(发送缓冲器空闲)标志判别当前帧是否发送结束，操作时序如图 8.5.5 所示。

对从设备来说，当 SCK 引脚出现有效时钟边沿时，数据传输过程便开始，因此一定要在数据传输过程开始前，将回送主设备的信息写入 SPI_DR 寄存器，否则主机不可能正确接收从机回送的数据，可通过 RXNE 标志判别接收是否有效，操作时序如图 8.5.6 所示。

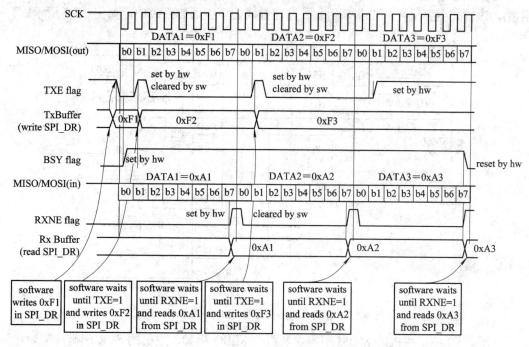

图 8.5.5　主设备在 BDM=0、RXONLY=0 情况下的时序

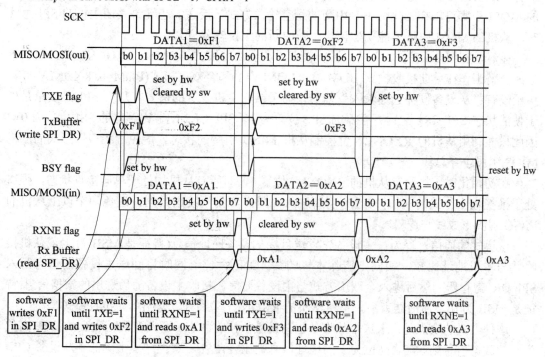

图 8.5.6　从设备在 BDM=0、RXONLY=0 情况下的时序

(2) 在 BDM=0、RXONLY=1 情况下的单向接收模式。

在这种模式下，SPI 总线仅接收数据，不发送数据(SPI 接口部件发送引脚自动进入高阻态)，该模式主要用在从设备采用软件选通方式的多机通信系统中，如图 8.5.7 所示。

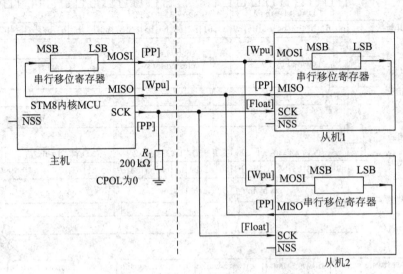

图 8.5.7　软件从设备选通的 SPI 多机通信系统

在图 8.5.7 中，主机的 MOSI 引脚、从机的 MISO 引脚、主机的 SCK 引脚应初始化为高速推挽输出方式；从机的 SCK 引脚应初始化为不带中断的悬空输入方式；而主机的 MISO 引脚必须初始化为不带中断的上拉输入方式。如果上电后不关闭主机的 SPI 总线，则从机的 MOSI 引脚可以初始化为不带中断的悬空输入方式；反之，当允许关闭主机的 SPI 总线时，从机的 MOSI 引脚只能初始化为不带中断的上拉输入方式。

显然，在图 8.5.7 中，主机可以一直工作在全双工模式(BDM=0, RXONLY=0)，而从机只能交替工作在单向接收模式(BDM=0, RXONLY=1)和全双工模式(BDM=0, RXONLY=0)。由于没有"从设备硬件选通输入"信号，为了接收主机发送的信息，从机 SPI 总线总是处于使能状态(SPI_CR1 配置寄存器的 SPE 位总为 1、SPI_CR2 配置寄存器的 SSI 位总为 0)，因此只能利用从机的 RXONLY 位控制从机 MISO 引脚的状态，避免"线与"形式的从机 MIOS 引脚争夺总线。

在初始化时，将所有从机的 RXONLY 位置 1，即所有从机均处于单向接收状态，强迫处于推挽输出方式的从机 MISO 引脚进入高阻态，且不发送数据，避免两个以上从机的 MISO 引脚形成线与逻辑。

该模式的通信过程为：主设备先发送目标从设备地址信息(特征是 MSB 为 1)，从机接收并与本机地址比较，相同则清除本机的 RXONLY 位，同时将回送主设备的信息写入 SPI_DR 寄存器，然后进入全双工方式与主设备通信，接收主设备随后送出的数据信息(特征是 MSB 为 0)。通信结束后，再将从机的 RXONLY 位置 1，返回单向接收模式。

这种方式的缺点是：未选中从设备也总是处于接收状态，不断监测接收到的信息(高位为 0 的数据信息则忽略，高位为 1 的地址信息则比较)，在一定程序度上降低了从设备 CPU 的利用率，不宜用在具有多个从设备、通信繁忙的 SPI 通信系统中。

(3) 在 BDM=1 时的单线双向收发模式。

当配置寄存器 SPI_CR2 的 BDM 控制位为 1 时，主设备用 MOSI 引脚输出/输入数据，而 MISO 引脚总是处于高阻态；从设备用 MISO 引脚输入/输出数据，而 MOSI 引脚也总是处于高阻态，如表 8.5.3 所示。数据传输方向由 SPI_CR2 寄存器的 BDOE 位控制：当 BDOE 位为 1 时，数据输出；反之输入。该模式可以用于两 MCU 芯片之间的半双工串行通信(主从机的 BDM 位均为 1)，如图 8.5.8(a)、(b)所示，由于只有一条数据线，因此只能分时收发，即主机发送(BDOE 位为 1)、从机接收(BDOE 位为 0)，或反过来。为避免在接收、发送切换过程中，输入引脚处于悬空状态，主机 MOSI 引脚、从机 MISO 引脚均初始化为不带中断的上拉输入方式。该模式特别适合于连接只接收而不发送的某些逻辑电路芯片(如 74HC595、74HC164 等)，如图 8.5.8(c)所示。

在图 8.5.8 中，未用引脚，如 MISO、$\overline{\text{NSS}}$ 均可作为通用的 I/O 引脚，占用 I/O 资源少。

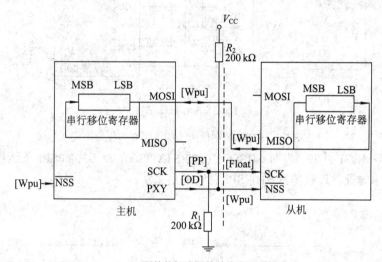

(a) 硬件从机选通的单线半双工模式

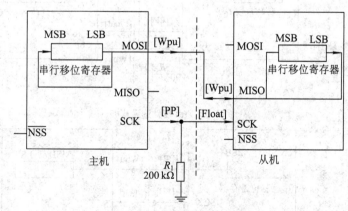

(b) 软件从机选通的单线半双工模式

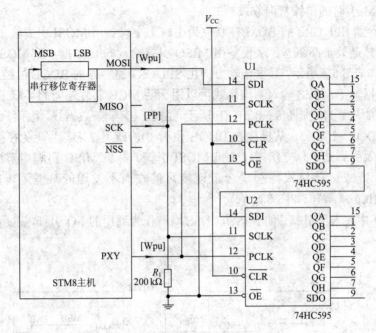

(c) 主机仅发送的单线模式

图 8.5.8 BDM 控制位为 1 的单线双向收发模式

对于仅有 MOSI 引脚，没有 MISO 引脚的 STM8S001J3 芯片的 SPI 总线接口部件，可按图 8.5.9 所示的硬件连接方式构建 SPI 总线通信系统。

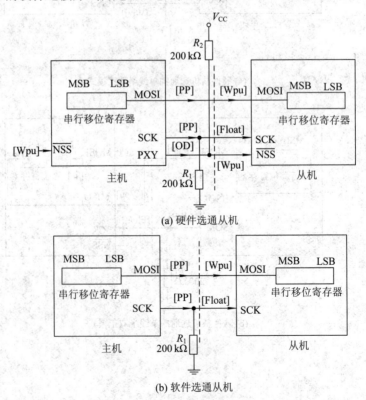

(a) 硬件选通从机

(b) 软件选通从机

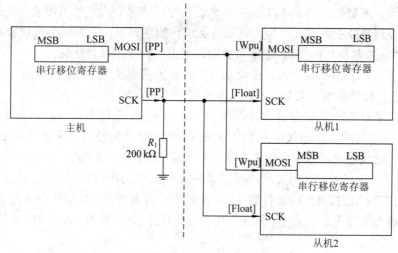

(c) 从机软件选通的"一主多从"通信

图 8.5.9　利用 MOSI 引脚单向输出信息的 SPI 通信系统

在图 8.5.9 中，主机工作在"单线双向输出"模式，即主机的 BDM=1、BDOE=1(当然主机也可以工作在"双线单向全双工"模式，即主机的 BDM=0、RXONLY=0)，利用 MOSI 引脚向从机输出信息；而从机工作在"双线单向接收"模式，即从机的 BDM=0、RXONLY=1，利用 MOSI 引脚接收主机发送的信息。

当需要反向传输信息时，可选择如图 8.5.9(b)所示的从机软件选通方式，关闭 SPI 总线后，将原来的主机切换为从机，原来的从机切换为主机，重新定义引脚的输入、输出特性，并设置 SPI 总线相关控制寄存器后使能 SPI 总线，就可以实现数据的反向传输。

而在如图 8.5.9(c)所示的"一主多从"SPI 通信系统中，数据也只能由主机传输到从机，当需要反向传输信息时，唯一的办法也是关闭 SPI 总线后，重新定义主从机。

8.5.3　STM8 内核 MCU 芯片 SPI 接口部件的初始化

STM8 内核 MCU 芯片 SPI 接口部件的初始化步骤如下：

(1) 初始化与 SPI 总线有关的引脚。为保证在空闲状态下，SPI 从设备通信的可靠性，必须初始化 MOSI、MISO、SCK、$\overline{\text{NSS}}$ 引脚的输入/输出方式，具体情况可参阅图 8.5.4、图 8.5.7、图 8.5.8、图 8.5.9 所示的连接电路。

(2) 初始化外设时钟门控寄存器(CLK_PCKENR1)，使主时钟 f_{MASTER} 连接到 SPI 接口部件的时钟输入端。在 SPI 时钟未接通前，SPI 部件不工作，对 SPI 控制寄存器写入操作无效。

(3) 初始化 SPI_CR1 寄存器，选择 SPI 总线的波特率、串行数据传送顺序控制位 LSBFIRST (取 0 则先输出 b7 位，取 1 则先输出 b0 位)、时钟极性(CPOL)、相位(CPHA)、主从属性(MSTR)等。

MOV SPI_CR1,#X0XXXXXXB ;在使能 SPI 总线前，选择 SPI 总线数据传输时序、主从属性

由 BR[2:0]控制 SCK 时钟频率，取值由主时钟频率、SPI 总线最大波特率、SPI 通信线路长短决定。当 SPI 连线较长时，为保证通信的可靠性，SCK 频率应适当降低。

(4) 根据主从设备选通信号 $\overline{\text{NSS}}$ 的来源，初始化 SPI_CR2 寄存器的 SSM 位与 SSI 位。

(5) 初始化 SPI_ICR 寄存器，禁止/允许 TXE、RXNE 等的中断功能。

对于主设备来说，尤其是 SPI 通信速率较高时，选择查询方式可能更加合理；对于从设备来说，必须选择中断方式，因为从设备无法预测主设备什么时候会发送数据。

(6) 在"一主多从"的 SPI 通信系统中，如果从机采用软件选通方式，则需将从机的 RXONLY 位置 1，强迫从机进入只接收状态，禁止未选中从机的发送功能。

(7) 完成了所有初始化设置后，将 SPI 总线使能控制位 SPE 置 1。

当 SPI 总线处于使能状态时，对主设备来说，对 SPI 总线数据寄存器 SPI_DR 进行写入操作(此时发送缓冲寄存器状态位 TXE 被清 0，写入对象为发送缓冲寄存器 TX BUFFR)，即可启动 SPI 总线的发送过程。当发送缓冲寄存器 TX BUFFER 的第一位(b0 或 b7，取决于 LSBFIRST 位)出现在 MOSI 引脚时，发送缓冲寄存器 TX BUFFER 的信息被并行送入移位寄存器 SHIFT REGISTER，TXE 位置 1，表示发送缓冲寄存器 TX BUFFER 处于空闲状态，可以向数据寄存器写入新的数据；同时 SPI 总线忙标志 BSY 有效，表示 SPI 总线正在发送、接收数据。

当一字节发送结束后，总线忙标志 BSY 自动复位(清 0)，串行移位寄存器 SHIFT REGISTER 中的内容并行送入接收缓冲寄存器 RX BUFFER(其内容来自从设备)，同时，接收缓冲寄存器非空标志 RXNE 位自动置 1，表明接收缓冲寄存器 RX BUFFER 内的数据有效。对数据寄存器 SPI_DR 进行读操作时，RXNE 位自动清 0。主设备查询方式通信过程如图 8.5.10 所示。

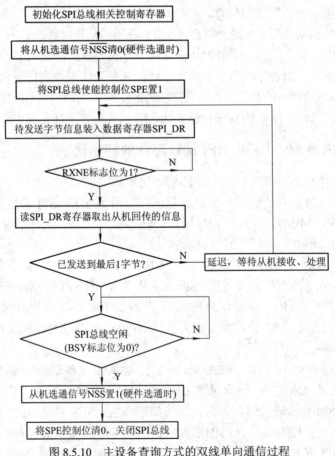

图 8.5.10　主设备查询方式的双线单向通信过程

在 SPI 通信系统中，对主设备来说，当 TXE 标志位为 1 时，尽管允许将新数据写入 SPI_DR 寄存器(发送缓冲区)。但发送一字节后，最好延迟一定的时间，以便从设备有时间读取接收到的数据，因为自 SPI 中断有效到中断响应毕竟需要 11 个机器周期的延迟时间，此外判读及处理接收数据、向数据寄存器 SPI_DR 装入新数据也需要一定的时间。这样在 SPI 总线双线单向通信系统中，主设备往往用 RXNE 或 BSY 标志(当然在单线单向通信过程中只能用 TXE 标志)判别是否可以向 SPI_DR 寄存器写入新的信息。

习　题　8

8-1　简述串行通信的种类及特征。

8-2　波特率的含义是什么？当信息帧长度为 11 位时，如果波特率为 2400，则帧发送时间为多少？如果 STM8S 系列 CPU 时钟为 16 MHz，其间可执行多少条单周期指令？

8-3　在 SPI 主设备中，如果 SPI 总线速率较高，如波特率为 2 Mb/s，采用什么方式(中断还是查询)确定发送结束更加合理？

8-4　简述 STM8 内核 MCU 芯片的 UART 通信口信息帧种类及格式。

8-5　在图 8.5.4(c)所示 SPI 通信系统中，两个从设备选通信号同时为低电平是否允许？

8-6　简述"BDM=0, RXONLY=0"情况下的全双工模式适用范围。在从机采用软件选通的"一主多从"SPI 通信系统中为什么不宜将从机初始化为全双工模式？

8-7　在"一主多从"的 SPI 通信系统中，主机可以选择软件选通方式吗？为什么？

第 9 章 A/D 转换器及其使用

为方便模拟量的输入和输出，许多 MCU 芯片均带有 1～2 路内含多个通道的基于逐次逼近型或 Σ-Δ 型的模数转换器(Analog to Digital Converter，ADC)以及基于倒 T 型网络的数模转换器(Digital to Analog converter，DAC)。这两类转换器的分辨率、转换速度与 MCU 芯片的用途定位有关，多数 8 位 MCU 芯片内嵌的 ADC 的分辨率为 8～12 位，完成一次 AD 转换所需的时间为 1～15 μs；而 32 位 MCU 芯片内嵌的 ADC 的分辨率为 10～14 位，转换时间在 1 μs 以下。

9.1 ADC 概述

STM8S 系列 MCU 芯片带有一路 10 位基于逐次逼近型的 ADC，最多支持 16 个通道(通道数多少与芯片封装引脚的数目有关)。

其中 STM8S207、STM8S208 芯片内置的 ADC 属于功能相对简单的 ADC2，它最多支持 16 个通道，内部结构如图 9.1.1 所示。

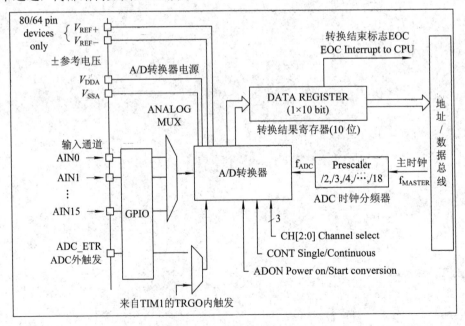

图 9.1.1 ADC2 的内部结构

STM8S001、STM8S003、STM8S103、STM8S105 等基本型芯片内置的 ADC 属于 ADC1，最多支持 10 个通道，其内部结构如图 9.1.2 所示。

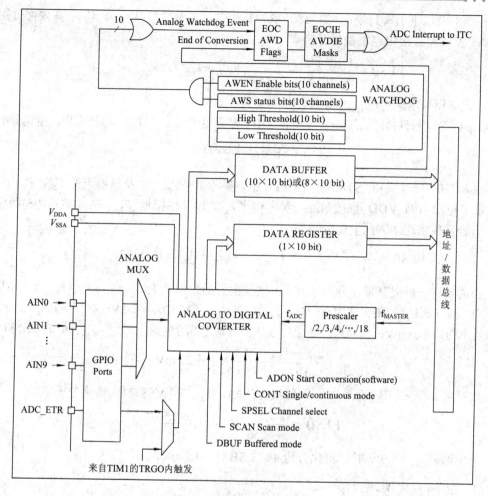

图 9.1.2　ADC1 的内部结构

相对于 ADC2 来说，ADC1 的功能有所扩展，增加了转换结果上、下限检测报警功能(所谓的硬件 A/D 看门狗功能，是指当 A/D 转换结果超出设定的上限值或下限值时，给出报警信息)。另外，ADC1 除了具有单次、连续转换方式外，还支持带缓存的连续方式、单次扫描以及连续扫描三种工作方式。

有关 STM8L 系列芯片内嵌 ADC 的分辨率、通道数，以及使用方法可参阅第 12 章。

9.2　ADC 功能选择

9.2.1　分辨率与转换精度

STM8S 系列内嵌的 ADC 的分辨率为 10 位，转换结果存放在两个 8 位寄存器中，可按 10 位分辨率使用(数据右对齐，即高 2 位在 ADC_DRH、低 8 位在 ADC_DRL)，也可以按 8 位分辨率使用(数据左对齐，即高 8 位在 ADC_DRH、低 2 位在 ADC_DRL，读数时忽略转换结果的低 2 位，即 ADC_DRL 寄存器的 b1～b0 位)。

在 48 及以下引脚封装的 STM8S 系列芯片中，参考电平 V_{REF+}、V_{REF-}在内部分别与 VDDA、VSSA 直接相连，量化分辨率

$$1\,LSB = \frac{V_{DDA} - V_{SSA}}{1024} \qquad (V_{REF+} = V_{DDA},\ V_{REF-} = V_{SSA})$$

固定，仅与模拟电源电压 V_{DDA} 有关。

在 64、80 引脚封装的 STM8S 系列芯片中，参考电平 V_{REF+}、V_{REF-} 单独引出，量化分辨率

$$1\,LSB = \frac{V_{REF+} - V_{REF-}}{1024}$$

在 8、20 引脚封装的 STM8S 系列芯片中，参考电平 V_{REF+} 以及模拟电源 V_{DDA} 在芯片内部与数字电源引脚 VDD 直接相连；参考电平 V_{REF-} 以及模拟地 V_{SSA} 在内部芯片与数字地 VSS 引脚直接相连，因此量化分辨率

$$1\,LSB = \frac{V_{DD} - V_{SS}}{1024} \qquad (V_{REF+} = V_{DDA} = V_{DD},\ V_{REF-} = V_{SSA} = V_{SS})$$

当需要进一步提高量化分辨率时，可使能内置的模拟放大器：适当减小 V_{REF+} (最小值为 2.75 V)，或升高 V_{REF-} (最大值为 0.5 V)。例如，当 V_{REF+} = VDDA = 5.0 V，V_{REF-} = V_{SSA} = 0 时，量化分辨率约为 4.88 mV；而当 V_{REF+} 接到 3.3 V 精密稳定参考电源，V_{REF-} = V_{SSA} = 0 时，分辨率为

$$\frac{V_{REF+} - V_{REF-}}{1024} = \frac{3.3}{1024} \approx 3.22\,mV$$

当采用 8 位分辨率(这时 V_{REF+} 一般接 VDDA，V_{REF-} 接 VSS)时，量化分辨率

$$1\,LSB = \frac{V_{REF+} - V_{REF-}}{256} = \frac{V_{DDA} - V_{SSA}}{256}$$

当电源 V_{DDA} = 5.0 V 时，量化分辨率 1 LSB 为 19.5 mV。

9.2.2 转换方式选择

STM8S 系列 ADC1 及 ADC2 均支持单次、连续两种转换方式。此外，ADC1 还支持带缓存的连续、单次或连续扫描方式。不同的转换方式与转换结果存放位置如表 9.2.1 所示(其中阴影部分为 ADC1、ADC2 共有特性)。

表 9.2.1　转换方式与转换结果存放位置

转换方式选择位			转换方式	转换结果存放位置
CONT(ADC_CR1[1])	SCAN(ADC_CR2[1])	DBUF(ADC_CR3[7])		
0	0	0	单次	ADC_DR
1	0	0	连续	(ADC_DRH/ADC_DRL)
1	0	1	带缓存的连续	ADC_DBxR
0	1	x	单次	
1	1	x	连续	

(1) 由于 ADC2 没有 SCAN、DBUF 控制位，因此 ADC2 只有单次、连续两种工作方式。

(2) 在连续方式下，可按将 CONT 位清 0(强制选择单次)或将 ADON 位清 0(关闭 ADC

电源)方式退出连续转换方式。

(3) 由于 ADC 部件的功耗较大(I_{DDA} 电流为 1000 μA 左右)，在 A/D 转换结束后处于空闲状态时，最好将 ADON 位清 0，关闭 ADC 电源。

1. 单次转换方式

在单次转换方式中，转换结束(EOC 位由 0 变 1)后转换器处于停止状态，如图 9.2.1(a)所示。

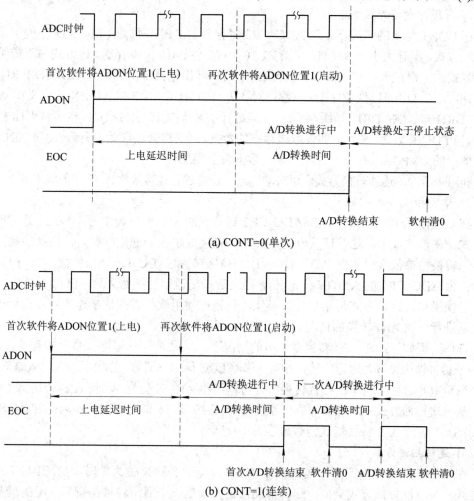

(a) CONT=0(单次)

(b) CONT=1(连续)

图 9.2.1　单次与连续转换时序

单次转换适用于对多个通道轮流转换。软件触发单次转换的操作流程为：将 ADON 位置 1，给 ADC 上电→等待 ADC 稳定→设置通道号→将 ADON 位置 1(软件触发)，启动 A/D 转换→等待 A/D 转换结束→读本通道的 A/D 转换结果，清除 EOC 标志→设置新的通道号→将 ADON 位置 1，触发下一轮 A/D 转换进程。当完成了所有指定通道的 A/D 转换后，必要时可将 ADON 位清 0，关闭 ADC 电源，以减小系统的功耗。

2. 连续转换方式

在连续转换方式中，上一次转换结束(EOC 位由 0 变 1)后，即刻启动下一次的 A/D 转换，如图 9.2.1(b)所示，相邻两次转换之间没有停顿，直到 ADON 位被清 0(关闭 A/D 转换器电源)或 CONT 位被清 0(转入单次转换方式, 待本次转换结束后自动停止)。当然, 在连续方式中, 必须在当前转换结束前读取上一次的 A/D 转换结果, 并清除转换结束标志 EOC, 否则会出现数据覆盖(A/D 部件没有提示标志)。

显然, 连续转换方式适合于对同一通道进行连续多次 A/D 转换的操作。

3. ADC1 支持的三种转换方式

1) 带缓冲的连续方式

在 CONT 为 1 的情况下, 当 ADC_CR3 寄存器的 DBUF 位为 1 时, ADC1 处于带缓冲的连续方式, 缓存大小为 8 个(16 字节)或 10 个(20 字节)16 位寄存器。该方式与不带缓冲的连续方式的区别在于: 每一次 A/D 转换结束后, 转换结果依次保存到 ADC_DBxRH(高位字节)和 ADC_DBxRL(低位字节)中(数据对齐方式由 ADC_CR2 的 ALIGN 位定义), 而不是 ADC_DRH 与 ADC_DRL。当缓存满(已连续进行了 8 次或 10 次转换)时, 转换结束标志 EOC 有效。当 EOC 有效时, 必须立即读取缓存中的数据, 否则将会出现数据覆盖。此时 ADC_CR3 寄存器中的 OVR 标志有效, 提示出现了数据覆盖现象。

利用带缓冲的连续转换方式, 可自动对同一通道进行连续 8 次或 10 次的 A/D 转换操作。

2) 单次扫描方式

在 CONT 为 0 的情况下, 当 ADC_CR2 寄存器的 SCAN 位为 1 时, ADC1 处于单次扫描方式。在该方式中, 触发后从 0 通道开始, 在完成了上一通道转换后, 自动切换到下一通道, 转换结果依次存放到 ADC_DBxRH(高位字节)和 ADC_DBxRL(低位字节)中(数据对齐方式由 ADC_CR2 的 ALIGN 位定义)。当最后一个通道转换结束后, EOC 标志有效, 并停止转换操作。这种方式与单次转换类似, 只是无须用软件方式切换通道号, 适用于对所有通道进行一次 A/D 转换的情况。

操作过程如下: 在 A/D 转换器上电的情况下, 触发转换→等待 A/D 转换结束(EOC 有效)→从缓冲器中读取各通道的转换结果→清除 EOC 标志→清除 ADON 位, 关闭 A/D 转换器。

当希望开启新一轮单次扫描转换时, 可再次将 ADON 位置 1, 使 A/D 转换器上电。

从单次扫描方式不难理解缓存大小为 8 个或 10 个 16 位寄存器的原因是 STM8S105、STM8S103 芯片 A/D 转换器通道数最多为 10 个。

3) 连续扫描方式

在 CONT 为 1 的情况下, 当 ADC_CR2 寄存器的 SCAN 位为 1 时, ADC1 处于连续扫描方式。与单次扫描方式类似, 这种情况只是在最后一个通道转换结束后, A/D 转换器不停止转换操作, 又自动从 0 号通道开始进行新一轮的 A/D 转换。如此往复, 直到 CONT 为 0(将在下一轮的最后一个通道转换结束后停止转换操作)或 ADON 为 0(关闭电源, 立即停止)。

在连续扫描方式中, 当 EOC 标志有效(表示完成了一轮 A/D 转换)时, 必须立即读取 A/D 转换的结果, 并清除 EOC 标志, 避免数据覆盖。当出现数据覆盖时, ADC_CR3 寄存器中的 OVR 标志有效, 提示出现了数据覆盖现象。

在连续扫描转换方式中, 避免使用 "BRES ADC_CSR, #7" 指令清除 EOC 标志, 原因是该指令属于读改写指令, 会改变通道号。只能用 MOV 指令对 ADC-CSR 寄存器直接写入, 在清除 EOC 标志位的同时从 0 通道开始转换。这与单次扫描方式没有本质区别, 完全可采用单次扫描方式代替连续扫描方式: 在完成单次扫描转换数据处理、清除 EOC 标志后,再通过软件触发——执行"BSET ADC_CR1, #0"指令，启动新一轮 A/D 转换即可获得连续扫描转换方式的效果。

9.2.3　转换速度设置

转换速度与 ADC 时钟频率 f_{ADC} 有关：f_{ADC} 由主时钟频率 f_{MASTER} 分频产生，f_{ADC} 最高频率为 4 MHz(V_{DDA} 为 3.3 V)或 6 MHz(V_{DDA} 为 5.0 V)。STM8S 系列芯片完成一次 A/D 转换需要 14 个 ADC 时钟周期(其中采样保持需要 3 个 ADC 时钟周期，而 10 位分辨率逐次逼近型 A/D 转换需要 11 个时钟周期)。当模拟电源 V_{DDA} 为 3.3 V 时，最短转换时间为 $\frac{1}{4\ MHz} \times 14$ 周期，即 3.5 μs；而当模拟电源 V_{DDA} 为 5.0 V 时，最短转换时间约为 $\frac{1}{6\ MHz} \times 14$ 周期，即 2.3 μs。

可根据输入模拟信号的频率、转换速度选择 ADC 时钟的频率 f_{ADC}。

9.2.4　触发方式

A/D 转换触发方式有软件触发、TIM1 触发输出(TRGO)以及 ADC_ETR。由配置寄存器 ADC_CR2 的 EXTTRIG 和 EXTSEL[1:0]位控制，如表 9.2.2 所示。

表 9.2.2　A/D 转换触发方式选择

EXTTRIG ADC_CR2[b6]	EXTSEL[1:0] ADC_CR2[b5:b4]	A/D 转换触发	备　注
0(禁止外部触发)	xx	软件触发	用指令将 ADCON 位置 1
1	00	TIM1 的 TRGO 信号触发	触发信号由 MMS[2:0]选择
1	01	来自 ADC_ETR 引脚的脉冲信号	

所谓软件触发方式，是指在 ADON 位为 1 且至少延迟了一个 T_{STAB}(一般为 7.0 μs)的情况下，再次将 ADON 位置 1。

当然，也可以选择 ADC_ETR 引脚信号的上升沿触发或 TIM1 的触发输出 TRGO 信号触发。在 ADC 处于关闭状态(ADON=0)下和 A/D 转换结束标志无效状态(EOC=0)下，按如下步骤选择相应的外触发方式：

(1) 初始化 ADC_CR2 寄存器的 EXTSEL[1:0]，选择触发信号源。

00：内部 TIM1 的触发输出事件 TRGO。

01：外部 ADC_ETR 引脚。

10、11：保留。

(2) 执行"BSET ADC_CR2, #6"命令将 EXTTRIG 位置 1，选择 ADC_ETR 引脚信号的上升沿或 TIM1 的触发输出 TRGO 信号触发。

来自 TIM1 的触发输出 TRGO 由 TIM1_CR2 寄存器的主模式选择 MMS[2:0]位确定，如图 9.2.2 所示。

当选择 TIM1 的触发输出 TRGO 作为 A/D 转换的启动信号时，一般不宜关闭 ADC 电源，否则第一次

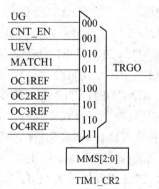

图 9.2.2　TIM1 的触发输出信号 TRGO

触发后可能再也无法启动。若采用 OCRiREF 信号作为 TRGO 信号，则由于仅仅利用 OCRiREF 电平作为 ADC 的触发信号，因此并不一定需要将比较输出通道 OCi 连接到 I/O 引脚。

```
        MOV TIM1_CR2, #0xxx0000B                ;xxx 选定触发事件
```

(3) 测试并使 ADC 上电。当 EXTTRIG 位为 1 时，如果触发信号为高电平,将强迫 ADC 上电。因此，在非软件触发方式下，给 ADC 上电前一定要先检查 ADON 位的状态：是 0,则软件置 1，使 ADC 上电；是 1，则不宜再执行使 ADON 位置 1 的操作指令，否则将触发 A/D 转换操作进程，导致混乱，原因是在 ADC 上电并经历了指定的上电延迟时间后，任何有效的触发信号都将启动 A/D 转换操作。

```
        BTJT ADC_CR1,#0, ADC_next1        ;如果 ADCON 位为 1(ADC 已经上电)，则跳转
        BSET ADC_CR1,#0                   ;使 ADC 上电
ADC_next1:
```

9.3　ADC 初始化过程举例

在 ADC 处于关闭(ADC_CR1 寄存器的 ADON 位为 0)状态下,按如下步骤初始化 ADC：

(1) 初始化 ADC 控制/状态寄存器(ADC_CSR)，选定通道号 CH[3:0]，以及转换结束检测方式(设置转换结束中断控制 EOCIE 位的值)。

采用中断方式还是查询方式由 A/D 转换时间(ADC 时钟频率、转换方式)、CPU 时钟频率决定。例如，在单次、连续转换方式中，如果 ADC 的时钟频率很高，完成一次 A/D 转换所需的时间很短，而 CPU 的时钟频率不很高，这时采用查询方式可能更合理，其原因是中断响应、返回均需要 11 个机器周期。在扫描方式中，如果 A/D 转换的时钟频率较低，而 CPU 的时钟频率较高，则采用中断方式可能更合理。

(2) 初始化 ADC 配置寄存器 1 (ADC_CR1)，选择相应的时钟分频系数 SPSEL [2:0]。STM8S 系列芯片内置的 ADC 转换时钟频率 f_{ADC} 由主时钟频率 f_{MASTER} 分频获得。当 V_{DDA} 电源电压为 3.3 V 时,最高频率为 4 MHz；当 V_{DDA} 电源电压为 5.0 V 时,最高频率为 6 MHz。因此，应根据主时钟频率 f_{MASTER} 的大小、转换速率的高低，选择合适的分频系数 SPSEL [2:0]。

(3) 初始化 ADC 配置寄存器 2 (ADC_CR2)，设置 EXTTRIG 及 EXTSEL[1:0]位的值，选择所需的触发方式(如表 9.2.2 所示)，数据对齐(b3, ALIGN)方式(左对齐还是右对齐)。当 ALIGN =0 时，选择左对齐方式，转换结果的高 8 位(b9~b2)在 ADC_DRH 中；低 2 位(b1、b0)在 ADC_DRL 的 b1、b0 位中，这适合于 8 位分辨率的情况(必须按字节方式读取，且先读高位字节，后读低位字节)。当 ALIGN =1 时，选择右对齐方式，转换结果的高 2 位(b9、b8)在 ADC_DRH 的 b1、b0 位中；低 8 位(b7~b0)在 ADC_DRL 中，这适合于 10 位分辨率的情况(当按字节方式读取时，应先读低位字节，后读高位字节。但也可以按字方式读取，原因是在 STM8 内核芯片中，按字方式读取时，也是先读低 8 位，后读高 8 位)。

当选择来自 TIM1 的 TRGO 触发输出信号作为 A/D 转换的启动信号时，还需要初始化 TIM1_CR2 寄存器的 MMS[2:0]位，选择指定的触发源。

(4) 对于 ADC1 来说，尚需要进一步初始化 ADC 配置寄存器 3 (ADC_CR3)的 DBUF

位，禁止/允许带缓冲转换方式。选择带缓冲连续、单次或连续扫描转换方式时，如果出现数据覆盖，则该寄存器的 OVR 标志位有效。

(5) 初始化模拟信号输入引脚(采用不带中断的悬空输入方式)。

(6) 初始化 ADC 施密特触发输入禁止寄存器高位 (ADC_TDRH)、低位 (ADC_TDRL) 关闭模拟引脚的施密特输入功能(1 表示禁止，0 表示允许)，减少功耗。

(7) 将 ADON 位置 1，给 ADC 加电(一旦 ADC 的 ADON 位为 1，对应引脚就与 A/D 转换器相连，不能再作为 GPIO 引脚使用)。

至此 ADC 已处于准备就绪状态，根据选定的触发方式，启动 A/D 转换的操作进程。

作为特例，下面给出了利用 OC1REF 作为 ADC 触发信号的初始化程序段。

```
;初始化 TIM1 计数器
    MOV TIM1_SMCR, #00H          ;采用内部主时钟
    BRES TIM1_ETR, #6            ;禁止外部时钟(ECE)
    MOV TIM1_PSCRH, #00          ;先写高 8 位，后写低 8 位
    MOV TIM1_PSCRL, #07          ;(8 分频，计数频率为 1 MHz)
    MOV TIM1_ARRH, #{HIGH 499}   ;初始化自动装载寄存器
    MOV TIM1_ARRL, #{LOW 499}    ;每 500 μs 溢出一次
    MOV TIM1_RCR, #00H
    MOV TIM1_CR1, #04H    ;向上计数、允许更新、仅允许计数器溢出时中断标志有效
    BSET TIM1_EGR,#0             ;UG 位置 1，触发重装并初始化 TIM1 计数器
    MOV TIM1_IER, #0            ;禁止 TIM1 的任何中断(不需要中断)
                                ;初始化比较器 TIM1_CH1
    MOV TIM1_CCR1H, #{HIGH  450} ;初始化比较/捕获寄存器
    MOV TIM1_CCR1L, #{LOW   450}
    MOV TIM1_CCMR1, #01111000B   ;选择 OC1REF 变化方式(这里采用 PWM 方式 2)
    MOV TIM1_CCER1, #xxxxxx00B   ;不一定需要将 OC1 与 I/O 引脚相连(仅需要
                                ;OC1REF 信号)
    MOV TIM1_CR2    ,#40H        ;选择 TIM1_OC1REF 作为 ADC 的启动信号
                                ;初始化 ADC 部件
    MOV ADC_TDRL,#01000000B      ;禁止 AIN6 通道的施密特输入功能
    MOV ADC_CSR, #00100110B      ;b7 为 0(清除 A/D 转换结束标志),b5(EOCIE)为 1
                                ;允许中断,对 AIN6 进行转换
    MOV ADC_CR1, #00000010B      ;b6~b4 为 000，选择 SPSEL[2:0]为 000，即 2 分频
                                ;b1[CON]为 1，带缓存的连续，b0(ADON)为 0，没有立
                                ;即启动(上电)
    MOV ADC_CR2, #01001000B      ;b6(EXTTRIG)为 1，选择 TIM1 的 TRGO 作为外部启动
                                ;信号
                                ;b3(ALIGN)为 1(右对齐)，高 2 位在 ADC_DRH(按 10 位
                                ;分辨率使用)
    MOV ADC_CR3, #10000000B      ;b7 为 1，带缓存;b6(过载指示)
```

```
        LD A, ITC_SPR6                ;ADC 中断优先级(IRQ22)由 ITC_SPR6 的 b5～b4 位控制
        AND A, #11001111B             ;A/D 转换结束中断优先级为 00(2 级)
        LD ITC_SPR6, A
        BTJT ADC_CR1, #0, ADC_next1   ;如果 ADCON 位为 1(ADC 已经上电)，则跳转
        BSET ADC_CR1, #0              ;ADC 上电
ADC_next1:


        interrupt ADC_EOC             ;ADC 中断服务程序
ADC_EOC.L
        BRES    ADC_CR1, #1          ;取消连续方式
        ⋮                            ;数据处理指令系列
        BRES    ADC_CSR, #7          ;清除 A/D 转换结束中断标志 EOC
        BSET    ADC_CR1, #1          ;恢复连续方式
        IRET                         ;返回
```

9.4 提高 A/D 的转换精度与转换的可靠性

为获得精确、可靠的 A/D 转换结果，在使用 ADC 时，可采用如下措施：

1. 确保参考电源 V_{REF+} 与 V_{REF-} 精确、稳定

由于 STM8S 系列单片机 A/D 的转换精度与参考电源 V_{REF+}、V_{REF-} 有关，因此为了获得精确、可靠的转换结果，在使用 A/D 转换器时，必须保证参考电源 V_{REF+} 与 V_{REF-} 精确、稳定。

当 V_{DD} 稳定性很高或对 A/D 转换结果的精度要求不高时，可将 VDDA、VREF+ 与 VDD 直接相连，VSSA、VREF− 与 VSS 直接相连，如图 9.4.1 所示。这种连接方式虽然简单，但潜在风险是电源 V_{DD} 波动、寄生在 VDD 引脚上的高频噪音会影响 A/D 转换的结果。

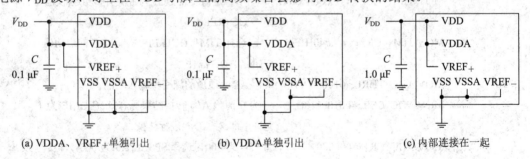

(a) VDDA、VREF+单独引出   (b) VDDA单独引出   (c) 内部连接在一起

图 9.4.1 VDDA、VREF+与 VDD 直接相连

为此，可在 VDD 与 VDDA 之间增加 LC 低通滤波电路；而对于 VDDA、VREF+在内部与 VDD 连接在一起的少引脚封装芯片，可在电源 VDD 引脚前增加 LC 滤波电路，如图 9.4.2 所示。当电源 V_{DD} 纹波不大时，电感 L 可用直流电阻很小的直流磁珠，甚至 0 Ω 电阻代替。

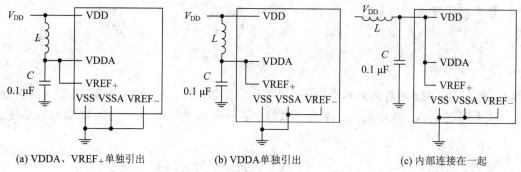

(a) VDDA、VREF+单独引出   (b) VDDA单独引出   (c) 内部连接在一起

图 9.4.2 在 VDD 与 VDDA 之间增加 LC 滤波

在 A/D 转换精度及批量一致性要求高，或电源 V_{DD} 稳定性及精度不高时，最好采用以基准电压源 TL431 芯片为核心的串联或并联稳压电路给 VREF+、VDDA 或 VDD 引脚供电，如图 9.4.3 所示，原因是基准电压源 TL431 芯片内部基准电压 V_{ref} 精度高(普通精度芯片，V_{ref} 的误差为 1%；高精度芯片，V_{ref} 的误差为 0.5%)、稳定性好，稳压精度远高于普通三端稳压器，如 78L05、78M05 芯片(误差超过 3%)。

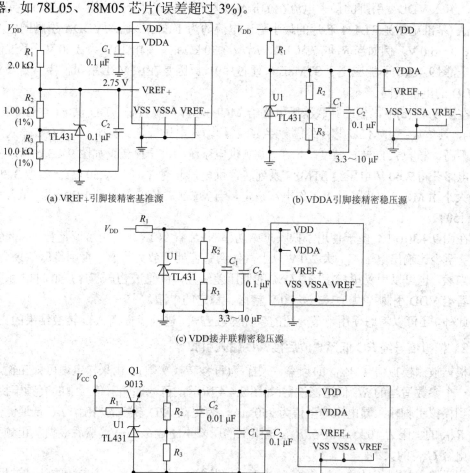

(a) VREF+引脚接精密基准源   (b) VDDA引脚接精密稳压源

(c) VDD接并联精密稳压源

(d) VDD接串联精密稳压源

图 9.4.3 由基准电压源 TL431 芯片构成的精密稳压供电电路

精密稳压源输出电压为

$$V_{DD} = \left(1 + \frac{R_2}{R_3}\right)V_{ref} + I_{ref}R_2$$

其中：V_{ref} 为 TL431 芯片内部基准电压，典型值为 2.495 V；I_{ref} 为输入电流，典型值为 1 μA，最大值不超过 4 μA，当电阻 R_2 的阻值不大时，可忽略 I_{ref} 对输出电压的影响，即输出电压为

$$V_{DD} \approx \left(1 + \frac{R_2}{R_3}\right)V_{ref}$$

在图 9.4.3(a)中，ADC 内部参考电源 V_{REF+} 由精密稳压源 TL431 提供，一方面提高了 A/D 转换的精度和一致性，另一方面可将 V_{REF+} 降为 2.75 V，进一步提高了 ADC 的量化分辨率。

在图 9.4.3(b)中，并联稳压电路仅给模拟电源 V_{DDA} 供电，根据 STM8S 系列 MCU 技术指标，流入 VDDA 引脚的最大电流在 1 mA 以内，因此流过分压电阻 R_1 的电流可取 1.8～2.0 mA (基准电压源 TL431 芯片的最小稳压电流约为 1 mA)。输入 VDDA 引脚的电源电压可取 3.0～5.0 V，例如当 R_3 取 7.50 kΩ、R_2 取 3.30 kΩ 时，输出电压为 3.60 V。不过值得注意的是，图 9.4.3(b)不能应用于 STM8L 系列芯片中，原因是在 STM8L 系列芯片中要求 VDDA 与 VDD 的电位相同。

在图 9.4.3(c)中，借助并联稳压电路给 MCU 芯片电源引脚 VDD 供电(电压可取 3.3～5.0 V)，具体数字由 MCU 芯片外围数字 IC 芯片输入电压确定。例如，当 5.0 V 输入电压的精度不高，影响 A/D 转换精度时，在 5.0 V 供电系统中，宁愿借助如图 9.4.3(c)所示的并联稳压电路获得 3.60 V 电压给 STM8S 系列芯片供电，此时 R_2 可取 7.50 kΩ、R_3 取 3.30 kΩ。R_1 的大小由 MCU 芯片的最大工作电流决定，当 MCU 芯片的最大工作电流为 4 mA 时，R_1 可取 150 Ω。

在图 9.4.3(d)中，由于使用了低噪声中功率 NPN 管 9013 作为电压调整管，因此输入电压 V_{CC} 至少比输出电压 V_{DD} 大 2.0 V 以上，使调整管处于放大状态，否则稳压效果会变差。

当然，也可以用稳压精度较高(1%)的低压差线性串联集成稳压芯片，如 1117 系列三端稳压器给 VDD 引脚提供 3.3 V 或 5.0 V 精密、稳定的电源。

此外，还可以考虑使用下节介绍的软件滤波方式，进一步提高 A/D 转换结果的真实性。

2. 模拟信号经 RC 低通滤波后接 A/D 输入引脚

根据被测模拟信号 V_{AIN} 的频率、采样率(每秒转换次数)，由采样定理可知在输入引脚增加一个参数适当的 RC 低通滤波器(如图 9.4.4 所示)，可滤除输入信号中的高频干扰信号。考虑到模拟引脚输入漏电流典型值为 250 nA，为提高 A/D 转换的精度，RC 低通滤波器中电阻 R_{AIN} 的上限为 10 kΩ，使在 R_{AIN} 电阻上的压降不超过 2.5 mV，然后根据截止频率确定滤波电容 C_{AIN} 的大小。

假设输入模拟信号的上限频率为 1 kHz，则滤波元件 R_{AIN}、C_{AIN} 参数的计算过程如下：考虑到电容品种少，可根据滤波电阻 R_{AIN} 的上限，初步确定滤波电阻 R_{AIN} 取 5.1 kΩ。

由一阶 RC 低通滤波器截止频率 $f_0 = \dfrac{1}{2\pi \times R_{AIN} \times C_{AIN}}$ 可知，滤波电容为

$$C_{AIN} = \frac{1}{2\pi \times f_0 \times R_{AIN}} = \frac{1}{2\pi \times 1.0 \times 5.1} = 0.0312 \ \mu F \ (取标准值 33 \ nF)$$

因此，滤波电阻为

$$R_{AIN} = \frac{1}{2\pi \times f_0 \times C_{AIN}} = \frac{1}{2\pi \times (1.0 \times 10^3) \times (33 \times 10^{-9})} = 4.82 \ k\Omega \ (取标准值 4.7 \ k\Omega)$$

输入信号 V_{AIN} 的大小必须在两参考电平之间，否则精度无法保证，甚至可能获得错误结果。

模拟输入引脚必须初始化为不带中断的悬空输入方式，避免流过上拉电阻的电流影响 A/D 转换的结果。

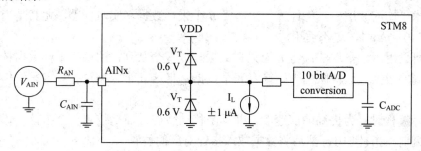

图 9.4.4　在输入引脚增加 RC 低通滤波器

9.5　软 件 滤 波

软件滤波是硬件滤波的必要补充，主要针对 A/D 转换后的数据进行处理，消除数据采集过程中可能存在的随机干扰，使转换结果更加真实可信。软件滤波灵活性大、可靠性高、频带宽(硬件滤波电路受 RLC 元件参数的限制，下限频率不可能太低)、成本低廉，因此在单片机应用系统中得到了广泛应用。

9.5.1　算术平均滤波法

算术平均滤波法是指对连续采样的 n 个值 $x_i\,(i = 1 \sim n)$ 求算术平均 $\left(\dfrac{1}{n}\displaystyle\sum_{i=1}^{n} x_i\right)$。采用该方

法可使 A/D 转换结果的信噪比提高 $\sqrt{n}$ 倍。为方便软件处理，采样点个数 n 一般按 2 的幂

次选取，如 2、4、8、16 等，以便能利用右移位，如 SRLW 指令求出和的平均。

例 9.5.1　假设 8 个 A/D 转换数据(10 位)顺序存放在以 AD_DATA 为首地址的 RAM 单元中，则算术平均计算程序段如下：

```
LDW X, {AD_DATA+0}      ;参与和运算的单元不多，不必用循环程序结构
ADDW X, {AD_DATA+2}     ;每个转换结果不超过 3FFH，在求和运算时,不
ADDW X, {AD_DATA+4}     ;会产生进位
```

```
ADDW X, {AD_DATA+6}
ADDW X, {AD_DATA+8}
ADDW X, {AD_DATA+10}
ADDW X, {AD_DATA+12}
ADDW X, {AD_DATA+14}
SRLW X
SRLW X
SRLW X                          ;直接右移 3 次，实现除 8 运算
;结果在寄存器 X 中
```

9.5.2　滑动平均滤波法

在算术平均滤波法中，每计算一次需要 n 个采样数据，实时性差，尤其是当采样速度较慢(小于 10 个/s)时，更不适用。

为此可采用滑动平均法：将 n 个采样数据排成一个队列，用最新采样数据替换队列中最先采样到的数据。这样队列中始终有 n 个数据，将这 n 个数据进行算术平均作为滤波输出结果。

在实际编程时，为提高响应速度，并不是移动数据，而是设置一个指针，每次将新数据放入队列前，指针加 1，然后将数据放入指针对应的位置。

滑动平均与算术平均的计算方法类似。

9.5.3　中值法

当采样数据中存在尖脉冲干扰时，采用算术平均、滑动平均的滤波效果并不好。例如，对 8 个采样结果求平均，假设正确的采样结果为 40，若其中有一次采样时受到负脉冲干扰，采样值为 0，则平均后的结果为 35，相对误差达到了 12.5%。

为此，可采用中值法：即连续采样 n 个值(x_0、x_1、x_2、x_3、$\cdots$、x_{n-1})，去掉其中的最大值、最小值后，对剩余的$(n-2)$个采样值再进行算术平均，就可以消除正、负尖脉冲对结果的影响。

在 MCU 应用系统中，为便于利用逻辑右移位指令(如 SRL)求出和的平均，采样点个数 n 一般取$(2^n + 2)$，如 4、6、10 等。

例 9.5.2　用中值法对 10 组双字节数据(适用于 10～12 位分辨率 A/D 转换结果的处理)求平均的参考程序。

```
;功能：清除 10 组双字节数据中最大、最小数据后再求平均
;入口参数：10 组双字节数据存放在 AD_Buffer 缓冲区中
;出口参数：去掉最大值、最小值后的平均值存放在寄存器 X 中
;使用资源：寄存器 X、Y，R00、R01、R02 存储单元
;segment 'ram1'
;AD_Buffer DS.B    20              ;数据缓冲区(10 组双字节数据占用 20 字节)
                                   ;先找出最小的采样数据项，并清 0
       LDW X, #AD_Buffer           ;采样数据缓冲区首地址送寄存器 X
```

```
        LD    A, #9                  ;循环次数送累加器 A
        LDW R00,X                    ;首地址送 R00、R01 单元保存
        LDW Y, AD_Buffer             ;直接将第一个采样数据(2 字节)送寄存器 Y
ADC_Word_LOOP1:
        INCW X                       ;寄存器 X 加 2，指向下一个采样数据
        INCW X
        CPW Y,(X)                    ;与下一个采样数据比较
        JRULE ADC_Word_Next1         ;Y≤当前采样数据项，则不更新寄存器 Y 的内容
        LDW R00, X                   ;保存采样数据地址(位置)
        LDW Y, [R00.W]               ;用采样数据替换寄存器 Y 的内容
ADC_Word_Next1:
        DEC A                        ;循环次数减 1
        JRNE ADC_Word_LOOP1          ;循环次数未到 0，则继续
        CLRW X
        LDW [R00.W],X                ;把最小的采样数据项清 0
        ;再找出最大的采样数据项,并清 0
        LDW X, #AD_Buffer            ;采样数据缓冲区首地址送寄存器 X
        LD    A, #9                  ;循环次数送累加器 A
        LDW R00,X                    ;首地址送 R00、R01 单元保存
        LDW Y, AD_Buffer             ;直接将第一个采样数据(2 字节)送寄存器 Y
ADC_Word_LOOP2:
        INCW X                       ;寄存器 X 加 2，指向下一个采样数据
        INCW X
        CPW Y,(X)                    ;与下一个采样数据比较
        JRUGE ADC_Word_Next2         ;Y≥当前采样数据项，则不更新寄存器 Y 的内容
        LDW R00, X                   ;保存采样数据地址(位置)
        LDW Y, [R00.W]               ;用采样数据替换寄存器 Y 的内容
ADC_Word_Next2:
        DEC A                        ;循环次数减 1
        JRNE ADC_Word_LOOP2          ;循环次数未到 0,则继续
        CLRW X
        LDW [R00.W],X                ;把最大的采样数据项清 0
        ;求出去掉最小、最大两个异常采样数据后的平均值
        MOV R02, #9
        LDW X, AD_Buffer             ;第一个采样数据直接送寄存器 X
        CLRW Y                       ;指针清 0
        INCW Y                       ;指针加 1，跳过第一个采样数据的高 8 位
ADC_Word_LOOP3:
        INCW Y                       ;指针加 1，指向下一个采样数据的高 8 位
```

```
        LD A,( AD_Buffer,Y)          ;采样数据高 8 位送 R00 单元
        LD R00, A
        INCW Y                       ;指针加 1，指向下一个采样数据的低 8 位
        LD A,( AD_Buffer,Y)          ;采样数据低 8 位送 R01 单元
        LD R01, A
        ADDW X,R00
        DEC R02                      ;循环次数减 1
        JRNE ADC_Word_LOOP3          ;循环次数未到 0，则继续
        SRLW X                       ;3 次逻辑右移，实现除 8 运算
        SRLW X
        SRLW X                       ;中值法运算结果在寄存器 X 中
```

由于缓冲区内的数据项不多，且数目确定。为加快数据处理速度，也可以采用如下的指令系列替换带有灰色背景的求和程序段。尽管替换后会多占用 9 字节的存储空间，但运行时间减小了 102 个机器周期。

```
        LDW   X,{AD_Buffer+0}        ;直接将第 0 个采样数据项送寄存器 X
        ADDW X,{AD_Buffer+2}         ;用枚举法，直接加上后续的采样数据项
        ADDW X,{AD_Buffer+4}
        ADDW X,{AD_Buffer+6}
        ADDW X,{AD_Buffer+8}
        ADDW X,{AD_Buffer+10}
        ADDW X,{AD_Buffer+12}
        ADDW X,{AD_Buffer+14}
        ADDW X,{AD_Buffer+16}
        ADDW X,{AD_Buffer+18}
```

为进一步缩短数据处理时间，在查找并清除最小、最大采样数据项的过程中，也可以采用非循环结构程序，尽管代码量有所增加，但执行时间短。例如，找出最小采样数据并清 0 的程序段如下：

```
        ;先找出最小的采样数据项,并清 0
        CLR A                        ;数据项偏移地址清 0
        LDW X, {AD_Buffer+0}         ;第 0 个采样数据项送寄存器 X
        CPW X, {AD_Buffer+2}         ;与第 1 采样数据项比较
        JRULE ADC_Word_NEXT11        ;不大于则跳转
        LDW X, {AD_Buffer+2}         ;第 1 个采样数据项送寄存器 X
        LD A, #2                     ;记录第 1 个采样数据项相对偏移地址
ADC_Word_NEXT11:
        CPW X, {AD_Buffer+4}         ;与第 2 个采样数据项比较
        JRULE ADC_Word_NEXT12        ;不大于则跳转
        LDW X, {AD_Buffer+4}         ;第 2 个采样数据项送寄存器 X
        LD A, #4                     ;记录第 2 个采样数据项相对偏移地址
```

```
ADC_Word_NEXT12:
        ⋮                               ;省略了与第 3~8 个采样数据项的比较指令
        CPW X, {AD_Buffer+18}           ;与第 9 个采样数据项比较
        JRULE ADC_Word_NEXT19           ;不大于则跳转
        ;LDW X, {AD_Buffer+18}          ;不需要将最后一个采样数据项送寄存器 X
        LD A, #18                       ;记录第 9 个采样数据项相对偏移地址
ADC_Word_NEXT19:
        CLRW X
        LD XL, A                        ;采样值最小数据项偏移地址送寄存器 X
        CLR (AD_Buffer,X)
        INCW X
        CLR (AD_Buffer,X)               ;清 0
```

9.5.4 数字滤波

1. 一阶低通滤波

一阶 RC 低通滤波器电路如图 9.5.1 所示,其输入、输出之间满足:

$$RC\frac{\mathrm{d}u_{\mathrm{o}}}{\mathrm{d}t} + u_{\mathrm{o}} = u_{\mathrm{i}}$$

$$RC\frac{u_{\mathrm{o}n} - u_{\mathrm{o}(n-1)}}{\Delta t} + u_{\mathrm{o}n} = u_{\mathrm{i}n}$$

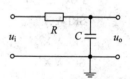

图 9.5.1 一阶 RC 低通滤波器电路

整理后得

$$u_{\mathrm{o}n} = \frac{1}{1+\dfrac{RC}{\Delta t}}u_{\mathrm{i}n} + \frac{\dfrac{RC}{\Delta t}}{1+\dfrac{RC}{\Delta t}}u_{\mathrm{o}(n-1)}$$

令 $\alpha = \dfrac{1}{1+\dfrac{RC}{\Delta t}}$, 而 $\beta = \dfrac{\dfrac{RC}{\Delta t}}{1+\dfrac{RC}{\Delta t}} = 1-\alpha$, 则

$$u_{\mathrm{o}n} = \alpha \times u_{\mathrm{i}n} + \beta \times u_{\mathrm{o}(n-1)} = \alpha \times u_{\mathrm{i}n} + u_{\mathrm{o}(n-1)} - \alpha \times u_{\mathrm{o}(n-1)}$$

由于 $\dfrac{RC}{\Delta t} > 0$, 很显然 $\alpha<1$。α 越大, $(1-\alpha)$ 就越小, 当前采样值 $u_{\mathrm{i}n}$ 对滤波输出 $u_{\mathrm{o}n}$ 的贡献就越大, 即一阶低通滤波实质上是加权平均滤波。一阶低通滤波器的截止频率为

$$f_0 = \frac{1}{2\pi RC} = \frac{\alpha}{2\pi \Delta t(1-\alpha)}$$

可见, 截止频率 f_0 与加权系数 α、采样间隔 Δt(采样频率的倒数)有关。在采样间隔 Δt

一定的情况下，α 越大，意味着等效滤波参数 RC 越小，截止频率 f_0 越高；在加权系数 α 一定的情况下，选择不同的采样间隔 Δt，就能获得不同的截止频率 f_0。

在 MCU 应用系统中，为计算方便，α 一般取 1/2、1/4、1/8、1/16 等参数。

在一阶低通数字滤波中，仅需要存储滤波器的输出信号 $u_{o(n-1)}$（存储资源开销小），这是因为在计算下一个采样值 u_{in} 对应的输出信号 u_{on} 时，需要用到上一时刻的输出信号 $u_{o(n-1)}$。

例 9.5.3 假设 10 位 A/D 转换结果(滤波输入)存放在 R00、R01 存储单元中，一阶低通滤波输出信号存放在 R02、R03 存储单元中，α 取 1/16。

参考程序段如下：

```
LV1_PASS:
        LDW X,R02           ;取前一时刻的输出信号，即 uo(n-1)
        SRLW X
        SRLW X
        SRLW X
        SRLW X              ;右移 4 次，实现/16 操作，计算 α × uo(n-1)
        LDW R04, X          ;暂时保存到 R04、R05 存储单元中
        LDW X,R00
        SRLW X
        SRLW X
        SRLW X
        SRLW X              ;计算 α × uin
        CPW X, R04          ;比较。如果两者相等，则说明 α × uin = α × uo(n-1)
        JREQ   Low_Filter_Pass_NEXT1
        ADDW X, R02         ;计算 α × uin + uo(n-1)
        SUBW X, R04         ;计算 α × uin + uo(n-1) − α × uo(n-1)
        JRT   Low_Filter_Pass_NEXT2
Low_Filter_Pass_NEXT1:
        LDW X,R00
Low_Filter_Pass_NEXT2:
        LDW R02,X           ;保存滤波输出结果 uon
        RET
```

可见当 α 取 $1/2^n$ 时，能利用移位指令实现除法运算，一次滤波运算处理耗时少，如本例仅需 32 个机器周期。

可以证明，当 α 取 1/16 时，对于从 0 跳变到满幅(255)的阶跃输入信号，经过 137 次滤波处理后，输出 u_{on} 才达到满幅(255)。当采样率为 10 ms(对应的截止频率为 1 Hz)时，大约经过 1.37 s 才能获得正确的结果。

为提高响应速度，对慢信号来说，可用

(1) "$u_{in} - u_{o(n-1)} >$ 给定值" 进行判别，其中的给定值往往就是转换器的分辨率(1)：当 $u_{in} - u_{o(n-1)} > 1$ 时，取 $u_{on} = u_{in}$；只有当 $u_{in} - u_{o(n-1)} \leq 1$ 时，才需要计算。但这一方法不能滤除随机强干扰信号，在工业控制中不宜采用。

(2) 过采样技术。采样定时时间到连续进行多次(如 8、16)采样,这样既能克服系统反应慢的问题,对随机强干扰信号也有较强的抑制作用,广泛应用于工业控制。

2. 一阶高通滤波

一阶 RC 高通滤波器电路如图 9.5.2 所示,其输入、输出之间满足:

$$\frac{\mathrm{d}u_\mathrm{o}}{\mathrm{d}t} + \frac{1}{RC}u_\mathrm{o} = \frac{\mathrm{d}u_\mathrm{i}}{\mathrm{d}t}$$

两边积分,得

$$u_\mathrm{i} = \frac{1}{RC}\int u_\mathrm{o}\mathrm{d}t + u_\mathrm{o}$$

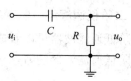

图 9.5.2 一阶 RC 高通滤波器电路

$$u_{in} = \frac{\Delta t}{RC}\frac{u_{on} + u_{o(n-1)}}{2} + u_{on}$$

当 Δt 很小时,有

$$\int u_\mathrm{o}\mathrm{d}t \approx \frac{u_{on} + u_{o(n-1)}}{2}\Delta t$$

整理后得

$$u_{on} = \frac{1}{1 + \frac{\Delta t}{2RC}}u_{in} - \frac{\frac{\Delta t}{2RC}}{1 + \frac{\Delta t}{2RC}}u_{o(n-1)} = \alpha \times u_{in} - \beta \times u_{o(n-1)} = u_{in} - \beta \times u_{in} - \beta \times u_{o(n-1)}$$

其中 $\alpha = \dfrac{1}{1 + \dfrac{\Delta t}{2RC}} = \dfrac{\dfrac{2RC}{\Delta t}}{1 + \dfrac{2RC}{\Delta t}}$,而 $\beta = \dfrac{\dfrac{\Delta t}{2RC}}{1 + \dfrac{\Delta t}{2RC}} = \dfrac{1}{1 + \dfrac{2RC}{\Delta t}} = 1 - \alpha$。

当 Δt 一定时,RC 越大,说明 $1-\alpha$ 越小,即 α 越大,当前采样值对滤波器输出的贡献就越大。为方便计算,$1-\alpha$ 一般取 1/2、1/4、1/8 或 1/16。例如,当 Δt 取 10 ms 时,如果 $1-\alpha$ 取 1/16,则截止频率 $f_0 = \dfrac{1}{2\pi RC} = 2.1$ Hz。

3. 一阶带通滤波

一阶带通滤波器可以看成由截止频率为 f_2 的一阶低通滤波器和截止频率为 f_1 的一阶高通滤波器串联组成的,如图 9.5.3 所示。

低通滤波器输出信号用 y_{on} 表示,则

$$y_{on} = \alpha_1 \times u_{in} + \beta_1 \times y_{o(n-1)}$$

而低通滤波器输出就是高通滤波器输入,显然

$$u_{on} = \alpha_2 \times y_{on} - \beta_2 \times u_{o(n-1)}$$

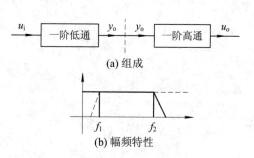

(a) 组成

(b) 幅频特性

图 9.5.3 一阶带通滤波器

$$u_{o(n-1)} = \alpha_2 \times y_{o(n-1)} - \beta_2 \times u_{o(n-2)}$$

即一阶带通滤波器输出为

$$u_{on} = \alpha_1\alpha_2 u_{in} + \alpha_2\beta_1 y_{o(n-1)} - \beta_2 u_{o(n-1)} = \alpha_1\alpha_2 u_{in} + (\beta_1 - \beta_2)u_{o(n-1)} + \beta_1\beta_2 u_{o(n-2)}$$

4. 二阶低通滤波

二阶低通滤波器可以看成由截止频率分别为 f_1、f_2 的两个一阶低通滤波器串联组成的。根据一阶低通滤波器的特性，不难得到二阶低通滤波器输出为

$$u_{on} = \alpha_1\alpha_2 u_{in} + (\beta_1 + \beta_2)u_{o(n-1)} - \beta_1\beta_2 u_{o(n-2)}$$

5. 二阶高通滤波

类似地，二阶高通滤波器也可以看成由截止频率分别为 f_1、f_2 的两个一阶高通滤波器串联组成的。根据一阶高通滤波器的特性，不难得到二阶高通滤波器输出为

$$u_{on} = \alpha_1\alpha_2 u_{in} - (\beta_1 + \beta_2)u_{o(n-1)} - \beta_1\beta_2 u_{o(n-2)}$$

习 题 9

9-1 STM8S 系列 MCU 芯片内置的 ADC 属于何种类型？在电源电压 V_{DDA} 为 5.0 V 的情况下，分别指出 STM8S207、STM8S105 芯片完成一次 A/D 转换所需的最短时间。

9-2 STM8S 系列 MCU 芯片内置的 ADC 分辨率为多少位？如何进一步提高 A/D 转换的精度？

9-3 当把 STM8S 系列 MCU 芯片内置的 ADC 当作 8 位分辨率 ADC 使用时，应注意什么？

9-4 读 A/D 转换结果 ADC_DRH、ADC_DRL 寄存器的顺序有无要求？请分别写出 ALIGN 控制位为 0、1 的情况下将转换结果送寄存器 X 的指令。

第 10 章　数字信号输入/输出接口电路

单片机应用系统通过对输入信号进行比较、判断或运算处理，然后根据处理结果输出适当的控制信号去控制特定的设备。可见输入/输出接口电路是单片机应用系统中必不可少的单元电路之一，它涉及数据输入电路以及经过单片机处理后的数据输出电路。

输入/输出量可以是模拟信号，也可以是开关信号。对于模拟信号，经放大、限幅、低通滤波电路，并送单片机芯片内嵌的 A/D 转换电路转化为数字信号后，单片机才能处理；单片机处理的结果也需要经过 D/A 转换、平滑滤波后，才能得到模拟量。模拟量输入接口电路可参阅第 9 章，而模拟量输出电路可参阅第 12 章的 D/A 转换器，本章仅介绍数字信号的输入/输出(I/O)接口电路。

10.1　开关信号的输入/输出方式

开关信号包括脉冲信号、电平信号两类。在单片机控制系统中，常采用下列方式实现开关信号的输入和输出。

1. 直接解码输入/输出方式

在这种方式中，直接利用 MCU 芯片的 I/O 引脚输入/输出开关信号，如图 10.1.1(a)所示，其中 Pxn、Pxm 作为输入引脚，当 S_1、S_2 断开时，Pxn、Pxm 引脚为高电平；当 S_1、S_2 被按下时，相应引脚为低电平。对于可编程选择为带上拉输入方式的 I/O 引脚(如 STM8 内核 MCU 芯片)或内置了上拉电阻的 I/O 引脚(如 MCS-51 系列 MCU 芯片的 P1～P3 口引脚)，不需要外接上拉电阻 R_1、R_2。而对于 CMOS 输入结构的 I/O 口，输入时 I/O 引脚处于悬空状态，作输入引脚使用时，必须外接上拉电阻，使 S_1、S_2 按键不被按下时，输入引脚为高电平。

图中，Pyn、Pym 作为输出引脚，驱动 LED 发光二极管；Pzn 也作为输出引脚，驱动蜂鸣器。如果 MCU 芯片的 I/O 引脚驱动电流有限，则必须根据电源 V_{DD} 的高低，外接 OC 输出的 7407 或 7406，OD 输出的 74LV07A、74LVC1G07，或 74LV06A 及 74LVC1G06 等。

在直接解码输入/输出方式中，每一个 I/O 引脚仅能输入或输出一个开关信号，各引脚相互独立，没有编码关系。显然，I/O 引脚的利用率低，只适用于仅需输入或输出少量开关信号的场合。

2. 编码输入/输出方式

在这种方式中，将若干条用途相同(均为输入或输出)的 I/O 引脚组合在一起，按二进制编码后作输入或输出线。例如，对于 n 条输出引脚，经二进制译码器译码后，可以控制 2^n

个设备；对于 2^n 个不同时有效的输入量，经编码器与 MCU 芯片连接时，也只需 n 个输入引脚，如图 10.1.1(b)所示。

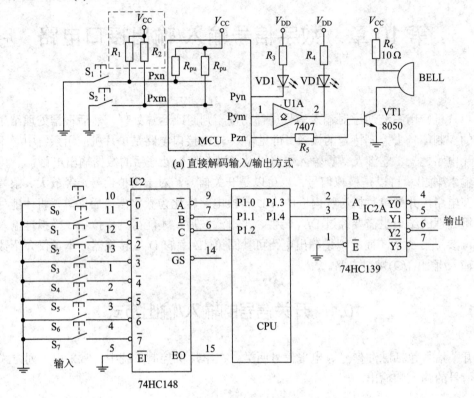

(a) 直接解码输入/输出方式

(b) 编码输入/输出方式

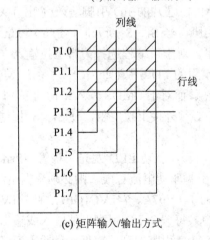

(c) 矩阵输入/输出方式

图 10.1.1　开关信号输入/输出方式

显然，采用编码输入/输出方式时，MCU 芯片 I/O 引脚的利用率最高，但硬件开销大、功耗高，在单片机控制系统中很少采用。

3. 矩阵输入/输出方式

在这种方式中，将 MCU 芯片的 I/O 引脚分成两组，用 N 条引脚构成行线，M 条引脚构成列线，行、列交叉点就构成了所需的 $N \times M$ 个检测点。显然，所需的 I/O 引脚数目为 $N + M$，而检测点总数达到了 $N \times M$ 个，如图 10.1.1(c)所示。可见，I/O 引脚的利用率较高，硬件开销较少，因此在单片机应用系统中得到了广泛应用。

　　在矩阵编码方式中，当行线、列线均定义为输出线时，就可以输出 $N \times M$ 个开关量，如点阵式 LED 的驱动电路；当行线、列线中有一组为输出线，另一组为输入线时，就构成了 $N \times M$ 个输入检测点，如矩阵键盘电路。

10.2　I/O 资源及扩展

　　通过单片机芯片实现数字信号的输入处理和输出控制时，必须了解以下问题：

　　(1) 准确理解 MCU 芯片各引脚的功能，确定可利用的 I/O 资源，并做出尽可能合理的使用规划。

　　STM8 内核 MCU 芯片的 I/O 引脚较多，除个别引脚外，几乎所有的 I/O 引脚均可编程为上拉或悬空输入方式、OD 或推挽输出方式，数字信号输入/输出接口电路设计相对简单。唯一需要注意的是，48 引脚及以下封装的 STM8 内核 MCU 芯片几乎所有的 GPIO 引脚均具有复用功能——某一内嵌外设输入或输出引脚，因此，当系统中需要保留对应外设的输入/输出功能时，必须保留对应的 GPIO 引脚。

　　(2) 作输出控制信号线使用时，必须了解 MCU 芯片复位期间和复位后该引脚的电平状态。STM8 内核 MCU 芯片在复位期间和复位后各 I/O 端口的状态可参阅第 2 章、第 12 章有关内容。

　　(3) 了解 I/O 端口输出级电路结构和 I/O 端口的负载能力。只有准确了解了 MCU 芯片 I/O 端口输出级电路的结构和负载能力，才可能设计出原理正确、工作可靠、没有冗余元件的 I/O 接口电路。

　　对于输出口，当输出高电平时，给负载提供的最大驱动电流就是该输出口高电平的驱动能力。当输出电流大于最大驱动电流时，上拉 P 沟 MOS 管内阻上的压降将增加，V_{OH} 会下降。当 V_{OH} 小于某一数值时，后级电路会误认为输入为低电平，产生逻辑错误(即使不产生逻辑错误，后级输入电路的功耗也会增加)。V_{OH} 下限的具体数值由负载的性质确定。例如，当负载为 NPN 三极管基极输入回路时，如图 10.1.1(a)的 Pzn 引脚，只要三极管 VT1 依然处于饱和状态，则 V_{OH} 下降到 2.0 V 以内也不会有逻辑错误问题；但当负载为 CMOS 门电路的输入端时，如图 10.1.1(b)中的 P1.3、P1.4 引脚，则 V_{OH} 的下限必须大于 $0.7V_{CC}$(其中 V_{CC} 为负载芯片的电源电压)。因此，要注意输出高电平时的负载能力。

　　当输出低电平时，输出级下拉 N 沟 MOS 管导通，负载电流倒灌。同样，倒灌的电流也不能太大，否则输出级可能会因过流而损坏，即使没有损坏，也会因灌电流太大，造成输出低电平 V_{OL} 上升，使后级输入电路的功耗增加。当 V_{OL} 大于某一数值时，后级电路同样会误以为输入为高电平，产生逻辑错误。同理，V_{OL} 上限的具体数值也与负载的性质有关。例如，当用 OD 输出引脚驱动 LED 负载时，如图 10.1.1(a)中的 Pyn 引脚，V_{OL} 的上限升高到 1.0 V 也不会有逻辑错误问题，但当负载为 TTL 电路输入引脚时，如图 10.1.1(a)中的 Pym 引脚，V_{OL} 的上限必须在 0.8 V(TTL 电路输入低电平最大值)以内。

MCU 芯片 I/O 引脚的负载能力可参阅 MCU 芯片的数据手册，并注意以下两点：

(1) 了解 I/O 引脚输出电平的范围。

(2) 了解高阻输入及 OD 输出状态下，I/O 引脚的最大耐压。

10.2.1 扩展 STM8 系统 I/O 引脚资源的策略

STM8 内核 MCU 芯片总线不开放，在 STM8 应用系统中扩展 I/O 引脚总的原则是：

(1) 所有外部输入信号直接与 MCU 芯片的 I/O 引脚相连，以方便 MCU 芯片直接处理。

(2) 高速输出信号直接从 MCU 芯片的 I/O 引脚输出。

(3) 当 I/O 引脚资源紧张时，低速脉冲信号、电平信号可通过串入并出移位寄存器芯片，如一片或两片 74HCS595、74HC595、74LV595A、TPIC6C595(功率驱动 IC 芯片)串行输出。

(4) 更换封装，如 44 引脚封装芯片 I/O 资源分配难以进行时，可采用 48 引脚、64 引脚，甚至 80 引脚封装芯片。在其他条件相同的情况下，64 引脚封装芯片的价格可能仅比 48 引脚封装芯片高一点。

(5) 必要时可考虑用另一个 MCU 芯片扩展 I/O 引脚。

以上原则对任何总线不开放的 MCU 芯片均适用。

10.2.2 利用串入并出及并入串出芯片扩展 I/O 引脚

在速度要求不高的情况下，利用 74HCS164、74HC164(74LV164A)、74HC594、74HC595 (74HCS595、74LV595A)等"串入并出"芯片扩展输出口，利用 74HC165 (74LV165A)、74HC597 等"并入串出"芯片扩展输入口，是一种简单、实用的 I/O 口扩展方式。当串行口未用时，可借助串行口(UART 或 SPI 总线)完成串行数据的输入或输出；而当串行口已作他用时，可根据串行输入/输出芯片的操作时序，使用 I/O 引脚模拟串行移位脉冲，完成数据的输入/输出过程。例如，在图 10.2.1 中使用 STM8 内核 MCU 芯片三根 I/O 引脚，借助两片 74HC595 即可将 3 根 I/O 引脚通过串行移位方式扩展为 16 根输出线。

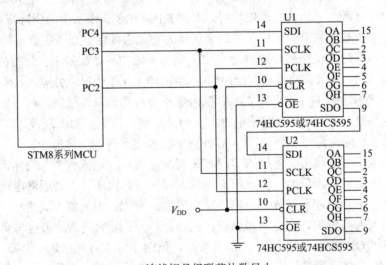

(a) 连线短且级联芯片数目少

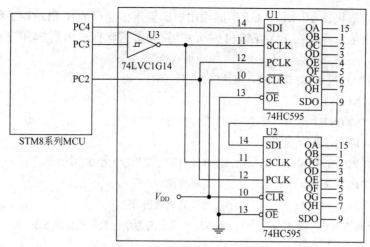

(b) 连线长加驱动芯片(下降沿有效)

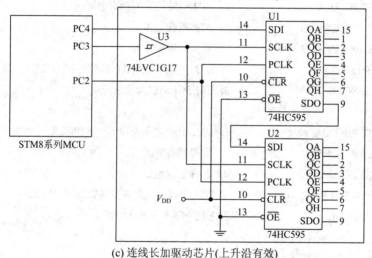

(c) 连线长加驱动芯片(上升沿有效)

图 10.2.1　通过"串入并出"芯片扩展输出引脚

　　由于 74HC595 芯片内部串行移位寄存器对串行移位脉冲 SCLK 边沿的要求较高,当连线不太长时,将 STM8 内核 MCU 芯片引脚编程为快速推挽输出方式后,可将 MCU 芯片的 I/O 引脚与 74HC595 直接相连,如图 10.2.1(a)所示。如果连线较长或 MCU 芯片 I/O 引脚的驱动能力不足(如 MCS-51 兼容芯片的 P1~P3 口引脚),可在 74HC595 芯片串行移位脉冲 SCLK 输入引脚前插入具有施密特输入特性的驱动芯片(如 CD40106、74HC14、74LV14A、74LVC1G14、74LVC1G17 等),使串行移位脉冲 SCLK 的边沿变陡,以保证串行移位动作准确、可靠,如图 10.2.1(b)所示。理论上串联两个施密特输入反相器,可使 SCLK 保持上升沿有效,但会使系统功耗增加,当需要保持上升沿有效时,可使用同相施密特输入缓冲器,如 74LVC1G17 芯片驱动 SCLK 引脚,如图 10.2.1(c)所示。不过值得注意的是,一般并不需要在并行锁存脉冲 PCLK 引脚前增加驱动芯片。随着带有施密特输入特性 74HCS 系列芯片的普及,最好用 74HCS595 芯片替换图 10.2.1 中的 74HC595 芯片,从而省去图中的串行移位脉冲驱动芯片 74LVC1G14、74LVC1G17。

例 10.2.1 假设图 10.2.1 中 U1 扩展输出引脚输出信息存放在 EDATA1 单元中；U2 扩展输出引脚输出信息存放在 EDATA1+1 单元中,则将数据串行输出到 74HC595 输出端的驱动程序段如下:

```
;在 RAM1 段定义 EDATA1、EDATA2 变量
EDATA1 DS.B        1           ;U1 芯片输出信息
EDATA2 DS.B        1           ;U2 芯片输出信息
;-------I/O 引脚初始化-----
BSET PC_DDR, #4                ;1, PC4 引脚定义为输出引脚(SDI)
BSET PC_CR1, #4                ;1, 选择推挽方式
BSET PC_CR2, #4                ;1, 选择高速输出
#Define SDi PC_ODR, #4         ;将 PC4 引脚定义为串行数据输出端 SDi

BSET PC_DDR, #3                ;1, PC3 引脚定义为输出引脚(SCLK)
BSET PC_CR1, #3                ;1, 选择推挽方式
BSET PC_CR2, #3                ;1, 选择高速输出
#Define SCLK PC_ODR, #3        ;将 PC3 引脚定义为串行移位脉冲 SCLK
BRES SCLK                      ;静态时 SCLK 引脚输出低电平

BSET PC_DDR, #2                ;1, PC2 引脚定义为输出引脚(PCLK)
BSET PC_CR1, #2                ;1, 选择推挽方式
BRES PC_CR2, #2               ;0, 选择低速输出
#Define PCLK PC_ODR, #2        ;将 PC2 引脚定义为并行送数脉冲 PCLK
BRES PCLK                      ;静态时 PCLK 引脚输出低电平

;----------串行数据输出程序段---------
LDW X, #1                      ;先输出 U2 芯片的数据信息
Serial_LOOP1:
LD A, (EDATA1,X)               ;取输出数据
MOV R03, #8                    ;左移 8 次
Serial_LOOP2:
BRES SCLK                      ;串行移位脉冲(SCLK)置为低电平
RLC A                          ;带进位 C 循环左移, 即先输出 b7 位
BCCM SDi                       ;C 送 SDi 引脚(数据送 SDI 引脚)
NOP                            ;插入 NOP 指令适当延迟(是否延迟由 CPU 的时钟频率决定)
BSET SCLK                      ;串行移位脉冲(SCLK)置为高电平, 形成上升沿
DEC R03
JRNE Serial_LOOP2
DECW X
JRPL Serial_LOOP1              ;当 X≥0 时, 循环
```

BRES SCLK	;串行移位脉冲(SCLK)恢复为低电平状态
BSET PCLK	;并行输出锁存脉冲(PCLK)置为高电平，形成上升沿
NOP	;插入 NOP 指令适当延迟(是否延迟由 CPU 的时钟频率决定)
BRES PCLK	;并行输出锁存脉冲(PCLK)恢复为低电平状态

10.2.3　利用 MCU 芯片扩展 I/O

当 I/O 引脚资源不足时，用另一块 MCU 芯片来扩展 I/O 端口在特定应用系统中可能更实用。第一，这样不仅扩展了 I/O 引脚，也扩展了其他硬件资源(如定时/计数器、中断输入端等)。第二，部分工作可由扩展 MCU 芯片完成，减轻了主 MCU 芯片的负担。第三，MCU芯片 I/O 端口电平状态可编程设置，从而省去了承担逻辑转换的与非门电路芯片。当使用I/O 端口输出级电路结构可编程选择的 MCU 芯片来扩展 I/O 引脚时，除了具有上述特性外，还能简化 I/O 接口电路的设计。因此，强烈推荐优先考虑通过 MCU 芯片方式扩展 I/O 端口。

利用 MCU 芯片扩展 I/O 资源时，可使用 UART、SPI 接口同步串行通信方式或并行通信方式实现两个 MCU 芯片之间的信息交换，如图 10.2.2 所示。

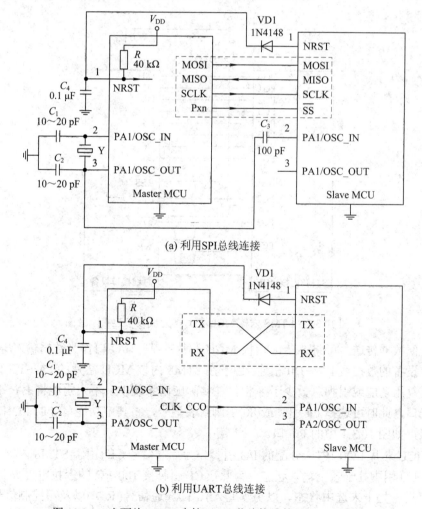

(a) 利用 SPI 总线连接

(b) 利用 UART 总线连接

图 10.2.2　由两片 STM8 内核 MCU 芯片构成的双 MCU 系统

在图 10.2.2 所示的双 MCU 系统中，从 MCU 芯片不需要晶振电路，可将从 MCU 芯片时钟选为外部时钟输入方式，从 MCU 晶振输入引脚 OSC_IN 借助 100 pF 小电容接主 MCU 晶振输出端 OSC_OUT，如图 10.2.2(a)所示；或利用主 MCU 芯片的时钟输出功能，将从 MCU 晶振输入引脚 OSC_IN 连接到主 MCU 的时钟输出引脚 CLK_CCO，如图 10.2.2(b)所示。当然，主 MCU 或从 MCU 芯片也可以使用内部 RC 振荡器。从 MCU 复位引脚 NRST 经隔离二极管 VD1 与主 MCU 复位引脚相连，主 MCU 复位时，将强迫从 MCU 芯片复位；而从 MCU 芯片内部复位时，由于隔离二极管 VD1 的存在，主 MCU 复位引脚无效。

10.3 STM8 芯片与总线接口设备的连接

STM8 内核 MCU 芯片总线不开放，当需要与总线接口设备，如总线接口液晶显示模块 (LCM)相连时，可用 MCU 芯片的 2～3 根 I/O 引脚模拟总线接口设备的读选通信号($\overline{\text{RD}}$)以及写控制信号($\overline{\text{WR}}$)，如图 10.3.1 所示。

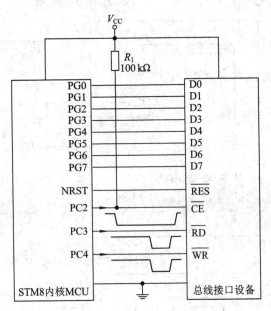

图 10.3.1 STM8 内核 MCU 芯片与总线设备连接示意图

为方便数据传送，可将 STM8 内核 MCU 芯片的某一 I/O 口作为数据输入/输出口，与总线接口设备的数据线 D7～D0 相连。由于在 STM8 内核 MCU 芯片的 PA～PE 口中，很多引脚具有复用功能或引脚总数少于 8 根，在实际应用系统中，不一定能将 PA～PE 口作为数据总线口，此时可选择 64 引脚或 80 引脚封装型号，将其中功能单一的 I/O 口作为数据总线接口，如图 10.3.1 中的 PG 口。

将 MCU 芯片 I/O 口中未分配的 I/O 引脚作为片选信号 $\overline{\text{CE}}$ (由于 STM8 内核 MCU 芯片复位后，I/O 引脚处于悬空输入状态，为此在 $\overline{\text{CE}}$ 引脚接 100 kΩ 的上拉电阻 R_1，使复位后总线接口设备处于未选中状态，以免误写入)、读选通信号($\overline{\text{RD}}$)以及写控制信号($\overline{\text{WR}}$)，通过软件方式即可完成数据的输出与输入过程。

实现图 10.3.1 所示连接的数据读写程序段如下：

```
-----数据口初始化指令系列-----
MOV PG_CR1, #0FFH      ;输出时，PG 口处于推挽方式；输入时，PG 口带上拉电阻
CLR PG_CR2            ;输出时，PG 口处于低速方式
-----写操作指令系列-----
BRES PC_ODR, #2       ;输出片选信号 CE
;NOP                 ;根据总线设备片选信号 CE 有效到可进行操作的时间，插入 NOP 指令延迟
MOV PG_DDR, #0FFH     ;PG 口定义为输出
MOV PG_CR2, #0FFH     ;根据速度，选择 PG 口输出信号边沿的过渡时间

LD PG_ODR, A         ;存放在累加器 A 中的数据输出到数据总线
BRES PC_ODR, #4      ;使写控制信号 WR 为低电平，形成 WR 选通脉冲的前沿
;NOP                 ;根据总线设备写选通脉冲 WR 的宽度，插入 NOP 指令延迟
BSET PC_ODR, #4      ;使写控制信号 WR 为高电平，形成 WR 选通脉冲的后沿(上升沿)
BSET PC_ODR, #2      ;如果不是连续写操作，则取消片选信号 CE
-----读操作指令系列-----
CLR PG_DDR           ;PG 口定义为输入口
CLR PG_CR2           ;寄存器 CR2 为 0(由于 PG 口没有中断功能，在输入状态下，可不理
                     ;会寄存器 CR2 的内容)
BRES PC_ODR, #2      ;输出片选信号 CE
;NOP                 ;根据总线设备片选信号 CE 有效到可进行操作的时间，插入 NOP 指令延迟
BRES PC_ODR, #3      ;使读选通信号 RD 为低电平，形成 RD 选通脉冲的前沿(下降沿)
;NOP                 ;根据总线设备读选通脉冲 RD 的宽度，插入一定数目的 NOP 指令延迟
LD A, PG_IDR         ;从总线上读数据(存放在累加器 A 中)
BSET PC_ODR, #3      ;使读选通信号 RD 为高电平，形成 RD 选通脉冲的后沿(上升沿)
BSET PC_ODR, #2      ;如果不是连续读操作，则取消片选信号 CE
```

当外设利用读选通信号 RD 的下降沿将数据输出到数据总线 D7～D0 时，MCU 芯片应在 RD 上升沿前执行读操作(LD A, PG_IDR)，如本例；反之，当外设利用读选通信号 RD 的上升沿将数据输出到数据总线 D7～D0 时，MCU 芯片应在 RD 上升沿后执行读数据操作。

10.4 LED 简单显示驱动电路

发光二极管 LED 具有体积小，抗冲击、震动性能好，可靠性高，寿命长，工作电压低，功耗小，响应速度快等优点，常用于显示系统的状态、系统中某一功能电路(甚至某一输出引脚)的电平状态，如电源指示、停机指示、错误指示等，使人一目了然。

此外，将多个 LED 管芯组合在一起，就构成了特定字符(文字、数码)或图形的显示器件，如七段、八段 LED 数码管和点阵式 LED 显示器。将发光二极管和光敏三极管组合在一起，就构成了光电耦合器件以及由此衍生出来的固态继电器。因此，了解发光二极管的

性能、使用方法，对单片机控制系统的设计非常必要。

10.4.1 发光二极管

发光二极管在本质上与普通二极管差别不大，也是一个 PN 结，同样具有正向导通，反向截止的特性。发光二极管的伏安特性曲线与普通二极管相似，如图 10.4.1 所示(为了便于比较，图中用虚线表示普通二极管的伏安特性曲线)。

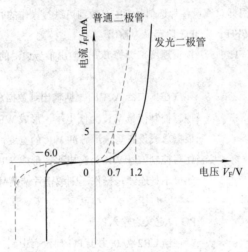

图 10.4.1　红光二极管伏安特性曲线

由图 10.4.1 可以看出：

(1) 当外加正向电压 V_F 小于正向阈值电压时，LED 不导通，漏电流很小；当外加电压 V_F 大于正向阈值电压时，LED 导通，同时发光。显然，LED 的正向导通电压 V_F 比普通二极管大，其大小与 LED 的材料有关，如表 10.4.1 所示。

表 10.4.1　LED 正向压降与材料的关系

LED 材料	光颜色	正向导通电压 V_F /V
砷化镓(GaAs)	红光	1.2
磷化镓铟(InGaP)	红光/黄橙	1.6～2.0
磷砷化镓(GaAsP)	红光	1.6～1.8
镓铝砷(GaAlAs)	红光	1.6～1.8
磷化镓(GaP)	红光	1.9～2.5
氮化镓铟(InGaN)	蓝光	2.9～3.7
磷化铟镓铝(AlGaInP)	橙绿/绿光	3.0～3.5

(2) LED 导通后，伏安特性曲线更陡，即 LED 导通后的导通电阻更小，因此 LED 有时也作为降压元件使用，如将 +5 V 电源降为 +3 V 电源。

(3) LED 的反向击穿电压比普通二极管低，一般只有 5～10 V。

LED 的亮度与 LED 的材料、结构以及工作电流 I_F 有关。一般来说，工作电流 I_F 越大，亮度也越大，但亮度与工作电流 I_F 的关系因材料而异。例如 GaP 发光二极管，当工作电流 I_F 增大到一定数值后，电流增加，LED 的亮度不再增大，即出现亮度饱和现象。而 GaAsP 发光二极管的亮度随电流的增大而增大，在器件因功耗增加而损坏前观察不到亮度饱和现象。

信息指示用发光二极管的工作电流 I_F 一般控制为 2～20 mA，最大不超过 50 mA，否则会损坏。小尺寸 LED 的工作电流 I_F 控制在 2～10 mA 范围内，就能获得良好的发光效果。

10.4.2　驱动电路

直径在 5 mm 以下的小尺寸 LED 的工作电流不大，一般可直接由 MCU 芯片的 I/O 引脚驱动，如图 10.4.2(a)所示。

对于推挽输出引脚，采用图 10.4.2(b)所示的高电平有效驱动方式似乎没有什么不妥，但还是应该避免使用高电平有效驱动方式，原因是空穴迁移率远低于电子迁移率，导致尺寸、掺杂浓度相同的 P 沟 MOS 管的导通电阻大于 N 沟 MOS 管，除非输出级 CMOS 反相器上下两管导通的电阻相同(体现为在输出电流相同的情况下，两管压降相同)。

例如，对 STM8S 系列芯片标准驱动能力引脚来说，当负载电流均为 4 mA 时(芯片温度为 85℃)，从数据手册查到在拉电流负载状态下，P 沟管压降($V_{DD} - V_{OH}$)约为 0.5V，而在灌电流负载状态下，N 沟管压降(V_{OL})约为 0.3 V，管耗差为 0.8 mW。

尽管目前许多 MCU 芯片单个 I/O 引脚拉电流及灌电流的能力均达 10～20 mA，驱动小尺寸 LED 似乎不是问题，但受 MCU 芯片散热条件的限制，同一 I/O 口以及所有 I/O 引脚流出、流入电流总和有严格的限制(参见 2.3.7 节)。因此，当灌电流或拉电流大于 4 mA 时，建议在负载与 MCU 芯片之间增设驱动器(门电路、驱动电压为 5 V 的功率 MOS 管或 BJT 三极管等)，如图 10.4.2(c)～图 10.4.2(f)所示。

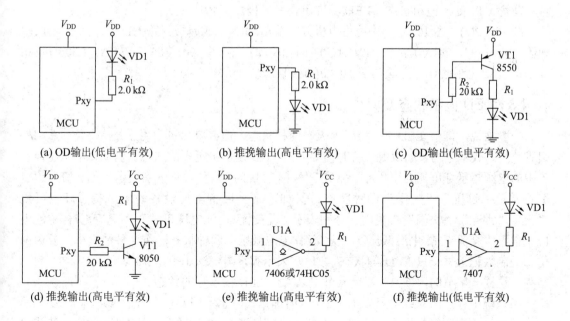

图 10.4.2　MCU 芯片与 LED 的连接方式

图 10.4.2 (a)采用直接驱动方式，I/O 引脚定义为 OD 输出方式，限流电阻由 LED 工作电流 I_F 确定，即

$$R_1 = \frac{V_{DD} - V_F - V_{OL}}{I_F}$$

其中，V_F 为 LED 的导通电压，大小与材料有关(对红光 LED 来说，估算限流电阻时 V_F 一般取 1.5~2.0 V)；V_{OL} 为 MCU 芯片 I/O 引脚输出低电平电压，其值与灌电流大小有关(此处为 I_F)，可从芯片的数据手册中找到。

图 10.4.2 (b)也采用直接驱动方式，I/O 引脚定义为推挽输出方式。输出高电平时，LED 发光，限流电阻的计算方法与图 10.4.2(a)类似，即 $R_1 = \frac{V_{OH} - V_F}{I_F}$，其中输出高电平电压 V_{OH} 的高低与拉电流大小有关(此处为 I_F)，也可从芯片的数据手册中找到。

图 10.4.2(c)采用 PNP 三极管驱动，当 Pxy 引脚输出低电平时，三极管饱和导通，限流电阻 R_1 与 LED 的内阻(几欧姆~几十欧姆)构成了集电极等效电阻 R_C。限流电阻 R_1 的大小由 LED 的工作电流 I_F 决定，即

$$I_C = I_F = \frac{V_{DD} - V_F - V_{CES}}{R_1}$$

其中，I_C 为集电极电流；V_{DD} 为电源电压；V_{CES} 为三极管饱和压降，一般为 0.1~0.2 V，具体数值与三极管的种类、负载电流 I_F 的大小有关。

当 V_{DD} 为 5 V，V_F 取 2.0 V，V_{CES} 取 0.2 V，I_F 取 4 mA 时，限流电阻 R_1 大致为 680 Ω。

图 10.4.2 (d)采用 NPN 三极管驱动，Pxy 引脚应设为推挽输出方式，输出高电平时，三极管饱和导通，限流电阻的计算方法与图 10.4.2 (c)相似。

当 Pxy 引脚输出低电平时，三极管截止，LED 不亮。值得注意的是，为使 LED 工作时驱动管 VT1 处于饱和状态，LED 不宜串在发射极。

图 10.4.2(e)~图 10.4.2(f)采用集电极开路输出(OC 门)或漏极开路(OD 门)输出的集成驱动器，如 7407、74LV07A、74LVC1G07(同相驱动)、7406、74LV06A、74LVC1G06 (反相驱动)，限流电阻的计算方法与图 10.4.2(a)相似。

10.4.3 LED 显示状态及同步

一般来说，单个 LED 有"亮""灭"两种状态。但在单片机应用系统中，由于受 I/O 引脚数量、成本等因素的限制，有时需要一只 LED 显示出更多的状态。例如，电源监控设备中的电源指示灯可能会用"灭""常亮""快闪""慢闪"四种状态分别表示"无交流""交流正常""过压""欠压"四种状态；又如，带有后备电池设备的电源指示灯也可用"灭""常亮""快闪""慢闪"分别表示"无交流/电池电压正常""交流正常/电池电压正常""交流正常/电池低压""无交流/电池低压"四种状态。在这种情况下，要用两位二进制数记录每一只 LED 的状态。如 00 表示灭，01 表示慢闪，10 表示快闪，11 表示常亮，这样一字节的内部 RAM 单元可记录 4 个 LED 指示灯的状态。

当系统中存在两只或两只以上 LED 以闪烁方式表示不同的状态时，就遇到 LED 显示同步问题，否则可能出现甲灯亮时，乙灯灭——呈现类似霓虹灯的走动显示效应，造成暗场下无法分辨的现象。

解决方法：快闪、慢闪时间呈倍数关系，如快闪切换时间为 0.15～0.25 s，则慢闪切换时间可设为 0.45～0.75 s(2～3 倍)；然后在定时中断服务程序中设置快、慢闪切换标志，并根据 LED 的状态信息关闭或打开 LED 指示灯即可。

例 10.4.1　假设某系统存在 4 个具有快慢闪状态的 LED 指示灯(LED1、LED2、LED3、LED4)，分别与 PC1～PC4 引脚相连，如图 10.4.3 所示。试写出相应的显示驱动程序。

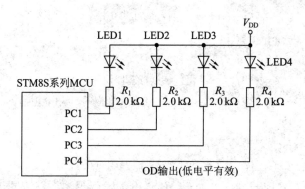

图 10.4.3　小尺寸 LED 与 MCU 芯片相连特例

分析　用 LED_stu 单元记录 4 只 LED 的状态，其中 LED_stu[1:0]位记录 LED1 的状态；LED_stu[3:2]位记录 LED2 的状态；LED_stu[5:4]位记录 LED3 的状态；LED_stu[7:6]位记录 LED4 的状态。如果主定时器每 10 ms 中断一次，则在主定时器中断服务程序中与 LED 显示有关的程序段如下：

```
LED_stu      DS.B 1      ;在 ram0 段内定义 LED 状态变量 LED_stu
LED_SF       DS.B 1      ;为方便判别，LED 慢闪亮灭时间取 0.48 s、快闪亮灭时间取 0.16 s
   #define LED_Faster_SB    LED_SF, #0    ;LED_SF 的 b0 位为快闪标志
   #define LED_low_SB       LED_SF, #1    ;LED_SF 的 b1 位为慢闪标志
   ;#define LED_Disp_Flash  LED_SF, #2    ;LED_SF 的 b2 位为 LED 显示更新时间到标志
LEDTIME DS.B 1                            ;LED 状态切换时间计时器 LEDTIME
   ;*******I/O 引脚初始化******
   BSET PC_DDR, #1                        ;PC1 输出
   BRES PC_CR1, #1                        ;选择 OD 输出方式
   #define LED1_Con   PC_ODR, #1          ;LED1 指示灯定义为 LED1_Con
   BSET LED1_Con                          ;开始时引脚输出高电平(LED1 指示灯灭)
       ⋮                                  ;PC2～PC4 引脚初始化指令系列(略)
   #define LED2_Con   PC_ODR, #2          ;LED2 指示灯定义为 LED2_Con
   BSET LED2_Con                          ;开始时引脚输出高电平(LED2 指示灯灭)
   #define LED3_Con   PC_ODR, #3          ;LED3 指示灯定义为 LED3_Con
   BSET LED3_Con                          ;开始时引脚输出高电平(LED3 指示灯灭)
   #define LED4_Con   PC_ODR, #4          ;LED4 指示灯定义为 LED4_Con
   BSET LED4_Con                          ;开始时引脚输出高电平(LED4 指示灯灭)
```

```
          ;****在主定时器中断服务程序中与 LED 显示有关的指令系列*****
          :                          ;略去与 LED 显示无关的指令系列
          INC LEDTIME               ;切换时间计时器加 1
          LD A, LEDTIME
          CP A, #48                 ;48 × 10 ms，即 0.48 s
          JRC LED_Disp_NEXT1
          CLR LEDTIME               ;切换时间计时器到 48(48 是 16 的 3 倍，且容易判别)时清 0
          BCPL LED_low_SB           ;慢闪切换标志取反
          JRT LED_Disp_NEXT2        ;48 被 16 整除，即慢闪、快闪切换时间到标志同时有效
LED_Disp_NEXT1:
          ;判别当前时间计数器是否为 16 的倍数
          AND A, #0FH               ;仅保留低 4 位 b3～b0
          JREQ LED_Disp_NEXT2       ;低 4 位 b3～b0 为 0，说明当前时间被 16 整除
          JP LED_Disp_EXIT          ;不是 16 的倍数，说明切换时间未到
LED_Disp_NEXT2:
          BCPL LED_faster_SB        ;快闪切换标志取反
          ;BSET LED_Disp_Flash      ;设置 LED 状态更新时间到标志(每 160 ms)更新一次
;------------------LED1 显示状态更新----------------------
          LD A, LED_stu
          AND A, #03H               ;保留 LED1 状态位(b1、b0)
          JRNE LED_Disp_LED11
          ;为 00 态,LED 指示灯灭
          BSET LED1_Con             ;输出高电平，使 LED1 灭
          JRT LED_Disp_LED14
LED_Disp_LED11:
          CP A, #01H
          JRNE LED_Disp_LED12
          ; 为 01 态，LED 指示慢闪
          BTJT LED_low_SB, LED_Disp_LED121
LED_Disp_LED121:                    ;慢闪标志送 C
          BCCM LED1_Con             ;C 送 LED1_Con 引脚，控制 LED1 亮灭
          JRT LED_Disp_LED14
LED_Disp_LED12:
          CP A, #02H
          JRNE LED_Disp_LED13
          ;为 10 态,LED 指示快闪
          BTJT LED_faster_SB, LED_Disp_LED131
```

```
LED_Disp_LED131:                    ;快闪标志送 C
    BCCM LED1_Con                  ;C 送 LED1_Con 引脚，控制 LED1 亮灭
    JRT LED_Disp_LED14
LED_Disp_LED13:
    ;肯定属于 11 态，LED 应常亮
    BRES LED1_Con                  ; LED1_Con 输出低电平，使 LED1 常亮
LED_Disp_LED14:
;------------------LED2 显示状态更新----------------------
    LD A, LED_stu
    AND A, #0CH                    ;保留 LED2 状态位(b3、b2)
    JRNE LED_Disp_LED21
    ;为 00 态，LED 指示灯灭
    BSET LED2_Con                  ; LED2_Con 输出高电平，使 LED2 灭
    JRT LED_Disp_LED24
LED_Disp_LED21:
    CP A, #04H
    JRNE LED_Disp_LED22
    ;为 01 态，LED 指示慢闪
    BTJT LED_low_SB, LED_Disp_LED221
LED_Disp_LED221:                   ;慢闪标志送 C
    BCCM LED2_Con                  ;C 送 LED2_Con 引脚，控制 LED2 亮灭
    JRT LED_Disp_LED24
LED_Disp_LED22:
    CP A, #08H
    JRNE LED_Disp_LED23
    ;为 10 态，LED 指示快闪
    BTJT LED_faster_SB, LED_Disp_LED231
LED_Disp_LED231:                   ;快闪标志送 C
    BCCM LED2_Con                  ;C 送 LED2_Con 引脚，控制 LED2 亮灭
    JRT LED_Disp_LED24
LED_Disp_LED23:
    ;肯定属于 11 态，LED 应常亮
    BRES LED2_Con                  ; LED2_Con 输出低电平，使 LED2 常亮
LED_Disp_LED24:
;------------------LED3 显示状态更新----------------------
    LD A, LED_stu
    AND A, #30H                    ;保留 LED3 状态位(b5、b4)
    CP A, #00H
```

```
        JRNE LED_ Disp_LED31
        ;为 00 态，LED 指示灯灭
        BSET LED3_Con              ; LED3_Con 输出高电平，LED3 灭
        JRT LED_ Disp_LED34
LED_ Disp_LED31:
        CP A, #10H
        JRNE LED_ Disp_LED32
        ; 为 01 态，LED 指示慢闪
        BTJT LED_low_SB, LED_ Disp_LED321
LED_ Disp_LED321:                  ;慢闪标志送 C
        BCCM LED3_Con              ;C 送 LED3_Con 引脚，控制 LED3 亮灭
        JRT LED_ Disp_LED34
LED_ Disp_LED32:
        CP A, #20H
        JRNE LED_ Disp_LED33
        ;为 10 态，LED 指示快闪
        BTJT LED_faster_SB, LED_ Disp_LED331
LED_ Disp_LED331:                  ;快闪标志送 C
        BCCM LED3_Con              ;C 送 LED3_Con 引脚，控制 LED3 亮灭
        JRT LED_ Disp_LED34
LED_ Disp_LED33:
        ;肯定属于 11 态，LED 应常亮
        BRES LED3_Con              ; LED3_Con 输出低电平，使 LED3 常亮
LED_ Disp_LED34:
        ;-------------------LED4 显示状态更新----------------------
        LD A, LED_stu
        AND A, #0C0H               ;保留 LED4 状态位(b7、b6)
        CP A, #00H
        JRNE LED_ Disp_LED41
        ;为 00 态,LED 指示灯灭
        BSET LED4_Con              ;输出高电平，使 LED4 灭
        JRT LED_ Disp_LED44
LED_ Disp_LED41:
        CP A, #40H
        JRNE LED_ Disp_LED42
        ; 为 01 态，LED 指示慢闪
        BTJT LED_low_SB, LED_ Disp_LED421
LED_ Disp_LED421:                  ;慢闪标志送 C
```

```
        BCCM LED4_Con              ;C 送 LED4_Con 引脚，控制 LED4 亮灭
        JRT LED_ Disp_LED44
    LED_ Disp_LED42:
        CP A, #80H
        JRNE LED_ Disp_LED43
        ;为 10 态，LED 指示快闪
        BTJT LED_faster_SB, LED_ Disp_LED431
    LED_ Disp_LED431:              ;快闪标志送 C
        BCCM LED4_Con              ;C 送 LED4_Con 引脚，控制 LED4 亮灭
        JRT LED_ Disp_LED44
    LED_ Disp_LED43:
        ;肯定属于 11 态，LED 应常亮
        BRES LED4_Con              ;LED4_Con 输出低电平，使 LED4 常亮
    LED_ Disp_LED44:
    LED_ Disp_EXIT:
        ⋮                          ;略去与 LED 状态更新无关的指令系列
```

如果嫌在主定时中断服务程序中，执行以上全部 LED 状态更新指令所用时间偏长，可能导致中断漏响应，则设置状态更新时间到标志后，如将快慢闪标志寄存器 LED_SF 的 b2 位作为状态更新时间到标志后，在主定时中断服务程序中仅保留带背景的指令系列，而将每一个 LED 状态更新控制指令放到主程序入口处执行，例如：

```
        BTJT LED_Disp_Flash, LED_Disp_Flash_Next   ;检测 LED 状态更新时间是否到了
        JP LED_Disp_Flash_EXIT                      ;状态更新时间未到，跳过状态更新指令系列
    LED_Disp_Flash_Next:
        BRES LED_Disp_Flash                         ;清除 LED 状态更新时间到标志
        ⋮                                           ;逐一更新每一只 LED 指示灯的状态
    LED_Disp_Flash_EXIT:
```

10.5　LED 数码管及其显示驱动电路

LED 数码管是单片机控制系统中最常用的显示器件之一。在单片机系统中，常用一只到数只，甚至十几只 LED 数码管来显示 MCU 的处理结果、输入/输出信号的状态或大小。

10.5.1　LED 数码管

LED 数码管的外观如图 10.5.1(a)所示，笔段及其对应引脚排列如图 10.5.1(b)所示，其中 a～g 段用于显示数字或字符的笔画，dp 显示小数点，而 3、8 引脚连通，作为公共端。在一英寸以下的 LED 数码管内，每一笔段含有 1 只 LED，导通压降 V_F 为 1.2～2.5 V；而一英寸及以上 LED 数码管的每一笔段由多只 LED 以串、并联方式连接而成，笔段导通电压与笔段内包含的 LED 的数目、连接方式有关。在串联方式中，确定驱动电源 V_{CC} 电压时，

每只 LED 的工作电压通常以 2.0 V 计算。例如，4 英寸七段 LED 数码显示器 LC4141 的每一笔段由 4 只 LED 按串联方式连接而成，因此导通电压应为 6～8 V，驱动电源 V_{CC} 电压必须取 9 V 以上。

根据 LED 数码管内各笔段 LED 的连接方式，可以将 LED 数码管分为共阴和共阳两大类。在共阴 LED 数码管中，所有笔段的 LED 的负极连在一起，如图 10.5.1(c)所示；而在共阳 LED 数码管中，所有笔段的 LED 的正极连在一起，如图 10.5.1(d)所示。由于共阳 LED 数码管与 OC、OD 门驱动器连接方便，因此在单片机控制系统中，多用共阳 LED 数码管。

LED 数码管有单体、双体、三体等多种封装形式，对于双体、三体封装形式的 LED 数码管，其引脚排列与笔段之间的对应关系可能会因生产厂家的不同而不同，通过数字万用表或指针式万用表 10k 欧姆挡即可判别出连接方式(共阴还是共阳)及其公共端，借助外部电源与一只阻值为 1 kΩ 的限流电阻就能识别出引脚的排列顺序。

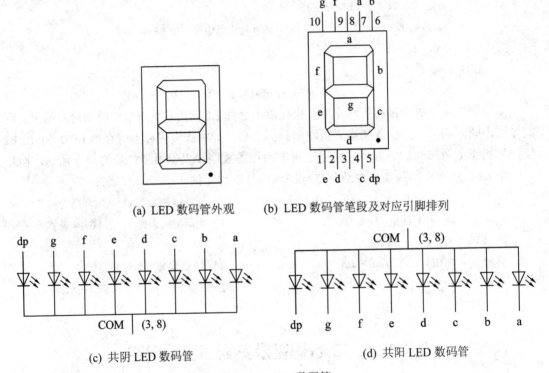

(a) LED 数码管外观   (b) LED 数码管笔段及对应引脚排列

(c) 共阴 LED 数码管   (d) 共阳 LED 数码管

图 10.5.1   LED 数码管

10.5.2   LED 数码显示器接口电路

从 LED 数码管的结构可以看出，点亮不同笔段就可以显示出不同的字符。例如，当笔段 a、b、c、d、e、f 被点亮时，就可以显示出数字 "0"；当笔段 a、b、c、d、g 被点亮时就可以显示出数字 "3"。在理论上，七个笔段可以显示 128 种不同的字符，扣除其中没有意义的状态组合后，八段 LED 数码管可以显示的字符如表 10.5.1 所示(假设笔段 a～g、dp 顺序接入笔段码锁存器的 b0～b7 位)。

表 10.5.1　八段 LED 数码管可以显示的字符

字符	字形	b7 $\overline{dp}$	b6 $\overline{g}$	b5 $\overline{f}$	b4 $\overline{e}$	b3 $\overline{d}$	b2 $\overline{c}$	b1 $\overline{b}$	b0 $\overline{a}$	共阳笔段码	共阴笔段码
0		1	1	0	0	0	0	0	0	C0H	3FH
1		1	1	1	1	1	0	0	1	F9H	06H
2		1	0	1	0	0	1	0	0	A4H	5BH
3		1	0	1	1	0	0	0	0	B0H	4FH
4		1	0	0	1	1	0	0	1	99H	66H
5		1	0	0	1	0	0	1	0	92H	6DH
6		1	0	0	0	0	0	1	0	82H	7DH
7		1	1	1	1	1	0	0	0	F8H	07H
8		1	0	0	0	0	0	0	0	80H	7FH
9		1	0	0	1	0	0	0	0	90H	6FH
A		1	0	0	0	1	0	0	0	88H	77H
B		1	0	0	0	0	0	1	1	83H	7CH
C		1	1	0	0	0	1	1	0	C6H	39H
D		1	0	1	0	0	0	0	1	A1H	5EH
E		1	0	0	0	0	1	1	0	86H	79H
F		1	0	0	0	1	1	1	0	8EH	71H
P		1	0	0	0	1	1	0	0	8CH	73H
H		1	0	0	0	1	0	0	1	89H	76H
L		1	1	0	0	0	1	1	1	C7H	38H
Y		1	0	0	1	0	0	0	1	91H	6EH
—	—	1	0	1	1	1	1	1	1	BFH	40H
不显示		1	1	1	1	1	1	1	1	FFH	00H

依据显示驱动方式的不同,可将 LED 数码管显示驱动电路分为静态显示方式和动态显示方式。

1. LED 数码管静态显示接口电路

LED 数码管静态显示接口电路由笔段码锁存器、笔段译码器(采用软件译码的 LED 数码管静态显示驱动电路不需要笔段译码器)、驱动器等部分组成。在单片机应用系统中,一般不用七段译码器芯片(如 74249、CD4511 等)构成笔段译码器,而是采用软件译码方式,原因是软件译码灵活、方便。下面是单片机系统中常见的 LED 数码管静态显示接口电路形式。

(1) 一位共阳 LED 数码管静态显示驱动电路如图 10.5.2 所示,PG 口输出笔段码。该电路的优点是结构简单,直接利用 MCU 芯片的 PG 口输出数据锁存器 PG_ODR 作笔段码锁存器,缺点是占用了 PG0～PG7 八根 MCU 芯片的 I/O 引脚。

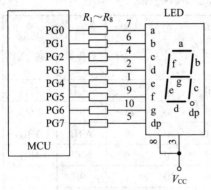 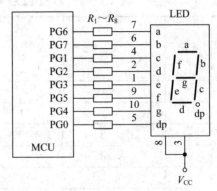

(a) I/O口引脚与笔段编号按顺序连接　　　　(b) I/O口引脚与笔段编号按PCB连线交叉尽量少的方式连接

图 10.5.2　直接利用 MCU 芯片 I/O 引脚驱动小尺寸 LED 数码管

在图 10.5.2(a)中，LED 笔段编号 a~dp 按顺序分别接到 PG0~PG7 引脚，笔段码表中的数据可直接引用表 10.5.1 中给出的共阳 LED 数码管笔段码信息，驱动程序如下：

```
CLRW X
LD XL, A              ;存放在累加器 A 中的显示数码送寄存器 XL
LD A, (LEDTAB,X)      ;取出显示数码对应的笔段码
LD PG_ODR, A          ;笔段码送 PG 口，显示(PG 口初始化为 OD 输出方式)出数码信息
    ⋮
LEDTAB:               ;笔段码表的首地址
DC.B C0H,0F9H,0A4H,.  ;笔段码表
```

例如，当显示数字"0"时，要求 a、b、c、d、 e、f 笔段亮，即 PG0~PG5 输出低电平，PG6 输出高电平，PG7 与笔段无关，规定输出高电平，因此数字"0"的笔段码为 C0H。同理，可以推算出其他数字或字符的笔段码信息。

在进行 PCB 设计时，如果发现按图 10.5.2(a)所示顺序连接时，连线交叉多，可调整 LED 数码管笔段编号与 I/O 引脚之间的连接关系，如选择类似图 10.5.2(b)所示的连接关系。在这种情况下，驱动程序没有变化，仅需要根据连线关系重新构造 LED 笔段码表。可见，在 MCU 控制系统中，采用软件译码方式非常灵活、方便。

(2) 当需要驱动两位或以上的 LED 数码管时，为减少 I/O 引脚的开销，常用串行移位方式输出 LED 数码管的笔段码信息，如图 10.5.3 所示。

图 10.5.3 所示的 LED 数码管显示驱动电路本质上依然属于静态显示驱动方式，用 74HCS595、74HC595、74LV595A 串行移位寄存器作笔段码锁存器。借助串行移位寄存器 74HCS595、74HC595、74LV595A 的级联功能，可获得两位或两位以上的 LED 数码管静态显示驱动电路。

根据 74HC595 芯片串行移位规则(串行数据输入端 SDI 接 b0)，应先输出 LED2 的 dp 段码，最后输出 LED1 的 a 段码。由于 SPI 总线可以先发送 b7 位(MSB)，因此图 10.5.3(a)可以直接使用表 10.5.1 给出的笔段码信息；而在图 10.5.3(b)中，使用 UART 串行口输出笔段码信息，但 UART 口只能先输出 b0 位(LSB)，因此不能直接使用表 10.5.1 所示笔段码，

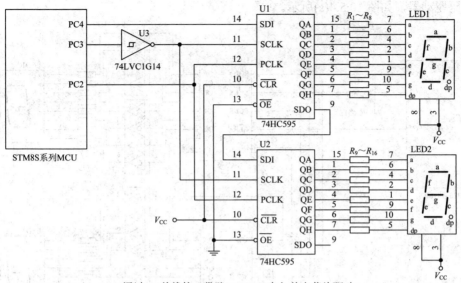

(a) 通过SPI总线接口借助74HC595串入并出芯片驱动

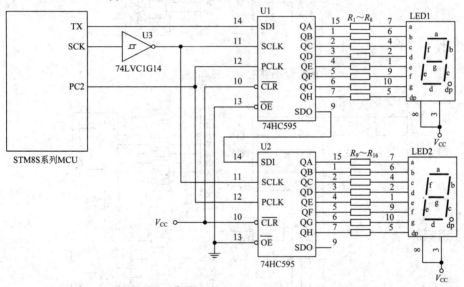

(b) 通过同步UART接口借助74HC595串入并出芯片驱动

图 10.5.3　串行输出 LED 笔段码的静态显示驱动电路

需要按倒序方式重新编排表中笔段码的信息，即 b7 与 b0 对调， b6 与 b1 对调，b5 与 b2 对调，b4 与 b3 对调。数据位对调的方法很多，如取出笔段码信息后，先重新编排笔段码数据位，再送串行口发送寄存器；为减少显示驱动程序的执行时间，建议按数据位发送顺序直接重构笔段码表信息。

可见，借助 74HCS595 或 74HC595 芯片，通过串行输出方式驱动 LED 数码管时，不仅占用 MCU 芯片的 I/O 引脚少，且 MCU 芯片发热量小，系统热稳定性高。

当 LED 数码管工作电流较大(5 mA 以上)或驱动电压较高(如 5 V 以上)时，可在 74HC595 与数码管之间增加 OC 或 OD 输出的 7406 及 74LV06A(反相)、7407 及 74LV07A(同相)芯片作笔段码驱动器，如图 10.5.4(a)所示。

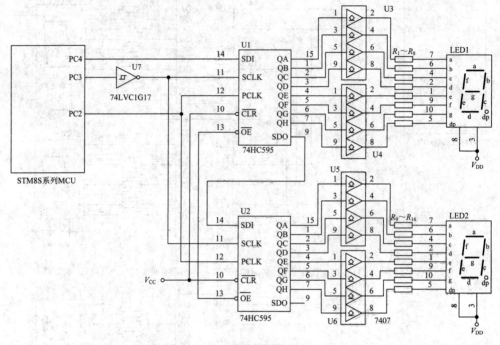

(a) 由通用串行移位芯片和驱动IC构成

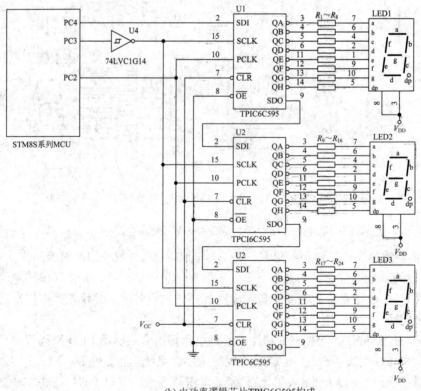

(b) 由功率逻辑芯片TPIC6C595构成

图 10.5.4　高压或大电流 LED 数码管静态显示驱动电路

　　当然，在这种情况下，最好用功率逻辑 IC 芯片 TPIC6C595 直接驱动高压大电流 LED 数码管，获得如图 10.5.4(b)所示的 LED 数码管静态显示驱动电路。TPIC6C595 引脚功能与 74HC595 基本相同，只是引脚排列不同，且并行输出数据与串行输入数据反相(串行移位输出前，可先对笔段码取反)。

　　图 10.5.4(b)所示 3 位 LED 数码管静态显示驱动参考程序如下(高位为 0 不显示)：

```
        .LED_NO_BUF  DS.B   3          ;在 ram1 段内定义数码显示缓冲区(假设高位放在低地址)
        .NDHZ        DS.B   1          ;在 ram1 段内定义"灭 0"标志

              ;引脚初始化(略)
              #Define SDi   PC_ODR, #4    ;串行数据输入(PC4)
              #Define SCLK PC_ODR, #3     ;串行移位脉冲
              BSET SCLK                   ;增加 74LVC1G14 反相驱动器后，属于下沿触发
              #Define PCLK PC_ODR, #2     ;并行锁存脉冲
              BRES PCLK                   ;开始时 PCLK 引脚为低电平
;----------把数码缓冲区的数码转换为笔段码并暂时保存在 RAM 存储单元中--------------
              BSET NDHZ,#0                ;开始时先将灭 0 标志置 1
              CLRW X                      ;数码缓冲区指针清 0(从最高位开始)
LED_Static_LOOP1:
              LD A, (LED_NO_BUF,X)        ;取数码缓冲区内的数码信息
              BTJF NDHZ,#0, LED_Static_NEXT2   ;灭 0 标志无效，跳转
              TNZ A
              JRNE LED_Static_NEXT1        ;数码不为 0，跳转
              ;灭 0 标志有效(前面高位为 0)，且当前显示数码也是 0，不显示
              LD A, #0FFH                  ;送不显示的关闭码 FFH
              JRT LED_Static_NEXT3
LED_Static_NEXT1:
              BRES NDHZ,#0                 ;显示的数据不是 0，需清除灭 0 标志
LED_Static_NEXT2:
              CLRW Y
              LD YL,A                      ;显示数码在索引寄存器 Y 中
              LD A, (DISPTAB,Y)            ;查表取出了笔段码信息
LED_Static_NEXT3:
              CPL  A                       ;考虑到 TPIC6C595 输出与输入反相
              LD (R02,X), A                ;笔段码暂时存放在 R02 开始的单元中
              INCW X
              CPW X, #2                    ;处理除个位外的所有位
        JRC LED_Static_LOOP1
              ;处理无须灭 0 的个位码
```

```
        LD A, (LED_NO_BUF,X)      ;取数码显示缓冲区内的数码
        CLRW Y
        LD YL,A                   ;显示数码在索引寄存器 Y 中
        LD A, (DISPTAB,Y)         ;查表取出了笔段码信息
        CPL A                     ;考虑到 TPIC6C595 输出与输入反相
        LD (R02,X), A             ;笔段码暂时存放在 R02 开始的单元中
;----------把笔段码送数码管----------
        LDW X, #2                 ;先显示最低位(LED3)
LED_Static_LOOP2:
        LD A, (R02,X)             ;取暂时存放在 R02 中的笔段码
        MOV R00, #8               ;移位 8 次
LED_Static_LOOP3:
        BSET SCLK
        RLC A                     ;进位 C 循环左移，即先输出 b7 位
        BCCM SDi                  ;C 送 SDI 引脚(数据送 SDI 引脚)
        NOP                       ;插入 NOP 指令适当延迟(是否延迟由 CPU 的时钟频率决定)
        BRES SCLK                 ;串行移位脉冲(SCLK)置为低电平，形成下降沿
        DEC R00
        JRNE LED_Static_LOOP3     ;没有移出 8 位，则继续
        DECW X
        JRPL LED_Static_LOOP2     ;当 X≥0 时，循环
        BSET SCLK                 ;串行移位脉冲(SCLK)恢复为高电平状态
        BSET PCLK                 ;并行输出锁存脉冲(PCLK)置为高电平，形成上升沿
        NOP                       ;插入 NOP 指令适当延迟(是否延迟由 CPU 的时钟频率决定)
        BRES PCLK                 ;并行输出锁存脉冲(PCLK)恢复为低电平
        ⁝                         ;与显示无关的指令
DISPTAB:                          ;七段共阳 LED 笔段码(0～F)
        DC.B 0C0H,0F9H,0A4H,0B0H,99H,92H,82H,0F8H,80H,90H,88H,83H,0C6H,0A1H,86H,8EH
```

2. LED 数码管动态显示接口电路

在静态显示方式中，显示驱动程序简单，CPU 占用率低(在更新显示内容时才需要输出笔段码信息)，但每一只 LED 数码管需要一套 8 位锁存器来锁存笔段码信息，硬件开销大(元件数目多，印制板面积也会随之增加)、成本高，仅适用于显示位数较少(4 位以下)的场合。当需要显示的位数为 4～12 时，多采用按位扫描、软件译码(在单片机系统中一般不用硬件译码芯片)的动态显示方式，而当显示位数大于 12 时，可采用分组按位扫描或按笔段扫描的动态显示方式。

在按位扫描的动态显示方式中，每只 LED 数码管编号相同的笔段引脚并联在一起，共用一套笔段码锁存器(由于单片机的 I/O 口、串行移位寄存器均具有输出锁存功能，因而不一定需要额外的笔段码锁存器)、译码器(采用软件译码时，不用译码器)及驱动器；为了控

制各只 LED 数码管轮流工作，各显示位的公共端与位译码器(采用软件译码时不用)、锁存、驱动电路相连。这样就可以依次输出每一显示位的笔段码和位扫描码，轮流点亮各只 LED 数码管，实现按位扫描动态显示。可见，在动态显示方式中，仅需一套笔段码锁存器、译码器(软件译码除外)、驱动器，以及一套位扫描码锁存器、驱动器，硬件开销少。

在动态显示方式中，各只 LED 数码管轮流工作，为防止出现闪烁现象，LED 数码管的刷新频率必须大于 25 Hz，即同一只 LED 数码管相邻两次点亮的时间间隔必须小于 40 ms。对于具有 n 只 LED 数码管的动态显示电路来说，如果 LED 显示器的刷新频率为 f，那么刷新周期为 $1/f$，则每一位的显示时间为 $1/(f \times n)$ 秒。显然，位数越多，每一位的显示时间就越短，在驱动电流一定的情况下，亮度就越低。正因如此，在 LED 动态显示电路中，必须适当增大驱动电流，一般取 10~20 mA，以抵消因显示时间短引起的亮度下降现象。为保证一定的亮度，实践表明：在驱动电流取 20~30 mA 的情况下，每位的显示时间不能小于 1 ms。

由 PB、PG 口构成的 8 位 LED 动态显示接口电路如图 10.5.5 所示，图中使用 PG 口作为笔段码锁存器，7407 或 74LV07A 作笔段码驱动器(由于在 LED 动态显示驱动电路中，为获得足够的亮度，限流电阻较小，LED 瞬态电流较大，一般不能省去笔段码驱动器，除非 LED 的尺寸很小，每段的工作电流在 4 mA 以下)；PB 口作位扫描码锁存器，用中功率 PNP 管，如 8550 或 ZXTP2025F(低饱和压降 PNP 管，耐压 50 V、最大集电极电流为 5 A)作位扫描码驱动器。显然，笔段码、位扫描码均采用软件译码方式。

在显示数码信息时，依次将各位笔段码送 PG 口，位扫描码送 PB 口，即可分时显示所有位的笔段信息。就微观来说，任一时刻只有一只 LED 数码管工作，利用人眼视觉惰性特征，只要刷新频率不小于 25 Hz，宏观上就能看到所有位同时显示，且没有闪烁感。

从图 10.5.5 可以看出，在软件译码的动态 LED 显示电路中，无论位数多寡，仅需一套笔段码锁存器与驱动器，一套位扫描码锁存器与驱动器，硬件开销少。因此，这种方式在单片机应用系统中得到了广泛应用。

另外，PB 口采用 OD 输出方式，低电平驱动能力强，可吸收 10 mA 的灌电流，当 PNP 三极管的电流放大系数 β 大于 100 时，最大集电极电流 $I_{C\,max}$ 达 1 A，足可以驱动八段动态工作电流在 50 mA 以内的发光二极管。

在本例中，假设电源电压 V_{CC} 为 5.0 V，LED 的工作电压 V_F 为 2.0 V，STM8S 系列芯片输出低电平电压 V_{OL} 为 0.20 V，三极管 8550 的电流放大系数 β 为 160~240。若 LED 数码管每段的平均工作电流 $I_{F(AV)}$ 取 2.0 mA 时就能满足亮度要求，考虑到在 8 位动态显示方式中，每位的工作时间只有 1/8，则 LED 数码管每段的瞬态工作电流为

$$I_F = nI_{F(AV)} = 8 \times 2.0 = 16.0 \text{ mA}$$

当瞬态工作电流 I_F 为 16 mA 时，从器件数据手册查到：74LV07A 芯片输出的低电平电压 $V_{OL\,max}$ 约为 0.40 V，8550 饱和压降 $V_{CES\,max}$ 约为 0.30 V。

74LV07A 驱动芯片限流电阻为

$$R_{OC} = \frac{V_{CC} - V_{CES} - V_F - V_{OL\,max}}{I_F} = \frac{5.0 - 0.30 - 2.0 - 0.40}{16} = 143.7 \ \Omega$$

取标准值 130 Ω。

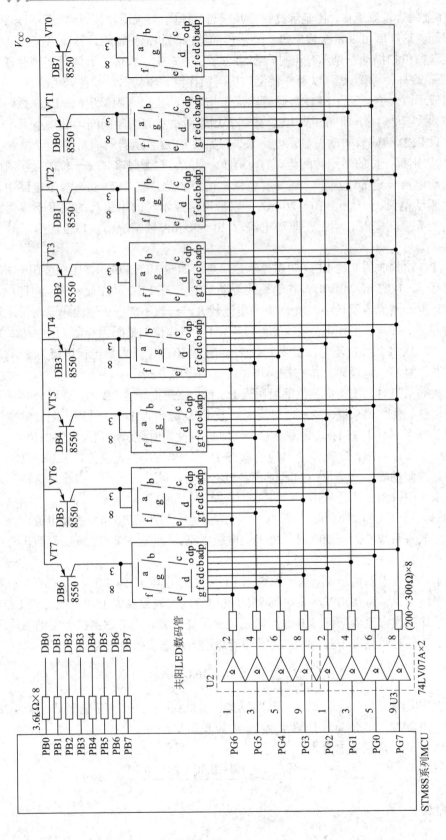

图 10.5.5 由 PB、PG 口构成的 8 位 LED 动态显示接口电路

当 LED 数码管 8 段全亮时，8550 三极管的集电极电流为

$$I_C = 8I_F = 8 \times 16 = 128 \text{ mA}$$

8550 三极管的最小基极电流为

$$I_B > \frac{I_C}{\beta_{min}} = \frac{128}{160} = 0.80 \text{ mA}$$

考虑到限流电阻一般选用 E24 系列(误差为 5%)，以及 10%的工程设计余量后，基极限流电阻为

$$R_B < \frac{V_{CC} - V_{BEQ} - V_{OL}}{I_B} \times (1-5\%) \times (1-10\%) = \frac{5.0 - 0.70 - 0.20}{0.80} \times 0.95 \times 0.90 = 4.382 \text{ k}\Omega$$

取标准值 4.3 kΩ。

该电路结构简单，仅使用 8 只中功率 PNP 管、2 片 7407(或 74LV07A)同相驱动器，驱动程序编写、调试难度也不高。

在动态扫描显示方式中，一般使用定时中断方式确定各位切换时间。由于显示位数较多，刷新频率取值较低，如 50 Hz，则一位显示时间为(1/50 × 8) = 2.5 ms，即定时时间为 2.5 ms。

用软件方式完成笔段译码时，一般采用双显示缓冲区结构：显示数码缓冲区和笔段码缓冲区。当有数据进入数码缓冲区时，执行查表操作，把显示数码缓冲区内的数码转换为笔段码并保存到笔段码缓冲区内；在显示定时中断服务程序中，只需将笔段码缓冲区信息输出到笔段码锁存器中即可，原因是不会经常改写显示内容。这样能有效减少显示驱动程序的执行时间，提高系统的响应速度。

图 10.5.5 所示接口电路的显示驱动参考程序如下：

```
.LED_NO_BUF        DS.B    8        ;在 ram1 段内定义数码显示缓冲区(假设高位放在低地址)
.LED_SEG_BUF       DS.B    8        ;在 ram1 段内定义笔段码缓冲区(假设高位放在低地址)
.LED_SP            DS.B    1        ;在 ram1 段内定义 LED 位扫描指针
.NDHZ              DS.B    1        ;在 ram1 段内定义"灭 0"标志
;**************初始化 I/O 引脚*********
        MOV PB_DDR, #0FFH           ;PB_DDR 为 1，PB 口输出
        CLR PB_CR1                  ;PB_CR1 为 0，采用 OD 输出方式
        MOV PB_ODR, #0FFH           ;PB 口初始为高电平
        MOV PG_DDR, #0FFH           ;PG_DDR 为 1，PG 口输出
        MOV PG_CR1, #0FFH           ;PG_CR1 为 1，PG 口采用推挽输出方式
;**************在定时中断服务程序中与显示驱动有关的指令系列*********
        INC LED_SP                  ;显示指针加 1
        LD A, LED_SP
        CP A, #8
        JRC LED_DISP_NEXT1
        ;指针不小于 8，则从 0 开始
        CLR LED_SP
```

```
        CLR A
LED_DISP_NEXT1:
        JRNE LED_DISP_NEXT21
        ;指针为 0, 显示第 7 位
        MOV PB_ODR, #01111111B          ;除 b7 位外, 其他非显示位扫描信号为 1
        MOV PG_ODR, { LED_SEG_BUF+0}     ;第 7 位笔段码信息送 PG 口
        JRT LED_DISP_EXIT
LED_DISP_NEXT21:
        CP A, #1
        JRNE LED_DISP_NEXT22
        ;指针为 1, 显示第 6 位
        MOV PB_ODR, #10111111B          ;除 b6 位外, 其他非显示位扫描信号为 1
        MOV PG_ODR, { LED_SEG_BUF+1}     ;第 6 位笔段码信息送 PG 口
        JRT LED_DISP_EXIT
LED_DISP_NEXT22:
        CP A, #2
        JRNE LED_DISP_NEXT23
        ;指针为 2, 显示第 5 位
        MOV PB_ODR, #11011111B          ;除 b5 位外, 其他非显示位扫描信号为 1
        MOV PG_ODR, { LED_SEG_BUF+2}     ;第 5 位笔段码信息送 PG 口
        JRT LED_DISP_EXIT
LED_DISP_NEXT23:
        CP A, #3
        JRNE LED_DISP_NEXT24
        ;指针为 3, 显示第 4 位
        MOV PB_ODR, #11101111B          ;除 b4 位外, 其他非显示位扫描信号为 1
        MOV PG_ODR, { LED_SEG_BUF+3}     ;第 4 位笔段码信息送 PG 口
        JRT LED_DISP_EXIT
LED_DISP_NEXT24:
        CP A, #4
        JRNE LED_DISP_NEXT25
        ;指针为 4, 显示第 3 位
        MOV PB_ODR, #11110111B          ;除 b3 位外, 其他非显示位扫描信号为 1
        MOV PG_ODR, { LED_SEG_BUF+4}     ;第 3 位笔段码信息送 PG 口
        JRT LED_DISP_EXIT
LED_DISP_NEXT25:
        CP A, #5
```

```
        JRNE LED_DISP_NEXT26
        ;指针为 5, 显示第 2 位
        MOV PB_ODR, #11111011B           ;除 b2 位外, 其他非显示位扫描信号为 1
        MOV PG_ODR, { LED_SEG_BUF+5} ;第 2 位笔段码信息送 PG 口
        JRT LED_DISP_EXIT
LED_DISP_NEXT26:
        CP A, #6
        JRNE LED_DISP_NEXT27
        ;指针为 6, 显示第 1 位
        MOV PB_ODR, #11111101B           ;除 b1 位外, 其他非显示位扫描信号为 1
        MOV PG_ODR, {LED_SEG_BUF+6}  ;第 1 位笔段码信息送 PG 口
        JRT LED_DISP_EXIT
LED_DISP_NEXT27:
        ;指针肯定为 7, 显示第 0 位
        MOV PB_ODR, #11111110B           ;除 b0 位外, 其他非显示位扫描信号为 1
        MOV PG_ODR, { LED_SEG_BUF+7} ;第 0 位笔段码信息送 PG 口
LED_DISP_EXIT:
        ;显示驱动程序结束
```

注: 为便于读者理解 LED 动态扫描显示原理, 在上述程序段中有意详细给出了各位扫描输出指令。其实上述程序段中带灰色背景部分完全可用查表指令代替, 这不仅减小了代码量, 也缩短了显示驱动程序的执行时间, 提高了系统的响应速度。

```
        LD A, LED_SP
        CLRW X
        LD XL, A                  ;显示指针送寄存器 X
        LD A, (SCAN_TAB,X)        ;查位扫描码表, 取出对应位的扫描码
        LD PB_ODR,A               ;位扫描码送 PB 口
        LD A, (LED_SEG_BUF, X)    ;取对应位的笔段码, 并送 PG 口显示
        LD PG_ODR,A
LED_DISP_EXIT:
```

;*********当显示信息变化时把显示缓冲区内的数码转换为笔段码, 并存放在笔段码缓冲区内******
;*****************(检查高位是否为 0, 若是要灭 0)*****************
```
LED_NO_TO_Seg:              ;转换程序段
    PUSHW X
    PUSHW Y
    CLRW X                  ;从最高位开始
    BSET NDHZ, #0           ;灭 0 标志预先置为有效
```

```
LED_Seg_LOOP1:
        LD A, (LED_NO_BUF, X)          ;从显示数码缓冲区内取出对应位的数码，如 2、5 等
        BTJF NDHZ, #0, LED_Seg_NEXT1
;灭 0 标志有效，说明前一位为 0，要检查当前位是否为 0，若为 0，则不显示
        TNZ A                          ;测试 A 是否为 0
        JRNE LED_Seg_NEXT0:            ;不为 0，则立即清除灭 0 标志
;当前位内容为 0，不显示，直接送关闭码 FF 到笔段码缓冲区
        LD A, #0FFH
        JRT LED_Seg_NEXT2
LED_Seg_NEXT0:
        BRES NDHZ, #0                  ;清除灭 0 标志
LED_Seg_NEXT1:
        CLRW Y
        LD YL, A                       ;显示数码送寄存器 Y
        LD A, (DISPTAB, Y)             ;查笔段码表，取出对应的笔段码信息
LED_Seg_NEXT2:
        LD (LED_SEG_BUF, X), A          ;笔段码信息送笔段码缓冲区指定位置
        INCW X                         ;指针加 1
        CPW X, #7
        JRC LED_Seg_LOOP1
;转换不需要灭 0 的个位
        LD A, (LED_NO_BUF,X)           ;取个位数码
        CLRW Y
        LD YL, A                       ;显示数码送寄存器 Y
        LD A, (DISPTAB, Y)             ;查表取出笔段码信息
        LD (LED_SEG_BUF, X), A          ;笔段码信息送笔段码缓冲区
        POPW Y
        POPW X
        RET
DISPTAB:                               ;七段共阳 LED 笔段码(0~F)信息
        DC.B 0C0H,0F9H,0A4H,0B0H,99H,92H,82H,0F8H,80H,90H,88H,83H,0C6H,0A1H,86H,8EH
SCAN_TAB:                              ;位扫描码信息
        DC.B 7FH,0BFH,0DFH,0EFH,0F7H,0FBH,0FDH,0FEH
```

当 MCU 芯片 I/O 引脚资源紧张时，可采用串行移位方式输出位扫描码、笔段码，如图 10.5.6 所示。其中 U1 作位扫描码锁存器；U2 作笔段码锁存器，OC 输出的 7407(或 OD 输出的 74LV07A)芯片 U4~U5 作笔段码驱动器(由于 74HC595 芯片输出高、低电平时，驱动

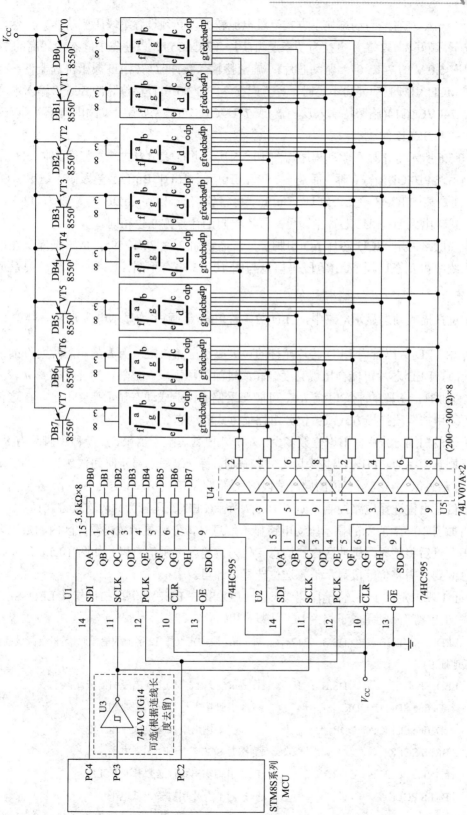

图 10.5.6　以串行方式输出位扫描码及笔段码的 LED 动态显示驱动电路

电流仅为 2 mA 左右，而动态显示方式笔段电流较大，必须设置笔段码驱动器。当然，在这种情况下，最好将 U2 芯片更换为功率逻辑芯片 TPIC6C595，以便省去静态功耗高的 7407 或耐压只有 5.0 V 的 74LV07A 驱动芯片)；施密特输入缓冲驱动器 U3 属于可选器件：当连线较长或 MCU 引脚驱动能力不足时，可考虑在 74HC595 串行移位脉冲 SCLK 输入端增加 74HC14、74LVC1G14(施密特输入反相器)或 74LVC1G17(施密特输入同相驱动器)，以改善串行移位脉冲 SCLK 的边沿。

图 10.5.6 所示电路显示驱动程序与图 10.5.5 所示并行输出方式基本相同，唯一区别是：位扫描码不送 PB_ODR 寄存器，而是某一 RAM 单元，如 U1_Buffer；笔段码不送 PG_ODR 寄存器，而是某一 RAM 单元，如 U2_Buffer。再将位扫描码 U1_Buffer 与笔段码 U2_Buffer 以串行方式输出到 U1、U2 芯片中即可，限流电阻的计算方法也相同。

由于该电路占用 MCU 芯片 I/O 引脚少，仅需增加 2 片 74HC595，成本低廉，在单片机应用系统中得到了广泛应用(笔段码信息与图 10.5.5 略有不同，必须根据连线关系重新构造)。

在按位扫描的动态显示电路中，LED 数码管每段(笔画)平均显示电流 $I_{F(AV)} = \dfrac{I_F}{n}$，而驱动电流 I_F 由 LED 数码管内 LED 芯片允许的最大驱动电流决定：当 I_F 超出芯片允许的最大驱动电流时，LED 芯片可能会出现亮度饱和或过流损坏现象。显然，当显示位数 n 较大，如 12 位以上时，每段的平均电流 $I_{F(AV)}$ 可能严重偏小，造成动态显示亮度不足。在这种情况下，可采用按笔段扫描方式或按位分组扫描方式的动态显示驱动电路。

在按笔段扫描方式中，不论位数多少，对于八段数码显示器来说，笔段引脚只有 8 根，即使显示刷新频率为 50 Hz，当按笔段方式扫描时，每一笔段的显示时间依然为 1/(50 × 8) = 2.5 ms。显示时每次点亮所有位的同一笔段(扫描信息从笔段引脚 dp～a 输入)，各位同一笔段的显示信息由位选择电路控制，如图 10.5.7 所示(LED 数码管为共阴连接方式)。

采用如图 10.5.7 所示的显示驱动电路显示信息时，先将显示数码缓冲区内的数码转换为笔段码，然后将笔段码缓冲区内的信息转化为位笔段显示信息码，如图 10.5.8 所示，定时输出时间到只需将位笔段显示信息送位选择口即可。

在 ram1 段中定义了 12 位笔段码缓冲区 LED_SEG_BUF 及笔段扫描指针 LED_SP，且在主程序初始化部分已完成了相关 I/O 引脚的初始化，即：

```
.LED_SEG_BUF      DS.B    12    ;在 ram1 段内定义了 12 字节的笔段码缓冲区(假设高位放
                                  在低地址中)
.LED_SP           DS.B    1     ;在 ram1 段内定义 LED 笔段扫描指针
#Define SDi PC_ODR,    #4       ;PC4 引脚接串行数据输入端 SDi
#Define SCLK PC_ODR, #3         ;PC3 引脚输出串行移位脉冲 SCLK
BRES SCLK                       ;静态时 SCLK 引脚输出低电平
#Define PCLK PC_ODR, #2         ;PC2 引脚输出并行送数脉冲 PCLK
BRES PCLK                       ;静态时 PCLK 引脚输出低电平
```

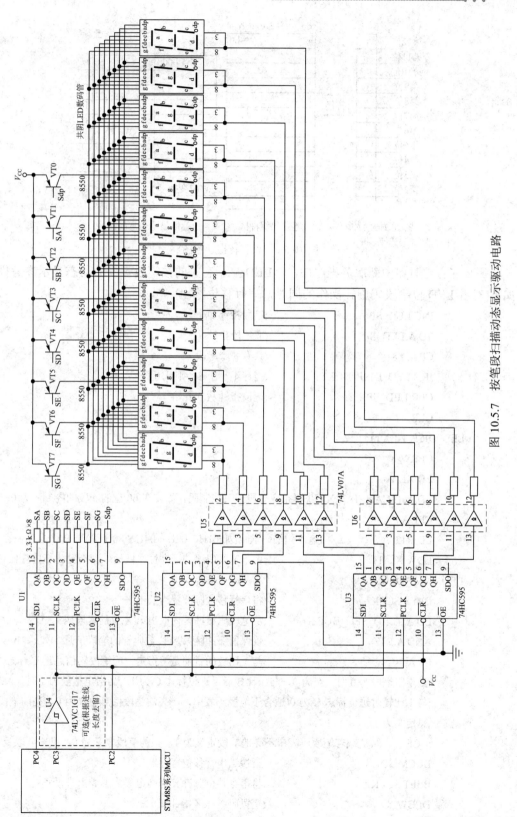

图 10.5.7　按笔段扫描动态显示驱动电路

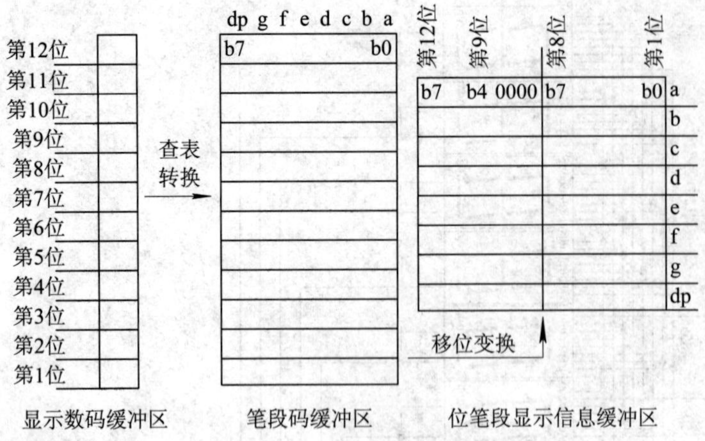

图 10.5.8　查表转换示意图

那么在主定时器中断服务程序中，与 LED 显示有关的按笔段扫描的动态显示参考程序如下(对各 LED 位笔段码旋转操作的同时，串行移位输出)：

```
            INC LED_SP                  ;笔段指针加 1
            LD A,LED_SP                 ;取笔段指针
            CP A, #8                    ;共有 8 个笔段
            JRC LED_DISP_NEXT1          ;指针不小于 8，则从 0 开始
            CLR LED_SP                  ;笔段指针从 0 开始
            CLR A
LED_DISP_NEXT1:
            CLRW X
            LD XL, A
            LD A, (SCAN_TAB,X)          ;获取相应笔段开关控制码，如排在 b0 位的 a 段的控制码为 0FEH
            CPL A
            LD R12, A                   ;笔段扫描码取反(如 01H、02H、04H…80H 等)送 R12 单元保存
            LDW X, #11                  ;由于笔段码缓冲区高位在低地址，指针先指向最低位
LED_DISP_LOOP1:
            BRES SCLK                   ;将串行移位脉冲置为低电平
            LD A, (LED_SEG_BUF,X)       ;从笔段码缓冲区内取出第 X 位的笔段码
            AND A,R12                   ;仅保留缓冲区第 X 位数码管的笔段信息，如 a、b 段等
            CP A, #1                    ;与 1 比较的目的是将指定位的笔段码信息送 C 标志
;当指定笔段为 0 时，A 为 0，与 1 比较后，进位标志 C 为 1；当指定笔段为 1 时，A≥1，
;与 1 比较时进位标志 C 为 0(适合于笔段码表中，不亮的笔段信息定义为 0，亮的笔段信
;息定义为 1)
;CCF             ;若笔段码表中不亮的笔段定义为 1，亮的笔段定义为 0，则需要取反
            BCCM SDi                    ;直接送串行移位寄存器
            BSET SCLK                   ;将串行移位脉冲置为高电平，形成上升沿
            DECW X                      ;笔段码缓冲区指针减 1
```

```
        JRPL LED_DISP_LOOP1          ;X≥0, 循环(没有取完 12 只 LED 位就重复)
        ;移动 4 bit，跳过 U2 未用的空闲输出引脚
        LD A, #4
LED_DISP_LOOP2:
        BRES SCLK                    ;将串行移位脉冲置为低电平
        BRES SDi                     ;将串行输入数据清 0
        NOP                          ;延迟等待数据稳定
        BSET SCLK                    ;将串行移位脉冲置为高电平，形成上升沿
        DEC A
        JRNE LED_DISP_LOOP2
        BRES SCLK                    ;将串行移位脉冲恢复为低电平
        ;再将存放在 R12 单元中的笔段扫描码串行移位到 U1 中
        LD A,R12                     ;取出保存在 R12 单元中的笔段扫描码的反码
        CPL A                        ;取反，恢复为原来的笔段扫描码
        CLRW X
LED_DISP_LOOP3:
        BRES SCLK                    ;将串行移位脉冲置为低电平
        RLC A
        BCCM SDi                     ;数据直接送串行移位寄存器
        NOP                          ;延迟等待数据稳定
        BSET SCLK                    ;将串行移位脉冲置为高电平，形成上升沿
        INCW X                       ;位指针加 1
        CPW X, #8
        JRC LED_DISP_LOOP3           ;没有串行移完 8 位就继续
        BRES SCLK                    ;将串行移位脉冲恢复为低电平
        ;并行送数据
        BSET PCLK                    ;将并行送数脉冲置为高电平，形成上升沿
        NOP
        BRES PCLK                    ;将并行送数脉冲恢复为低电平
        ;按位扫描输出程序结束
        ⋮                            ;其他指令
        IRET                         ;中断返回
        DC.B 05,05,05,05             ;根据需要，连续放置 4 字节的非法指令码 05
SCAN_TAB:                            ;笔段扫描码
        DC.B 0FEH,0FDH,0FBH,0F7H,0EFH,0DFH,0BFH,7FH
```

在按位分组扫描方式中，每次同时显示各组中的一位。例如，在图 10.5.9 所示电路中，将 16 只 LED 数码显示管分成两组，其中 U6 输出第一组(1~8 位)LED 数码显示管的笔段码；U2 输出第二组(9~16 位)LED 数码显示管的笔段码；位扫描信号由 U1 输出(同时显示两只 LED 数码显示管，当两只 LED 数码显示管中 16 个笔段全亮时，所需驱动电流较大，选择 PNP 管基极电阻时，必须保证 PNP 管饱和)。显示时，依次将第一组(1~8 位)笔段码

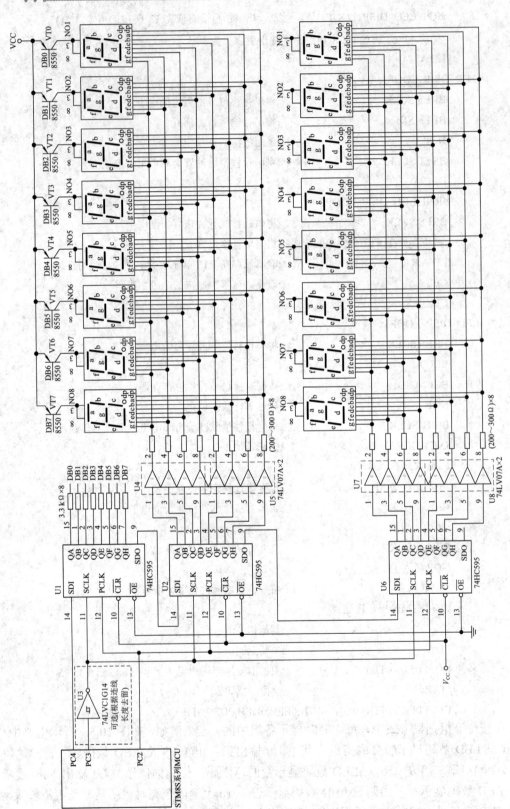

图 10.5.9 按位分组扫描动态显示驱动电路

送 U6，第二组(9～16 位)笔段码送 U2，然后将位扫描码送 U1，这样一次扫描将同时显示两位，尽管显示位数多了，但每一只 LED 数码显示管的显示时间并没有缩短。显然，在这种显示方式中，每组需要一套笔段码锁存器、驱动器，硬件成本略有上升，但显示驱动程序与传统按位扫描动态显示方式相似，驱动程序编写、调试相对容易。

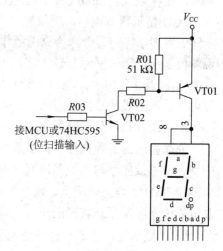

图 10.5.10　驱动电源电压 V_{CC} 大于 5.0 V 时的位扫描驱动电路

　　不过，值得注意的是，在图 10.5.5～图 10.5.7 及图 10.5.9 所示动态显示电路中，位驱动开关管(PNP 双极型三极管)的基极经限流电阻接 MCU 芯片的 I/O 引脚或串行移位寄存器芯片 74HC595 的输出端，决定了 LED 数码显示管的驱动电源电压 V_{CC} 不能大于 5.0 V，且不宜大于 MCU 芯片或 74HC595(位扫描码寄存器芯片)的电源电压。当 LED 数码显示管的驱动电源电压 V_{CC} 大于 5.0 V 时，可采用如图 10.5.10 所示的位扫描驱动电路。其中 VT02 为小功率 NPN 三极管，如 8050(耐压 20 V)、2N2222(耐压 40 V)、9014(耐压 45 V)或 2N5551(耐压 160 V)等；而 VT01 为低饱和压降的中大功率 PNP 三极管，如 8550(耐压 20 V，最大集电极电流为 1 A)、ZXTP2025F(耐压 50 V，最大集电极电流为 5 A)。当然，笔段码驱动芯片也改用 74LV07A 芯片。

10.5.3　LED 点阵显示器及其接口电路

　　LED 数码显示器能够显示的字符信息有限，为了能够显示更多、更复杂的字符，如汉字，甚至图形等信息，常采用点阵式 LED 显示器。在点阵式 LED 显示器中，行、列交叉点对应一只发光二极管(假设正极接行线，负极接列线；当然也可以倒过来，只是驱动电路略有不同)，二极管的数量决定了点阵式 LED 显示器的分辨率。

　　点阵式 LED 多采用动态扫描方式，由行(或列)扫描电路及信息显示输出电路(列或行)组成。其中行扫描电路由行扫描信息锁存器(可并行输出，也可以串行输出)、行驱动器两部分组成(一般点阵 LED 显示器由 MCU 芯片控制，无须硬件译码电路)，每次扫描一行；信息显示由列线输出，由列锁存器(由于列数较多，采用串行输出方式可减少 MCU 引脚开销)、列驱动器(为保证一定的亮度，列驱动电流 I_F 一般取 10～20 mA，必须在锁存器后加驱动电路)组成。目前，点阵式 LED 显示屏分辨率高，所包含的 LED 芯片很多，常采用专用的集成控制芯片(或 FPGA)作高点阵 LED 驱动电路中的控制芯片，在此就不给具体电路了。

10.6　LCD 模块显示驱动电路

　　液晶，即液态晶体，是某些有机化合物特有的形态，其物理特性介于液态和晶体之间，既有液体的流动性，又有晶体光学各向异性。利用液晶旋光特性制成的显示器称为液晶显示器，简称 LCD(Liquid Crystal Device)。

LCD 显示器体积小，重量轻，工作电压低(3～6 V)，功耗小(μW/cm² 以下，比 LED 显示器低得多，特别适合作为靠电池作动力的应用系统的显示部件)，分辨率高，可逼真地实现彩色显示，通过平面刻蚀工艺，可设计出任意形状的显示图案，广泛用作数字化仪器仪表(如示波器、万用表)、家用电器(如钟表、手机、数码相机、空调机遥控器)、笔记本电脑等电子设备的显示器件。因此，理解 LCD 显示器的结构、种类、工作原理，以及与单片机芯片的连接方式具有重要意义。

液晶显示器的种类很多，根据显示原理，可以将 LCD 显示器分为电场效应型、电流效应型、电热效应型与热光效应写入型等。电场效应型又可细分为扭曲向列型(TN)、超扭曲向列型(STN)、宾主效应型、铁电效应型等。下面简要介绍仪器仪表中常用的依据 TN 型液晶电控旋光显示原理获得的反射式场效应型和透射式场效应型 LCD 显示器的结构。

LCD 显示器件属于一种利用光反射的被动显示器件，适宜在明亮场合下使用，即对于反射式 LCD 显示器，需要在光的照射下才能看到显示的字符或数字；对于透射式 LCD 显示器，需要在背景光的照射下，才能观察到显示的字符或数字。这是 LCD 显示器件的缺点。

由于 LCD 器件的特殊性——即使是最简单的笔段型 LCD 显示器件也不宜用直流驱动，所有 LCD 显示器件均需采用类似 LED 的动态扫描方式，使笔段或点阵平均电压为 0；同时为保证不显示笔段或点阵与背电极电压差小于阈值电压，还需采用偏压法驱动，导致了 LCD 显示驱动电路复杂化，为此 LCD 显示器件均附着在 LCD 显示驱动电路板上，形成 LCD 模块(简称 LCM)。

LCD 显示驱动电路由 LCD 显示控制芯片、行显示驱动芯片、列显示驱动芯片、SRAM 存储器芯片等组成(目前也有用一块 FPGA 芯片构成 LCD 模块显示驱动电路)，其核心是显示控制芯片，常见的 LCD 显示控制芯片有 S6B0108、HT1621、SED1520、T6963C、ST7920、RA8835、SPLC780D 等。

LCM 种类很多，根据显示原理可分为 STN、TFT 等；根据显示方式可分为笔段型、点阵字符型、点阵图形等；根据显示信息传送方式可分为串行接口(UART 或 SPI)和并行接口(总线方式及非总线方式)。低分辨率字符型 LCM 多采用串行接口方式；为提高数据传输速率，在中、高分辨率 LCD 模块中，多采用并行接口方式。即使相同分辨率、相同接口的 LCD 模块，也会因显示控制芯片的不同而差异很大。

作为电子工程技术人员，只需了解 LCD 模块的接口种类、信号含义、传输时序、所用显示控制芯片型号(决定了 LCD 显示屏上像点与显示 RAM 之间的对应关系、显示控制命令及格式、显示信息写入方式)等，就能使用 LCD 模块显示出控制系统的信息，无须掌握 LCD 的工作原理、LCD 模块内显示驱动电路的连接方式等。换句话说，在控制系统中，对于 LCD 显示模块，我们必须掌握以下内容：

(1) LCD 显示模块(LCM)接口信号的含义，以及与 MCU 芯片的连接方式(总线方式、间接方式)、传输时序。

(2) LCD 显示屏上的像点(或笔段)与 LCM 模块控制芯片内显示 RAM 单元(字节或位)之间的对应关系(显示 RAM 中一字节与显示屏上 8 个像点之间的对应关系，即横向还是纵向关系；显示 RAM 字节内的 b0 位对应显示屏上 8 个像点中的哪一个，即字模是否要倒向)。

(3) 在点阵图形 LCD 显示器上显示西文、汉字、图形的原理与过程，包括 LCD 模块初始化、汉字机内码定义方法、汉字字模获取手段(选择适合的字模提取软件与提取方式)，以及如何将字模信息写入 LCD 显示 RAM 等。

10.7　键盘电路

在单片机应用系统中，除了复位按钮外，可能还需要其他按键，以便控制系统的运行状态，或向系统输入运行参数。键盘电路一般由键盘接口电路、按键(由控制系统运行状态的功能键和向系统输入数据的数字键组成)等部分组成。

10.7.1　按键结构与按键电压波形

在单片机控制系统中广泛使用的机械按键的工作原理是：按下键帽时，按键内的复位弹簧被压缩，强迫动片触点与静片触点相连，使按键两个引脚连通，按键接触电阻的大小与按键触点的面积及材料有关，一般在数欧姆以下；松手后，复位弹簧将动片弹开，使动片与静片触点脱离接触，两引脚恢复到断开状态。可见，机械按键或按钮的基本工作原理就是利用动片和静片触点的接触和断开，来实现按键或按钮两个引脚的通和断，如图 10.7.1 所示。

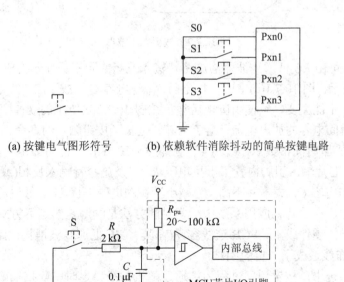

(a) 按键电气图形符号　　　(b) 依赖软件消除抖动的简单按键电路

(c) 带 RC 低通滤波的按键电路

图 10.7.1　键盘按键的电气图形符号及简单的键盘电路

在图 10.7.1(b)所示的键盘电路中，当没有按键被按下时，Pxn3～Pxn0 引脚内部的上拉电阻将 Pxn3～Pxn0 引脚置为高电平，而当 S3～S0 之一被按下时，相应按键的两个引脚连通，对应引脚接地。

　　在理想状态下，引脚电压波形如图 10.7.2(a)所示。实际上，在按键被按下或放开的瞬间，由于机械触点存在弹跳现象，实际按键电压波形如图 10.7.2(b)所示，即机械按键在按下和释放瞬间存在抖动现象，抖动时间的长短与按键的机械特性有关，一般为 5～10 ms，而按键稳定闭合期的长短与按键时间有关，从数百毫秒到数秒不等。为保证按键由按下到松开之间仅视为一次或数次输入(对于具有重复输入功能的按键)，必须在硬件或软件上采取去抖动措施，避免出现仅进行一次按键而输入一串数码的现象。

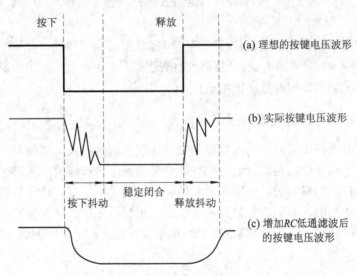

图 10.7.2　按键电压波形

　　在硬件上，可由 RC 低通滤波器与施密特输入反相或同相缓冲器构成按键的消抖电路，如图 10.7.1(c)所示。图 10.7.1(c)中的上拉电阻 R_{pu} 与电容 C 构成了 RC 低通滤波电路，因为电容两端的电压不能突变，致使引脚电压波形按图 10.7.2(c)所示的规律变化，而电阻 R 限制了按键按下瞬间电容的放电电流，避免火花，延长了按钮触点的寿命。只要电阻 R_{pu}、电容 C 参数选择得当(时间常数 $\tau = R_{pu} \cdot C$，一般取 3～10 ms)，就能可靠地消除按键抖动现象。由于多数 MCU 芯片输入引脚内置了上拉电阻 R_{pu} 以及施密特输入反相(或同相)缓冲器，仅需外接电阻 R 与电容 C，成本并不高。为减小潜在的电磁干扰，RC 低通滤波消抖电路有时也被采用。不过，在单片机应用系统中最常见的方法是利用定时延迟方式消除按键抖动现象，原因是不增加硬件成本，PCB 连线容易(在具有 RC 低通滤波消抖电路中，增加的 R、C 元件给 PCB 布线造成了一定的困难)。

　　在单片机系统中，按键识别过程为：通过随机扫描、定时中断扫描或中断监控方式，发现按键被按下后，延迟 10～20 ms(因为机械按键由按下到稳定闭合的过渡时间为 5～10 ms)后，再去判别按键是否处于按下状态，并确定是哪一个按键被按下。对于每按一次仅视为一次输入的按键设定来说，在按键稳定闭合后，对按键进行扫描，读出按键的编码(或称为键号)，执行相应操作(不必等待按键释放)；对于具有重复输入功能的按键设定来说，在按键稳定闭合期内，每隔特定的时间，如 250 ms(按下某按键不动，每秒重复输入该键四次)或 500 ms(每秒重复输入该键两次)对按键进行检测，当发现按键仍处于按下状态时，就输入该键，直到按键被释放。

10.7.2 键盘电路形式

根据所需按键个数、I/O 引脚输出级电路结构以及可利用的 I/O 引脚数目，可确定键盘电路的形式。

对于仅需少量按键的控制系统，可采用直接解码输入方式，其特点是键盘接口电路简单。例如，在空调控制系统中，往往仅需要"开/关"、"工作模式转换"(自动、冷、暖、除湿、送风)、"强"、"弱"等按钮。对于按键较多的控制系统，可选择矩阵键盘电路形式。

下面分别介绍直接解码输入键盘和矩阵键盘接口电路的组成及监控程序的编写规则。

1，直接解码输入键盘

通过检测单片机 I/O 引脚的电平状态，判别有无按键输入就构成了直接解码输入键盘电路，如图 10.7.1(b)所示。其优点是键盘接口电路简单，但占用 MCU 芯片的 I/O 引脚较多，适用于仅需少量，如 1～5 个按键的应用场合。由于多数 MCU 芯片，如 STM8 内核 MCU 芯片的输入引脚可编程为带上拉输入方式，因此对于按键输入引脚一般无须外接上拉电阻，除非该引脚不存在上拉电阻，如 MCS-51 的 P0 口引脚、STM8 内核 MCU 芯片与 I^2C 串行总线有关的引脚如 PE1 及 PE2 引脚。

2．矩阵键盘

当系统所需按键个数较多，如 6 个以上按键时，为减少键盘电路占用的 I/O 引脚数目，一般采用矩阵键盘形式，如图 10.7.3～图 10.7.5 所示。在矩阵键盘电路中，行线是输入引脚，列线是输出引脚。当然也可以倒过来，将行线作为输出引脚，列线作为输入引脚。

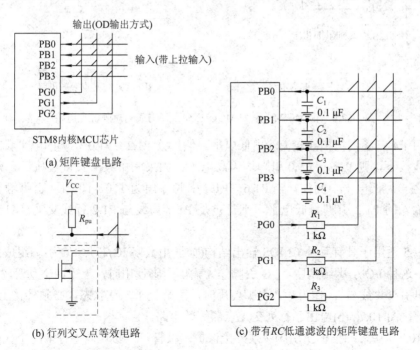

(a) 矩阵键盘电路

(b) 行列交叉点等效电路

(c) 带有*RC*低通滤波的矩阵键盘电路

图 10.7.3 由 STM8 内核 MCU 芯片引脚构成的矩阵键盘电路

图 10.7.3(a)使用 STM8 内核 MCU 芯片的 I/O 引脚构成矩阵键盘电路的行、列线，其中 PB3～PB0 作行线，输入(引脚定义为带上拉输入方式，无须外接上拉电阻)；PG2～PG0 作列线，输出(定义为 OD 输出方式)。为便于理解，在图 10.7.3(b)中给出了行、列交叉点的等效电路。

输出线 PG2～PG0 轮流输出低电平，如果没有按键被按下，则 PB3～PB0 引脚输入应全为高电平；如果有按键被按下，则 PB3～PB0 引脚之一就为低电平。该电路形式适合于具有弱上拉输入、OD 输出的 MCU 控制的矩阵键盘接口电路。如果在扫描输入引脚对地接电容量为 0.1 μF 的滤波电容 C，就可获得带有 RC 低通滤波的矩阵键盘电路(为限制按键瞬间滤波电容 C 的放电电流，可在扫描输出引脚串联限流电阻 R)，如图 10.7.3(c)所示。

图 10.7.4(a)使用 MCS-51 系列 MCU 芯片的 P1 口作矩阵键盘电路的行、列线，其中 P1.3～P1.0 作行线，输入；P1.6～P1.4 作列线，输出。由于 P1.3～P1.0 引脚内置了上拉电阻，因此也无须外接上拉电阻。为便于理解，在图 10.7.4(b)中给出了行、列交叉点的等效电路，根据 MCS-51 芯片 I/O 口输出级的电路结构，作输入引脚使用前，必须向 I/O 口锁存器写入"1"，强迫下拉 N 沟 MOS 管截止。

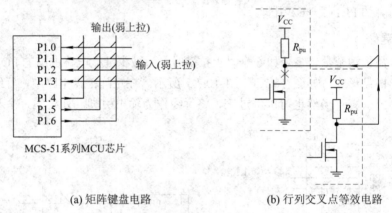

(a) 矩阵键盘电路   (b) 行列交叉点等效电路

图 10.7.4　由 MCS-51 系列 MCU 芯片引脚构成的矩阵键盘电路

P1.6～P1.4 三条列扫描线轮流输出低电平，然后读 P1.3～P1.0 引脚的电平状态，如果没有按键被按下，则 P1.3～P1.0 引脚均为高电平；如果其中某一按键被按下，则 P1.3～P1.0 引脚之一为低电平。例如，当 P1.6～P1.4 引脚输出为 110，即 P1.4 引脚输出低电平时，如果输入的 P1.2 引脚为低电平，则肯定是 P1.4 列线与 P1.2 行线交叉点对应的按键被按下。

图 10.7.5 适用于具有互补 CMOS 输出结构(如通用数字 IC)芯片 I/O 引脚组成的矩阵键盘电路。在这种 I/O 引脚结构中，I/O 引脚作为输出引脚使用时，上下两驱动管轮流导通，不允许输出引脚"线与"；作为输入引脚使用时，引脚处于悬空状态，必须外接上拉电阻。为便于理解，图 10.7.5(b)给出了行列交叉点的等效电路。

在图 10.7.5 中，扫描输出引脚必须外接保护二极管，以防止同一行上两个或两个以上按键同时被按下时(在按键过程中，出现这一现象不可避免)，输出引脚通过行线形成"线与"关系,损坏输出引脚的输出级电路。原因是当同一行上两个按键被按下时,相应的两条列线通过按键触点借助行线连接在一起,而在列扫描输出信号中,总有一个输出低电平(相应 I/O 引脚输出级下拉 MOS 管 VT1 导通),其他输出高电平(相应 I/O 引脚输出级上拉MOS 管 VT2 导通),结果输出高电平引脚通过行线向输出低电平引脚灌入大电流,损坏输出引脚的输出级电路。为此,必须在输出引脚串联保护二极管(一般可用 1N4148 通用高频小功率二极管,只有当键盘扫描输入 IC 芯片电源电压 V_{CC} 小于 2.4 V 时,才需要使用低导通压降的肖特基二极管,如 1SS389、B0520 等),防止输出高电平引脚的输出电流灌入输出低电平引脚。

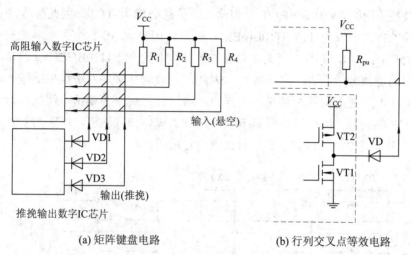

(a) 矩阵键盘电路　　　　　　　　(b) 行列交叉点等效电路

图 10.7.5　由具有推挽输出、高阻输入的数字 IC 引脚构成的矩阵键盘电路

当然,在矩阵键盘电路中,如果 MCU 芯片 I/O 引脚资源紧张,也可以通过"串入并出"数字 IC 芯片,如 74HCS595、74HC595 输出扫描信号,如图 10.7.6 所示。

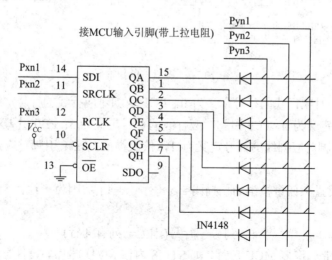

图 10.7.6　通过"串入并出"数字 IC 芯片输出扫描信号

10.7.3 键盘按键编码

在键盘电路中，按键的个数不止一个，即存在键盘按键编码(键值)问题。按键编码与按键功能(键名)有关联，但又是两个不同的概念。键盘电路结构不同，确定键值的方式也不同。例如，对于图 10.7.1 这样的简单键盘接口电路，将 S0 对应的按键值定义为"0"，S1 对应的按键值定义为"1"，依次类推，S3 对应的按键值定义为"3"。对于图 10.7.4 所示的矩阵键盘接口电路，确定键值的方法很多：可用行、列对应的二进制数作为键值。例如，当列线 P1.6~P1.4 输出的扫描信号为 110，如果 P1.4 与 P1.0 交叉点对应的按键，即第一个按键被按下时，从 P1.3~P1.0 引脚读入的信息必然为 1110，因此可将 P1.0 与 P1.4 交叉点对应的按键值取为 110 1110B(6EH)；同理，P1.0 与 P1.5 交叉点对应的按键值取为 101 1110B(5EH)，P1.0 与 P1.6 交叉点对应的按键值取为 011 1110B(3EH)。但是通过这种编码方式获得的键值分散性大，且不等距。因此，一般均按顺序对键盘按键进行编码，可将按键行列对应的二进制码作为按键的扫描码，通过计算转换为键值。例如，对于图 10.7.7 所示的由 STM8 内核 MCU 芯片引脚(PB4~PB0 引脚作扫描输出，PC3~PC0 引脚作输入)组成的 4×5 矩阵键盘，可按如下顺序对按键进行编码：

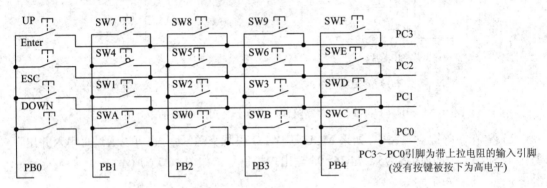

图 10.7.7　键盘按键扫描码

将 PC0 引脚对应行线的行号定义为 0，PC1 引脚对应行线的行号定义为 1，PC2 引脚对应行线的行号定义为 2，PC3 引脚对应行线的行号定义为 3；PB0 引脚对应列线的列号定义为 0，PB1 引脚对应列线的列号定义为 1，依次类推，PB4 引脚对应列线的列号定义为 4，则

$$键盘上任意按键的扫描码 = 5 × 行号 + 列号(因为一行有 5 列)$$

或

$$4 × 列号 + 行号(因为一列有 4 行)$$

需要指出的是，许多 MCU 芯片，如 STM8 内核 MCU 芯片外设种类很多，几乎所有引脚均具有复用输入或复用输出功能：当对应外设处于允许状态占用了某一端口特定引脚后(或由于 PCB 连线原因)，不能将同一 I/O 口相邻引脚作键盘输入引脚、键盘扫描输出引脚

时，可在键盘扫描程序中通过位操作指令输出、输入引脚的电平状态。

10.7.4　键盘监控方式

在单片机应用系统中，可采用查询方式(包括随机扫描方式和定时扫描方式)或硬件中断方式监视键盘有无按键输入。

1. 随机扫描方式

在随机扫描方式中，CPU 在完成了某一特定任务后，执行键盘扫描程序，以确定键盘有无按键被按下，然后根据按键功能执行相应的操作。但这种扫描方式不能在执行按键规定操作的过程中检测键盘有无输入，失去了对系统的控制，没有实用价值。

2. 定时扫描方式

定时扫描方式与随机扫描方式基本相同，通过定时中断方式，每隔一定的时间(如 10～30 ms，由于按键动作较慢，为提高 CPU 的利用率，实践表明每隔 20 ms 对键盘扫描一次较为合理)扫描键盘，检查有无按键被按下，键盘响应速度快，而且在执行按键功能规定操作的过程中，依然可通过键盘进行干预，如取消或暂停等。

在定时扫描方式中，为提高 CPU 的利用率，应避免通过被动延迟 10～20 ms 的方式等待按键稳定闭合，可在定时中断服务程序中，用 3 个位存储单元记录最近三次定时中断检测到的按键状态(开始时可初始化为 111 态)。如果规定没有按键被按下时为"1"，有按键被按下时为"0"，则按键状态的含义如下：

(1) 111：表示最近三次定时扫描均未发现按键被按下。

(2) 110：表示前两次定时扫描未检测到按键被按下，只在本次定时扫描检测到按键被按下，延迟时间不足，还不能对按键进行识别。

(3) 100：表示最近两次定时扫描检测到按键被按下，且至少延迟了一次定时中断的时间；可对按键进行识别，确定哪一个按键被按下，并执行按键规定的动作。

(4) 000：表示按键处于稳定闭合状态。

(5) 001：表示按键可能处于释放状态。

(6) 011：表示按键已经释放。

(7) 010：表示在很短的时间内(小于两次定时中断的时间间隔)检测到按键处于释放状态。实际上是按键过程中的无意松动，作 000 态处理。

(8) 101：表示在很短的时间内(小于两次定时中断的时间间隔)检测到按键处于按下状态。实际是负脉冲干扰，作 111 态处理。

在以上的按键状态编码中，对于没有重复输入功能的按键设定来说，只需检查并处理 100、010、101 三个状态；而对于具有重复输入功能的按键设定来说，也只需检查并处理 100、010、101、000 四个状态。

利用一字节的 RAM 单元可保存按键值(或键名)和按键有效标志(在单片机控制系统中，按键个数一般不超过 128 个，为减小内存开销，可使用该字节的 b7 位作为按键操作有效标志)。这样不仅记录了最近按下了哪个按键，也记录了是否已执行了按键规定的动作。

定时中断方式键盘按键扫描的流程如图 10.7.8 所示。

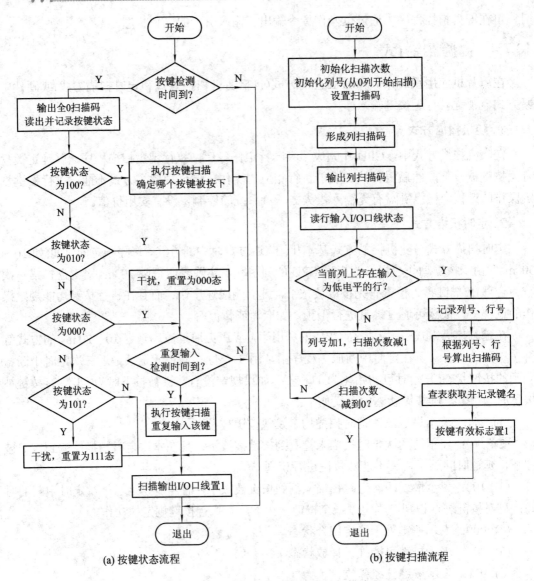

(a) 按键状态流程　　　　　　　　　　(b) 按键扫描流程

图 10.7.8　定时中断方式键盘按键扫描流程

下面给出图 10.7.7 所示的矩阵键盘电路的定时中断扫描参考程序。

　　;功能描述：利用定时器 TIM3 溢出中断(溢出时间为 2.0 ms)，每 20 ms 对键盘扫描一次，按下某键不放时，每秒重复输入 4 次，按键值记录在 KEYNAME 单元中，外部程序执行了按键功能后，将按键有效标志清 0，允许接收新按键

KEYNAME	DS.B　1	;b4～b0 位记录按键值；b7 作为按键值有效标志，b7 为 0 时表示 b4～
		;b0 位中的按键值无效，b7 为 1 时表示 b4～b0 位记录的按键值有效，
		;且尚未处理，不能接收新按键；b6～b5 位保留
KeySTU	DS.B 1	;键盘按键状态存储单元，其中 b2、b1、b0 分别记录最近三次扫描
		;的按键状态，b4 作为启动键盘扫描标志
KeyTIME	DS.B 1	;按键时间计数单元

```
T20msB          DS.B 1          ;20 ms 定时计数单元
;------------在主定时器中断服务程序中与键盘有关的指令系列---------
        DEC T20msB
        JRNE interrupt_TIM3_Key1
        ;时间回 0，重置键盘扫描检测时间
        MOV T20msB, #10          ;2 ms 中断一次，即键盘扫描间隔为 2 × 10 = 20 ms
        BSET KeySTU, #4          ;执行键盘扫描操作标志置 1
interrupt_TIM3_Key1.L
        ;长时间按键处理
        LD A, KeySTU
        AND A, #07H             ;仅保留 b2～b0 位
        JRNE interrupt_TIM3_Key_exit
        ;按键状态为 000，按键闭合时间加 1
        LD A, KeyTIME           ;取按键闭合时间
        CP A, #125
        JRNC interrupt_TIM3_Key_exit
        ;小于 125 × 2 ms，时间加 1
        INC KeyTIME
interrupt_TIM3_Key_exit.L
;------------------位于主程序中的键盘定时扫描程序-----------------------
        BTJT KeySTU, #4, SCAN_Key_NEXT1
        ;键盘扫描时间未到，退出
        JPF SCAN_Key_Return     ;退出键盘扫描状态
SCAN_Key_NEXT1.L
        LD A, PB_ODR
        AND A, #11100000B
        LD PB_ODR, A            ;输出全 0 的扫描码
        NOP                     ;可插入数条 NOP 指令延迟，使引脚输入信号稳定
        LD A, PC_IDR            ;读键盘输入口
        AND A, #0FH             ;没有按键被按下，则 A=0FH，否则 A<0FH
        CP A, #0FH              ;比较后不用判别，可直接取反。原因是当(A) = F 时，
        CCF                     ;C 标志为 0；反之，当(A)<F 时，C 标志为 1
        ;保存按键状态
        LD A, KeySTU
        RLC A                   ;循环左移，将 b2←b1、b1←b0、b0←C
        AND A, #07H             ;仅保留 b2～b0 位
        LD KeySTU, A            ;回写按键状态，也清除了启动键盘扫描标志(b4)
        ;判别按键状态
        JREQ SCAN_Key_NEXT41    ;处于 000 态，跳转
```

```
        CP A, #010B
        JRNE SCAN_Key_NEXT4
;等于 010，按键输入引脚受到正脉冲干扰(多为按键过程中的无意松动)，置为 000 态
        BRES KeySTU, #1          ;把 KeySTU 的 b1 清 0，使其变为 000 态
SCAN_Key_NEXT41.L
        LD A, KeyTIME            ;取按键闭合时间
        CP A, #125
        JRC SCAN_Key_EXIT        ;125×2 ms 时间未到，退出
        CLR KeyTIME              ;按键闭合时间清 0
        JRT   SCAN_Key_NEXT6     ;执行按键检测，确定哪个按键被按下
SCAN_Key_NEXT4.L
        CLR KeyTIME              ;非 000 与 010 态，则清除按键闭合时间
        CP A, #101B
        JRNE SCAN_Key_NEXT5
;等于 101，按键输入引脚受到负脉冲干扰，置为 111 态
        BSET KeySTU, #1          ;把 KeySTU 的 b1 置 1，使其变为 111 态
        JPF SCAN_Key_EXIT        ;退出键盘扫描状态
SCAN_Key_NEXT5.L
        CP A, #100B
        JRNE SCAN_Key_EXIT
        ;等于 100，说明有按键被按下，且至少延迟了 20 ms 的时间(实际延迟时间在 20~40 ms 之间)
SCAN_Key_NEXT6.L
        CALLF Key_Check_Proc     ;执行按键检测，确定哪个按键被按下
SCAN_Key_EXIT.L
        LD A, PB_ODR
        OR A, #00011111B         ;扫描引脚恢复为高电平状态
        LD PB_ODR, A
SCAN_Key_Return.L
        ⋮                       ;与键盘定时扫描无关的指令
;------------------按键检测程序段-----------------------
Key_Check_Proc.L
;使用资源：寄存器 X、A，R00、R01 两个存储单元
        ;判别上一次按键是否已处理
        BTJF KEYNAME, #7, Key_Check_Proc_NEXT1
        ;b7 为 1，说明上次按键操作结果未处理，退出
        JPF Key_Check_Proc_EXIT
Key_Check_Proc_NEXT1.L
        ;开始执行键盘扫描
        MOV R01, #00011110B      ;按键初始扫描码
```

```
        CLR R00                         ;初始化扫描次数(共计 5 列)
Key_Check_Proc_LOOP1.L
        LD A, PB_ODR
        AND A, #11100000B
        OR A, R01                       ;与扫描码或形成输出扫描码
        LD PB_ODR, A                    ;输出扫描码
        NOP                             ;可插入数条 NOP 指令延迟, 使引脚输入信号稳定
        BTJT PC_IDR, #0, Key_Check_Proc_NEXT20
        ;PC0 引脚输入为 0, 说明 PC0 引脚对应行存在按键输入
        MOV R01, #0                     ;借用 R01 单元记录行号
        JPF Key_Check_Proc_NEXT3
Key_Check_Proc_NEXT20.L
        BTJT PC_IDR, #1, Key_Check_Proc_NEXT21
        ;PC1 引脚输入为 0, 说明 PC1 引脚对应行存在按键输入
        MOV R01, #1                     ;借用 R01 单元记录行号
        JPF Key_Check_Proc_NEXT3
Key_Check_Proc_NEXT21.L
        BTJT PC_IDR, #2, Key_Check_Proc_NEXT22
        ;PC2 引脚输入为 0, 说明 PC2 引脚对应行存在按键输入
        MOV R01, #2                     ;借用 R01 单元记录行号
        JPF Key_Check_Proc_NEXT3
Key_Check_Proc_NEXT22.L
        BTJT PC_IDR, #3, Key_Check_Proc_NEXT23
        ;PC3 引脚输入为 0, 说明 PC3 引脚存在按键输入
        MOV R01, #3                     ;借用 R01 单元记录行号
        JRT Key_Check_Proc_NEXT3
Key_Check_Proc_NEXT23.L
        ;本列没有按键被按下, 扫描下一列
        LD A, R01
        SCF                             ;C 标志为 1
        RLC A                           ;左移一位, 形成下一列的扫描码
        AND A, #1FH                     ;仅保留扫描码
        LD R01, A                       ;保存扫描码
        ;列号+1 并判别是否已完成扫描操作
        INC R00                         ;列号加 1
        LD A, R00
        CP A, #5
        JRC Key_Check_Proc_LOOP1
        ;已扫描了全部列, 没有发现按键被按下
        JRT Key_Check_Proc_EXIT
```

Key_Check_Proc_NEXT3.L
    ;形成按键扫描码

```
        CLRW X
        LD A, R00
        LD XL, A
        SLLW X
        SLLW X
        CLR R00              ;清除高 8 位 R00，以便将 R00、R01(存放行号)作字单元相加
        ADDW X, R00          ;(列号×4＋行号)就是对应按键的扫描码
        LD A, (KEYTAB,X)     ;通过查表获得键名
        OR A, #80H           ;b7 为 1，按键值有效
        LD KEYNAME, A        ;保存输入的按键名
Key_Check_Proc_EXIT.L
        RETF
```

;************按键扫描码、键值对应关系*****************

```
KEYTAB.L
        DC.B 10H      ;扫描码为 0，即 PB0 与 PC0 交叉点对应"↓"
        DC.B 11H      ;扫描码为 1，即 PB0 与 PC1 交叉点对应"ESC"
        DC.B 12H      ;扫描码为 2，即 PB0 与 PC2 交叉点对应"Enter"
        DC.B 13H      ;扫描码为 3，即 PB0 与 PC3 交叉点对应"↑"
        DC.B 0AH      ;扫描码为 4，即 PB1 与 PC0 交叉点对应数字键"A"
        DC.B 01H      ;扫描码为 5，即 PB1 与 PC1 交叉点对应数字键"1"
        DC.B 04H      ;扫描码为 6，即 PB1 与 PC2 交叉点对应数字键"4"
        DC.B 07H      ;扫描码为 7，即 PB1 与 PC3 交叉点对应数字键"7"
        DC.B 00H      ;扫描码为 8，即 PB2 与 PC0 交叉点对应数字键"0"
        DC.B 02H      ;扫描码为 9，即 PB2 与 PC1 交叉点对应数字键"2"
        DC.B 05H      ;扫描码为 A，即 PB2 与 PC2 交叉点对应数字键"5"
        DC.B 08H      ;扫描码为 B，即 PB2 与 PC3 交叉点对应数字键"8"
        DC.B 0BH      ;扫描码为 C，即 PB3 与 PC0 交叉点对应数字键"B"
        DC.B 03H      ;扫描码为 D，即 PB3 与 PC1 交叉点对应数字键"3"
        DC.B 06H      ;扫描码为 E，即 PB3 与 PC2 交叉点对应数字键"6"
        DC.B 09H      ;扫描码为 F，即 PB3 与 PC3 交叉点对应数字键"9"
        DC.B 0CH      ;扫描码为 10，即 PB4 与 PC0 交叉点对应数字键"C"
        DC.B 0DH      ;扫描码为 11，即 PB4 与 PC1 交叉点对应数字键"D"
        DC.B 0EH      ;扫描码为 12，即 PB4 与 PC2 交叉点对应数字键"E"
        DC.B 0FH      ;扫描码为 13，即 PB4 与 PC3 交叉点对应数字键"F"
```

以上键盘扫描程序不是通过被动延迟方式去除按键抖动的，这样做提高了 CPU 的利用率，扫描程序结构清晰，代码短。尽管需要定时器支持，但可利用系统主定时器定时，并没有额外占用硬件资源。因此定时扫描方式在单片机应用系统中得到了广泛应用。

如果矩阵键盘电路扫描输出引脚、输入引脚不是来自同一 I/O 口的相邻引脚(如图 10.7.7

中的 PB4～PB0、PC3～PC0)，而是不同的 I/O 口或同一 I/O 口中非相邻引脚，则在上述程序中通过位操作指令执行输出、输入操作即可。实际上这种情况很常见，原因是键盘输入、输出引脚要求不高——任何具有 OD 输出特性的引脚均可作为键盘扫描输出引脚，任何具有上拉输入的引脚均可作为键盘检测输入引脚。在应用系统引脚资源分配过程中，键盘输入、输出引脚往往最后分配，导致矩阵键盘电路的输入、输出引脚 I/O 编号相邻的可能性很小。

图 10.7.9 所示为 4(行) × 3(列)电话机键盘电路。

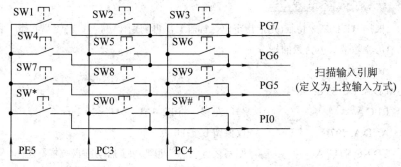

图 10.7.9　输出、输入线来自不同 I/O 口引脚的矩阵键盘电路

与键盘扫描相关的程序段如下：

```
        ;为避免在程序中直接引用 I/O 引脚名，造成程序维护不便，可先定义扫描输出、输入引脚
        #Define SCAN_Out0 PE_ODR,#5        ;第 0 条扫描输出线
        #Define SCAN_Out1 PC_ODR,#3        ;第 1 条扫描输出线
        #Define SCAN_Out2 PC_ODR,#4        ;第 2 条扫描输出线
    ;定义扫描输入引脚
        #Define SCAN_IN0 PI_IDR,#0         ;第 0 条扫描输入线
        #Define SCAN_IN1 PG_IDR,#5         ;第 1 条扫描输入线
        #Define SCAN_IN2 PG_IDR,#6         ;第 2 条扫描输入线
        #Define SCAN_IN3 PG_IDR,#7         ;第 3 条扫描输入线
;------------------ 位于主程序中的键盘定时扫描程序------------------------
        BTJT KeySTU, #4, SCAN_Key_NEXT1
        ;键盘扫描时间未到，退出
        JPF SCAN_Key_Return                ;退出键盘扫描状态
SCAN_Key_NEXT1.L
     ;先输出全 0 的扫描码
        BRES    SCAN_Out0                  ;第 0 条扫描线输出 0 电平
        BRES    SCAN_Out1                  ;第 1 条扫描线输出 0 电平
        BRES    SCAN_Out2                  ;第 2 条扫描线输出 0 电平
        NOP                                ;插入数条 NOP 指令延迟，使引脚输入状态稳定
        BTJF SCAN_IN0,SCAN_Key_NEXT11;若第 0 条扫描输入线为 0，则跳转
        BTJF SCAN_IN1,SCAN_Key_NEXT11;若第 1 条扫描输入线为 0，则跳转
```

```
        BTJF SCAN_IN2,SCAN_Key_NEXT11;若第 2 条扫描输入线为 0，则跳转
        BTJF SCAN_IN3,SCAN_Key_NEXT11;若第 3 条扫描输入线为 0，则跳转
        ;SCF                          ;所有扫描输入线为高电平，C 标志为 1
        ;JRT SCAN_Key_NEXT12
SCAN_Key_NEXT11.L
        ;RCF                          ;任意一条扫描输入线为 0，C 标志为 0
        ;SCAN_Key_NEXT12.L
        ;根据 BTJF 指令特征(先把指定位送标志 C，再判别)，标志 C 与键盘状态一致
        ;可删除带灰色背景的指令行
        ;保存按键状态
        LD A, KeySTU
        RLC A                  ;循环左移，将 b2←b1、b1←b0、b0←C
        AND A, #07H            ;仅保留 b2～b0 位
        LD KeySTU, A           ;回写按键状态，也清除了启动键盘扫描标志(b4)
        ;判别按键状态
        JREQ SCAN_Key_NEXT41   ;处于 000 态，跳转
        CP A, #010B
        JRNE SCAN_Key_NEXT4
        ;等于 010，按键输入引脚受到正脉冲干扰(多为按键过程中的无意松动)，置为 000 态
        BRES KeySTU, #1        ;把 KeySTU 的 b1 清 0，使其变为 000 态
SCAN_Key_NEXT41.L
        LD A, KeyTIME          ;取按键闭合时间
        CP A, #125
        JRC SCAN_Key_EXIT      ;125 × 2 ms 时间未到，退出
        CLR KeyTIME            ;按键闭合时间清 0
        JRT  SCAN_Key_NEXT6    ;执行按键检测，确定哪个按键被按下
SCAN_Key_NEXT4.L
        CLR KeyTIME            ;非 000 与 010 态，则清除按键闭合时间
        CP A, #101B
        JRNE SCAN_Key_NEXT5
        ;等于 101，按键输入引脚受到负脉冲干扰，置为 111 态
        BSET KeySTU, #1        ;把 KeySTU 的 b1 置 1，使其变为 111 态
        JPF SCAN_Key_EXIT      ;退出键盘扫描状态
SCAN_Key_NEXT5.L
        CP A, #100B
        JRNE SCAN_Key_EXIT
        ;等于 100，说明有按键被按下，且至少延迟了 20 ms 的时间(实际延迟时间在 20～40 ms 之间)
SCAN_Key_NEXT6.L
        CALLF Key_Check_Proc   ;执行按键检测，确定哪个按键被按下
```

```
SCAN_Key_EXIT.L
    ;恢复扫描线的电平状态
    BSET    SCAN_Out0                    ;第 0 条扫描线输出 1 电平
    BSET    SCAN_Out1                    ;第 1 条扫描线输出 1 电平
    BSET    SCAN_Out2                    ;第 2 条扫描线输出 1 电平
SCAN_Key_Return.L


;----------------按键检测程序段-----------------------
Key_Check_Proc.L
;使用资源：寄存器 X、A，R00、R01 两个存储单元
    ;判别上一次按键是否已处理
    BTJF KEYNAME, #7, Key_Check_Proc_NEXT1
    ;b7 为 1，说明上次按键操作结果未处理，退出
    JPF Key_Check_Proc_EXIT
Key_Check_Proc_NEXT1.L
    ;开始执行键盘扫描
    MOV R01, #00000110B     ;按键初始扫描码
    CLR R00                 ;初始化扫描次数(共 3 列)，从 0 列开始
Key_Check_Proc_LOOP1.L
    LD A, R01
    RRC A                   ;循环右移，使 b0 位进入标志 C
    BCCM SCAN_Out0          ;输出第 0 条扫描线信息
    RRC A                   ;循环右移，使 b1 位进入标志 C
    BCCM SCAN_Out1          ;输出第 1 条扫描线信息
    RRC A                   ;循环右移，使 b2 位进入标志 C
    BCCM SCAN_Out2          ;输出第 2 条扫描线信息
    NOP                     ;可插入数条 NOP 指令延迟，使引脚输入信号稳定
    ;读输入引脚状态，确定哪个引脚有按键输入
    BTJT SCAN_IN0, Key_Check_Proc_NEXT20
    ;第 0 条扫描输入引脚为低电平，说明第 0 条扫描输入线对应行有按键输入
    MOV R01, #0             ;借用 R01 单元记录行号
    JPF Key_Check_Proc_NEXT3
Key_Check_Proc_NEXT20.L
    BTJT SCAN_IN1, Key_Check_Proc_NEXT21
    ;第 1 条扫描输入引脚为低电平，说明第 1 条扫描输入线对应行有按键输入
    MOV R01, #1             ;借用 R01 单元记录行号
    JPF Key_Check_Proc_NEXT3
Key_Check_Proc_NEXT21.L
    BTJT SCAN_IN2, Key_Check_Proc_NEXT22
```

;第 2 条扫描输入引脚为低电平，说明第 2 条扫描输入线对应行有按键输入
```
        MOV R01, #2              ;借用 R01 单元记录行号
        JPF Key_Check_Proc_NEXT3
Key_Check_Proc_NEXT22.L
        BTJT SCAN_IN3, Key_Check_Proc_NEXT23
```
;第 3 条扫描输入引脚为低电平，说明第 3 条扫描输入线对应行有按键输入
```
        MOV R01, #3              ;借用 R01 单元记录行号
        JRT Key_Check_Proc_NEXT3
Key_Check_Proc_NEXT23.L
```
;当前列没有按键被按下，扫描下一列
```
        LD A, R01                ;取扫描码
        SCF                      ;C 标志为 1
        RLC A                    ;左移一位，形成下一列的扫描码
        AND A, #07H              ;仅保留扫描码
        LD R01, A                ;保存扫描码
```
;列号+1 并判别是否已完成扫描操作
```
        INC R00                  ;列号加 1
        LD A, R00
        CP A, #3
        JRC Key_Check_Proc_LOOP1
```
;已扫描了全部列，没有发现按键被按下
```
        JRT Key_Check_Proc_EXIT
Key_Check_Proc_NEXT3.L
```
;形成按键扫描码
```
        CLRW X
        LD A, R00                ;取列号
        LD XL, A
        SLLW X                   ;1 列有 4 行,右移 2 次，实现乘 4
        SLLW X
        CLR R00                  ;清除高 8 位 R00，以便将 R00、R01(存放行号)作字单元相加
        ADDW X, R00              ;列号乘 4+行号就是对应按键的扫描码
        LD A, (KEYTAB,X)         ;通过查表获得键名
        OR A, #80H               ;b7 为 1，按键值有效
        LD KEYNAME, A            ;保存输入的按键名
Key_Check_Proc_EXIT.L
        RETF
        DC.B 05H,05,05H,05H      ;由非法指令码构成的指令陷阱
```
注：位于主定时中断服务程序中，与键盘有关的指令系列与图 10.7.7 的驱动程序相同，这里没有再给出。

当然，如果按键的输入引脚已接有图 10.7.1(c)、10.7.3(c)所示的 RC 低通滤波电路，则

在按键扫描过程中无须再延迟 10~20 ms,输出全 0 扫描码后若发现按键被按下,可直接检测是哪个按键被按下。

3. 中断方式

在控制系统中,并不需要经常监控键盘有无按键输入。因此,在查询扫描方式和定时中断扫描方式中,CPU 常处于空扫描状态,这在一定程度上降低了 CPU 的利用率。为此,也可用中断方式,尤其是拥有众多外中断输入引脚的 MCU 芯片,如 STM8 内核 MCU 芯片,这样既不会增加硬件成本,同时也避免了空扫描现象。

对于图 10.7.3、10.7.7 所示的矩阵键盘电路,如果扫描输入引脚全部来自 PA~PE 口中同一 I/O 口引脚(原因是 STM8S 系列 MCU 芯片同一 I/O 口的中断引脚共用同一个中断逻辑),则可将键盘输入引脚初始化为带中断输入功能(外中断触发方式定义为"仅下降沿"触发)的上拉输入方式。

在判别按键状态期间,扫描输出引脚全为 0,当有按键被按下时,键盘输入引脚对应的外中断必然有效。为处理按键抖动问题,可在外中断服务程序中,启动一个由定时器(如系统主定时器)控制的计时器(定时时间为 10~20 ms),关闭键盘输入引脚的中断功能,然后返回,如图 10.7.10(a)所示;定时时间到并确认按键处于按下状态后,执行按键扫描程序,

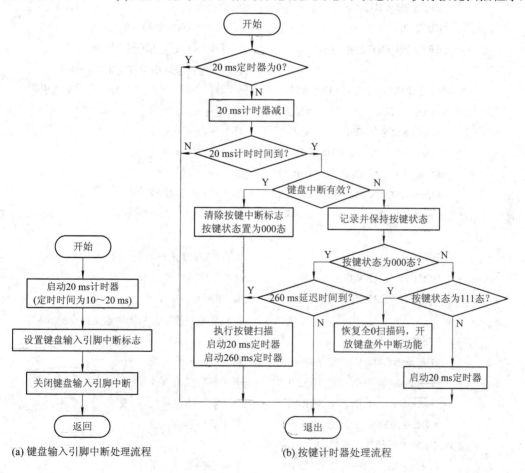

(a) 键盘输入引脚中断处理流程　　　　(b) 按键计时器处理流程

图 10.7.10　中断扫描方式按键检测流程

确定是哪个按键被按下，再开放键盘输入引脚的中断功能，等待下次按键，操作流程如图10.7.10(b)所示。

图 10.7.7 所示键盘中断扫描方式参考程序如下：

```
KEYNAME    DS.B   1        ;b4~b0 位记录按键值
                          ;b7 作为按键值有效标志：b7 为 0 时，表示 b4~b0 位中的按键值无效
                          ;b7 为 1 时，表示 b4~b0 位记录的按键值有效，且尚未处理，不能
                          ;接受新按键;b6~b5 保留
KeySTU    DS.B   1        ;键盘按键状态存储单元，其中 b2、b1、b0 分别记录最近
                          ;三次扫描的按键状态
                          ;b4 位作为引脚中断有效标志
KeyTIME      DS.B 1      ;按键时间计数单元
T20msB       DS.B 1      ;20 ms 定时计数单元
;--------与键盘有关的初始化指令----
;定义扫描输出引脚(OD 输出，可以是不同 I/O 口内的任一 I/O 引脚)
        BSET PB_DDR, #0                  ;1(输出)，第 0 条扫描输出线
        BRES PB_CR1, #0                  ;0(OD 输出)
        BRES PB_CR2, #0                  ;0, 选择低速(慢边沿)
        BRES PB_ODR, #0                  ;0, 开始时扫描输出线为低电平
        ⋮                              ;省略其他扫描输出引脚的定义指令
;为避免在程序中直接引用 I/O 引脚名，造成程序维护不便，先定义扫描输出、输入引脚
        #Define SCAN_Out0 PB_ODR,#0     ;第 0 条扫描输出线
        #Define SCAN_Out1 PB_ODR,#1     ;第 1 条扫描输出线
        #Define SCAN_Out2 PB_ODR,#2     ;第 2 条扫描输出线
        #Define SCAN_Out3 PB_ODR,#3     ;第 3 条扫描输出线
        #Define SCAN_Out4 PB_ODR,#4     ;第 4 条扫描输出线
;定义扫描输入引脚(上拉输入。为避免占用多个外中断源，要求扫描输入来自同一 I/O 口，但不
必相邻)
        BRES PC_DDR, #0                 ;0(输入),第 0 条扫描输入线
        BSET PC_CR1, #0                 ;1(带上拉)
        BRES PC_CR2, #0                 ;0, 中断暂时关闭
        ⋮                              ;省略其他扫描输入引脚的定义指令
;定义扫描输入引脚
        #Define SCAN_IN0 PC_IDR,#0      ;第 0 条扫描输入线
        #Define SCAN_IN1 PC_IDR,#1      ;第 1 条扫描输入线
        #Define SCAN_IN2 PC_IDR,#2      ;第 2 条扫描输入线
        #Define SCAN_IN3 PC_IDR,#3      ;第 3 条扫描输入线
;定义扫描输入引脚外中断控制
        #Define Key_EInt0 PC_CR2,#0     ;第 0 条扫描外中断控制
        #Define Key_EInt1 PC_CR2,#1     ;第 1 条扫描外中断控制
```

```
        #Define Key_EInt2 PC_CR2,#2              ;第 2 条扫描外中断控制
        #Define Key_EInt3 PC_CR2,#3              ;第 3 条扫描外中断控制
;初始化外中断触发方式
        LD A, EXTI_CR1
        AND A, #11001111B
        OR A,   #00100000B
        LD EXTI_CR1, A                  ;b5、b4 位初始化为 10,即 PC 口中断输入选择下沿触发方式
;初始化 PC 口外中断 EXTI2(IREQ5)的优先级
        LD A, ITC_SPR2
        OR A, #00000100B
        LD ITC_SPR2, A                  ;b3、b2 位初始化为 01,即 PC 口中断优先级为 1
;允许键盘中断输入
        BSET Key_EInt0          ;允许键盘扫描输入线 0 中断
        BSET Key_EInt1          ;允许键盘扫描输入线 1 中断
        BSET Key_EInt2          ;允许键盘扫描输入线 2 中断
        BSET Key_EInt3          ;允许键盘扫描输入线 3 中断
;------------键盘中断扫描初始化结束--------------


;与键盘扫描相关的外中断(如 PC 口)服务程序
        Interrupt PORTC_INT
PORTC_INT.L
        ;外中断有效立即启动延迟
        MOV T20msB, #10         ;10 × 2 ms，即延迟 20 ms 后执行键盘扫描
        BSET KeySTU, #4         ;键盘中断有效标志
        BRES Key_EInt0          ;禁止键盘扫描输入线 0 中断
        BRES Key_EInt1          ;禁止键盘扫描输入线 1 中断
        BRES Key_EInt2          ;禁止键盘扫描输入线 2 中断
        BRES Key_EInt3          ;禁止键盘扫描输入线 3 中断
        IRET
        DC.B 05H,05H,05H,05H
;------------在主定时器中断服务程序中与键盘扫描有关的指令系列--------
        TNZ T20msB
        JRNE interrupt_TIM3_Key1
        ;时间为 0，说明没有键盘操作
        JPF interrupt_TIM3_Key_exit     ;直接退出，不操作
interrupt_TIM3_Key1.L
        ;时间不为 0，说明存在键盘操作
        DEC T20msB
        JREQ interrupt_TIM3_Key2
```

```
                        ;不为 0，说明延迟时间未到，直接退出
                        JPF interrupt_TIM3_Key_exit
interrupt_TIM3_Key2.L
        BTJF    KeySTU, #4, interrupt_TIM3_Key3
        ;键盘中断引起，且延迟时间超过 20 ms
        CLR KeySTU                          ;清除键盘中断有效标志，且将键盘状态设为 000
        CALLF Key_Check_Proc                ;执行按键检测,确定哪个按键被按下
        CLR KeyTIME                         ;复位软件计时器
        JRT interrupt_TIM3_Key_Return
interrupt_TIM3_Key3.L
        ;读出并保存按键状态
        BTJF SCAN_IN0,interrupt_TIM3_Key4
        BTJF SCAN_IN1,interrupt_TIM3_Key4
        BTJF SCAN_IN2,interrupt_TIM3_Key4
        BTJF SCAN_IN3,interrupt_TIM3_Key4
        ;没有按键被按下，则进位标志 C 为 1
interrupt_TIM3_Key4.L
        ;有按键被按下，则进位标志 C 为 0，无须再对进位标志 C 操作
        LD A, KeySTU                        ;读入按键状态
        RLC A                               ;带进位标志 C 的循环左移位
        AND A, #07H                         ;保留按键状态 b2～b0
        LD KeySTU,A                         ;保存按键状态
        JREQ interrupt_TIM3_Key51           ;转入 000 态处理
        CP A, #010B
        JRNE interrupt_TIM3_Key5
        ;属于 010 态，当 000 态处理
        BRES KeySTU, #1                     ;直接将 b1 位清 0
interrupt_TIM3_Key51.L
        INC KeyTIME                         ;软件计数器加 1
        LD A, KeyTIME                       ;取按键闭合时间
        CP A, #14                           ;按键闭合时间为(14 − 1) × 20，即 260 ms
        JRC interrupt_TIM3_Key_Return       ;260 ms 延迟时间未到
        ;延迟时间到，执行扫描按键，确定被按下的按键值
        CALLF Key_Check_Proc                ;执行按键检测，确定哪个按键被按下
        CLR KeyTIME                         ;复位软件计数器
        JRT interrupt_TIM3_Key_Return
interrupt_TIM3_Key5.L
        CP A, #101B
        JRNE interrupt_TIM3_Key6
```

```
                ;属于 101 态，当 111 态处理
                BSET KeySTU, #1                 ;直接将 b1 位置 1
                JRT interrupt_TIM3_Key7
interrupt_TIM3_Key6.L
                CP A, #111B
                JRNE interrupt_TIM3_Key_Return  ;001、011、100、110 态不处理
                ;属于 111 态，表明按键已经释放，应开放键盘扫描输入引脚的中断功能
interrupt_TIM3_Key7.L
                BSET Key_EInt0                  ;允许键盘扫描输入线 0 中断
                BSET Key_EInt1                  ;允许键盘扫描输入线 1 中断
                BSET Key_EInt2                  ;允许键盘扫描输入线 2 中断
                BSET Key_EInt3                  ;允许键盘扫描输入线 3 中断
                ;输出全 0 的扫描码
                BRES SCAN_Out0                  ;第 0 条扫描输出线输出低电平
                BRES SCAN_Out1                  ;第 1 条扫描输出线输出低电平
                BRES SCAN_Out2                  ;第 2 条扫描输出线输出低电平
                BRES SCAN_Out3                  ;第 3 条扫描输出线输出低电平
                BRES SCAN_Out4                  ;第 4 条扫描输出线输出低电平
                JRT interrupt_TIM3_Key_exit
interrupt_TIM3_Key_Return.L
                MOV T20msB, #10                 ;2 ms 中断一次，即键盘检测间隔为 2 × 10 = 20 ms
interrupt_TIM3_Key_exit.L
                ⋮                               ;省略与键盘中断扫描无关指令
                IRET                            ;主定时器的中断返回指令
DC.B 05H,05H,05H,05H
                ;-----------------按键扫描程序段------------------------
Key_Check_Proc.L
                ;使用资源：寄存器 X、A，R10、R11 两个存储单元
                ;判别上一次按键是否已处理过
                BTJF KEYNAME, #7, Key_Check_Proc_NEXT1
                ;b7 为 1，说明上次按键结果未处理，退出
                JRT Key_Check_Proc_EXIT
Key_Check_Proc_NEXT1.L
                ;开始执行键盘扫描
                MOV R11, #00011110B             ;按键初始扫描码
                CLR R10                         ;初始化扫描次数(共 5 列)，从 0 列开始
Key_Check_Proc_LOOP1.L
                LD A, R11                       ;取扫描码
                RRC A                           ;循环右移，使 b0 位进入标志 C
```

```
        BCCM SCAN_Out0                      ;输出第 0 条扫描线信息
        RRC A                               ;循环右移，使 b1 位进入标志 C
        BCCM SCAN_Out1                      ;输出第 1 条扫描线信息
        RRC A                               ;循环右移，使 b2 位进入标志 C
        BCCM SCAN_Out2                      ;输出第 2 条扫描线信息
        RRC A                               ;循环右移，使 b3 位进入标志 C
        BCCM SCAN_Out3                      ;输出第 3 条扫描线信息
        RRC A                               ;循环右移，使 b4 位进入标志 C
        BCCM SCAN_Out4                      ;输出第 4 条扫描线信息
        NOP                                 ;可插入数条 NOP 指令延迟，使引脚输入信号稳定
        ;读输入引脚状态，确定哪个引脚有按键输入
        BTJT SCAN_IN0, Key_Check_Proc_NEXT20
        ;第 0 条扫描输入引脚为 0，说明第 0 条扫描输入线有按键输入
        MOV R11, #0                         ;借用 R11 单元记录行号
        JRT Key_Check_Proc_NEXT3
Key_Check_Proc_NEXT20.L
        BTJT SCAN_IN1, Key_Check_Proc_NEXT21
        ;第 1 条扫描输入引脚为 0，说明第 1 条扫描输入线有按键输入
        MOV R11, #1                         ;借用 R11 单元记录行号
        JRT Key_Check_Proc_NEXT3
Key_Check_Proc_NEXT21.L
        BTJT SCAN_IN2, Key_Check_Proc_NEXT22
        ;第 2 条扫描输入引脚为 0，说明第 2 条扫描输入线有按键输入
        MOV R11, #2                         ;借用 R11 单元记录行号
        JRT Key_Check_Proc_NEXT3
Key_Check_Proc_NEXT22.L
        BTJT SCAN_IN3, Key_Check_Proc_NEXT23
        ;第 3 条扫描输入引脚为 0，说明第 3 条扫描输入线有按键输入
        MOV R11, #3                         ;借用 R11 单元记录行号
        JRT Key_Check_Proc_NEXT3
Key_Check_Proc_NEXT23.L
        ;当前列没有按键被按下，扫描下一列
        LD A, R11                           ;取扫描码
        SCF                                 ;C 标志为 1
        RLC A                               ;左移一位，形成下一列的扫描码
        AND A, #1FH                         ;仅保留扫描码
        LD R11, A                           ;保存扫描码
        ;列号+1 并判别是否已完成扫描操作
        INC R10                             ;列号+1
```

```
        LD A, R10
        CP A, #5
        JRC Key_Check_Proc_LOOP1
        ;已扫描了所有列，没有发现有按键被按下
        JRT Key_Check_Proc_EXIT
Key_Check_Proc_NEXT3.L
        ;形成按键扫描码
        CLRW X
        LD A, R10
        LD XL, A
        SLLW X                ;1 列有 4 行,左移 2 次，实现乘 4
        SLLW X
        CLR R10               ;清除高 8 位 R10，以便将 R10、R11(存放行号)作字单元相加
        ADDW X, R10           ;列号乘 4+行号就是对应按键的扫描码
        LD A, (KEYTAB,X)      ;通过查表获得键名
        OR A, #80H            ;b7 为 1，按键值有效
        LD KEYNAME, A         ;保存输入的按键名
        ;扫描码不变，以便能够重复输入长时间按下的按键
Key_Check_Proc_EXIT.L
        RETF
        DC.B 05H,05H,05H,05H
        ;**********按键扫描码、键值对应关系*****************
        KEYTAB.L
        ;键名表(略)
```

对于图 10.7.4 所示的 MCS-51 应用系统的键盘电路，采用中断扫描方式时需要在键盘输入线上增加 74HC21 与门电路,便构成了图 10.7.11 所示的具有中断检测方式的矩阵键盘。

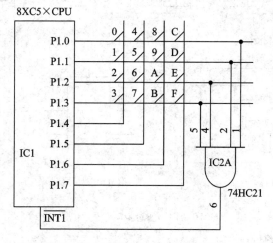

图 10.7.11　采用中断扫描方式的键盘接口电路

当键盘上任一按键被按下时，74HC21 与门输出低电平，$\overline{INT1}$ 中断有效(定义为下沿触发方式)，表明键盘有按键输入。不过 MCS-51 系列 MCU 芯片外中断输入线太少，需要增加多输入的"与门"电路芯片，占用一个外中断输入端，即在 MCS-51 应用系统中尽量避免使用中断扫描方式。

可见在键盘电路中，需要认真考虑的问题如下：

(1) 根据所需的按键个数以及可利用的 MCU 芯片 I/O 引脚资源，确定键盘电路形式，即采用直接解码键盘，还是矩阵键盘。

(2) 确定按键编码与按键功能。在按键个数有限的情况下，可以定义同一按键在不同的操作状态下，具有不同的按键功能，即是否需要设置"多功能键"。

(3) 确定键盘按键扫描方式，即根据系统实际情况，选择定时中断扫描方式(尽可能采用这一扫描方式)或中断检测方式。

(4) 不同扫描方式的键盘扫描程序略有区别，但均需要检测有无按键被按下，延迟(但必须避免采用软件延迟方式)去除按键抖动(输入引脚采用了 RC 低通滤波时不需要延迟)，确定键名，根据键名执行相应的操作。

10.8 光电耦合器件接口电路

光电耦合器件是将砷化镓制成的发光二极管(发光源)与受光源(如光敏三极管、光敏晶闸管或光敏集成电路等)封装在一起，构成的电—光—电转换器件，其内部结构如图 10.8.1 所示。 从发光二极管特性可以看出：发光强度与流过发光二极管中电流 I_F 的大小有关，这样就能将输入回路中变化的电流信号转化为变化的光信号，而光敏三极管中集电极电流 I_C 的大小与注入的光强度有关，从而实现了电—光—电的转换。由于输入回路与输出回路之间通过光实现耦合，因此光电耦合器件也称为光电隔离器件，简称光耦。

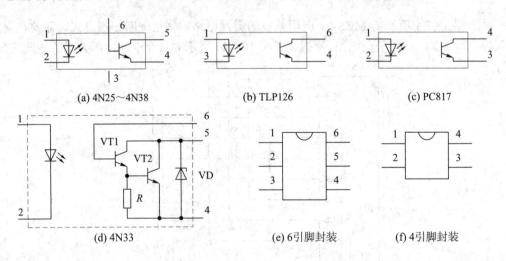

(a) 4N25~4N38   (b) TLP126   (c) PC817

(d) 4N33   (e) 6引脚封装   (f) 4引脚封装

图 10.8.1 光耦结构及等效电路

光耦器件具有如下特点：

(1) 输入回路与输出回路之间通过光实现耦合,彼此之间的绝缘电阻很高($10^{10}\ \Omega$ 以上),

并能承受 2000 V 以上的高压，因此输入回路与输出回路之间在电气上完全隔离。由于输入、输出自成系统，无须共地，绝缘和隔离性能都很好，因此有效地避免了输入/输出回路之间的相互作用。

(2) 由于光耦中的发光二极管以电流方式驱动，动态电阻很小，输入回路中的干扰，如电源电压波动、温度变化引起的热噪声等均不会耦合到输出回路。

(3) 作为开关器件使用时，光耦器件具有寿命长、响应速度快(开关时间达微秒级)的特点，高速光耦开关时间只有 10 ns。

光耦器件广泛应用于彼此需要隔离的数字系统中，根据受光源结构的不同，可将光耦器件分为晶体管输出的光电耦合器件和晶闸管输出的光电耦合器件两大类。

在晶体管输出的光电耦合器件中，受光源为光敏三极管。光敏三极管可以有基极(如图 10.8.1(a)所示的 4N25～4N38 等)，也可以没有基极(如图 10.8.1(b)所示的 TLP126、图 10.8.1(c)所示的 PC817 等)。部分光耦输出回路的晶体管采用达林顿结构，以提高光耦的电流传输比(如图 10.8.1(d)所示的 4N33，以及 H11G1、H11G2、H11G3 等)。在图 10.8.1(d)中，泄放电阻 R 的作用是给 VT1 管的漏电流提供泄放通路，防止热电流引起 VT2 管误导通；二极管 VD 的作用是防止输出管 CE 结反偏，保护输出管)。

晶体管输出的光电耦合器件(如 PC817 光耦)与单片机的基本接口电路如图 10.8.2 所示，图中的输入回路与 LED 驱动电路相同。当驱动电流 I_F 较小时，直接使用 MCU 芯片的 I/O 引脚控制光耦的输入级，如图 10.8.2(a)所示；反之，当驱动电流 I_F 在 10 mA 以上时，最好使用驱动器，如图 10.8.2(b)所示，MCU 芯片 I/O 引脚输出低电平，7407、74LV07A 或 74LVC1G07 输出级饱和导通，光耦内部的 LED 发光，工作电流 $I_F = \dfrac{V_{CC1} - V_F - V_{OL}}{R_1}$；输出回路的三极管因受光照而饱和导通，集电极输出低电平。

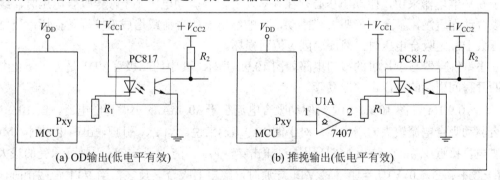

图 10.8.2　PC817 光耦与单片机的接口电路

在基极开路的情况下，输出回路的集电极电流 I_C 与输入回路发光二极管的工作电流 I_F 有关，I_F 越大，I_C 也越大，I_C/I_F 称为光电耦合器件的电流传输比 CTR。电流传输比 CTR 受 I_F 的影响较大，当 I_F 小于 10 mA 时，发光二极管处于非线性区，电流传输比 CTR 较小；当 I_F 大于 20 mA 时，发光二极管出现亮度饱和现象，电流传输比 CTR 也会下降；当 I_F 在 10～20 mA 范围内时，CTR 近似为常数，仅与光耦的类型有关。对于单个晶体管输出的光耦，电流传输比 CTR 一般为 0.2～2.0，即 I_F 在 15 mA 时，I_C 约为 3～30 mA；对于达林顿管输出的光耦，如 4N33，电流传输比 CTR 可高达 500 以上。

当单片机 I/O 引脚输出高电平时，7407、74LV07A 或 74LVC1G07 输出级截止，光耦内部的 LED 不导通，由于没有光照，因此三极管截止，集电极输出高电平。

如果 I/O 引脚输出脉冲信号，则光耦集电极也将输出一个脉冲信号。由于光耦导通时，需要光注入后才能形成基极电流，导通延迟时间 t_{on} 约为数微秒(μs)；输入回路截止时，即停止光注入后，也需要延迟一段时间 t_{off} 后，集电极才能输出高电平，t_{off} 约为几微秒到几十微秒(与输出回路中三极管的结构有关)。因此，普通光耦只能传输 10 kHz 以内的脉冲信号。

10.9 单片机与继电器接口电路

继电器是单片机控制系统中常用的开关元件，用于控制电路的接通和断开，包括电磁继电器、接触器和干簧管等。继电器由线圈及动片、定片组成。线圈未通电(继电器未吸合)时，与动片接触的触点称为常闭触点；线圈通电时，与动片接触的触点称为常开触点。

继电器的工作原理是利用通电线圈产生磁场，吸引继电器内部的衔铁片，使动片离开常闭触点，并与常开触点接触，实现电路的连通、断开。由于其采用触点接触方式，因此接触电阻小，允许流过触点的电流大(电流值的大小与触点材料及接触面积有关)。此外，控制线圈与触点完全绝缘，因此控制回路与输出回路之间具有很高的绝缘电阻。

根据线圈所加电压类型可将继电器分为两大类，即直流继电器和交流继电器。其中直流继电器的使用最为普遍，只要在线圈上施加额定的直流电压，继电器就吸合，与单片机连接方便。

直流继电器线圈吸合电压以及触点额定电流是直流继电器两个非常重要的参数。例如，对于 6 V 继电器来说，驱动电压必须在 6 V 左右，当驱动电压小于额定吸合电压时，继电器吸合动作缓慢，甚至不能吸合或颤动，影响继电器的寿命或造成被控设备损坏；当驱动电压大于额定吸合电压时，线圈会因过流而损坏。

小型继电器与单片机的接口电路如图 10.9.1 所示，其中的二极管 VD1 是为了防止继电器断开瞬间引起的高压击穿驱动管。

图 10.9.1(a)、图 10.9.1(b)适合驱动吸合电流小于 30 mA 的小微型继电器，图 10.9.1(c)适合驱动吸合电流较大的继电器。对于图 10.9.1(b)来说，当 Pxy 引脚输出高电平时，MCU 引脚电位接近 V_{CC}，为防止 MCU 引脚过压击穿，V_{CC} 不能大于 MCU 引脚可承受的最大电压(一般不超过 5.0 V)。当驱动管 VT1 导通时，继电器吸合。反之，当 VT1 管截止时，继电器不吸合。在继电器由吸合到断开的瞬间，由于线圈中的电流不能突变，将在线圈两端产生上负下正的感应电压，使驱动管集电极承受高电压(电源电压 V_{CC} 加感应电压)，有可能损坏驱动管，为此须在继电器线圈两端并接一只续流二极管 VD1，使线圈两端的感应电压被控制在 0.7 V 左右。在继电器吸合期间，线圈两端的电压上正下负，续流二极管 VD1 截止，对电路没有影响。

当然，如果需要控制的继电器数目较多，为提高系统的可靠性、减小 PCB 板面积、降低成本，对于中小功率直流继电器来说，最好采用 OC 输出高压大电流达林顿输出结构的专用反相驱动器，如 8 反相 OC 输出高压大电流驱动芯片 ULN2803(输入与 TTL 兼容)、

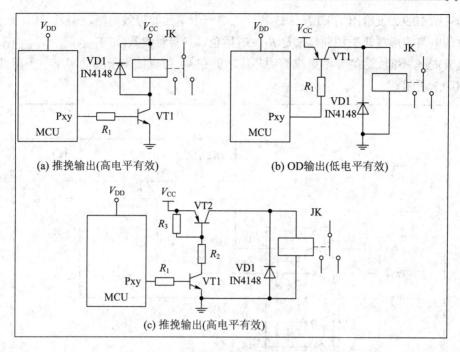

(a) 推挽输出(高电平有效)　　(b) OD输出(低电平有效)

(c) 推挽输出(高电平有效)

图 10.9.1　小型继电器与单片机的接口电路

ULN2804、ULN2802，7 反相 OC 输出高压大电流驱动芯片 MC1413(输入与 TTL 兼容)、ULN20xx、75468 等。这些高压大电流反相驱动器内部包含了 8(或 7)个反相驱动器并在每个驱动器上并接了续流二极管，如图 10.9.2(a)所示；单元内部等效电路如图 10.9.2(b)所示，由达林顿管(VT1、VT2)、限流电阻 R_1、泄放电阻 R_2 及 R_3、保护二极管 VD1 及 VD2、续流二极管组成，每个反相驱动器最多可以吸收 200～500 mA 的电流，最大耐压为 50 V，完全可以驱动中小功率直流继电器。

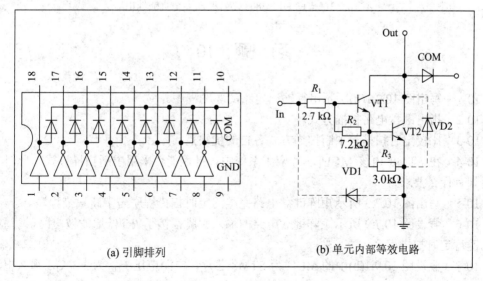

(a) 引脚排列　　(b) 单元内部等效电路

图 10.9.2　ULN2803 芯片单元内部等效电路与引脚排列

尽管图 10.9.2 仅给出了 ULN2803 芯片内部一个单元的等效电路，但是 ULN 系列驱动芯片内部电路的形式几乎相同，只是 $R_1 \sim R_3$ 阻值、三极管参数(如 $V_{(BR)CBO}$、$V_{(BR)CEO}$、最大驱动电流)略有不同。这类专用集成驱动芯片功能完善，可直接用于驱动多个中小型继电器，如图 10.9.3 所示。

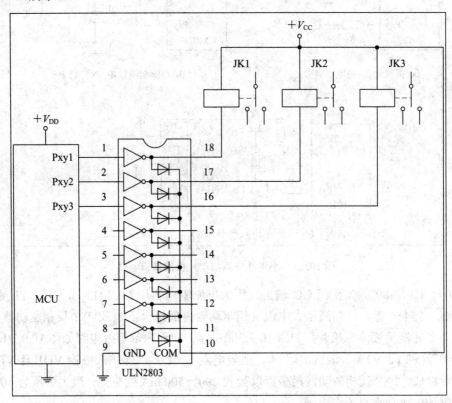

图 10.9.3　借助 ULN2803 芯片驱动多个直流继电器

习　题　10

10-1　写出图 10.2.1(b)所示串行输出电路的驱动程序。

10-2　指出键盘电路扫描方式。

10-3　比较定时扫描与中断扫描方式各自的优缺点。

10-4　在 STM8 内核 MCU 芯片应用系统中，键盘能否采用中断扫描方式？此时对输入引脚有什么要求？

10-5　写出图 10.7.9 所示矩阵键盘电路完整的定时扫描程序与中断扫描程序。

10-6　假设图 10.7.9 所示矩阵键盘电路的输入引脚都接了 RC 低通滤波电路，请写出相应的键盘定时扫描程序。

10-7　假设图 10.9.1(b)中的 MCU 为 STM8 芯片，电源电压 V_{DD} 为 3.3 V，那么电源电压 V_{CC} 最大为多少？能否驱动 3.3 V、6.0 V、12.0 V 等直流继电器？

第 11 章　STM8S 系列 MCU 应用系统设计

不同单片机应用系统的控制对象、设计目的、技术指标等不尽相同，导致相应的设计方案、设计步骤、开发过程等不完全一样，但也存在着一些共性问题。本章将介绍单片机应用系统一般的开发过程和硬件/软件设计的基本方法。

11.1　硬件设计

在设计系统硬件电路时，一般应遵循以下原则：

(1) 硬件结构应结合控制程序设计一并考虑。同一般的计算机系统一样，单片机应用系统的软件和硬件在逻辑功能上是等效的。具有相同功能的单片机应用系统，其软硬件功能可以在很宽的范围内变化。一些硬件电路的功能可以由软件来实现，反之亦然。例如，系统日历时钟可以用实时/日历时钟芯片(如 MC146818、PCF8563)实现，也可以用定时中断方式实现；无线或红外解码电路(PWM 编码或曼彻斯特编码)，既可由相应的解码芯片承担，也可以通过软件方式(如利用具有上、下沿触发捕获功能的定时器)实现。系统软件和硬件功能的划分要根据系统的要求而定，用硬件实现可提高系统的反应速度、减少存储容量、缩短软件开发的周期，但会增加系统的硬件成本、降低硬件的利用率，使系统的灵活性与适应性变差。反之，用软件来实现某些硬件功能，可以节省硬件开销，降低系统的功耗，增强系统的灵活性和适应性，但系统的反应速度会有所下降(对实时性要求很高的控制系统，可优先考虑用硬件实现)，软件设计费用和所需存储器容量也将相应增加。对产量大、价格敏感的民用产品，原则上能用软件实现的功能，不用硬件电路实现。在进行总体设计时，必须权衡利弊，仔细划分好硬件和软件功能，软件能实现的功能应尽可能由软件来完成，以简化系统的硬件电路，降低成本，提高系统的可靠性。

(2) 系统中的关联器件要尽可能做到性能匹配。例如，在低功耗单片机应用中，包括MCU 在内，系统中的所有芯片都应选择低功耗器件。

(3) 单片机外接电路较多时，必须考虑其驱动能力。若驱动能力不足，则系统工作不稳定。这时应增加同相、反相或总线驱动器，以提高器件的负载能力。

(4) 可靠性及抗干扰设计是硬件系统设计不可缺少的环节。可靠性、抗干扰能力与硬件系统的自身品质有关，诸如构成系统的各种元器件的正确选择、电路设计的合理性、印刷电路板的布线、去耦滤波、通道隔离等，都必须认真对待。

为了提高单片机控制系统的可靠性，单片机控制系统中 IC 芯片的电源 VCC 引脚必须放置相应的滤波、去耦电容。这点最容易被线路设计者忽略。

对于 74 系列小规模数字集成电路芯片，每 1～2 块芯片的电源引脚和地之间应加接一个容量为 0.01～0.22 μF 的高频滤波电容，滤波电容放置的位置应尽可能接近芯片电源 VCC

引脚，原则是"先滤波后使用"，如图 11.1.1 所示。工作频率越高，滤波电容的容量就可以越小。例如，当系统的工作频率大于 10 MHz 时，滤波电容的容量可取 0.01～0.047 μF。

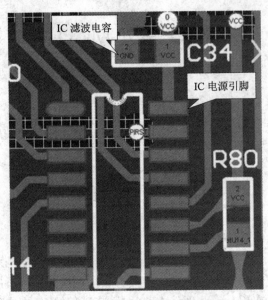

图 11.1.1　IC 电源引脚滤波

对于 74 系列中规模集成电路芯片，如锁存器、译码器、总线驱动器等，以及 MCU、存储器芯片等，每块芯片的电源引脚和地引脚之间均需要加接滤波、去耦电容。

此外，在印制板电源入口处应加接容量为 10～47 μF 的低频滤波电容。

(5) CMOS、HCMOS、74LVxxA、74LVC 等 CMOS 工艺门电路未用引脚的处理如下。

对于未用的与非门(包括与门)引脚，可采取下列方法进行处理：

① 就近连接到电源 VCC 引脚(推荐)。

② 将多余输入端并接到已使用的输入端上(不推荐的可选方式)。其缺点是除了要求前级电路具有足够大的驱动能力外，还增加了前级电路的功耗。

对于未用的或非门(包括或门)引脚，一律就近接地。

对于 CMOS、HCMOS、74LVxxA、74LVC 等 CMOS 工艺门电路芯片来说，同一封装管座中未用单元的所有输入端一律就近接地或电源 VCC 引脚。总之，CMOS 工艺数字 IC 芯片输入引脚任何时刻都不允许悬空。

而对于模拟比较器、放大器来说，反相端接地；同相端接输出端。

(6) 工艺设计，包括机架机箱、面板、配线、接插件等，必须兼顾电磁兼容的要求，并考虑安装、调试、维护等操作是否方便。

11.1.1　硬件资源分配

1. 引脚资源分配

由于 STM8S 系列 MCU 芯片 I/O 口任意一个引脚的输入/输出方式均可编程选择，引脚分配要求并不严格，只需注意如下几点：

(1) PA～PE 口 I/O 引脚具有中断输入功能，而 PF～PI 口 I/O 引脚没有中断输入功能。

此外，在 PA～PE 口中，同一 I/O 引脚的外中断输入相或后共用同一中断逻辑，只能选择同一种触发方式。

(2) 由于 STM8S 系列芯片内嵌外设种类很多，因此绝大部分 I/O 引脚均具有复用功能，既可作为通用 I/O 引脚使用，当相应外设处于使能状态时，又可作为对应外设的输入或输出引脚。当系统中需要使用对应的外设时，与外设复用的引脚一般不能再作为通用 I/O 引脚使用。

(3) PE1、PE2 引脚没有内置保护二极管，处于输出状态时，属于真正意义上的 OD 输出。

(4) 部分引脚可以承受 20 mA 的灌电流。但考虑到 MCU 芯片的功耗限制，当负载较重(拉电流或灌电流超过 4 mA)时，最好外接驱动芯片。

(5) 作输出引脚使用时，并非所有引脚均可编程选择高速输出方式(输出信号频率最高为 10 MHz)。实际上，STM8S 系列 MCU 大部分引脚仅支持 O1 输出特性(输出信号上限频率为 2 MHz，这类引脚输出高低电平驱动电流最大为 10 mA)，也就是说，这类引脚在输出状态下 Px_CR2 寄存器位没有定义。在 STM8S 系列芯片中，可以选择 O3(最高输出频率为 10 MHz)或 O1 输出特性的引脚为 TIM1～TIM3 的输出比较引脚、时钟输出引脚 CLK_CCO(PE0)、UART 发送及接收引脚、SPI 总线收发及时钟信号引脚等。因此，当需要从 MCU 引脚输出 2 MHz 以上的高速信号时，必须选择具有 O3、O4 输出特性的引脚(具有 O3、O4 输出特性的引脚也同时具有 HS 特性，高、低电平驱动能力很强，最高可达 20 mA)。

(6) 尽量避免将 SWIM 所在引脚初始化为输出引脚，否则编程调试时可能遇到与 ST-Link 连接异常的现象。

2. 定时器资源分配

STM8S 系列芯片提供了 1 个 16 位高级定时器 TIM1 和 2 个通用定时器 TIM2 及 TIM3。尽管这 3 个 16 位定时器的基本功能相同或相似，但彼此之间还是有差别的。在实际应用系统中，必须根据具体情况选择，按定时精度、待测量输入信号的性质、输出信号的特征，从简单到复杂依次分配 TIM3、TIM2、TIM1，避免出现杀鸡用牛刀的现象。

3. 外中断资源分配

在 STM8S 系统中，处于输入方式的 PA～PE 口引脚均具有中断输入功能，且数量多，外中断资源分配容易，唯一需要注意的是：同一 I/O 口上的引脚，其外中断只能选择相同的触发方式。

在原理图设计阶段，只需确定不可选的硬件资源，如串行通信口、A/D 转换器输入端等的分配，而对于可选择资源，只能随机分配。这是因为在 PCB 布局、布线过程中，应依据信号特征、连线交叉最少的原则，在可选的引脚资源中重新调整。换句话说，控制系统中 MCU 芯片外部接口电路的信号输入、输出引脚具体接 MCU 芯片的哪个引脚，只有在完成了 PCB 布线后才能最终确定。

11.1.2　硬件可靠性设计

单片机应用系统主要面向工业控制、智能化自动化仪器仪表等，任何差错都可能造成非常严重的后果。此外，单片机应用系统的工作环境恶劣，个别系统甚至要求在无人值守的情况下工作。可见，系统对可靠性的要求高。而影响单片机应用系统可靠性的因素很多，如电磁干扰、电网电压波动、温度及湿度变化、元器件参数的稳定性等，实际应用中需要针对不同的使用条件及可靠性要求，在硬件、软件上采取相应的措施。

有关 STM8S 系列芯片未用引脚的处理方式可参阅 2.3.2 节的有关内容，电源供电与滤波方式可参阅 2.4 节的有关内容。

1) 抑制输入/输出通道的干扰

采用隔离和滤波技术可抑制输入/输出通道可能出现的干扰。常用的隔离器件有隔离变压器、光电耦合器、继电器和隔离放大器等，应根据传输信号种类(模拟信号还是开关信号，频率高低及幅度大小)选择相应的隔离器件。例如，对低速开关信号、电平信号，可优先选用光电耦合器作隔离器件；对高频开关信号可采用脉冲变压器作隔离器件；对微弱的模拟信号可采用隔离放大器作隔离器件。

2) 抑制供电系统的干扰

单片机应用系统的供电线路是传导干扰(CE)的主要入侵途径，常采用如下措施进行抑制：

(1) 单片机系统的供电线路和产生干扰的用电设备分开供电。通常干扰源为各类大功率设备，如电机。对于小功率的单片机系统，在干扰严重的系统中，必要时可设计成低功耗系统，并用电池供电，即可大幅地减少干扰。

(2) 通过 AC 滤波器和隔离变压器接入电网。AC 滤波器可以吸收大部分电网中的"毛刺"，隔离变压器是在初级绕组和次级绕组之间多加一层屏蔽层，并将它和铁芯一起接地，防止干扰通过初、次级之间的寄生电容耦合到单片机供电系统。该屏蔽层也可用加绕的一层线圈来充当(一端接地，另一端悬空)。

(3) 整流元件上并接滤波电容，可以在很大程度上削弱高频干扰，滤波电容可选用容量为 1000 pF～0.1 μF 的无感瓷片电容或 CBB 电容。

(4) 数字信号采用负逻辑传输。如果定义低电平为有效电平，高电平为无效电平，就可以减少干扰引起的误动作，提高数字信号传输的可靠性。

3) 抑制电磁场干扰可采取的措施

可采用屏蔽和接地措施抑制电磁场的干扰。用金属外壳或金属屏蔽罩将整机或部分元器件包起来，再将金属外壳接地，就能起到屏蔽作用。单片机系统中有数字地、模拟地、交流地、信号地、屏蔽地(机壳地)，这些地应分别连接到不同性质的地。印制板上的地线应设为网状，而且其他布线不要形成回路，特别是环绕外周的环路，接地线根据电流容量最好逐渐加宽，而高频电路板多采用大面积接地的连接方式。强信号地线和弱信号地线要分开布线。

4) 减小 MCU 芯片工作时产生的电磁辐射

如果 MCU 芯片工作产生的电磁辐射干扰了系统内的无线接收电路，则除了应对 MCU 芯片采取屏蔽措施外，还必须在满足速度要求的前提下，尽可能地降低系统的时钟频率，原因是系统时钟频率越低，晶振电路产生的电磁辐射量就越小。

11.1.3　元器件选择原则

单片机应用系统中可用的元器件种类繁多，功能各异，价格不等，这就为用户在元器件功能、特性等方面的选择提供了较大的自由度。用户必须对所设计的系统要求及芯片的特性有充分了解后才能做出正确、合理的选择。

选择元器件的基本原则是选择那些满足性能指标、可靠性高、经济性好的元器件。选择元器件时应考虑以下因素。

1) 性能参数和经济性

在选择元器件时必须按照器件手册所提供的各种参数，如工作条件、电源电压要求、逻辑特性等指标综合考虑，不能单纯追求超出系统指标要求的高速、高精度、高可靠性。按工作条件分类，早期的电子元器件分为民用级、工业级、汽车级、军用级四大类。例如，双 OC 输出比较器 LM393(民用级，工作温度范围为 0～70℃)、LM293(工业级，工作温度范围为-25～+85℃)、LM2903(汽车级，工作温度范围为-40～+85℃)、LM193(军用级，工作温度范围为-55～+125℃)；又如 LM358 通用运放，对应的工业级型号为 LM258，对应的汽车级型号为 LM2904、对应的军用级型号为 LM158。但随着器件生产工艺的进步，近年来，一些器件生产商将工作温度范围为-40℃～+85℃的电子元器件称为商业级器件(相当于早期的汽车级器件)、工作温度范围为-40℃～+125℃的电子元器件称为汽车级器件、工作温度范围为-55℃～+150℃的电子元器件称为军用级器件。尽管不同工作温度范围的器件功能相同、引脚兼容，甚至绝大部分性能指标也非常相近，但价格差异却很大，因此应根据产品的实际工作环境、用途以及该器件对系统性能指标影响的大小，来选择对应级别的芯片，使产品具有较高的性价比。

2) 通用性

在应用系统中，尽量采用通用的大规模集成电路芯片，这样能简化系统设计、安装和调试，也有助于提高系统的可靠性。一般原则是：能用一块中大规模芯片完成的功能，不用多个中小规模电路芯片实现，例如最好用 1 片 TPIC6C595 芯片代替 1 片 74HC595 和 2 片 7406(或 74LV06A)芯片；能用 MCU 实现的功能，尽量避免用多块中小规模数字 IC 芯片实现。

3) 型号和公差

在确定了元器件参数之后，还要确定元器件的型号，这主要取决于电路所允许的元器件的公差范围。如电解电容器可满足一般的应用，但对于电容公差要求高的电路，则电解电容就不宜采用。电路系统中的限流、降压电阻一般可选择 E24 系列普通精度电阻(误差为5%)，而对于有源滤波器、振荡电路中的参数电阻，须选择 E96 系列精密电阻(误差小于 1%)，甚至 E192(误差小于 0.5%)系列超高精密电阻。

4) 与系统速度匹配

单片机时钟频率一般可在一定的范围内选择，在不影响系统性能的前提下，可选择较低的时钟频率，这样可降低系统内其他元器件最高工作频率的要求，从而降低成本，并提高系统的可靠性。另一方面，也可降低晶振电路潜在的电磁干扰。

5) 外围电路芯片类型

由于 TTL 数字 IC 芯片功耗大，已广泛被速度与之相近、逻辑及引脚与之兼容、功耗小得多的 74HC 系列、74LVxxA 系列所取代，因此无论系统功耗有无要求都尽可能不用 TTL 数字电路芯片，而是采用 74HCS 系列、74HC 系列、74AHC 系列、74LVxxA、74LVC 系列、74AUC 系列或 74AUP 系列等。在低压、低功耗系统中，应采用 74AUP 系列数字电路 IC 芯片；在多电源电压系统中，尽可能使用具有过压输入特性的 74AHC 系列、74LVxxA、

74LVC 系列、74AUC 系列或 74AUP 系列芯片，以简化电平转换接口电路。

　　6) 元件封装方式的选择

　　为减小元件的体积，减小元件引脚的寄生电感和电阻，提高系统的工作速度，小功率元件尽量采用表面封装元件，如 SMC 封装电阻、电容(但电源高频滤波电容应采用穿通封装的 CBB 电容)，无引线封装二极管、各类贴片三极管、IC 芯片等。采用贴片元件，不仅减小了电路系统的体积，提高了系统的工作频率，方便了印制板加工，还提高了装配、焊接工艺的质量。

　　在贴片元件中，对于无源器件，在体积没有特殊要求的情况下，应尽量选择 0805 封装尺寸电阻、电容。对于中小规模 IC 芯片，尽量选择引脚间距较大的 SOP 封装形式。个别耗散功率较大的电阻，可选择 1206、1210 封装规格，或用两个 0805 封装电阻并联扩大耗散功率代替一个 1206 封装电阻(依次类推，可用两个 1206 封装电阻并联以获得更大的耗散功率)。例如，某电路需要一个 1/4 W 的 1 kΩ 电阻，可以选择 1206 封装的 1 kΩ 电阻，但也可以用两个 510 Ω 的 0805 封装电阻并联代替。

　　实践表明：元器件尺寸越小，印制板线条宽度与焊盘尺寸就越小，焊接工艺的可靠性就越低。

11.1.4　印制电路设计原则

　　单片机应用系统产品在结构上离不开用于固定单片机芯片及其他元器件的印制板。通常这类印制板的布线密度高、焊点分布密度大，常需要双面(个别情况下可采用 4 层板)才能满足电路系统的电磁兼容性要求。此外，无论采用何种电路 CAD 软件完成 PCB 设计，都不宜采用自动布局、布线方式，必须通过手工方式进行。

　　在编辑印制板时，需要遵循下列原则：

　　(1) 晶振必须尽可能靠近 MCU 芯片的晶振引脚，且晶振电路周围的元件面及焊锡面内不能走其他的信号线，最好在元件面内晶振电路位置放置一个与地线相连的屏蔽层，必要时将晶振外壳和与地线相连的屏蔽层焊接在一起，如图 11.1.2 所示。

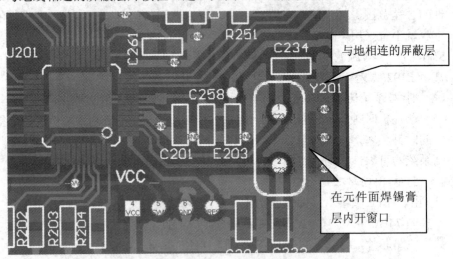

图 11.1.2　PCB 上晶振与 MCU 的位置关系

当两片 MCU 或其他器件通过小电容共用同一晶振电路时，在 PCB 上这两个元件必须尽量靠近，使时钟信号的走线尽量短，避免高频时钟信号干扰其他信号，如图 11.1.3 所示 (U12 与 U16 共用晶振 Y1，即 U12 振荡信号通过 C56 电容接 U16 的外时钟信号输入端)。

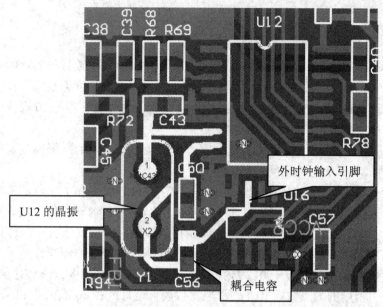

外时钟输入引脚

U12 的晶振

耦合电容

图 11.1.3   两 MCU 或其他器件共用时钟信号

(2) 对电源、地线的要求。在双面印制板上，电源线和地线应尽可能安排在不同的面上，且平行走线，这样线间寄生电容将起滤波作用。对于功耗较大的数字电路芯片，如 MCU、驱动器等尽可能采用单点接地方式，即这类芯片的电源、地线应单独走线，并连到印制板电源、地线的入口处。

电源线和地线的宽度应尽可能大一些，或采用微带走线的方式或大面积接地方式。

(3) 模拟信号和数字信号不能共地，即采用单点接地方式。

(4) 在中低频(晶振频率小于 20 MHz)应用系统中，走线转角可取 45°；在高频系统中，必要时可选择圆角模式，不宜采用 90° 转角模式。

(5) 在连线时，一般应按原理图中元件的连接关系连线，但当电路中存在若干套地位等同的单元电路时，可根据连线是否方便重新调整原理图中单元电路的位置。

例如，对于四单元模拟比较器 LM339、四 2 输入与非门 74HC00 芯片来说，假设原理图中的局部电路 A 使用 1 单元，局部电路 B 使用 2 单元，局部电路 C 使用 3 单元。如果连线时发现局部电路 A 使用 3 单元、局部电路 B 使用 1 单元、局部电路 C 使用 2 单元连接交叉最少，则应立刻调整原理图中的连接关系，这是因为四单元模拟比较器 LM339、四 2 输入与非门 74HC00 芯片内各单元的地位完全相同。

对于输入信号线，走线应尽可能短，必要时可在信号线两侧放置地线屏蔽，防止可能出现的干扰；不相干的非差分信号线应避免平行走线，上下两面的非差分信号线最好垂直或斜交叉走线，这样可将相互间的串扰减到最小。

11.2 软件设计

11.2.1 存储器资源分配

STM8S 系列 MCU 芯片内嵌的 RAM 容量较大，为 1～6 KB(具体数目与芯片的型号有关)，地址为 0000～17FFH。尽管不同单元的读写指令形式相同，但访问位于 00 页内的 RAM 存储单元(地址为 00～FFH)时，指令码短，因此常用的变量应尽可能安排在 00 页内，并将地址标号定义为字节类型。

表面上看，一条指令省下一两字节的存储空间似乎意义不大，但当系统控制程序中存在多条这样的指令时，节省的存储空间却非常可观。

Flash ROM 容量为 8 KB～128 KB(地址为 8000H～27FFFH)，其容量大小与芯片容量有关。但当程序代码、数表位于 00 段(8000H～FFFFH，即前 32 KB)内时，指令代码短，寻址方式多，可直接使用多分支散转指令，因此对于常用的数表应尽量安排在 00 段内。

在 STM8 内核 CPU 中，算术/逻辑运算指令、算术/逻辑比较指令中源操作数的地址不能是 10000H 及以上的存储单元，位于 01 段内的数表只能通过 LDF 指令读出后才能处理。为提高编程效率，将不常用的数表放在 01 段内，且将数表首地址放在 00 段内的 Flash ROM 存储单元中，例如：

```
Tab_Data_ADR.W                    ;在 00 段内的 Flash ROM 存储器中存放数表的首地址
        DC.B {SEG Tab_Data}       ;数表首地址高 16 位
        DC.B {HIGH Tab_Data}      ;数表首地址高 8 位
        DC.B {LOW Tab_Data}       ;数表首地址低 8 位
;位于 01 段内的数表
Tab_Data.L
        DC.B   xxH, yyH…
```

这样通过间址、复合寻址方法访问时，无须初始化间址单元，例如：

```
        LDF A, [Tab_Data_ADR.e]       ;以间址方式访问
        LDF A, ([Tab_Data_ADR.e],X)   ;以复合寻址方式访问
```

11.2.2 程序语言及程序结构的选择

设计控制程序时，可选择汇编语言，也可以根据特定的 MCU 开发环境，选择相应的 C 语言，如开发基于 MCS-51 或 ARM 内核的 MCU 芯片应用系统时，选择 Keil C；开发基于 STM8 内核 MCU 芯片应用系统时，可选择 IAR 公司的 STM8 内核嵌入式工作平台 (EWSTM8，可直接从 https://www.iar.com 网站下载 8 KB(也可能只有 4 KB)代码限制版或有 30 天时限的评估版) 或 Cosmic Software 公司的 Cosmic C 编译器(可直接从 https://www.cosmicsoftware.com 网站下载 16 KB 代码限制版及其配套的 IDE 集成开发环境)。

选择 C 语言时，可充分利用芯片生产商或编译器开发商提供的"标准"库函数，程序编写、调试、维护相对容易，但编译后程序代码长，存储程序代码所需的存储空间大，执

行速度较慢，而采用汇编语言时情况正好相反。一个设计优良的单片机应用系统的监控程序，应尽可能采用汇编语言或插有汇编的 C 语言编写。单片机芯片程序存储空间较小，在某些应用系统中所用 MCU 片内程序存储器容量只有几 KB，如 STM8S103F2 芯片，无法存放由特定 C 语言编写产生的代码；即使程序存储器容量不是问题，但 C 语言源程序编译效率低，相同操作对应了多条指令，运行速度较慢，这意味着在速度相同的情况下，要用更高频率的晶振——这在单片机应用系统中不可取。

此外，利用汇编语言编写控制程序时，可在源程序中增加与可靠性相关的指令，强化系统的可靠性、稳定性。因此，在程序设计过程中，用汇编语言并多花一些时间优化程序代码，以便能使用更低的 MCU 时钟频率和较小的程序存储空间。

根据系统的监控功能，正确、合理地选择程序结构——串行多任务结构程序还是并行多任务结构程序。当系统中存在多个需要实时处理的任务时，必须选择并行多任务结构程序，否则系统的实时性将无法保证。

11.3　STM8 内核芯片提供的可靠性功能

为提高 STM8S 应用系统的可靠性，STM8S 系列 MCU 芯片内嵌了许多与可靠性相关的部件，如所有输入引脚与内部总线之间均有施密特输入特性缓冲器，对输入信号噪声具有一定的抗干扰能力；内置了上电、掉电复位电路，保证了电源波动时 CPU 能可靠复位；内置了窗口看门狗和硬件看门狗计数器，保证了系统异常后使系统可靠复位；内置了时钟安全机制(CSS)，保证了晶振电路失效后系统能自动切换到内部高速 HSI 时钟继续工作；内置了存储器写保护机制(UBC)，避免了保护区内的代码或数据在运行中被意外改写；内置了非法指令码检查机制，在一定程度上避免了因拆分、重组指令造成的失控。

11.3.1　提高晶振电路的可靠性

在定时精度要求很高的系统中，一般均使用温度稳定性好、精度高的晶体振荡器，然而不幸的是：晶振电路往往比较脆弱——强烈振动、碰撞等原因都可能会造成晶振损坏，严重的电磁干扰也可能使晶振电路停振。为此，STM8 内核 MCU 芯片提供了 CSS(时钟安全机制)。当 CSS 有效时，一旦晶振电路失效，STM8 内核 MCU 芯片会自动使用内部高速 HSI 振荡器的 8 分频(2 MHz)作主时钟信号，继续运行。这样只要外晶振频率选 2 MHz、4 MHz、8 MHz 或 16 MHz 之一，那么 MCU 检测到晶振失效后，在时钟中断服务程序中，重新设定 HSI 时钟的分频系数即可获得相同频率的主时钟信号，以保证系统继续运行。

11.3.2　使用存储器安全机制保护程序代码不被意外改写

STM8 内核 MCU 芯片复位以后，Flash 区、DATA 区、选项字节就自动处于写保护状态，避免意外写入造成数据丢失。对这些区域进行写操作前，需要按特定步骤进行解锁操作方能写入。

此外，当定义了 UBC 存储区后，就不能通过 IAP 方式向 UBC 存储区写入信息，这在一定程度上避免了代码的意外丢失。

11.3.3　看门狗计数器

STM8 内核 MCU 具有独立的硬件看门狗计数器和窗口看门狗计数器,启动后若未能在特定时刻前刷新,则看门狗计数器溢出,触发芯片复位,提高了系统的可靠性。

11.4　软件可靠性设计

单片机主要面向工业控制、智能化仪器仪表以及家用电器,这对单片机应用系统的可靠性提出了很高的要求。

在数字系统中总会存在这样或那样的干扰,导致计算机系统不可靠的因素很多,无论是 TTL,还是 CMOS 数字电路芯片,在逻辑转换瞬间,电源电流 I_{CC} 都存在尖峰现象;继电器断开瞬间会在电源线上出现尖峰干扰脉冲;外界雷电干扰脉冲、接在同一相线上的大功率电机启动瞬间也会导致供电电源电压严重下降,尤其是关闭瞬间形成的干扰脉冲也会通过电源线串入控制系统中。此外,环境温度波动、湿度变化等因素也可能影响数字系统输入/输出信号的幅度,甚至导致程序计数器 PC"跑飞"、内部 RAM、E^2PROM、Flash ROM 存储单元数据丢失等不可预测的后果。这些干扰信号除了借助硬件低通滤波器、施密特输入特性缓冲器,以及良好的 PCB 布局与布线等措施消除外,在单片机控制系统中还必须借助软件方式提高系统的可靠性,以降低系统的硬件成本。此外,仅依靠硬件方式并不能完全解决单片机控制系统的可靠性问题。因此,软件可靠性设计技术在单片机控制系统中得到了广泛应用。

11.4.1　PC"跑飞"及其后果

CPU 的工作过程总是不断地重复"取操作码→译码→取操作数→执行"的过程。在正常情况下,程序计数器 PC 按程序员的意图递增或跳转。但当系统受到干扰时,程序计数器 PC 可能出错,致使 CPU 不按程序员的意图执行程序中的指令系列,脱离正常轨道而"跑飞",这可能会导致如下严重后果。

1. 跳过部分指令或程序段的执行

一般来说,跳过程序中任何一条有效指令,都会影响程序的执行结果,进而影响系统的可靠性,只是严重程度不同而已。例如,跳过的指令系列正好是数据输入指令,则随后的数据处理结果将不正确;跳过子程序返回指令 RET 或中断服务程序返回 IRET 指令时将无法返回,除引起堆栈错误外,对中断服务程序来说还阻止了 CPU 响应同优先级和低优先级的中断请求。

2. 拆分指令

在复杂指令集(CISC)计算机系统(如 MCS-51、STM8 内核 MCU)中,CPU 受干扰后,可能将指令操作数当操作码执行而引起混乱。当程序计数器 PC 弹飞到某一单字节指令时,会自动纳入正轨(最多跳过某些指令)。在取指阶段,当 PC"跑飞"落到双字节或多字节指令的操作数时,多字节指令必然被拆分,即把指令的操作数当成"操作码"取出,如图 11.4.1

所示。如果操作数对应的"指令码"属于多字节指令，又有可能继续拆分紧随其后的多字节指令，再继续出错，如图 11.4.1(a)所示。除非指令被拆分后为$(m-1)$条单字节指令(m 是 CPU 最长指令的字节数，MCS-51 内核 CPU 最长指令码为 3 字节；STM8 内核 CPU 最长指令码为 5 字节)，如图 11.4.1(b)所示。

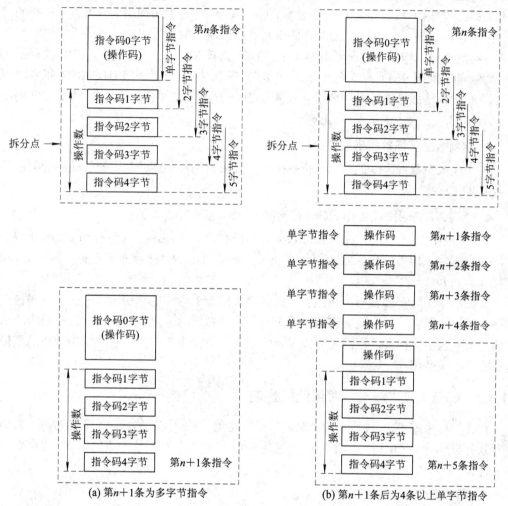

(a) 第n+1条为多字节指令　　　　(b) 第n+1条后为4条以上单字节指令

图 11.4.1　指令拆分示意图

对于图 11.4.1(a)来说，不论"跑飞"的 PC 指针落入当前指令操作数中的首字节还是最后一字节，情况都非常糟糕：当拆分点不是当前指令的最后一字节时，则无论拆分点对应的"操作码"为单字节还是多字节指令，都有可能再拆分(或跳过)随后的第 $n+1$ 条指令；除非拆分点为当前指令的最后一字节，且对应的"操作码"为单字节指令，才不再拆分(包括跳过)随后的第 $n+1$ 条指令。

对于图 11.4.1(b)来说，不论"跑飞"的 PC 指针落入当前指令操作数中的首字节还是最后一字节，也不论拆分重组指令为单字节还是多字节，均不会再拆分第 $n+4$ 条指令后的指令系列，即执行到第 $n+5$ 条指令时 PC 一定能纳入正轨。不过，当拆分重组"指令码"为多字节指令时，可能会跳过第 $n+1$ 条指令后的一条或多条单字节指令的执行。

由此不难理解：在 CISC 指令集 CPU 应用系统中，多字节指令不因其上的多字节指令拆分而被拆分的条件是该指令前为 $m-1$ 条单字节指令；多字节指令被拆分不再拆分紧随其后的多字节指令的条件是其后为 $m-1$ 条单字节指令。

PC "跑飞" 的后果不能预测，原因是无法预料 PC 将从何处 "飞入" 何处，也就无法预测会跳过哪些指令；也不能预测将会拆分哪一条指令，更无法预测拆分重组后获得的 "指令" 的功能。也许，会改写 RAM 存储单元的内容造成数据丢失；改写外设控制寄存器的内容，造成外设工作异常；关闭中断(如在 STM8 内核 MCU 应用系统中，CPU 执行了 SIM 指令对应的机器码 9B)或异常返回(执行了 RET 指令对应的机器码 81H、IRET 指令对应的机器码 80H)，造成堆栈混乱；或进入死循环(如执行了 JRT $ 指令对应的机器码 20FE)；停机(执行了 HALT 指令的机器码 8E)等。

3. 跳到数据区把数据当指令执行

PC "飞入" 数据区，把数据当指令执行的后果也同样不能预料，原因是不能限定数表中各数据项的内容。

4. "飞入" 未用的 Flash ROM 存储区

由于程序代码一般比芯片 Flash ROM 存储器容量少 1 KB 以上，这样当 PC 指针 "跑飞" 时，有可能落入未用的 Flash ROM 存储区中，而未用 Flash ROM 存储单元的内容可能是 00，也可能是 0FFH。

为减小 PC "跑飞"，拆分重组指令的风险，STM8 内核芯片引入了非法指令码检查机制——当执行到非法指令码时将强迫系统复位，但希望拆分重组后获得的指令码为非法指令码的概率也不会很大，原因是不能限定每条指令中操作数的值，且非法指令码的数量毕竟有限。

11.4.2 降低 PC "跑飞" 对系统的影响

在计算机系统中，理论上 PC "跑飞" 不可避免，"跑飞" 的后果又无法预测。只能在进行软件设计时，采取适当的措施尽可能减小 PC "跑飞" 对系统造成的影响，提高系统的可靠性。

1. 指令冗余

为避免拆分多字节指令时跳过的指令影响程序的执行结果，可在多字节指令的前、后分别插入 $(m-1)$ 条单字节的空操作指令 NOP。此外，为防止 PC "跑飞" 时，跳过某些对系统有重要影响的指令，在可靠性要求较高的系统中，可在速度与存储器空间许可的情况下重写特定操作指令，如输出信号控制指令、外设工作方式设置指令、中断控制指令、中断优先级设置指令等。这就是所谓的 "指令冗余" 方式。

采用 "指令冗余" 方式会增加程序代码的存储量，降低系统的运行效率。在实践中不可能在所有双字节、多字节指令的前后分别插入 $(m-1)$ 条空操作指令，只在对程序流向起决定作用的指令前后插入。对 STM8 系统来说，在 JP、JRT、CALL、JRNE、JREQ、JRNC、JRC、BTJT、BTJF 等多字节指令前插入 4 条 NOP 指令，在 RET、IRET 等单字节指令前增加 1~4 条冗余指令(返回指令前多一条单字节指令，可少增加一条返回指令)，使系统在可靠性、速度、代码存储量三者之间达到较好的平衡。

例如，多字节指令冗余方式为

```
NOP
NOP
NOP
NOP                    ;防止其上指令被拆分受影响，正常时会影响效率
JRNC NEXT
```

例如，单字节指令冗余方式为

```
RET
RET
RET
RET                    ;增加 1~4 条冗余指令，防止其上指令被拆分而跳过
RET                    ;正常时不影响系统速度，仅多占用 4 字节的存储空间
```

　　为防止"PC"跑飞，拆分重组指令关闭中断、禁止定时/计数器工作，尤其是软件类看门狗定时器。为此，需在主程序的适当地方，如并行多任务程序结构中的任务调度处或作业调度处插入重开中断、重复启动定时/计数器与软件看门狗计数器等冗余指令。

　　尽管在 RISC 指令集计算机系统中，每条指令的长度都相同，不存在指令被拆分问题，但 PC "跑飞"同样会存在跳过某些指令或程序段的风险，在程序中重复书写关键操作指令方式依然必要。

2．增加数据可靠性的方法

　　为防止 PC "跑飞"时跳过数据输入指令系列，造成随后的数据处理不正确，可在数据输入处理指令后设置数据有效标志(如 55H、5AH、A5H 或 AAH)，在处理数据前先检查数据有效标志是否存在，待数据处理结束后再清除数据有效标志。一旦发现数据有效标志异常，几乎可以肯定 PC 已"跑飞"，应视具体情况采取相应的对策。

　　由于无法预测 PC "跑飞"拆分重组指令的功能，因此对存放在 RAM 中的重要数据应增加校验信息字节，可根据需要选择"和"校验、某特征值倍数校验，甚至 CRC 校验方式等。当存储空间允许时，除了采用特定校验方式外，还可以采用数据备份方式来进一步提高数据的可靠性。

　　一旦发现校验错，也可以肯定 PC 已"跑飞"，应视具体情况采取相应的对策。

11.4.3　PC "跑飞"拦截技术

　　在 CISC 指令系统中，采用指令冗余技术只保证了 PC "跑飞"后迅速将其纳入正轨，避免错误扩大化而已，但依然跳过了被拆分的指令、视为重组指令操作数的指令码的执行，更为严重的是无法预测拆分重组获得的指令执行后对系统造成的危害。此外，无论是 CISC，还是 RISC 指令系统，PC "跑飞"均可能跳过若干指令系列。在理论上，在做好重要数据、系统状态备份或保护的情况下，采用有效的软件拦截技术，在感知 PC "跑飞"后，利用软件复位功能或进入循环状态等待看门狗计数器溢出方式强迫系统复位，避免系统带病运行，才可能彻底解决 PC 指针"跑飞"带来的可靠性问题。

　　所谓拦截技术是指将"跑飞"的 PC 指针引向指定位置，进行出错处理后，再强迫系

统复位的方法。常用的拦截手段包括传统的软件陷阱拦截和远程拦截两种方式。

1．软件陷阱拦截

所谓软件陷阱，就是一条引导指令，强行将捕获的程序引向一个指定的地址，在那里有一段专门对程序出错进行处理的指令。对于 STM8 内核芯片来说，软件陷阱就是一条软件中断 TRAP 指令或非法指令。为了增强捕获效果，一般需要 5 条 TRAP 指令或非法指令，保证软件中断指令不因其上的多字节指令被拆分而失效，即在 STM8 内核芯片中，真正的软件陷阱由 5 条单字节指令 TRAP 构成：

```
        TRAP
        TRAP
        TRAP
        TRAP
        TRAP                            ;软件中断指令
```

在软件中断服务程序中，完成了相应的错误处理(如数据保护、设置相关标志)后，执行非法指令码，如 05H(STM8 内核 CPU 具有 05H、0BH、71H、75H 四个单字节的非法指令码)，强迫 MCU 芯片复位。软件中断服务程序结构如下：

```
        Interrupt TRAP_Service
    TRAP_Service.L
        ⋮                               ;错误处理
        DC.B 05H,05H,05H,05H,05H        ;用非法指令码代替软件中断返回指令
        ;IRET                           ;为增强捕获效果使用了多条非法指令码，完成相应操作后只能复位
```

在 PC "跑飞"后，如果不需要进行数据保护，可直接使用 STM8 内核 CPU 的单字节非法指令码，如 05、0B 等构成 STM8 内核系统的软件陷阱。在这种情况下，软件陷阱为 5 个单字节的非法指令码(用 5 个单字节非法指令码构成软件陷阱的原因也是为了增强捕获效果)。

```
        DC.B 05H,05H,05H,05H,05H        ;用非法指令码代替软件中断指令，形成软件陷阱
```

软件陷阱可安排在无条件跳转指令后、未使用的中断服务区、未使用的大片 Flash ROM 存储区以及数表前后等正常程序执行不到的地方，不会影响程序的执行效率。

(1) 在无条件跳转指令后，插入软件陷阱指令系列，如下所示：

```
        NOP
        NOP
        NOP
        NOP
        NOP                             ;可根据需要，增加冗余指令，防止跳转指令被拆分
        JRT  NEXT                       ;在无条件跳转 JRT、JP、JPF 指令后，加软件陷阱指令系列
        TRAP
        TRAP
        TRAP
        TRAP
        TRAP                            ;软件中断指令
```

```
NEXT:
          ⋮
```

(2) 在数表的前、后插入软件陷阱指令系列，如下所示：

```
     TRAP                    ;在数表前插入软件陷阱指令系列
     TRAP
     TRAP
     TRAP
     TRAP                    ;软件中断指令
DATATAB:
     DC.B 23H, …             ;数表
     TRAP                    ;在数表后插入软件陷阱指令系列
     TRAP
     TRAP
     TRAP
     TRAP                    ;软件中断指令
```

(3) 在子程序及中断返回指令后插入软件陷阱指令系列，如下所示：

```
     RET
     TRAP                    ;在子程序、中断返回指令后插入软件陷阱指令系列
     TRAP
     TRAP
     TRAP                    ;软件中断指令
```

(4) 在未用的中断服务区内，插入软件陷阱指令系列，如下所示：

```
     interrupt NonHandledInterrupt
NonHandledInterrupt.l
     TRAP
     TRAP
     TRAP
     TRAP
     TRAP                    ;软件中断指令
     IRET
```

(5) 下载程序代码(写片)时，在未用的 Flash ROM 存储空间用软件陷阱指令码(83H)或单字节非法指令码 05H 填充(借助 STVP 软件工具实现)。

进行擦除操作后，STM8 内核芯片未用存储单元内容为 00。写片时，未用存储单元最好用软件中断指令码 "83H"(PC "跑飞" 后需要进行数据保护时)或非法指令码，如 05H、0BH 填充(无须进行数据保护时)，原因是 STM8 内核 CPU 的 "NOP" 指令码为 9DH 而不是 00。其实，在 STM8 指令系统中，00 对应 "NEG (xx,SP)" 指令的操作码。如果不用软件中断指令机器码 83H 或单字节非法指令码，如 05H、0BH 填充，则当 PC "飞" 入未用程序存储区时，不仅不能返回正常的操作状态，还可能因执行了 "NEG (xx,SP)" 指令改写了 RAM 存储单元的内容。

设置了软件陷阱后，一旦 PC "跑飞" 掉入陷阱内，在完成了相应的错误处理，如保护数据、设置复位标志后，执行非法指令码，触发系统进入复位状态。

软件陷阱方式对 PC 在模块内 "跑飞"、模块间 "跑飞" 均有效，但它拦截的成功率并不高，原因是：第一，程序中无条件跳转指令、子程序或中断返回指令的数目有限；第二，由于受 MCU 芯片存储空间的限制，未必能在每一条无条件跳转指令后插入软件陷阱指令系列，换句话说，陷阱的个数有限；第三，上述软件陷阱的尺寸太小，仅由 5 字节组成，结果 "跑飞" 的 PC 刚好落入数量有限的小陷阱中的概率不大。

2. 远程拦截

对于采用模块化程序结构的 MCU 控制程序，可采用具有远程拦截功能的模块结构检测 PC 是否从其他模块 "飞" 入。

1) 拦截原理

在 MCU 控制程序中，进入每个模块后执行其他指令前，先保存模块入口地址，再执行模块实体内的指令系列。离开时，计算出模块出口地址与入口地址的差，并与模块长度比较。如果相同，则说明进入本模块时 PC 未 "跑飞"，可根据需要复位看门狗定时器，并按正常步骤退出；反之，说明 PC 指针异常飞入，可根据需要执行错误处理操作(如执行数据、系统状态保护等操作)后，再执行软件复位指令或关闭中断后执行循环指令，等待看门狗计数器溢出，强迫系统复位，如图 11.4.2 所示。

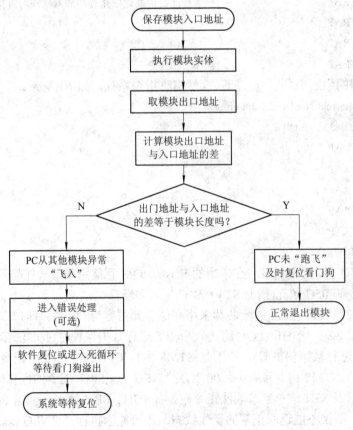

图 11.4.2 远程拦截判别流程图

2) 模块结构举例

下面分别给出具有远程拦截功能的几种典型模块结构。

(1) 通过堆栈保护入口地址低 16 位的模块结构。

当堆栈深度较大时，将模块入口地址压入堆栈保存，即可获得适用于主程序、子程序以及中断服务程序的具有 PC "跑飞" 检测功能的通用模块结构，如下所示：

```
Model_Name.w                              ;模块名(子程序名)
    ;PUSH A                               ;保护现场
    ;PUSH CC
    ;PUSHW X
    ;PUSHW Y
Model_Name_IN_Adr.w                       ;模块入口地址
    PUSH #{LOW Model_Name_IN_Adr}         ;先把模块入口地址低 8 位压入堆栈
    PUSH #{HIGH Model_Name_IN_Adr}        ;再把模块入口地址高 8 位压入堆栈
    ⋮                                     ;模块实体指令系列
Model_Name_OUT_Adr.w                      ;模块出口地址
    POPW X                                ;从堆栈中弹出模块入口地址
    SUBW X, #{OFFSET Model_Name_OUT_Adr}  ;减去模块出口地址低 16 位
    NEGW X                                ;求补获得模块出口地址与入口地址的差
    CPW  X, #{OFFSET Model_Name_OUT_Adr-OFFSET Model_Name_IN_Adr}
                                          ;与模块长度低 16 位比较
    JREQ Model_Name_RIGHT                 ;相同,说明正常进入本模块,PC 没有 "跑飞"
    ;不同，说明由其他模块飞入，进入软件陷阱
    DC.B 05H ,05H,05H,05H,05H    ;无须进行数据保护时用非法指令码，如 05H 代替 TRAP
Model_Name_RIGHT.W                        ;正常返回
    ;POPW Y
    ;POPW X
    ;POP CC
    ;POP A
    RET
```

(2) 通过堆栈保护入口地址低 8 位的模块结构。

当堆栈深度有限时，也可以仅保存模块入口地址的低 8 位，离开时仅计算模块出口地址与入口地址低 8 位的差，并与模块长度的低 8 位比较。可见，这一结构是上述模块结构的简化，尽管在理论上拦截的准确性有所下降，但实践表明效果也不错，原因是在实际应用程序中两模块低 8 位地址的差相同的概率不大。

```
Model_Name.L                              ;模块名(子程序名)
    ;PUSH A                               ;保护现场
    ;PUSH CC
    ;PUSHW X
    ;PUSHW Y
```

```
        Model_Name_IN_Adr.L                              ;模块入口地址
            PUSH #{LOW Model_Name_IN_Adr}                ;仅把模块入口地址低 8 位压入堆栈
            ⋮                                            ;模块实体指令系列
        Model_Name_OUT_Adr.L                             ;模块出口地址
            POP A                                        ;从堆栈中弹出模块入口地址低 8 位
            SUB A, #{LOW Model_Name_OUT_Adr}             ;减去模块出口地址低 8 位
            NEG A                                        ;求补获得模块出口地址与入口地址的差
            CP   A, #{LOW Model_Name_OUT_Adr-LOW Model_Name_IN_Adr}
                                                         ;与模块长度低 8 位比较
            JREQ Model_Name_RIGHT           ;相同，说明正常进入本模块，PC 没有"跑飞"
                                            ;不同，说明由其他模块飞入，进入软件陷阱
            DC.B 05H,05H,05H,05H,05H        ;如无须进行数据保护时用非法指令码，如 05H 代替 TRAP
        Model_Name_RIGHT.L                  ;正常返回
            ;POPW Y
            ;POPW X
            ;POP CC
            ;POP A
            RETF
```

以上模块结构不仅适用于子程序、中断服务程序，也适用于多任务程序结构中的任务模块、任务内的作业模块。由于在地址标号前加入了 OFFSET、LOW、HIGH 等操作符，因此模块结构与模块入/出口地址标号类型无关，即模块可以位于 00 段内(地址标号类型为.W)，也可以位于 01 段及以上段内(地址标号类型为.L)。

在 STM8 内核 CPU 系统中，对于中断服务程序或不需要保护现场的子程序来说，模块入口地址 Model_Name_IN_Adr 就是模块名 Model_Name，即可不必设置模块入口地址标号 Model_Name_IN_Adr。

可见，为检查 PC "跑飞"而增加的指令不多，保护低 16 位入口地址时，每个模块仅需要额外 15 字节的存储空间(当只保护低 8 位入口地址时，仅需 11 字节)，对运行速度的影响也很小。当模块代码规模较大时，对运行效率的影响几乎可忽略不计(因此不推荐在代码长度短或实时性要求高的模块中采用)；每个模块也只额外占用 1~2 字节的堆栈，对堆栈深度的要求不高。不过当堆栈深度有限时，尤其是嵌套层次较多时，要特别注意堆栈溢出问题(所幸的是 STM8 内核 CPU 系统堆栈深度较大，一般不会出现堆栈溢出问题)。

3) 拦截效果

远程拦截结构模块能有效拦截模块间(远距离) "跑飞"现象。显然，模块规模越小，拦截的成功率就越高(为使拦截成功率与效率之间取得一定的平衡，实践表明模块长度控制在 0.5~2 KB 为宜)。它不仅能准确感知 PC 是否正常进入本模块，还可以从模块入口地址单元中判断出从哪个模块飞入，为失控后的系统恢复提供了有价值的线索(如可根据模块功能，将模块入口地址装入 PC，重新执行跑飞的模块)。

这种具有远程拦截功能的模块程序经编译后，模块入口、出口地址固定，还能有效地阻止非授权用户通过反汇编方式在模块内添加、删除指令，在一定程度上增加了代码的安

全性。

11.4.4　检查并消除 STM8 指令码中的高危字节

如果在 STM8 内核 MCU 指令码中出现以下高危字节，则一旦 PC "跑飞"，落入包含这些高危字节的指令码并将这些字节作为指令的操作码被执行时，后果可能非常严重。

• 8EH，HALT 指令的机器码，强迫 MCU 进入低功耗模式。当它在主程序中出现时，将停止运行，直到能唤醒的中断出现，或看门狗计数器溢出，强迫系统复位；在中断服务程序中出现时，则会改变中断优先级，造成混乱。

• 8FH，WFI 指令的机器码，等待一个中断事件的产生。当它在主程序中出现时，问题还不是很大，但在中断服务程序中出现时，就会改变中断优先级，造成中断嵌套混乱。

• 82H，INT 指令的机器码，仅用来跳转到一个中断服务程序的入口。

• 8BH，SWBRK 指令的机器码，在调试模式时，停止 CPU 的软件断点。

在计算一个相对或者绝对寻址模式的分支指令(如条件跳转指令、无条件跳转指令或 CALL)的目标地址时，通过连接器连接后可能会出现这些关键字节。当这些指令的最后一个机器码为 82H、8BH、8FH 时，可在目标地址之前插入一条 NOP 指令消除，当最后一个机器码为 8EH 时，可在目标地址之前插入两条 NOP 指令消除。

如果 CALL 指令调用的子程序首地址位于 8200H ～ 82FFH(256B)、8B00H ～ 8BFFH(256B)、8E00H～8FFFH(512B)之间，则对应的 CALL 指令倒数第二字节肯定为 82H、8BH、8EH、8FH 之一，解决办法是调整子程序的存放位置，使其首地址在以上空间外。

当 JP 指令、JPF 指令的目标地址在 8200H～82FFH、8B00H～8BFFH、8E00H～8FFFH 之间时，对应的指令机器码倒数第二字节也包含 82H、8BH、8EH、8FH 之一，解决方法也是调整程序的存放位置。

待程序调试结束后，在列表文件(.LST)中查找以上关键字节，按以上规则修改源程序，重新编译、连接后即可消除这些关键字节。

11.4.5　提高信号输入/输出的可靠性

1. 提高电平(变化缓慢)信号输入/输出的可靠性

1) 提高输入信号的可靠性

读取变化缓慢的电平信号，如判别某个按键是否被按下、交流电源是否存在时，可采用"定时读取、多数判决"的方式来消除寄生的低频与高频干扰。

为消除低频干扰，可采用定时读取的方法。每隔特定的时间读取输入信号的状态，并用 3 个寄存器位记录最近 3 次获取的状态信息，然后根据状态编码确定输入信号的当前状态。至于定时间隔大小取多少合适，则与输入信号的性质有关。例如，对于经桥式或全波整流、电容滤波后的交流信号，根据全波整流、电容滤波输出信号的特征(周期为 10 ms)，可每隔 5 ms 读一次输入信号的状态，于是最近 3 个状态编码的含义如下：

① 111：表示交流存在。

② 110：表示交流可能不存在，但尚不能准确判定。

③ 100：表示交流消失。

④ 000：表示无交流。

⑤ 001：表示可能属于交流恢复状态。

⑥ 011：表示交流恢复。

⑦ 010：受到正脉冲干扰，应判定为 000 态。

⑧ 101：受到负脉冲干扰，也判定为 111 态。

为消除高频干扰,定时时间到可用"3 中取 2"或"5 中取 3"的判别方式代替"一读"方式。假设交流输入信号接 PD1 引脚，则"3 中取 2"方式的指令系列为

```
CLR A
BTJF PD_IDR, #1, PD1_AC_NEXT1
INC A                          ;PD1 引脚为高电平，A 加 1
PD1_AC_NEXT1:
NOP                            ;插入 NOP 指令延迟，再读一次
BTJF PD_IDR, #1, PD1_AC_NEXT2
INC A                          ;PD1 引脚为高电平，A 加 1
PD1_AC_NEXT2:
NOP                            ;插入 NOP 指令延迟，再读一次
BTJF PD_IDR, #1, PD1_AC_NEXT3
INC A                          ;PD1 引脚为高电平，A 加 1
PD1_AC_NEXT3:
CP A, #2
;结果在进位标志 C 中
;在 3 次连续读操作中，如果读到高电平的次数≥2，则 C 标志为 0，反之为 1
```

2) 提高输出信号的可靠性

采用冗余指令方式，即多次输出同一数据的方法，可避免因 PC "跑飞"可能改变输出信号的状态。

2. 模拟输入通道抗干扰软件方式

采用数字滤波方式可消除作用于模拟输入通道上的干扰信号，如算术平均、滑动平均、一阶 RC 数字低通滤波算法(或去掉最大、最小值后求平均)等。

11.4.6　程序中所用指令必须严谨、规范

软件可靠性设计还包含了程序中所用指令必须严谨、规范。例如，当需要在定时中断服务程序中对 PW_TIME1 变量进行加 1 或减 1 处理时，没有经验的初学者在未判别变量当前值的情况下就直接加 1 或减 1，埋下了变量上溢或下溢的隐患。实际上，在定时中断服务程序中对变量进行加 1 或减 1 操作时，应先判别变量的当前值，只有当变量满足特定条件时才能加 1 或减 1，这样处理不仅可避免因上溢或下溢而导致误判，也有利于主程序或中断优先级更低的中断服务程序对变量进行判别和处理，具体如下：

```
;对变量进行加 1 处理
LD A, PW_TIME1
```

```
        CP A, #100
        JRNC PW_NEXT1           ;大于或等于 100，跳转
        INC PW_TIME1            ;小于 100，才可以加 1
        PW_NEXT1:
        ;对变量减 1 处理
        LD A, PW_TIME1
        JREQ PW_NEXT1           ;等于 0，不减 1，直接跳转
        DEC PW_TIME1           ;不等于 0，才可以减 1
PW_NEXT1:
```

11.4.7　增加芯片硬件自检功能

在上电复位后，应增加 RAM 存储单元读写可靠性验证及 A/D 转换精度校验。

对 STM8 内核芯片来说，上电复位后，增加 RAM 存储单元读写可靠性验证不难，可结合 RAM 清 0 操作进行，一旦发现 RAM 存储单元读写错误，可通过应用系统的 LED 指示灯或蜂鸣器给出相应的提示信息。

下面给出了 RAM0 段清 0 与读写可靠性验证的参考程序段：

```
        #ifdef RAM0
        ; clear RAM0
ram0_start.b EQU $ram0_segment_start
ram0_end.b EQU $ram0_segment_end
        ldw X,#ram0_start
clear_ram0.l
        LD A, #$FF
        LD (X), A               ;向存储单元写入 1
        LD A, (X)
        CP A, #$FF              ;比较
        JRNE clear_ram0_ERR     ;不同，则说明存储单元某位不能写入 1
        CLR (X)                 ;清 0
        LD A, (X)               ;读出
        JRNE clear_ram0_ERR     ;指定存储单元某位不能清 0
        INCW X
        CPW X, #ram0_end
        JRULE clear_ram0
        JRT clear_ram0_END
clear_ram0_ERR:
        ;存在读写错误时，可通过特定 I/O 引脚驱动 LED 或蜂鸣器常亮(响)
        ;这里假设 PG1 引脚输出低电平驱动 LED
        ;BSET PG_DDR, #1         ;1(输出), PG1(接 LED 指示灯)输出
        ;BRES PG_CR1, #1         ;0(OD 输出)
```

```
            ;BRES PG_CR2, #1              ;0(低速)
            ;BRES PG_ODR, #1              ;0(输出低电平，使 LED 常亮)
            JRT *                         ;进入死循环
    clear_ram0_END:
            #endif
```

RAM1 段、堆栈段读写可靠性与清 0 程序操作相似，这里不再赘述。

11.5　低功耗设计

在 STM8S 应用系统中，为降低功耗，空闲时除了修改时钟分频寄存器 CLK_CKDIVR 的 b2～b0 位，降低 CPU 的时钟频率外，还可以强迫 MCU 芯片进入等待(Wait)模式、活跃停机模式(Active-halt mode)以及停机模式(Halt mode)等低功耗状态，如表 11.5.1 所示。

表 11.5.1　低功耗模式

低功耗模式	进入方式	主调压器状态 (MVR)	时钟状态	CPU	外设状态	唤醒事件
等待 (Wait)	执行 WFI 指令	开	开	关	开	所有中断事件
快速活跃停机 (Active-halt)	启动 AWU 后，执行 HALT 指令	开	关(除 LSI 或 HSE 外)	关	AWU 及已启动的 IWDG、BEEP 开	AWU 及外中断
慢速活跃停机 (Active-halt)	启动 AWU 后，执行 HALT 指令	主调压器关(将时钟寄存器 CLK_ICKR 的 b5 位，即 REGAH 置 1) (低功耗调压器 LPVR 开)	关(除 LSI 或 HSE 外)	关	AWU 及已启动的 IWDG、BEEP 开	AWU 及外中断
停机(Halt)	AWU 未启动时，执行 HALT 指令	主调压器自动关 (低功耗调压器 LPVR 开)	启动 IWDG 或 BEEP，则 LSI 开	关	已启动的 IWDG、BEEP 开	仅外中断

不过值得注意的是，CPU 执行 WFI 指令进入等待模式或执行 HALT 指令进入停机模式后，不再支持仿真操作功能，原因是 CPU 处于关闭状态，无法与仿真器通信。

11.5.1　等待模式

在主程序中，执行 WFI 指令进入等待模式。在等待模式中除了 CPU 处于冻结状态外，其他部件，如外设、主调压器(MVR)等均处于激活状态，可被任何中断请求唤醒。

在等待模式中，原则上可启动窗口看门狗(WWDG)，原因是 CPU 处于冻结状态导致 WWDG 计数脉冲处于暂停计数状态，只要在执行 WFI 指令前，先执行 WWDG 刷新指令即可，但一般不能启动硬件看门狗(IWDG)，除非能保证其他中断事件在 IWDG 计数器溢出前有效，并在相应的中断服务程序中刷新 IWDG 计数器，方能避免因 IWDG 计数器溢出导致系统复位。

进入等待状态的指令系列如下：

```
MOV WWDG_CR, #11xxxxxxB          ;进入等待状态前，先重写窗口看门狗计数器
;MOV IWDG_KR, #0AAH              ;向钥匙寄存器写入 AAH，触发向下计数器重装初值
WFI                             ;执行 WFI 指令，进入等待状态
```

11.5.2　活跃停机模式

启动自动唤醒(AWU)功能后，在主程序中执行 HALT 指令就进入了活跃停机(Active-halt)模式。在活跃停机模式下，HSE 时钟是否关闭取决于 AWU 单元的时钟来源。

1. 快速活跃停机模式

如果进入活跃停机模式前，内部时钟控制寄存器 CLK_ICKR 的 b5 位(REGAH)为 0，则进入活跃停机模式后，主调压器处于打开状态，称为快速活跃停机模式。该模式的特征是主调压器(MVR)处于打开状态，因此唤醒速度快，但功耗较大。

2. 慢速活跃停机模式

如果进入活跃停机模式前，先将内部时钟控制寄存器 CLK_ICKR 的 b5 位(REGAH)置 1，则进入活跃停机模式后，将强制关闭主调压器，打开低功耗调压器，称为慢速活跃停机模式。该模式的特征是主调压器(MVR)处于关闭状态，因此唤醒速度慢，但功耗较小。

活跃停机模式的主要特征如下：

(1) 在缺省状态下，除 LSI 时钟、IWDG 外，所有外设均处于关闭状态。

(2) 可启动窗口看门狗(WWDG)，只要在执行 HALT 指令前，先执行 WWDG 的刷新指令，就能避免唤醒后即刻溢出导致芯片复位，但能否启动硬件看门狗(IWDG)，则取决于 IWDG 计数器的溢出时间是否略大于 AWU 的定时时间，即必须保证在 IWDG 溢出前 AWU 中断先有效，才能避免因 IWDG 计数器溢出而导致系统复位。

(3) 在活跃停机状态下，可将内部时钟控制寄存器 CLK_ICKR 的 b2 位(FHWU)初始化为 1，选择快速唤醒方式，以缩短唤醒时间(此时会强制使用 HSI 时钟唤醒)。

(4) 为加快唤醒速度，可将 Flash ROM 配置寄存器 FLASH_CR1 的 b2 位(AHALT)初始化为 0，进入活跃停机模式时，不关闭 Flash ROM 存储器的电源(但这会增加功耗)。

3. 活跃停机模式的初始化

在主程序中，可按如下步骤强迫芯片空闲时进入活跃停机模式。

(1) 设置 AWU 单元的时基参数，并写出 AWU 的中断服务程序，AWU 中断的优先级一般设为 11(3 级)。

```
BSET   CLK_PCKENR2, #2          ;接通 AWU 单元时钟
MOV AWU_APR, #00xxxxxxB         ;初始化 6 位异步分频器
MOV AWU_TBR, #0000xxxxB         ;选择时基(计数长度)
MOV AWU_CSR, #00010000B         ;使能 AWU 时基
```

(2) 将 REGAH 位置 1 或清 0，选择快速或慢速活跃停机模式。

```
BSET CLK_ICKR, #5               ;b5 位(REGAH)为 1，选择快速活跃停机模式
;BRES CLK_ICKR, #5              ;b5 位(REGAH)为 0，选择慢速活跃停机模式
```

(3) 选择唤醒时钟。

```
BSET CLK_ICKR, #2                    ;b2 位(FHWU)为 1，选择 HSI 时钟唤醒(快速唤醒)
                                     ;否则将使用 LSI 时钟唤醒
```

(4) 选择活跃停机状态下的 Flash ROM 存储器的电源状态。

```
BRES FLASH_CR1, #2      ;AHALT 位清 0，不关闭活跃停机状态的 Flash ROM 存储器电源
; BSET FLASH_CR1, #2     ;AHALT 位置 1，关闭活跃停机状态的 Flash ROM 存储器电源
```

(5) 必要时，在初始化阶段使能唤醒的外中断。

(6) 在主程序中执行 HALT 指令，强迫芯片进入活跃停机状态。

```
MOV WWDG_CR, #11xxxxxxB        ;进入活跃停机状态前，先"喂狗"
;MOV IWDG_KR, #0AAH            ;向钥匙寄存器写入 AAH，触发 IWDG 向下计数器重装
HALT                          ;执行 HALT 指令，进入活跃停机状态
```

相应的 AWU 中断服务程序内容大致如下：

```
        Interrupt AWU_Over
AWU_Over.L
        LD A, AWU_CSR             ;读 AWU 状态寄存器，清除 AWUF 标志
        MOV WWDG_CR, #11xxxxxxB   ;响应 AWU 中断时，先"喂狗"，避免其溢出，引起复位
        ;MOV IWDG_KR, #0AAH       ;向钥匙寄存器写入 AAH，触发 IWDG 向下计数器重装
        IRET
```

一般不需要在 AWU 中断服务程序关闭 AWU 时基，原因是一条 HALT 指令只触发一次 AWU 的定时操作。

11.5.3 停机模式

在主程序中执行 HALT 指令后就进入了停机(Halt)模式。在停机模式中，所有的外设均处于关闭状态，只有处于允许状态的外中断才能唤醒。

在停机模式下可启动窗口看门狗(WWDG)，只要在执行 HALT 指令前，先执行 WWDG 的刷新指令，就能避免唤醒后即刻溢出导致芯片复位，但一般不能启动硬件看门狗(IWDG)，除非能保证在 IWDG 计数器溢出前外部中断有效，方能避免因 IWDG 计数器溢出导致系统复位。

初始化步骤如下：

(1) 选择唤醒时钟。

```
BSET CLK_ICKR, #2                    ;b2 位(FHWU)为 1，选择 HSI 时钟唤醒(快速唤醒)
```

(2) 指定停机状态下的 Flash ROM 存储器的电源状态。

```
BSET FLASH_CR1, #3      ;HALT 位置 1，不关闭停机状态的 Flash ROM 存储器电源
;BRES FLASH_CR1, #3     ;HALT 位清 0，关闭停机状态的 Flash ROM 存储器电源
```

(3) 使能用于唤醒的外中断源。

(4) 为使芯片的功耗降到最低，在执行 HALT 指令前，可根据需要将 SWIM 引脚定义为低电平状态的推挽输出方式(但唤醒后需要将 SWIM 引脚恢复为上拉输入方式，以免调试时联机困难)，关闭功耗较大的外设部件(如 ADC)的电源，必要时甚至关闭所有外设的时钟。

(5) 在主程序中执行 HALT 指令，强迫 MCU 芯片进入停机状态。

```
        MOV WWDG_CR, #11xxxxxxB          ;进入停机模式前，先"喂狗"
        BRES ADC_CR1, #0                 ;关闭 ADC 电源
        ;PUSH CLK_PCKENR1
        ;PUSH CLK_PCKENR2                 ;必要时将外设时钟控制寄存器压入堆栈
        ;CLR CLK_PCKENR1                  ;关闭所有外设时钟
        ;CLR CLK_PCKENR2
        HALT                             ;执行 HALT 指令，进入停机模式
        NOP
        ;POP CLK_PCKENR2                  ;恢复外设时钟
        ;POP CLK_PCKENR1
```

　　值得注意的是，由于 STM8S 系列芯片存在设计缺点，当 CPU 主频率大于 250 kHz 时，进入活跃停机模式或停机模式前，通过 Flash_CR1 寄存器位关闭 Flash ROM 电源，则唤醒后 Flash ROM 读操作异常，而程序代码总是存放在 Flash ROM 中，因此不宜在活跃停机模式或停机模式下关闭 Flash ROM 电源，除非进入活跃停机模式或停机模式前修改 CLK_CKDIVR 寄存器，将 CPU 的时钟频率降到 250 kHz 以下。

习　题　11

　　11-1　在 STM8 内核 MCU 应用系统中，程序中不初始化未用 I/O 引脚可以吗？为提高系统的可靠性、降低系统功耗应如何初始化未用的 I/O 引脚？

　　11-2　STM8S 系列芯片采用了哪些可靠性措施？

　　11-3　PC 指针"跑飞"的含义是什么？分别简述 CISC、RISC 指令系统中 PC 指针"跑飞"造成的后果。

　　11-4　在 CISC 指令系统中，用什么方式可防止 PC 指针"跑飞"时拆分多字节指令？

　　11-5　在汇编源程序中，重写 5 条子程序返回指令 RET 与在返回指令 RET 后插入 4 条 TRAP 指令有什么不同？

　　11-6　软件陷阱的含义是什么？写出 STM8 内核 MCU 软件陷阱指令系列。

　　11-7　在不需要进行数据保护的条件下，如何完善未定义的中断服务程序？

　　11-8　简述 PC 指针"跑飞"拦截方式。

　　11-9　如果 CPU 主频为 8 MHz，进入活跃停机模式或停机模式后又需要关闭 Flash ROM 电源，请写出相应的停机指令系列。

第 12 章　STM8L 系列 MCU 芯片简介

相对于 STM8S 系列芯片，STM8L 系列芯片的性价比更高，且生产工艺与 32 位内核的 STM32L 系列芯片兼容。可以预料，随着产能不断提高，价格不断下降，STM8L 系列芯片将会逐渐成为 STM8 内核 MCU 芯片的主流。因此，本章将介绍 STM8L 系列 MCU 芯片的概况，重要部件的功能和使用方法，以及与 STM8S 系列 MCU 芯片对应部件的差异，重点介绍 STM8S 系列芯片中没有的 DMA 控制器、数模转换器(DAC)、模拟比较器(COMP)三个部件的功能及使用方法，使读者在理解 STM8S 系列 MCU 芯片部件功能与用法的基础上，迅速掌握 STM8L 系列 MCU 芯片的应用技能，为 32 位内核 STM32 系列 MCU 芯片的开发应用奠定基础。

12.1　电源及复位电路

12.1.1　电源电路

STM8L 系列芯片内核与外设部件的电源、地线引脚如图 12.1.1 所示。

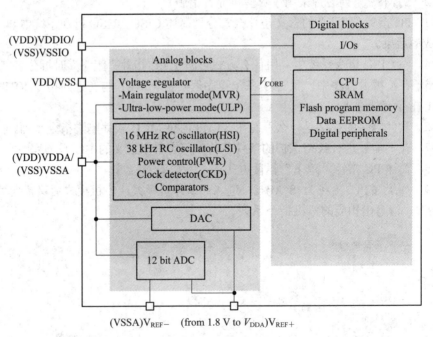

图 12.1.1　STM8L 系列芯片内核与外设部件的电源、地线引脚

与 STM8S 系列芯片相比，STM8L 系列芯片电源系统的变化如下：

(1) ADC、DAC 部件的负参考电源 V_{REF-}直接连到模拟部件的地线引脚 VSSA，共用同一引脚。

(2) 内部调压器有两种工作模式(主调压 MVR 模式和超低功耗 ULP 模式)，由外电源 VDD1(对应的地线引脚为 VSS1)引脚供电，输出电压 V_{CORE}(1.8 V)给 CPU、SRAM、Flash ROM、EEPROM 及数字外设供电，但内部调压器的输出端 V_{CORE} 无须外接滤波电容，因此也就没有 VCPA 引脚。

(3) I/O 接口电路电源引脚分别为 VDD2～VDD4(对应的地线引脚分别为 VSS2～VSS4)。I/O 接口电路电源引脚的多寡与芯片封装引脚数目、外设部件数量有关。

在少引脚封装芯片中，内部调压器输入电源引脚 VDD1 与 I/O 接口电路电源引脚 VDD2～VDD4，甚至模拟电路电源引脚 VDDA，以及参考电源 VREF+引脚连接在一起，形成一个总的电源引脚 VDD；同时各地线引脚 VSS1～VSS4、VSSA 连在一起形成一个总的地线引脚 VSS。

12.1.2　复位电路

STM8L 系列芯片的复位电路与 STM8S 系列芯片的复位电路基本相同，仅做了如下改进：

(1) PA1 引脚与外部复位引脚 NRST 连在一起，既可作复位引脚 NRST，也可以在芯片复位后作 PA1 引脚使用。为此，增加了复位配置寄存器 RST_CR。

在复位期间及复位后该引脚处于弱上拉(Wpu)输入状态，充当 NRST 引脚。因此，可在该引脚与地(VSSI)之间并接一只容量为 0.01～0.1 μF 的小电容构成 MCU 芯片的外部上电复位电路。

由于 STM8L 系列芯片具有上电复位功能，因此当不需要外部上电复位功能时，可取消连接在 NRST 引脚与地之间的电容，并在复位后向复位配置寄存器 RST_CR 写入特征值 D0H，将其变为 PA1 引脚，如：

　　　MOV RST_CR, #0D0H ;向复位配置寄存器 RST_CR 写入 D0H，将复位引脚作 PA1 的输出引脚

当作 I/O 引脚使用时，PA1 引脚只能工作在推挽输出方式，不能初始化为 OD 输出方式或输入方式。不过值得注意的是，将 NRST 引脚作 PA1 引脚使用时，芯片内部复位源(如执行了非法指令码等)有效时同样会强迫芯片复位。

(2) STM8L 系列芯片掉电复位(BOR)功能缺省时处于关闭状态，V_{DD} 的电压下限为 1.65 V (但 STM8L05X 芯片为 1.80 V)，必要时可通过选项配置字节 OPT5 启用 BOR 功能，并设置掉电复位阈值电压 V_{BOR}。不过值得注意的是，启用 BOR 功能后，供电电源 V_{DD} 电压下限将提升到 1.80 V。

(3) 复位状态寄存器 RST_SR 的内容有变化。由于在 STM8L 系列芯片中，没有硬件配置寄存器的反码寄存器，因此取消了 EMC 复位功能，相应地也就取消了因 EMI 干扰导致硬件配置寄存器失配而引起的复位标志 EMCF，但增加了常用的上电复位标志 PORF、掉电复位标志 BORF，以便识别上电、掉电复位。RST_SR 寄存器各位的含义如下：

　　偏移地址：01H

　　上电复位后初值：01H

b7		b6	b5	b4	b3	b2	b1	b0
Reserved		BORF	WWDGF	SWIMF	ILLOPF	IWDGF	PORF	
硬件强制为 0		rc_w1	rc_w1	rc_w1	rc_w1	rc_w1	rc_w1	

12.1.3 可编程的电源电压监视器(PVD)

为方便掉电时进行数据保护操作，STM8L 系列芯片内置了一个可编程的电源监视器 PVD，用于监测数字电源 V_{DD} 及模拟电源 V_{DDA} 的电压是否低于设定值。为此，增加了电源配置寄存器 PWR_CSR1，PVD 的控制逻辑如图 12.1.2 所示。

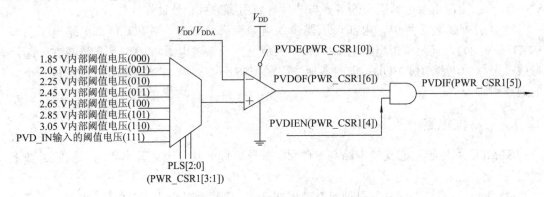

图 12.1.2 电源监视器控制逻辑

内部阈值电压由 PLS[2:0]位选择。当 PLS[2:0]取 000 时，阈值电压为 1.85 V，各阈值电压的间距为 200 mV，当 PLS[2:0]取 110 时，阈值电压为 3.05 V。对于 48 或以上引脚封装的芯片，也可以将 PE6 引脚接到外部某一特定基准电位上，作为外输入阈值电压 PVD_IN。

当 PVDE 位取 1 时，PVD 处于使能状态。当 V_{DD} 及 V_{DDA} 小于由 PLS[2:0]位选定的阈值电压时，比较器输出高电平，电源状态 PVDOF 标志有效。如果 PVD 中断控制位 PVDIEN 为 1，则 CPU 将响应 PVD 的中断请求。

PVD 中断 PVDIF 与 PE 口的外中断 EXTIE 共用 5 号中断逻辑。

当使用 PVD 实现系统掉电数据保护时，必须考虑 PVD 阈值电压与掉电复位电压 V_{BOR} 的关系，否则可能会出现尚未完成掉电数据保护操作就发生 BOR 复位现象。例如，当 PVD 阈值电压 V_{PVD} 为 1.85 V，而 V_{BOR} 为 1.70 V 时，MCU 芯片必须在电源 V_{DD} 电压下降到 1.70 V 前完成数据保护操作。V_{DD} 电源下降时间的长短与负载轻重、电源引脚 VDD 输入滤波电容的大小、供电设备(如电池或直流电源输出滤波电容的大小)等因素有关。

12.2 I/O 引脚与外设多重复用引脚的配置

在 STM8L 系列芯片中，I/O 引脚特性控制寄存器名、各位含义与 STM8S 系列芯片完全相同，唯一区别是 SWIM 接口与 PA0 引脚(而 STM8S 系列芯片为 PD1 引脚)相关，复位期间及复位后，PA_CR1 寄存器的初值为 01H(与 SWIM 关联的 PA0 引脚复位后处于不带中断的上拉输入状态)。当 I/O 引脚被编程为 OD 输出方式时，处于截止状态的 N 沟 MOS 管

耐压分为三类:

(1) 具有上输入保护二极管的 I/O 引脚,可承受的最大电压为 V_{DD},否则会有电流从 I/O 引脚经上输入保护二极管流到电源 V_{DD} 的正极,引起额外的损耗,甚至可能会损坏相应 I/O 引脚的上输入保护二极管。

(2) 没有内置上输入保护二极管的 I/O 引脚。在这种情况下,多数引脚输出级电路内的 N 沟 MOS 管截止时仅可承受 3.6 V 电压,其耐压等级被标为"TT"(Three volt Tolerant,即 3 V 电压容限);也有部分引脚输出级电路内的 N 沟 MOS 管截止时可承受 5.0 V 电压,其耐压等级被标为"FT"(Five volt Tolerant,即 5 V 电压容限)。

(3) 与 I²C 串行总线通信相关的 PC0 引脚、PC1 引脚,属于真正意义上的 OD 输出引脚,输出级电路内部的 N 沟 MOS 管截止时可承受 5.0 V 电压,其耐压等级也被标为"FT"。不过,值得注意的是,在 STM8L050J3 芯片中,由于封装引脚数量的限制,I²C_SDA、I²C_SCL 引脚与其他不具有 FT 特性的 I/O 引脚在芯片内部连在一起,从而失去了 FT 特性,不能承受 5.0 V 电压,否则与之并接的 I/O 引脚会出现过压击穿现象。

12.2.1　数字信号多重复用引脚配置(系统配置)

与 STM8S 系列芯片类似,在 STM8L 系列芯片中,I/O 引脚(通用的 I/O 引脚)同样具有缺省功能、内嵌外设的输入或输出复用引脚及多重复用引脚。在 STM8L 系列芯片中可通过 3 个系统配置寄存器 SYSCFG_RMPCR1~SYSCFG_RMPCR3 指定某些外设的输入/输出端所依附的 I/O 引脚。例如,TIM2_CH1 通道缺省时接 PB0 引脚,但可将系统配置寄存器 SYSCFG_RMPCR3 的 b6 位置 1,使其转接到 PC5 引脚;TIM2_CH2 通道缺省时接 PB2 引脚,但可将系统配置寄存器 SYSCFG_RMPCR3 的 b7 位置 1,使其转接到 PC6 引脚。

12.2.2　模拟输入/输出信号多重复用引脚配置(路由接口配置)

STM8L 系列芯片具有模数转换器(ADC)、数模转换器(DAC)、两个模拟比较器 COMP、内参考电源 V_{REFINT} 等部件。受封装引脚的限制,部分引脚既是 ADC 模拟信号的输入引脚(通道),同时也是 DAC 转换结果(模拟信号)的输出引脚、两个模拟比较器的同相(或反相)输入引脚、内参考电源 V_{REFINT} 的输出引脚。如果多个部件的输入阻抗足够高,则理论上同一时刻同一引脚可作为多个模拟部件的输入引脚,但绝对不能作为多个模拟部件的输出引脚。为避免引脚资源冲突,STM8L 系列芯片提供了如图 12.2.1 所示的路由接口(Routing Interface)配置的开关阵列。

在缺省状态下(未切换 I/O 开关 CHxxE、模拟开关 ASx 前)与模拟输入/输出信号相关的引脚只能作为 ADC1 的模拟信号输入引脚 ADC1_INx(x 表示通道号,取值为 0~27)使用,当需要将图 12.2.1 中的 24 个 I/O 开关 CHxxE 对应的某一引脚作为 DAC、内部基准电源 V_{REFINT} 的输出引脚(VREFINT OUT),以及模拟比较器 1、模拟比较器 2 的同相或反相输入引脚使用时,必须先将路由接口配置寄存器 RI_IOSR1~RI_IOSR3 中相应的 I/O 开关控制位 CHxxE 置 1,使对应的 I/O 引脚与 ADC1_INx(x 表示通道号,取值为 0~23)输入端断开,必要时还可以进一步将路由接口配置寄存器 RI_ASCR1~RI_ASCR2 中相应的模拟开关控制位 ASx 置 1,断开 I/O 引脚组(Group)或 I/O 引脚(如 PF0、PF1、PF2、PF3 引脚等)本身与 ADC1 的连接。不过,以 RI 开头的路由接口配置寄存器 RI_XXXX 与模拟比较器 COMP

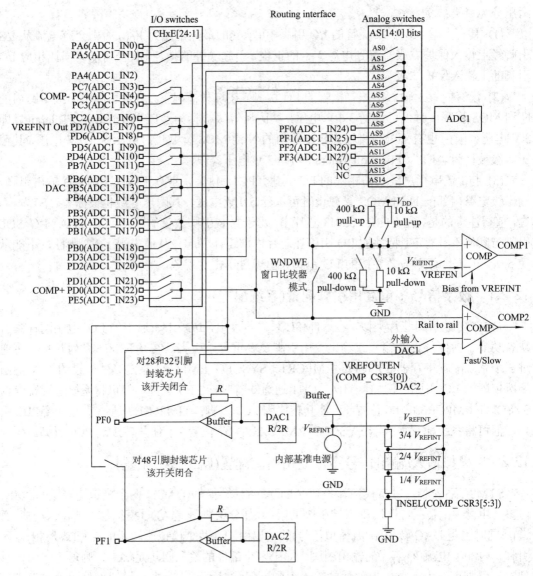

图 12.2.1　模拟信号输入及输出引脚的配置

部件关联，其时钟信号由模拟比较器时钟提供，当模拟比较器时钟未接通时，对路由接口配置寄存器 RI_XXXX 的读写操作无效。

　　RI_IOSR1～RI_IOSR3 寄存器中 I/O 开关控制位 CHxxE 与 I/O 引脚的对应关系，以及 RI_ASCR1～RI_ASCR2 寄存器与模拟开关 ASx 之间的对应关系可从 STM8L 系列芯片的参考手册(Reference Manual)RM0031 中查到。下面通过三个典型应用实例，介绍模拟引脚的配置方法。

　　例 12.2.1　在 48 引脚封装芯片中，可通过如下指令将 PB4 引脚作为 DAC 通道 2 的模拟信号 DAC_OUT2 的输出端。

```
BSET CLK_PCKENR2, #5   ;接通模拟比较器时钟。以 RI 开头的路由配置寄存器与模拟比较器
                       ;关联，当模拟比较器时钟没有接通时，对路由接口配置寄存器操作
```

```
                              ;无效
    BSET RI_IOSR3, #4         ;接通 I/O 开关 CH15E，将 PB4 作为 DAC_OUT2 引脚
```

例 12.2.2　通过如下指令将 PC2 引脚作为内部基准电源 V_{REFINT} 的输出引脚 VREFINT OUT。

```
    BSET CLK_PCKENR2, #5      ;接通模拟比较器的时钟
    BSET RI_IOSR1, #2         ;接通 I/O 开关 CH7E，在 PC2 引脚输出内部基准电源 V_REFINT
    BSET COMP_CSR3, #0        ;允许内部基准电源 V_REFINT 输出
```

例 12.2.3　通过如下指令将 PC7 引脚作为模拟比较器 COMP1 的同相输入端。

```
    BSET CLK_PCKENR2, #5      ;接通模拟比较器的时钟
    BSET RI_IOSR1, #1         ;接通 PC7 引脚 I/O 开关 CH4E
    BSET RI_ASCR1, #1         ;接通 PC7 引脚所在组(Group2)的模拟开关 AS1
    BSET RI_ASCR2, #6         ;接通模拟开关 AS14，使同相端接 Group2
```

这样 PC7 引脚经 I/O 开关 CH4E、模拟开关 AS1 及 AS14 接入模拟比较器 COMP1 的同相输入端。

在设置 I/O 控制开关 CHxxE、模拟开关 ASx 时，必须注意以下几点：

(1) 作为通用 I/O 引脚、ADC1 的输入引脚使用时，对应引脚的 I/O 控制开关 CHxxE 以及引脚所在组(Group)对应的模拟开关 ASx 必须初始化为 0(缺省值)。

(2) 在配置模拟开关 ASx 时，不允许同时接通 AS0～AS7 中两个或两个以上的模拟开关，否则关联引脚将被短路。

(3) 当某一 I/O 引脚借助 I/O 开关 CHxxE 切换为模拟输入或输出引脚后，同组内的其他 I/O 引脚只能作为通用数字 I/O(GPIO)使用，不能再作为 ADC1 的模拟输入通道 ADC1_INx 使用，否则 A/D 转换结果的误差较大。例如，将 PB4 引脚作为 DAC_OUT2 引脚使用后，PB5 引脚不能再作为 ADC1_IN13 引脚使用，PB6 引脚不能再作为 ADC1_IN12 引脚使用；又如将 PC2 引脚作为内部基准电源输出引脚使用后，PD7 引脚不能再作为 ADC1_IN8 引脚使用，PD6 引脚不能再作为 ADC1_IN7 引脚使用。

12.2.3　8 引脚封装芯片

8 引脚封装的 STM8L050J3 芯片与 20 引脚封装的 STM8L151F3 芯片共用相同的裸片，只是由于封装引脚数量的限制，导致以下问题：

(1) 片内部分 I/O 引脚共用封装管座的同一引脚(如 PC1、PC4、PC5 就共用了封装管座的第 8 引脚)，显然任何时候只能使用其中的一个 I/O 引脚(除 SWIM 所在引脚应初始化为上拉输入外，其他未用的内部 I/O 引脚应初始化为不带中断的悬空输入)；

(2) 片内部分 I/O 引脚，如 PA1、PB0、PB1、PB2、PB4 共计 5 个 I/O 引脚没有对外引出，为减小芯片的功耗和潜在的 EMI 干扰，初始化时可将这 5 个引脚初始化为低电平的推挽输出。

20 引脚封装的 STM8L151F3 芯片、STM8L151F2 芯片(Flash ROM 容量为 4 KB)与 STM8L051F3 芯片(没有内置模拟比较器)引脚相同，如图 12.2.2 所示。

8 引脚封装的 STM8L001J3 芯片也存在类似情况，只是片内未对外引出的 I/O 引脚多一些。

```
        PC5 ⊏ 1        20 ⊐ PC4
        PC6 ⊏ 2        19 ⊐ PC1
        PA0 ⊏ 3        18 ⊐ PC0
    NRST/PA1 ⊏ 4        17 ⊐ PB7
        PA2 ⊏ 5        16 ⊐ PB6
        PA3 ⊏ 6        15 ⊐ PB5
VSS/VSSA/VREF_ ⊏ 7      14 ⊐ PB4
VDD/VDDA/VREF+ ⊏ 8      13 ⊐ PB3
        PD0 ⊏ 9        12 ⊐ PB2
        PB0 ⊏ 10       11 ⊐ PB1
```

图 12.2.2　20 引脚封装的 STM8L151F3/F2、STM8L051F3 芯片

12.3　时 钟 电 路

12.3.1　时钟电路简介

STM8L 系列芯片时钟电路的结构如图 12.3.1 所示，与 STM8S 系列芯片相比，增加了外部低速晶振 LSE，并将内部 LSI 时钟的频率降为 38 kHz，以降低芯片的功耗。

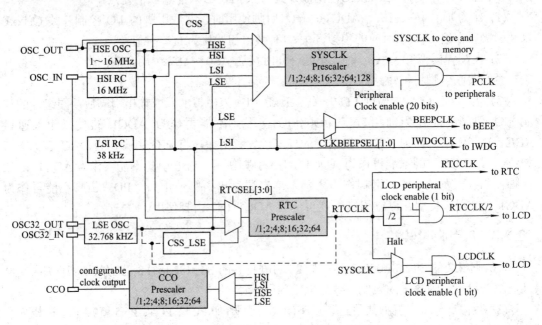

图 12.3.1　STM8L 系列芯片时钟电路结构

在 STM8L 系列芯片中，可以选择四类(HSI、LSI、HSE、LSE)五个时钟源之一作为系统时钟信号 SYSCLK。STM8L 系列芯片与 STM8S 系列芯片时钟单元的差异主要体现在：

(1) 时钟分频寄存器 CLK_CKDIVR 各位的含义与 STM8S 系列不同。在 STM8L 系列芯片中，取消了 HSI 时钟的分频器、CPU 时钟的分频器，统一由系统时钟分频器 SYSCLK Prescaler 控制，时钟控制器输出的信号经 3 位控制的 7 位分频器分频后就获得了系统时钟 f_{SYSCLK}(CPU 和存储器时钟)及外设时钟 f_{PCLK}。例如，当使用 HSI 时钟时，彼此之间的关系为

$$f_{PCLK} = f_{SYSCLK} = \frac{f_{HSI}}{2^{CLK\_CKDIVR[2:0]}} = \frac{16}{2^{CLK\_CKDIVR[2:0]}} (MHz)$$

复位后，CLK_CKDIVR 寄存器的初值为 03H，即复位后 STM8L 系列芯片也使用了 HSI 时钟的 8 分频信号作为系统时钟信号 SYSCLK。

(2) 复位后，除 Boot ROM 存储器时钟处于接通状态外，其他外设时钟均处于关闭状态，即除 Boot ROM 存储器时钟控制位 CLK_PCKENR2[7]外，外设时钟控制寄存器 CLK_PCKENR1、CLK_PCKENR2、CLK_PCKENR3 中相应外设时钟控制位的初值均为 0。

为避免在未接通外设时钟的情况下，不能对外设控制或配置寄存器进行初始化，或误接通未用的外设时钟导致 MCU 芯片的功耗升高，建议在初始化外设控制或配置寄存器前，先接通对应的外设时钟，例如：

```
BSET   CLK_PCKENR1, #0        ;先接通定时器 TIM2 的时钟
MOV TIM2_SMCR, #00H           ;初始化定时器 TIM2
BRES TIM2_ETR, #6
MOV TIM2_PSCR, #02H           ;4 分频
  ⋮                           ;TIM2 的其他初始化指令
```

(3) 时钟输出寄存器 CLK_CCOR 各位的含义不同。

(4) 用系统时钟状态寄存器 CLK_SCSR 代替 STM8S 系列芯片的主时钟状态寄存器 CLK_CMSR；并重新定义了时钟源代码，即系统时钟状态寄存器 CLK_SCSR、时钟切换寄存器 CLK_SWR 信息的含义为：01H 表示 HSI 时钟，02H 表示 LSI 时钟，04H 表示 HSE 时钟，08H 表示 LSE 时钟。

(5) 当使用从 OSC_OUT 引脚输入的外部信号源(External source)作 HSE 时钟源时，需要将外部时钟寄存器 CLK_ECKCR 的 HSEBYP 置位 1，使外部高速晶振电路 HSE 处于旁路状态(不再依赖选项字节 OPT4 切换)。当外部高速晶振 HSE 处于禁用状态时，可将 HSEBYP 置位 1，然后切换到 HSE 时钟，外部输入信号就成为了系统时钟。实际上，当接在 OSC_OUT 引脚上的外部输入信号幅度远大于晶振本身的信号时，HSEBYP 位会自动置 1。

(6) HSI 时钟频率修正方式和修正寄存器CLK_HSITRIMR的含义与STM8S 系列芯片不同。

在 STM8L 系列芯片中，复位后 HSI 时钟修正寄存器 CLK_HSITRIMR 的初值为 0，芯片自动使用存放在 CLK_HSICALR 寄存器中的出厂值设定 HSI 时钟的频率。当电源电压 V_{DD} 或环境温度不同时，用户可将频率出厂值(存放在 CLK_HSICALR 寄存器中)读出，加 −12～+8 修正后写入 HSI 时钟修正寄存器 CLK_HSITRIMR 来调节 HSI 时钟的频率。不过，在 STM8L 系列芯片中，对 CLK_HSITRIMR 寄存器写入前，必须先解除其硬件写保护状态，否则写入操作无效(具体操作步骤可参阅 12.3.2 节给出的时钟初始化实例)。

(7) HSE 时钟安全系统动作与 STM8S 系列芯片有区别。在 STM8L 系列芯片中，若启用了时钟安全系统(CSS)，则检测到 HSE 晶振失效后，CSSD、AUX 位同置 1，自动启用 HSI 时钟，这与 STM8S 系列芯片相同。但在 STM8L 芯片中 HSE 晶振失效后，除系统时钟分频寄存器 CLK_CKDIVR 外，其他时钟控制及配置寄存器均处于写保护状态(系统时钟状态寄存器 CLK_SCSR 及时钟切换寄存器 CLK_SWR 的内容依然为晶振时钟标志 04H)，导致 CSSD 标志位被硬件置 1 后，不能用软件方式清除(芯片复位时自动清除 CSSD 和 AUX 标志位)。为避免 CPU 重复响应 CSSD 中断，可在进入时钟中断服务程序中禁止 CSSD 中

断(可参阅 12.3.2 节给出的时钟切换实例)。

12.3.2 复位后时钟切换举例

1. 使用 HSI 时钟作系统时钟

当使用 HSI 时钟作为系统时钟时，复位后一般仅需初始化 CLK_CKDIVR 的 b2~b0 位，选择系统时钟 SYSCLK 的频率。当然，必要时也可以修改 CLK_HSITRIMR 寄存器，调整 HSI 时钟的频率，例如：

```
    MOV CLK_CKDIVR,#00000xxxB ;选择系统时钟 SYSCLK 的分频值
    ;初始化时钟修正寄存器 CLK_HSITRIMR，调整 HSI 时钟频率(可选)
    LD A, CLK_HSICALR          ;读出 HSI 时钟频率出厂值
    ADD A, #xx                 ;加-12~+8 修正(负数用补码表示)。修正值越大，频率越高
    ;SUB A, #xx                ;当修正值为-12~-1 时，也可以直接用减法指令实现
    MOV CLK_HSIUNLCKR, #0ACH   ;向 CLK_HSIUNLCKR 顺序写入 0ACH、35H，解除
    MOV CLK_HSIUNLCKR, #35H    ; CLK_HSITRIMR 寄存器的写保护状态
    LD CLK_HSITRIMR, A         ;将频率修正值写入 CLK_HSITRIMR，并恢复其写保护状态
```

在以上三条指令间(灰色背景部分)不允许插入任何时钟寄存器的读写指令。完成时钟修正寄存器 CLK_HSITRIMR 的写入操作后，HSI 时钟的频率将是 CLK_HSITRIMR 寄存器内容标定的频率，CLK_HSITRIMR 的值越大，HSI 时钟的频率越高。

2. 使用 HSE 时钟作系统时钟

STM8L 系列芯片复位后，自动使用 HSI 时钟作为系统时钟 SYSCLK。若希望复位后使用外部高速晶振 HSE 时钟，则芯片复位后需进行时钟切换操作，参考程序如下：

```
    ;------时钟切换----
    BSET CLK_SWCR, #1       ;SWEN 位为 1，启动时钟切换
    BSET CLK_SWCR, #2       ;SWIEN 位为 1，用中断方式确认，避免晶振失效时出现死循环
    MOV CLK_SWR,  #04       ;将目标时钟 HSE 晶振的代码 04 送时钟切换寄存器

    ;设置时钟中断的优先级
    LD A, ITC_SPR5          ;时钟切换结束中断优先级(17 号中断)对应 b3b2 位
    AND A, #0F3H
    OR A, #0000xx00B        ;中断优先级为 xx 级
    LD ITC_SPR5, A
    :                       ;其他外设初始化指令
    RIM                     ;开中断
```

相应的时钟中断服务程序如下：

```
        interrupt CLK_Interrupt_proc
    CLK_Interrupt_proc.L
        BTJF CLK_SWCR, #3, CLK_Interrupt_proc_NEXT1
        BRES CLK_SWCR, #3       ;清除时钟切换中断标志
```

```
BRES CLK_SWCR, #1              ;禁止时钟切换
BRES CLK_ICKCR,#0              ;关闭 HSI 时钟，以减小系统的功耗
MOV CLK_CKDIVR, #0             ;将系统时钟分频系数置 0(使用 HSE 一般不分频)
;切换到 HSE 时钟后，可启动时钟安全系统
MOV CLK_CSSR, #05H             ;CSSEN 为 1，启用时钟安全；允许 CSSD 中断
IRET                          ;中断返回指令
CLK_Interrupt_proc_NEXT1.L     ;HSE 时钟失效后的操作
BRES CLK_CSSR, #2              ;禁止时钟安全中断，否则将重复响应 CSSD 中断
MOV CLK_CKDIVR, #0xH           ;设置系统时钟分频系数，使系统时钟频率保持不变
IRET                          ;中断返回指令
```

12.4　存储器组织

STM8L 系列芯片存储器组织结构与 STM8S 系列芯片差别不大，如图 12.4.1 所示，可参阅第 3 章有关内容及相应芯片的数据手册，但在一些细节上略有变化，主要体现在：

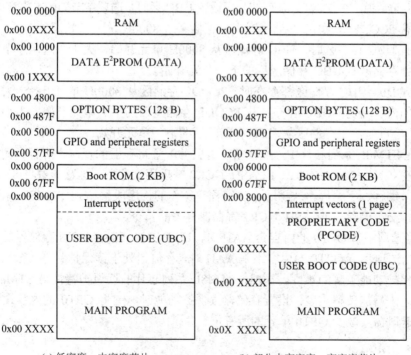

(a) 低密度、中密度芯片　　　　　(b) 部分中高密度、高密度芯片

图 12.4.1　STM8L 系列芯片存储器组织结构

(1) E²PROM 存储器的起始地址不同。由于 STM8L 系列芯片内嵌的 RAM 存储器容量最大为 4 KB，因此 E²PROM 存储器的起始地址为 1000H。

(2) 根据 Flash ROM 存储器容量的不同，可将 STM8L 系列芯片分为 4 类，如表 12.4.1 所示。

表 12.4.1　Flash ROM 存储器页、块的大小与芯片容量的关系

芯片 Flash ROM		Page(页)		Block(块)	
密度等级	容量	总页数	每页容量	总块数	每块容量
Low-density(低密度)	8 KB	128	64 B	128	64 B
Medium-density(中密度)	16 KB	128	128 B	128	128 B
Medium+ density(中高密度)	32 KB	128	256 B	256	128 B
High density(高密度)	64 KB	256	256 B	512	128 B

(3) 在部分中高密度、高密度容量芯片中，程序员可以在 UBC 区前定义专属代码 PCODE 存储区。PCODE 存储区具有读保护特性，且不支持 IAP 编程，可用于存放驱动程序中既无须修改又希望具有读保护属性的关键代码，其大小由选项字节 OPT2 的内容确定，最多可包含 255 页(0～254 页)。当 OPT2 为 00 时，表示没有 PCODE 存储区；当选项字节 OPT2 为 $n(n>0)$ 时，PCODE 存储区的大小为$(n-1)$页。

(4) 在 STM8L 系列芯片中，根据需要可定义 UBC 存储区。UBC 存储区位于 PCODE 存储区后，大小由选项字节 OPT1 定义，最多可包含 255 页(0～254 页)。当 OPT1 为 00 时，表示没有定义 UBC 区；当 OPT1 为 $n(n>0)$时，UBC 存储区的大小为$(n-1)$页，而与存储器的密度无关。换句话说，在 STM8L 系列芯片中设置 UBC 区时，选项字节 OPT1 内容的含义相同。

当没有 PCODE 和 UBC 存储区时，主存储区从 8000H 单元开始。

当仅有 UBC 存储区时，UBC 存储区从 8000H 单元开始，大小由选项字节 OPT1 的内容确定，主存储区从 UBC 存储区后的下一单元开始。

当 PCODE、UBC 存储区都存在时，PCODE 存储区从 8000H 单元开始，大小由选项字节 OPT2 的内容确定；UBC 存储区从 PCODE 存储区后的下一单元开始，大小由选项字节 OPT1 的内容确定；主存储区从 UBC 存储区后的下一单元开始。

(5) 在 STM8L 系列芯片中，取消了所有关键配置寄存器的反码寄存器。例如，在选项字节中，没有 NOPT1、NOPT2、FLASH_NCR2 等反码寄存器。这意味着将 STM8S 系列芯片选项字节编程、字编程、块擦除、块编程等操作的程序段移植到 STM8L 系列芯片的应用程序时，必须删除与 FLASH_NCR2 寄存器有关的指令。

(6) 当选项字节 OPT0 的内容为 AAH 时，E^2PROM、Flash ROM 存储器处于非读保护状态；而当选项字节 OPT0 的内容不是 AAH 时，存储器处于读保护状态，这在一定程度上增加了读保护功能破解的难度。显然，STM8L 系列芯片的读保护特性与 STM8S 系列芯片刚好相反。为增加破解难度，设置存储器读保护功能时，宜将 OPT0 的内容设置为 55H，原因是破解时需要改变 OPT0 单元的所有位。

12.5　中断控制系统

12.5.1　中断资源

STM8L 系列芯片可以管理 32 个中断源，32 个中断服务程序的入口地址(中断向量表)存放在 8000H～807FH 的存储区内，每个中断向量占用 4 字节。每个可屏蔽中断源的优先

级也由中断优先级控制寄存器 ITC_SPRx 的相应位确定，这与 STM8S 系列芯片相同。

在 STM8L 系列芯片中，取消了来自 PD7 引脚的不可屏蔽的外部中断，即在 STM8L 系列芯片中将 PD7 引脚中断划入 EXTI7 或 EXTID 的中断逻辑，但依然保留了顶级中断 TLI 的中断向量(可以把定时器 TIM2 或 TIM4 的溢出中断映射为 TLI 中断)。

不同型号的 STM8L 系列 MCU 芯片的外设种类不完全相同，MCU 芯片具体包含了哪些中断源，以及同优先级中断硬件查询顺序可参阅相应型号 MCU 芯片的数据手册。

12.5.2　外中断控制

STM8L 系列芯片外中断组织方式与 STM8S 系列芯片略有不同，除 PI 口引脚外，PA～PH 口所有的 I/O 引脚都具有中断输入功能，分别由外中断配置寄存器 EXTI_CONF1、EXTI_CONF2 控制，构成了 11 个外中断逻辑，即 EXTI0～EXTI7、EXTIE/F/PVD(PE 口中断、PF 口中断以及电源 V_{DD}/V_{DDA} 电压侦测中断 PVD 共用同一中断逻辑)、EXTIB/G、EXTID/H，如图 12.5.1 所示。

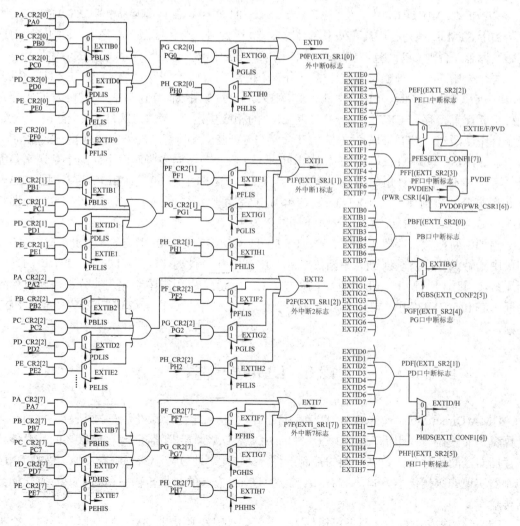

图 12.5.1　外中断逻辑

其中 PA0、PB0、PC0、PD0、PE0、PF0 共 6 根输入引脚对应外中断 EXTI0；PB1、PC1、PD1、PE1 共 4 根引脚对应外中断 EXTI1(PA1 引脚与 NRST 关联，在芯片复位后只能作输出引脚，导致 PA1 引脚没有中断输入功能)；PA2、PB2、PC2、PD2、PE2 共 5 根引脚对应外中断 EXTI2；以此类推，PA7、PB7、PC7、PD7、PE7 共 5 根引脚对应外中断 EXTI7。从图 12.5.1 中不难看出，除 PA、PC 口引脚外，可借助外中断配置寄存器 EXTI_CONF1 和 EXTI_CONF2，将 PB 口、PD 口、PE 口、PF 口、PG 口、PH 口引脚中断分别映射到 PB 口中断、PD 口中断、PE 口中断、PF 口中断、PG 口中断、PH 口中断。

在 STM8L 系列芯片中，11 个外中断逻辑对应 14 个中断标志位，其中外中断 EXTI0～EXTI7 的触发标志记录在外中断状态寄存器 EXTI_SR1 中，PB 口中断标志、PD 口中断标志、PE 口中断标志、 PF 口中断标志、PG 口中断标志、PH 口中断标志分别记录在外中断状态寄存器 EXTI_SR2 的 b0～b5 中。当外中断事件发生时，对应的外中断触发标志自动置1，提示外中断逻辑对应的输入引脚电平发生了跳变。可用软件方式将状态寄存器 EXTI_SR1 或 EXTI_SR2 的指定位置 1，清除相应外中断的触发标志，如：

        BSET EXTI_SR1,#0   ;将状态寄存器 EXTI_SR1 的 b0 位置 1，清除外中断 EXTI0 的触发标志

由于 STM8L 系列芯片具有外中断触发标志，因此进入外中断服务程序后，必须清除对应的触发标志，否则 CPU 将重复响应外中断请求，导致出现一次请求多次响应的异常现象。

每个外中断有 4 种触发方式，需要用 2 个位定义，14 个外中断(EXTI0～EXTI7，以及 PB 口中断、PD 口中断、PE 口中断、PF 口中断、PG 口中断、PH 口中断)的触发方式分别由外中断配置寄存器 EXTI_CR1～EXTI_CR4 的相应位定义，例如 EXTI_CR1 的 b1b0 位定义了外中断逻辑 EXTI0 的触发方式，其含义与 STM8S 系列芯片的外中断触发方式相同。

在 STM8L 系列 MCU 芯片中，由于同一 I/O 口上的不同引脚对应不同的中断逻辑，因此，可选择不同的中断触发方式。例如，当 EXTI_CONF1 的 b0 位(PBLIS)为 0 时，PB3～PB0 引脚分别连到外中断 EXTI3～EXT0，这样就可以通过配置寄存器 EXTI_CR1 分别将 PB3～PB0 引脚的外中断输入定义为不同的触发方式。

当外中断配置寄存器 EXTI_CONF1、EXTI_CONF2 全为 0 时，PF 口、PG 口、PH 口引脚中断输入分别被映射到外中断 EXTI0～EXTI7 中，此时 PF 口、PG 口、PH 口的外中断无效，同时 PE 口、PB 口、PD 口的外中断因对应的 I/O 引脚中断输入线分别被映射到外中断 EXTI0～EXTI7 中，导致中断输入信号无效，而外中断逻辑 EXTIE/F/PDV 变成了 PDV 中断。

12.6 DMA 控制器

DMA(Direct Memory Access，直接存储器存取)控制器是计算机系统中外设部件(如个人计算机中的硬盘、打印机，MCU 芯片中的 ADC、DAC、定时器等)与存储器之间、存储器与存储器之间进行高速数据交换的控制部件，其作用、地位与中断控制器类似。借助 DMA 控制器实现的数据传输方式简称 DMA 方式，DMA 方式的数据传输率远高于中断方式的数据传输率。

DMA 传输方式的工作原理可概括为：当某一外设需要借助 DMA 控制器与存储器交换

数据时，与 DMA 特定通道相连的外设向 DMA 控制器发出 DMA 请求信号，如果对应的 DMA 通道未被屏蔽(处于允许状态)，则 DMA 控制器将向 CPU 发出总线保持请求信号 HRQ，请求 CPU 让出系统总线的控制权；CPU 收到 HRQ 请求信号时会在当前总线周期结束后响应 DMA 控制器的请求，放弃系统总线的控制权(CPU 的地址总线、数据总线及部分控制线进入高阻态)，并向 DMA 控制器回送 HLDA 应答信号；DMA 控制器接收到 HLDA 应答信号后，立即接管外设与存储器之间的数据总线、地址总线和控制总线，并向外设发送 DACK 信号，通知外设其先前发出的 DMA 请求已得到 DMA 控制器的响应，可以进行数据传输操作，如图 12.6.1 所示。DMA 操作结束后，DMA 控制器又将系统总线控制权交回 CPU。

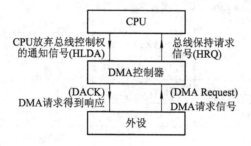

图 12.6.1　外设使用 DMA 控制器的请求及应答过程

12.6.1　DMA 控制器的结构及主要功能

STM8L 系列 MCU 芯片内嵌了含有 4 个优先级可编程选择的 DAM 通道的 DMA 控制器，其内部结构如图 12.6.2 所示，主要功能如下：

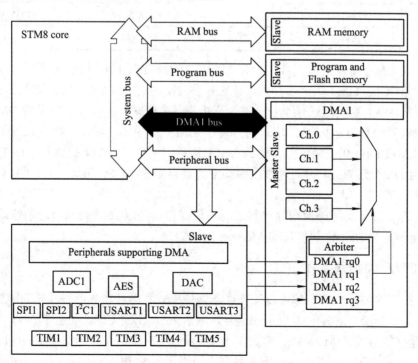

图 12.6.2　DMA 控制器内部结构

(1) STM8L 系列芯片大部分内嵌外设均可借助 4 个 DMA 通道之一与片内 RAM 存储器交换信息，外设部件对应的 DMA 通道号如表 12.6.1 所示。

表 12.6.1　外设部件对应的 DMA 通道号

外设	通道			
	Channel 0	Channel 1	Channel 2	Channel 3
ADC1	EOC(转换结束)	EOC(转换结束)	EOC(转换结束)	EOC(转换结束)
SPI1		SPI1_RX	SPI1_TX	
AES	AES_IN			AES_OUT
I²C	I2C_RX			I2C_TX
USART1		USART1_TX	USART1_RX	
DAC		DAC_CH2TRIG		DAC_CH1TRIG
TIM2	TIM2_CC1(比较/捕获)	TIM2_U(更新)		TIM2_CC2(比较/捕获)
TIM3	TIM3_U	TIM3_CC1	TIM3_CC2	
TIM1	TIM1_CC3	TIM1_CC4	TIM1_U TIM1_CC1 TIM1_COM	TIM1_CC2
USART2	USART2_TX			USART2_RX
USART3		USART3_TX	USART3_RX	
SPI2	SPI2_RX			SPI2_RX
TIM5	TIM5_U		TIM5_CC1	TIM5_CC2
TIM4	TIM4_U	TIM4_U	TIM4_U	TIM4_U

(2) 一次 DMA 传输的最大数据量为 255 字节(按字节方式)或双字节(按字方式)。

(3) 除 ADC1、TIM4 两个部件外，其他外设向指定的 DMA 通道发送 DMA 请求信号。由于内嵌的 DMA1 控制器只有 4 个通道，意味着最多能同时接收 4 个外设的 DMA 请求。

(4) 缺省时 ADC1 的 EOC 请求信号使用 DMA 通道 0，可通过修改系统配置寄存器 SYSCFG_RMPCR1[1:0]位来选择其他的 DMA 通道；缺省时 TIM4 的更新事件 TIM4_U 请求信号使用 DMA 通道 4，可通过修改系统配置寄存器 SYSCFG_RMPCR1[3:2]位来选择其他的 DMA 通道。

(5) 通道 3 除了支持外设与存储器之间的数据传输(称为 Memory0 模式)外，还支持存储器与存储器之间的数据传输(称为 Memory1 模式)。

12.6.2　DMA 控制器工作模式

DMA 控制器的每个通道都可以工作在非循环模式和循环模式两种状态，由各通道的配置寄存器 DMA1_CxCR(其中 x 表示通道号，取值为 0~3)的 CIRC 位控制。每个通道都可以工作在非存储器模式(Memory0 模式)，但只有通道 3 能工作在存储器模式(Memory1 模式)，DMA 各通道在不同工作模式下的数据交换设置如表 12.6.2 所示。

表 12.6.2　DMA 各通道在不同工作模式下的数据交换设置

	操作数 1	传输方向	操作数 2	数据量	MEM 位
通道 0～2	外设寄存器 (5200H～53FFH) (DMA1_CxPARH, DMA1_CxPARL)	→(DIR=0)	RAM 存储器 (0000～0xxxH) (DMA1_CxM0ARH, DMA1_CxM0ARL)	DMA1_CxNDTR 内容为 1～255	没有定义 (MEM=0)
		←(DIR=1)		DMA1_CxNDTR= 外设寄存器字长	
通道 3	外设寄存器 (4000H～5FFFH) (DMA1_C3PARH_C3M1ARH, DMA1_C3PARL_C3M1ARL)	→(DIR=0)	存储器 (0000～1xxxxH) (DMA1_C3M0EAR[0] DMA1_C3M0ARH, DMA1_C3M0ARL)	DMA1_C3NDTR 内容为 1～255	MEM=0 (目标地址只能为 RAM)
		←(DIR=1)		DMA1_C3NDTR= 外设寄存器字长	
	RAM 及 E^2PROM 存储器 (000H～1FFFH) (DMA1_C3PARH_C3M1ARH, DMA1_C3PARL_C3M1ARL)	← (DIR 没有定义)		DMA1_C3NDTR 内容为 1～255	MEM=1 (CIRC 位没定义)

1. 非存储器模式与存储器模式

(1) 当通道配置寄存器 DMA1_CxCR 的 MEM 位为 0 时，对应的 DMA 通道就工作在非存储器模式(也称为正常模式或 Memory0 模式)。该模式主要用于实现外设与 RAM 存储器之间的数据传输，传输方向由 DIR 位控制。当 DIR 位为 0 时，从指定的外设寄存器读出数据送到 RAM 存储区，外设寄存器的地址不变，由于读操作可以执行多次，因此传输的数据量可以大于外设存储器的字长；当 DIR 位为 1 时，从指定的存储单元读出数据送到外设寄存器，外设寄存器的地址不变，由于对同一单元进行写操作仅保留最后一次写入的信息，因此传输的数据量等于外设存储器的字长。

在正常模式下，完成了 DMA 控制器的初始化后，不会立即执行数据传输操作，只有当对应外设的特定事件发生时，外设才会向 DMA 控制器的相应通道发送 DMA 请求信号，DMA 控制器响应了外设的 DMA 请求，并向外设发送应答信号 DACK 后，才会触发数据的传输进程。

(2) 当通道配置寄存器 DMA1_C3CR 的 MEM 位为 1 时，DMA 通道 3 就工作在存储器模式(Memory1 模式)。在寄存器模式中，数据传输方向控制位 DIR(DMA1_C3CR[3]位)没有定义；通道 3 配置寄存器 DMA1_C3CR 的 CIRC 位也没有定义，传输结束后 DMA1_C3NDTR 为 0，不重装初值，即存储器模式总是工作在非循环模式。

在存储器模式中，当 EN、GEN 有效时，DMA 控制器立即启动数据传输操作，不需要等待外部 DMA 请求信号。

原则上可借助通道 3 的存储器模式，对 E^2PROM 存储器区按字节或字编程方式写入，但复位后 E^2PROM 存储器处于写保护状态，利用 DMA 通道 3 的存储器模式对 E^2PROM 编程前，必须对 FLASH_DUKR 寄存器顺序写入 0AEH、56H，解除 E^2PROM 存储器的写保护状态后，才能借助通道 3 的存储器模式进行写入操作。考虑到 E^2PROM 存储器编程写入时间较长，建议用中断方式确认 E^2PROM 写入操作是否结束。鉴于块编程要求加载程序代码必须位于 RAM 存储区内，初始化有难度，不建议通过 DMA 方式对 E^2PROM 进行块编程。实际上，借助 DMA 方式对 E²PROM 存储器编程的意义有限。换句话说，在存储器模式中，写入对象一般仅限于 RAM 存储器。

2. 非循环模式与循环模式

(1) 当通道配置寄存器 DMA1_CxCR 的 CIRC 位为 0 时，对应的 DMA 通道就工作在非循环模式。特征是传送了指定的数据量后，传输完成标志 TCIF 有效，DMA1_CxNDTR 寄存器回 0，不重装初始值，停止数据传输操作。同时，对应通道处于忙状态(BUSY 位为 1)，原因是对应通道使能控制位 EN 及 DMA 控制器总开关 GEN 均为 1。此时，不能初始化对应 DMA 通道的控制或配置寄存器，除非清除 EN 或 GEN 位，使通道忙信号 BUSY = EN • GEN 恢复为 0。在实际应用中，宜将对应通道的 EN 位清 0，清除通道的忙标志，而不宜清除总开关 GEN 位，以免影响其他 DMA 通道的数据传输过程。

(2) 当通道配置寄存器 DMA1_CxCR 的 CIRC 位为 1 时，对应的 DMA 通道就工作在循环模式。特征是传送了指定的数据量后，传输完成标志 TCIF 有效，DMA1_CxNDTR 寄存器回 0 后自动重装了原来的初始值，重复执行数据传输操作，直到对应通道被禁止(控制位 EN 清 0)。这一模式常用于连续或扫描转换方式的由定时器触发输出信号 TRGO 启动的 ADC 部件中。

12.6.3 DMA 控制器的初始化步骤

在 EN 或 GEN 为 0 的情况下，按如下步骤初始化 DMA 控制器：

(1) 执行 "BSET CLK_PCKENR2, #4" 指令，接通 DMA 控制器的时钟信号。

(2) 初始化存储器地址寄存器的高低字节 DMA1_CxM0ARH、DMA1_CxM0ARL。

注意：当通道 3 工作在存储器模式(mem=1)时，这一步的初始化对象分别是 DMA_C3M0EAR[0]、DMA1_C3M0ARH、DMA1_C3M0ARL 三个寄存器，指定源操作数所在的存储区的首地址，其中 DMA_C3M0EAR[0] 存放存储单元地址码最高位 b16，而 DMA1_C3M0ARH、DMA1_C3M0ARL 分别存放存储单元地址码的低 16 位(b15~b0)。

(3) 初始化外设地址寄存器的高低字节 DMA1_CxPARH、DMA1_CxPARL，其中 x 表示通道号，取值范围为 0~2。

对于通道 3 来说，这一步的初始化对象分别是 DMA1_C3PARH_C3M1ARH 和 DMA1_C3PARL_C3M1ARL 寄存器。当通道 3 工作在非存储器模式(mem=0)时，该寄存器存放外设寄存器的地址；而当通道 3 工作在存储器模式(mem=1)时，该寄存器存放目的存储单元的首地址。

(4) 初始化 DMA1_CxNDTR 寄存器，定义传输的数据量。

(5) 初始化状态及优先权控制寄存器 DMA1_CxSPR，选择数据类型(8 位还是 16 位)、通道优先级等。

每个 DMA 通道的优先权由相应通道的状态及优先权控制寄存器 DMA1_CxSPR 的 PL[1:0] 位定义，共有 00~11 四个优先级。当多个外设借助不同通道同时向 DMA 控制器发出 DMA 请求时，DMA 控制器先响应优先权高的 DMA 通道的 DMA 请求信号。当多个通道的优先权相同时，硬件查询顺序是通道 0~通道 3。未得到响应的 DMA 通道请求处于等待状态，其状态寄存器 DMA1_CxSPR 的 PEND 位被硬件置 1。

(6) 初始化通道配置寄存器 DMA1_CxCR，选择工作方式、数据传输方向、存储器地址增减方向、传输结束中断允许等。

(7) 使能对应的 DMA 通道。执行"BSET DMA1_CxCR, #0"指令，使对应通道的 EN 位置 1。

(8) 将 DMA 控制器的全局状态及控制寄存器 DMA1_GCSR 的 GEN 位置 1，开 DMA 控制器的总开关。

当允许传输结束中断时,还必须初始化 DMA 控制器的中断优先级,并写出相应的 DMA 中断服务程序。DMA 通道 0、1 对应 2 号中断逻辑，DMA 通道 2、3 对应 3 号中断逻辑。

例 12.6.1　利用 DMA 通道 3 的存储器模式,将存放在以 0120H 为首地址的 16 字节信息传送到以 0140H 为首地址的存储区中。

DMA 通道 3 初始化参考程序段如下：

```
BSET CLK_PCKENR2, #4                ;接通 DMA1 时钟
MOV DMA_C3M0EAR, #0
MOV DMA1_C3M0ARH, #01H              ;初始化源操作地址
MOV DMA1_C3M0ARL, #20H
MOV DMA1_C3PARH_C3M1ARH, #01H       ;初始化目的操作数地址
MOV DMA1_C3PARL_C3M1ARL, #40H
MOV DMA1_C3NDTR, #16               ;传输的数据量(按字节传输为 16，按字传输为 8)
MOV DMA1_C3SPR, #00110000B         ;初始化通道优先权、数码格式
        ;b7:BUSY, Channel busy(通道忙标志)
        ;b6:PEND: Channel pending(请求未被响应)
        ;b5b4:PL[1:0],Channel priority level(通道优先权)
        ;b3:TSIZE,Transfer size(数据尺寸,0 为 8 位,1 为 16 位)
        ;b2:HTIF,Half transaction interrupt flag(传输一半标志)
        ;b1:TCIF,Transaction complete interrupt flag(传输完成标志)
        ;b0:保留
MOV DMA1_C3CR, #01100010B ;初始化通道配置寄存器
        ;b7:保留
        ;b6:MEM,Memory transfer enabled(存储器模式, 只有 3 号通道才有定义)
        ;b5:MINCDEC,Memory increment/decrement mode(存储器地址增/减方向，1 为增加)
        ;b4:CIRC,Circular buffer mode (Auto-reload mode，自动重装初值)
        ;b3:DIR,Data transfer direction(数据传输方向，0 为外设到存储器，1 为存储器到外设)
        ;b2:HTIE,Half-transaction interrupt enable (传输一半中断允许)
        ;b1:TCIE,Transaction complete interrupt enable(传输结束中断允许)
        ;b0:EN,Channel enable(通道使能)
BSET DMA1_C3CR, #0                  ;将 EN 位置 1，使能对应通道
BSET DMA1_GCSR, #0                  ;将 GEN 位置 1，开 DMA 控制器总开关
```

例 12.6.2　利用 DMA 通道 1 的正常模式(Memory0)，在 TIM2 更新时,将存放在 0100H、0101H 内存单元的数据送自动重装寄存器 TIM2_ARR。

由于 TIM2_U 的 DMA 请求固定接 DMA1 的通道 1，因此先初始化 TIM2 的 DMA 请求使能寄存器 TIM2_DER 的 UDE 位，允许 TIM2 更新事件(UEV)发生时向 DMA 控制器发出 DMA 请求信号，参考程序如下：

```
;------初始化 DMA 通道 1(TIM2 的更新事件)----
BSET TIM2_DER,#0                        ;允许更新信号 TIM2_U 向 DMA 通道 1 发送请求
BSET CLK_PCKENR2, #4                    ;接通 DMA1 的时钟
MOV DMA1_C1PARH, #{HIGH TIM2_ARRH}      ;初始化目的操作数地址
MOV DMA1_C1PARL, #{LOW TIM2_ARRH}       ;拟对 TIM2_ARR 寄存器进行更新操作
MOV DMA1_C1M0ARH, #01H                  ;初始化源操作数地址
MOV DMA1_C1M0ARL, #00H                  ;假设将 0100H 内存单元的数据装入 TIM2_ARR 寄存器
MOV DMA1_C1NDTR, #1                     ;传输的数据量为 1 个字(2 字节)
MOV DMA1_C1SPR, #00011000B              ;通道优先权 b5b4 为 01，16 位数据
MOV DMA1_C1CR, #00111010B               ;正常模式，地址递增，重装，存储器到外设，允许中断
BSET DMA1_C1CR, #0                      ;将 EN 置位 1，使能对应的通道
BSET DMA1_GCSR, #0                      ;将 GEN 置位 1，开 DMA 控制器总开关
;初始化中断优先级
LD A, ITC_SPR1
AND A, #0CFH                            ;优先级为 11，DMA1 的 0/1 通道中断优先级 b5b4
OR A, #30H
LD ITC_SPR1, A
RIM                                     ;开中断
```

可见，在正常模式中，DMA 控制器响应外设提出的 DMA 请求信号后，可以在任一外设寄存器与 RAM 存储器之间传送数据，即 DMA1_CxPARH、DMA1_CxPARL 的内容并没有限制发出 DMA 请求的外设寄存器的地址。

12.7 定 时 器

STM8L 系列芯片最多可内嵌四个 16 位定时器，分别是高级控制定时器 TIM1，通用定时器 TIM2、TIM3、TIM5，以及一个 8 位定时器 TIM4。其中，Flash ROM 容量在 8 KB 以内的低密度芯片(如 STM8L050J3、STM8L051F3、STM8L151x2, STM8L151x3 等)含有 TIM2、TIM3 两个 16 位通用定时器及一个 8 位定时器 TIM4，没有定时器 TIM1；Flash ROM 容量为 16 KB(中密度)或封装引脚不超过 48 脚的 32 KB(中高密度)芯片(如 STM8L101xx、STM8L151x4/6、STM8L152x4/6 等)含有 TIM1、TIM2、TIM3 三个 16 位定时器及一个 8 位定时器 TIM4；只有 Flash ROM 容量为 64 KB(高密度)或封装引脚不小于 64 脚的 32 KB(中高密度)芯片(如 STM8L052、STM8L15x、STM8L16x 芯片)才包含了全部的四个 16 位定时器和一个 8 位定时器 TIM4。

在 STM8L 系列芯片中，与定时器有关的 I/O 引脚如表 12.7.1 所示。

表 12.7.1　在 STM8L 系列中与定时器有关的 I/O 引脚

定时器	信号名称	含　义	I/O	缺省复用引脚	映射复用引脚
TIM1	TIM1_ETR	外部触发信号	输入	PD3	PB3
	TIM1_BKIN	外部刹车(中断)输入	I	PD6	PD0
	TIM1_CH1	输入捕获/输出比较通道 1	I/O	PD1	—
	TIM1_CH1N	输出比较通道 1 反相输出	O	PD7	PB2
	TIM1_CH2	输入捕获/输出比较通道 2	I/O	PD4	PB1
	TIM1_CH2N	输出比较通道 2 反相输出	O	PE1	PB1
	TIM1_CH3	输入捕获/输出比较通道 3	I/O	PD5	
	TIM1_CH3N	输出比较通道 3 反相输出	O	PE2	PB0
TIM2	TIM2_ETR	外部触发信号	输入	PB3	PA4
	TIM2_BKIN	外部刹车(中断)输入	I	PA4 或 PA5	PG0 或 PG1
	TIM2_CH1	输入捕获/输出比较通道 1	I/O	PB0	PC5
	TIM2_CH2	输入捕获/输出比较通道 2	I/O	PB2	PC6
TIM3	TIM3_ETR	外部触发信号	输入	PD1	PG3
	TIM3_BKIN	外部刹车(中断)输入	I	PA5	PG1
	TIM3_CH1	输入捕获/输出比较通道 1	I/O	PB1	PI0
	TIM3_CH2	输入捕获/输出比较通道 2	I/O	PD0	PI3
TIM5	TIM5_ETR	外部触发信号	输入	PE7	
	TIM5_BKIN	外部刹车(中断)输入	I	PE6	
	TIM5_CH1	输入捕获/输出比较通道 1	I/O	PA7	PH6
	TIM5_CH2	输入捕获/输出比较通道 2	I/O	PE0	PH7

此外，在少引脚封装的芯片中，受封装引脚数量的限制，部分芯片的定时器未必都含有如表 12.7.1 所示的全部通道。例如，8 引脚封装的 STM8L050J3 芯片的 TIM3 仅有 TIM3_CH2 输入捕获/输出比较通道，具体情况可参阅相应芯片的数据手册。

与 STM8S 系列芯片相比，这些定时器的功能略有扩展。例如，可借助 DMA 控制器实现外设寄存器与 RAM 存储器之间的数据传输，但定时器的基本使用方法与 STM8S 系列芯片相似。

12.7.1　高级定时器 TIM1

高级定时器 TIM1 的功能与 STM8S 系列芯片高级定时器 TIM1 基本相同，只是没有输入捕获/输出比较通道 4，即 TIM1_CH4 通道不存在。

唯一需要注意的是，在 STM8L 芯片中 TIM1_CH2 通道缺省时接 PD4 引脚，可通过路由接口配置寄存器 RI_ICR1 的 b4～b0 位(IC2CS[4:0])选定其他引脚；同理 TIM1_CH3 通道缺省时接 PD5 引脚，也可以通过路由接口配置寄存器 RI_ICR2 的 b4～b0 位(IC3CS[4:0])选定其他引脚，具体参见参考手册(Reference manual)RM0031。

例如，借助如下指令将 TIM1_CH2 通道映射到 PD0 引脚。

```
BSET CLK_PCKENR2, #5          ;接通模拟比较器时钟后，方能对 RI 开头的寄存器进行操作
```

MOV RI_ICR1, #00000111B   ;将 TIM1_CH2 通道连接到 PD0 引脚

12.7.2   通用定时器

STM8L 系列芯片内嵌的 16 位通用定时器 TIM2、TIM3、TIM5 的内部结构如图 12.7.1 所示，每个定时器均具有两个输入捕获/输出比较通道，功能比 STM8S903 芯片的通用定时器 TIM5 略有增强，甚至可以充当高级控制器 TIM1 使用，主要体现在：

(1) 在时钟/触发控制(CLOCK/TRIGGER CONTROLLER)单元中，增加了外部时钟输入、外部触发输入及触发输出信号。

(2) 在输出比较模块中，增加了刹车控制输入寄存器 TIMx_BKIN。

(3) 计数器 TIMx_CNT 具有双向计数功能，其配置寄存器 TIMx_CR1 各位的含义与 STM8S 系列芯片的 TIM1 定时器相同。

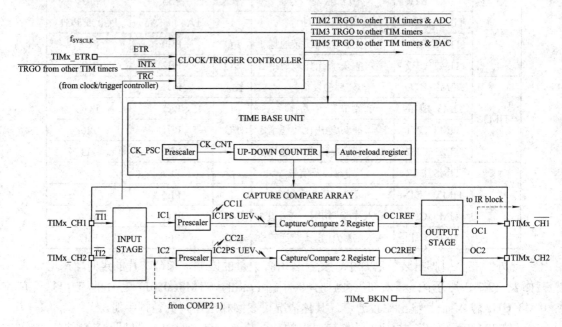

图 12.7.1   STM8L 系列芯片通用定时器 TIMx 的内部结构

1. 时基单元

预分频器输入信号 CK_PSC 可以是系统时钟信号 SYSCLK，也可以是 TIMx_ETR 引脚的输入信号，或 TIMx_CH1 及 TIMx_CH2 引脚的触发输入信号。换句话说，通用定时器 TIM2、TIM3、TIM5 既可以用于定时，也可以用于对外部脉冲信号进行计数。

通用定时器 TIM2、TIM3、TIM5 的预分频器是一个基于 3 位控制的 7 位计数器，只有 8 个分频值(这与 STM8S 系列定时器不同)。根据 TIMx_PSCR 内容的不同，可对输入信号 CK_PSC 实现 1～8 分频，输出信号 CK_CNT 的频率与预分频器 TIMx_PSCR 内容之间的关系为

$$f_{CK\_CNT} = \frac{f_{CK\_PSC}}{2^{(TIMx\_PSCR[2:0])}} \tag{12.7.1}$$

2. 输出比较单元

通用定时器具有两个输出比较通道 OC1、OC2，两个通道内部的结构相同，图 12.7.2 所示为通道 OC1 的内部结构。

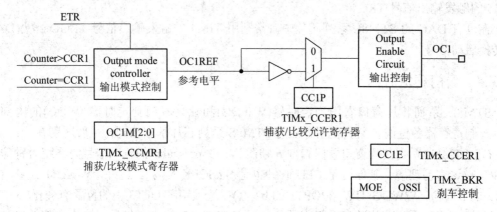

图 12.7.2　通用定时器输出比较通道 OC1 的内部结构

在 STM8L 系列芯片中，输出比较 OCi 能否输出受 TIMx_CCERi 寄存器中的 CCiE 位，以及刹车寄存器 TIMx_BKR 的 MOE、OSSI 位控制，详情可参考表 7.4.1。

实际上，STM8L 系列芯片通用计数器 TIM2、TIM3、TIM5 的功能及使用方法与 TIM1 高级定时器类似，可参阅第 7 章的相关内容。

12.7.3　8 位定时器 TIM4

STM8L 系列芯片的 8 位计数器 TIM4 由时基单元和时钟/触发控制单元组成，没有输入捕获/输出比较单元，其内部结构如图 12.7.3 所示，功能与 STM8S903 芯片内嵌的 8 位计数器 TIM6 相似。

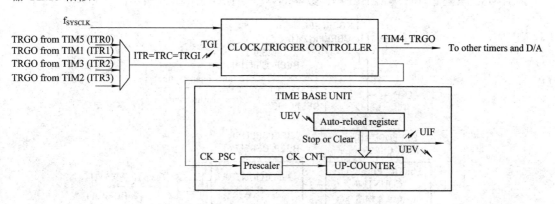

图 12.7.3　TIM4 内部结构

时基单元由预分频器 TIM4_PSCR、8 位向上计数器 TIM4_CNTR、8 位自动重装寄存器 TIM4_ARR 组成。其中，预分频器 TIM4_PSCR 是一个基于 4 位控制的 15 位分频器，可对输入信号 CK_PS 实现 1~32 768 分频，预分频器输出信号的频率为

$$f_{CK\_CNT} = \frac{f_{CK\_PSC}}{2^{TIM4\_PSCR[3:0]}} \tag{12.7.2}$$

预分频器输入信号 CK_PSC 可以是系统信号 SYSCLK，也可以是 TIM1、TIM2、TIM3、TIM5 的触发输出信号 TRC。

在具有 DAC 的 STM8L 系列芯片中，常利用 TIM4 的触发输出信号 TRGO 作为 DAC 的转换启动信号。

12.7.4　看门狗定时器

STM8L 系列芯片窗口看门狗定时器(WWDG)和独立看门狗定时器(IWDG)的内部结构、控制寄存器各位的含义、使用方法与 STM8S 系列芯片基本相同，主要区别在于：

(1) STM8L 系列芯片窗口看门狗预分频器 WDG prescaler 的输入信号为系统时钟信号 SYSCLK(这容易理解，其原因是 CPU 时钟也是 SYSCLK 信号)。此外，WWDG_HALT(在 OPT3 的 b3 位)、WWDG_HW(在 OPT3 的 b2 位)在选项字节 OPT3 中的位置有变化。

(2) STM8L 系列芯片独立看门狗预分频器 IWDG_PR 的输入信号直接为内部低速时钟信号 LSI(频率为 38 kHz)的输出信号(比 STM8S 系列芯片频率低，导致溢出时间变长)。

显然，溢出时间 t_{IWDG} (ms)与重装寄存器 IWDG_RLR 之间的关系为

$$IWDG\_RLR[7:0] = INT\left(\frac{f_{LSI}}{4\times 2^{IWDG\_PR[2:0]}}t_{IWDG}\right) - 1 \tag{12.7.3}$$

(3) 在 STM8L 系列芯片中可通过选项字节 OPT3 的 b1 位关闭处于 Halt/Active-Halt 状态的 IWDG 计数器，IWDG 硬件启动控制位 IWDG_HW 在选项字节 OPT3 的 b0 位。

12.7.5　蜂鸣器(BEEP)输出信号

STM8L 系列芯片蜂鸣器(BEEP)计数器的内部结构如图 12.7.4 所示。

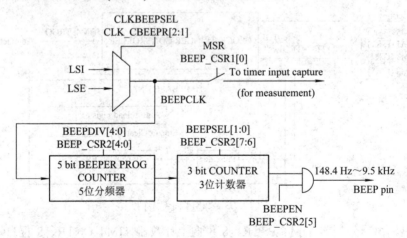

图 12.7.4　蜂鸣器(BEEP)内部结构

在 STM8L 系列芯片中，蜂鸣器是一个独立的单元电路，不再与唤醒计时器(WUT)共用同一时钟，且选项字节 OPT4 各位的含义与 STM8S 系列芯片也不同，从而导致了蜂鸣器

(BEEP)计数器的输入信号及控制寄存器发生了较大的变化，具体如下：

(1) 通过 BEEP 时钟选择寄存器 CLK_CBEEPR 的 b2～b1 位而不是选项字节 OPT4，选择频率为 38 kHz 的内部低速时钟 LSI 或频率为 32.768 kHz 的外部低速晶振 LSE 作为 BEEP 分频器的输入信号。

(2) BEEPCLK 信号校正开关由 BEEP 配置寄存器 BEEP_CSR1 的 b0 位控制。

(3) 具有独立的蜂鸣器(BEE1P)时钟控制位 CLK_PCKENR1[6]。

(4) BEEP 分频器 BEEPDIV[4:0]、BEEPSEL[1:0]的含义与 STM8S 系列芯片相同。

显然，BEEP 输出的信号频率为

$$f_{\text{BEEP}} = \frac{f_{\text{BEEPDIV}}}{2^{3\text{-BEEPSEL}[1:0]}} = \frac{f_{\text{BEEPCLK}}}{2^{3\text{-BEEPSEL}[1:0]} \times (\text{BEEPDIV}[4:0] + 2)} \tag{12.7.4}$$

如果采用频率为 38 kHz 的 LSI 时钟作为 BEEP 分频器的输入信号，则当 BEEPDIV[4:0] 取 1EH，BEEPSEL[1:0]取 00 时，BEEP 输出的方波信号频率最低，且

$$f_{\text{BEEP}} = \frac{f_{\text{BEEPCLK}}}{2^{3\text{-BEEPSEL}[1:0]} \times (\text{BEEPDIV}[4:0] + 2)} = \frac{38}{2^{3-0} \times (30 + 2)} = 148.4 \text{ Hz}$$

当 BEEPDIV[4:0]取 00H，BEEPSEL[1:0]取 10 时，BEEP 输出的方波信号频率最高，即

$$f_{\text{BEEP}} = \frac{38}{2^{3-2} \times (0 + 2)} = 9.5 \text{ kHz}$$

显然，当 BEEPDIV[4:0]取 11H，BEEPSEL[1:0]取 10 时，BEEP 输出的方波信号频率为 1 kHz，初始化指令如下：

```
BSET   CLK_PCKENR1, #6        ;接通 BEEP 部件的时钟
MOV CLK_CBEEPR, #00000010B    ;b2～b1 位取 01 选择 LSI，取 10 选择 LSE，取 00 时无
                              ;时钟
BRES BEEP_CSR1, #0            ;MSR 位为 0，关闭校正功能
MOV   BEEP_CSR2, #10110001B   ;BEEPDIV[4:0]取 11H(19 分频)，BSEEPSEL[1:0]取 10
                              ;(2 分频)
```

12.7.6　唤醒定时器 WUT 及 RTC 单元时钟

1. 内部结构

在 STM8L 系列芯片中，唤醒定时器 WUT 的功能与 STM8S 系列芯片自动唤醒单元 AWU 的功能相同，但唤醒定时器 WUT 与实时时钟 RTC 共用同一时钟源，内部结构如图 12.7.5 所示。

由图 12.7.5 可以看出：可以选择 HSE、HSI、LSE、LSI 四个时钟源之一，经 3 位控制的 7 位分频器分频获得 RTC 时钟 RTCCLK。当仅使用唤醒定时器时，可选择 LSI、HSI、LSE 或 HSE 时钟，但使用日历时钟时最好采用频率为 32.768 kHz 的 LSE 时钟，才能保证日历时钟的精度。

RTCCLK 时钟一路送 RTC 单元的数字修正校准器(在存储容量为 16 KB 的中密度 STM8L 系列芯片中，没有数字修正校准器，RTCCLK 时钟直接送 7 位异步分频器 PREDIV_A)，其输出信号 f_{CAL} 送 7 位异步分频器 PREDIV_A，再经 15 位同步分频器

PREDIV_S 后获得 1 Hz 的时钟信号；另一路送 2 位控制的 4 位唤醒定时器的 WUT 分频器。

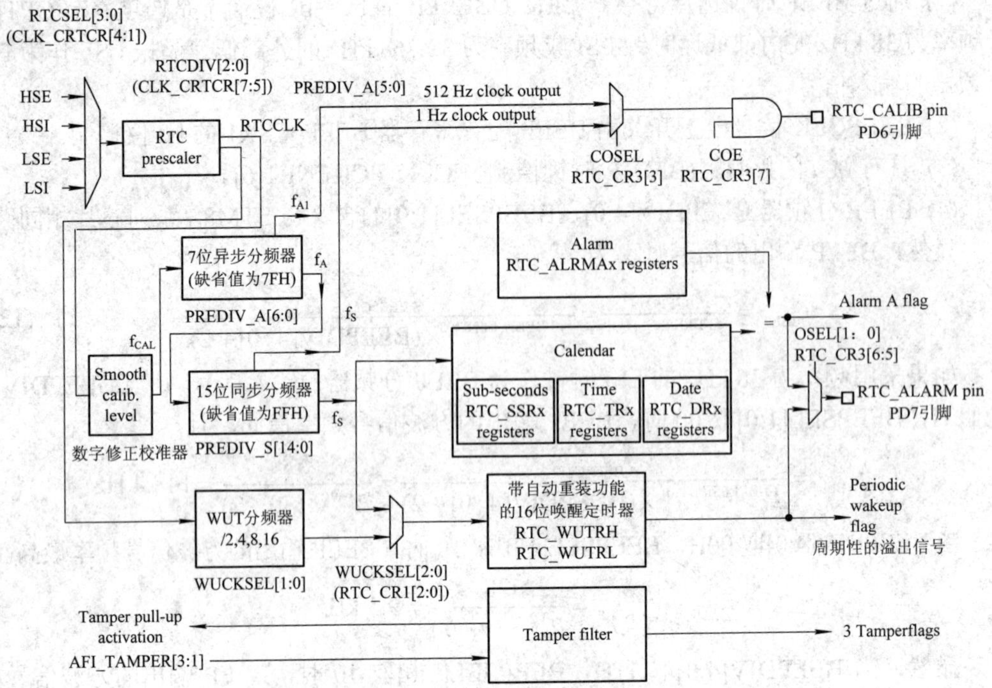

图 12.7.5　RTC 时钟与唤醒定时器 WUT 的内部结构

1) RTC 单元时钟

数字修正校准器输出信号 f_{CAL} 与 16 位校准寄存器 RTC_CALR 中的相关校准参数关系为

$$f_{CAL} = \left(1 + \frac{512 \times CALP - CALM}{2^{20} + CALM - 512 \times CALP}\right) \times f_{RCTCLK} \tag{12.7.5}$$

上电复位后，校准寄存器 RTC_CALR 的内容为 0，校准器输出的信号 $f_{CAL} = f_{RTCCLK}$。

上电复位后，7 位异步分频器 PREDIV_A 缺省值为 7FH，因此当采用频率为 32.768 kHz 的 LSE 作为 RTCCLK 信号时，经 7 位异步分频器 PREDIV_A 的低 6 位分频后获得的输出信号频率为

$$f_{A1} = \frac{f_{CAL}}{PREDIV\_A[5:0]+1} = \frac{32\,768}{63+1}$$

即 512 Hz。

上电复位后，15 位异步分频器 PREDIV_S 的缺省值为 0FFH，因此当采用频率为 32.768 kHz 的 LSE 作为 RTCCLK 信号时，其输出信号频率为

$$f_S = \frac{f_A}{PREDIV\_S[14:0]+1} = \frac{f_{CAL}}{(PREDIV\_A[6:0]+1)(PREDIV\_S[14:0]+1)}$$

$$= \frac{32\,678}{(127+1)(255+1)} = 1$$

当 RTC_CR3 的 b7 位为 1 时，可将 7 位异步分频器的低 6 位 PREDIV_A[5:0] 分频信号 f_{A1} 或 15 位同步分频器 PREDIV_S[14:0]的分频信号 f_S 之一传输到 RTC_CALIB 引脚 (PD6)，以便校准。

2) 唤醒定时器单元

带自动重装功能的 16 位唤醒定时器 RTC_WUTR 由高 8 位 RTC_WUTRH 和低 8 位 RTC_WUTRL 组成，其计数脉冲可以是唤醒定时器 WUT 分频器的输出信号，也可以是 RTC 单元内的 15 位同步分频器 PREDIV_S(在存储容量为 16 KB 的中密度 STM8L 系列芯片中，该分频器只有 13 位)的输出信号 f_S，由 WUCKSEL[2:0]选择。每来一个计数脉冲，16 位唤醒定时器 RTC_WUTR 减 1，回 0 时初始化及状态寄存器 RTC_ISR2 中的唤醒时间到标志 WUTF 有效，如果允许唤醒中断，则 CPU 将响应 WUTF 的中断请求。但值得注意的是，当 WUCKSEL[2:0]为 011 时，16 位唤醒定时器 RTC_WUTR 不能取 0，否则 WUT 定时时间会出现异常；当 WUCKSEL[2:0]为 000(16 分频)、001(8 分频)、010(4 分频)时，16 位唤醒定时器 RTC_WUTR 的取值没有限制。

必要时，也可以将 RTC_CR3[6:5]初始化为 11，在 RTC_ALARM(PD7)引脚输出周期性 WUT 定时器回 0 脉冲。

在 RTCCLK 频率为 32.768 kHz 的情况下，当 WUCKSEL[2:0]为 011(计数脉冲为 $\frac{f_{\text{RTCCLK}}}{2}$)，16 位 WUT 定时器 RTC_WUTR 为 0001 时，WUT 的定时时间最短，为

$$\frac{2}{f_{\text{RTCCLK}}} \times (\text{RTC\_WUTR}[15:0]+1) = \frac{2}{32\,768} \times (1+1) = 122.07\ \mu s$$

当 WUCKSEL[2:0]为 000(计数脉冲为 $\frac{f_{\text{RTCCLK}}}{16}$)，16 位 WUT 定时器 RTC_WUTR 为 0FFFFH 时，WUT 的定时时间最长，为

$$\frac{16}{f_{\text{RTCCLK}}} \times (\text{RTC\_WUTR}[15:0]+1) = \frac{16}{32\,768} \times (65\,535+1) = 32\ s$$

2. 初始化时应注意的问题

复位后，RTC 单元的寄存器处于写保护状态，写入前必须向保护寄存器顺序写入 0CAH、53H，解除写保护状态。

当需要改写与 RTC 实时时钟单元有关的寄存器，如 7 位异步分频器 PREDIV_A、15 位 PREDIV_S 时，必须将初始化及状态寄存器 RTC_ISR1 的 INIT 位置 1，并确认 INITF 标志为 1 的情况下，才能写入。

必须在 WUT 计数器处于禁用，即 WUTE 位为 0，且 WUTWF 标志位为 1 的情况下，才能改写与唤醒计数单元有关的寄存器，如 WUT 分频器、16 位 WUT 定时器 RTC_WUTR 等。

此外，RTC 单元内许多配置寄存器、分频器、计数器等只有上电复位时才被初始化，其他复位方式不改变。

唤醒定时器 WUT 的初始化步骤如下：

```
        BSET CLK_PCKENR2, #2        ;若 RTC 时钟未接通，先接通 RTC 时钟
        MOV CLK_CRTCR, #xxxxyyyy0B;    ; b7～b5 位(选择分频系数); b4～b1 位(选择时钟源)
```

```
        BRES RTC_ISR2,#2                    ;必要时，先清除溢出中断
        MOV RTC_WPR, #0CAH                  ;向保护寄存器 RTC_WPR 顺序写入 CAH、53H
        MOV RTC_WPR, #53H                   ;解除 RTC 开头寄存器的写保护状态，否则操作无效
        BRES RTC_CR2, #2            ;将 WUTE 清 0，以便初始化计数器 RTC_WUTR 和 WUCKSEL
    RTC_PROC_WAITW:                         ;等待 WUTWF 标志有效
        BTJF RTC_ISR1,#2, RTC_PROC_WAITW
        MOV RTC_WUTRH, #{HIGH xxxx}    ;初始化 16 位唤醒计数器 RTC_WUTR
        MOV RTC_WUTRL, #{LOW xxxx}
        LD A, RTC_CR1
        AND A, #0F8H                        ;选择唤醒时钟 WUCKSEL
        OR A, #xxxB                         ;选择 RTCCLK 的分频值
        LD RTC_CR1, A
        BSET RTC_CR2, #6                    ; WUTIE( Wakeup timer interrupt enable)为 1，允许唤醒
                                            ;计数器溢出中断，溢出标志为 RTC_ISR2 的 WUTF 位
        LD A, ITC_SPR2                      ;如果允许 WUTF 中断，则需要初始化 4 号中断的优先级
        AND A, #0FCH                        ;4 号中断优先级由 b1～b0 位控制
        OR A, #xxB
        LD ITC_SPR2,A
        BSET RTC_CR2, #2                    ; WUTE(Wakeup timer enable)为 1，启动唤醒计数器
相应的中断服务程序如下：
        interrupt RTC_OVER_PRO              ;4 号中断(RTC 溢出中断)的服务程序
    RTC_OVER_PRO.L
        BTJF RTC_ISR2,#2,RTC_OVER_PRO_NEXT1
    ;唤醒计数器溢出中断标志 WUTF 有效
        BRES RTC_ISR2,#2                    ;清除 WUTF 中断标志
    RTC_OVER_PRO_NEXT1:
        ⋮                                   ;其他中断处理指令
        IRET
```

12.8 模数转换器(ADC)

STM8L 系列芯片内嵌了一路 12 位分辨率基于逐次逼近型的 ADC，最多支持 28 个外部输入通道(4 个快速通道、24 个慢速通道)，如图 12.8.1 所示。通道数的多少与芯片封装引脚的数目有关，8 引脚封装芯片支持的 ADC 通道数最少(4 个外部通道)，80 引脚封装芯片支持的 ADC 通道数最多(28 个外部通道)。此外，还有两个内部 ADC 输入通道，分别连接到芯片内部的基准电源 V_{REFINT} 和内部温度传感器 TS 的输出端，以便感知 MCU 芯片内核的温度变化(仅部分芯片支持)。

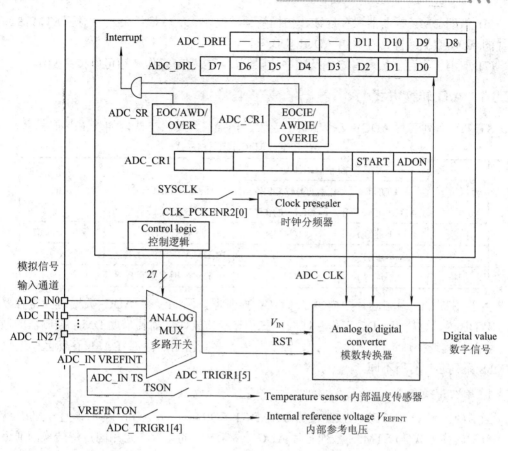

图 12.8.1　STM8L 系列芯片 ADC 内部结构

不过值得注意是，由于 STM8L 芯片还具有 DAC、比较器等模拟部件，部分引脚既是 ADC 的输入通道，同时也是 DAC 部件模拟信号的输出引脚、两个模拟比较器的同相或反相输入引脚、内部基准电源 V_{REFINT} 的输出引脚。在这种情况下，同一引脚只能是这些模拟部件中某一功能的输入或输出引脚。例如，PB5 引脚既是 ADC1 的模拟输入通道 ADC1_IN13，切换 I/O 开关 CH14E 后也可以作为 DAC 通道 2 的模拟输出信号 DAC_OUT2 的输出引脚。

与 STM8S 系列芯片 ADC 相比，STM8L 系列芯片 ADC 具有如下特征：

(1) ADC 时钟频率 f_{ADC_CLK} 最高为 16 MHz，最快可在 1 μs 时间内完成一次 A/D 转换。

(2) 具有独立的电源开关控制位(ADON)和软件启动控制位(START)。

(3) 模拟信号采样时间能分组选择，其中前 24 个通道的采样时间由 ADC_CR2[2:0]位控制，后 4 个通道、TS、V_{REFINT} 等输入信号的采样时间由 ADC_CR3[7:5]位控制。

(4) 模拟信号外部输入通道数扩展到 28 个(ADC1_IN0~ADC1_IN27)，并增加了 TS 和 V_{REFINT} 两个内部模拟信号源。

(5) 将转换方式整合为单次、连续、扫描三种方式，也就是说 STM8L 系列芯片 ADC 的"连续"转换方式具备了 STM8S 系列芯片 ADC 的"带缓存的连续"和"连续扫描"两种转换方式的功能。

(6) 借助 DMA 控制器保存连续、扫描两种转换方式的转换结果，取消了 STM8S 系列芯片的 ADC 数据缓冲寄存器组 ADC1_DBxR。

(7) 取消了寄存器读、写方式及顺序的限制，可按字节操作，也可以按字操作。

12.8.1　A/D 转换方式

STM8L 系列芯片 ADC1 支持单次、连续、扫描三种转换方式，如表 12.8.1 所示。

表 12.8.1　ADC1 工作方式

转换方式	控制位		转换结果存放位置	待转换的通道
	CONT (ADC1_CR1[2])	DMAOFF (ADC1_SQR1[7])		
单次	0(不连续)	1(关闭)	ADC1_DR	仅 1 个通道
连续	1(连续)	0(打开)	由 DMA 指定的存储区	1 个或多个
扫描	0(不连续)	0(打开)	由 DMA 指定的存储区	1 个或多个

由于 STM8L 系列芯片中内置了 DMA 控制器，因此没有 ADC 数据缓冲寄存器组 ADC1_DBxR，这样当 ADC 工作在连续或扫描转换方式时，需要借助 DMA 控制器的通道 0(也可以编程选择通道 1~3)将 A/D 转换结果保存到指定的内部 RAM 存储区中，这与 STM8S 系列芯片有所不同。

1. 单次转换方式

当 ADC1_CR1 的 CONT 控制位为 0、ADC1_SQR1 的 DMAOFF 位为 1 时，ADC 就工作在单次转换方式(与 STM8S 系列芯片 ADC1 或 ADC2 的单次方式相同)。待转换的通道号由 ADC1_SQR1~ADC1_SQR4 寄存器的相应位定义，当 ADC1_SQR1~ADC1_SQR4 寄存器中有多个通道被选中时，以编号最高的通道作为单次转换的通道号，转换进程可由软件(将 START 位置 1 启动)或选定的触发信号启动。转换结束后 ADC 自动停止转换操作，转换结果存放在 ADC1_DR 寄存器(按字节、字读出均可)中，同时转换结束标志 EOC 有效。

2. 连续转换方式

当 ADC1_CR1 的 CONT 控制位为 1、ADC1_SQR1 的 DMAOFF 位为 0 时，ADC 将工作在连续转换方式(相当于 STM8S 系列芯片的连续方式和带缓存的连续方式)。待转换的一个或多个通道号由 ADC1_SQR1~ADC1_SQR4 寄存器位定义，转换进程可由软件(将 START 位置 1 启动)或选定的触发信号启动，转换结果存放在由 DMA 控制器正常模式下 RAM 存储区地址寄存器 DMA1_CxM0ARH、DMA1_CxM0ARL 指定的存储区中，需要初始化 DMA 控制器。

在连续转换方式中，当前通道转换结束后，ADC1 并不停止操作，且会自动对选定的下一通道进行 A/D 转换，各通道的转换结果交替存放在指定的 RAM 存储区中。当最后一个通道转换结束时，EOC 标志有效。例如，若对通道 4、通道 15 按连续转换方式进行 A/D 转换，则通道 4、通道 15 的转换结果将交替存放在指定的 RAM 存储区中，当通道 15 转换结束时，EOC 标志有效。不过，在连续转换方式中，不建议用 A/D 中断方式确认转换过程是否结束，而是在 DMA 中断服务程序中进行处理。

当需要退出连续转换方式时，可在 DMA 中断服务程序中，将 ADC1_CR1 寄存器的 CONT 控制位清 0 退出连续转换方式，或将 ADC1_CR1 的 ADON 位清 0，强制关闭 ADC1 的电源，退出连续转换方式。

3. 扫描转换方式

当 ADC1_CR1 的 CONT 控制位为 0、ADC1_SQR1 的 DMAOFF 位为 0 时，ADC1 就工作在扫描转换方式(相当于 STM8S 系列芯片的单次扫描方式)。与连续转换方式的区别是，扫描转换方式指定的最后一个通道转换结束后，ADC 自动处于停止状态。

12.8.2　ADC 的初始化过程及特例

1. 初始化过程

STM8L 系列芯片内置的 ADC1 的初始化过程大致如下：

(1) 将模拟信号输入引脚初始化为不带中断的悬空输入方式。

(2) 将配置寄存器 ADC1_CR1 的 ADON 位置 1，接通 ADC1 电源，否则对 ADC1 的初始化操作无效。

(3) 初始化配置寄存器 ADC1_TRIGR1～ADC1_TRIGR4，禁用对应输入通道的施密特触发输入特性(对 A/D 转换精度影响不大，关闭引脚施密特输入特性的目的是降低芯片的功耗)。

(4) 初始化配置寄存器 ADC1_SQR1～ADC1_SQR4，指定待转换的通道号。

(5) 初始化配置寄存器 ADC1_CR2 的 b2～b0 位，选择前 24 个(0～23)外部通道的采样时间；初始化配置寄存器 ADC1_CR3 的 b7～b5 位，选择后 4 个(24～28)外部通道、内部基准电源 V_{REFINT} 以及温度传感器输出信号 TS 的采样时间。

(6) 初始化 ADC1_CR1 寄存器的 b6～b5 位，指定 A/D 转换的分辨率。

当 b6～b5 位为 00 时，保留 12 位的转换结果。高 4 位 b11～b8 记录在 ADC1_DRH 寄存器中，低 8 位 b7～b0 记录在 ADC1_DRL 寄存器中。

当 b6～b5 位为 01 时，保留 10 位的转换结果，高 2 位 b11～b10 记录在 ADC1_DRH 寄存器中，低 8 位 b9～b2 记录在 ADC1_DRL 寄存器中，自动丢弃 b1～b0 位。

当 b6～b5 位为 10 时，保留 8 位的转换结果。ADC1_DRH 寄存器的内容为 0，高 8 位 b11～b4 记录在 ADC1_DRL 寄存器中，自动丢弃 b3～b0 位。

当 b6～b5 位为 11 时，保留 6 位的转换结果。ADC1_DRH 寄存器的内容为 0，高 6 位 b11～b6 记录在 ADC1_DRL 寄存器中，自动丢弃 b5～b0 位。

(7) 初始化配置寄存器 ADC1_CR2 的相关位，选择 ADC1 时钟的分频系数。

(8) 初始化 CONT、DMAOFF 控制位，选定 A/D 转换方式。

(9) 初始化 ADC1_CR2 配置寄存器，选定 A/D 启动的触发方式。

设置寄存器 ADC1_CR2 的 b4～b3 位，选择软件、外部引脚(PA6 或 PD0)输入信号、TIM1 或 TIM2 定时器的触发输出信号 TRGO 之一作为 ADC1 的转换触发信号，如图 12.8.2 所示。

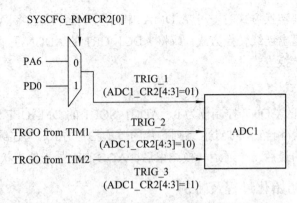

图 12.8.2　ADC1 转换启动触发信号来源

如果采用定时器的触发输出信号 TRGO 启动,还需初始化相应定时器的触发输出功能。

(10) 若使用模拟看门狗功能,还须进一步设置 ADC1_CR3 寄存器的 HSEL[4:0]位,确定监控哪个输入通道的电压范围,并初始化上限寄存器 ADC_HTRx、下限寄存器 ADC_LTRx。

(11) 指定转换结束检测方式。用查询方式还是中断方式检测转换过程是否结束由 A/D 转换速率决定。A/D 转换速率与系统时钟 SYSYCLK 频率、A/D 时钟分频系数、通道采样时间三个因素有关。

当 A/D 转换速率较高时,宜采用查询方式;而当 A/D 转换速率较低时,宜采用中断方式。采用中断方式时,一定要初始化 ADC1 的中断优先级,并写出相应的中断服务程序。

(12) 如果是软件启动,则将 START 位置 1,触发 A/D 转换操作。

2. 单次转换方式的初始化特例

下面通过具体实例,给出单次转换方式的初始化程序段。

例 12.8.1　对 ADC1_IN15 输入通道进行一次 A/D 转换操作的参考程序(软件启动、中断检测转换操作是否结束)如下:

```
BSET CLK_PCKENR2, #0        ;接通 ADC1 时钟
MOV ADC1_CR1, #00001001B    ;ADON 为 1(开电源),START 为 0(暂不启动),单次转换方式
                            ;用中断方式检测转换是否结束,12 位分辨率
                            ;b7:OVERIE,Overrun interrupt enable(数据覆盖中断允许)
                            ;b6b5:RES[1:0],Configurable resolution(分辨率设置)
                            ;b4:AWDIE,Analog watchdog interrupt enable(模拟看门狗中断允许)
                            ;b3:EOCIE,Interrupt enable for EOC(转换结束中断允许)
                            ;b2:CONT,Continuous conversion(单次/连续)
                            ;b1:START,Conversion start(软件启动)
                            ;b0:ADON,A/D converter ON / OFF(电源开关)
;---关闭模拟输入通道的施密特输入功能
MOV ADC1_TRIGR1, #00000000B ;b5:TSON(内部温度传感器开/关)
                            ;b4: VREFINTON(内部基准电源开/关)
                            ;b3~b0 对应 27~24 通道的施密特输入
```

```
        MOV ADC1_TRIGR2, #00000000B      ;b7~b0 对应 23~16 通道的施密特输入
        MOV ADC1_TRIGR3, #10000000B      ;b7~b0 对应 15~8 通道的施密特输入(禁止 15 号通道)
        MOV ADC1_TRIGR4, #00000000B      ;b7~b0 对应 7~0 通道的施密特输入

        MOV ADC1_SQR1,    #10000000B     ;禁用 DMA 控制器
                                         ;b7:DMA disable for a single conversion(1 是禁止, 0 是允许)
                                         ;b5:CHSEL_STS(采样内部温度传感器)
                                         ;b4:CHSEL_SVREFINT(采样内部基准电源)
                                         ;b3~b0:扫描 27~24 号通道
        MOV ADC1_SQR2,    #00000000B     ;b7~b0:扫描 23~16 号通道
        MOV ADC1_SQR3,    #10000000B     ;b7~b0:扫描 15~8 号通道(选择 15 号通道)
        MOV ADC1_SQR4,    #00000000B     ;b7~b0:扫描 7~0 号通道
        MOV ADC1_CR2,     #00000010B     ; b4~b3 为 00(软件触发); 通道采样时间为 16 个时钟
                                         ;b7:PRESC,Clock prescaler(分频系数)
                                         ;b6~b5:TRIG_EDGE(选择触发信号边沿)
                             ;b4~b3:EXTSEL[1:0],External event selection(选择外触发信号)
                             ;b2~b0:SMTP1[2:0],Sampling time selection(前 24 个通道采样时间)
        MOV ADC1_CR3,     #00000000B     ;确定后 4 个通道采样时间,以及模拟看门狗通道号
             ;b7~b5:SMTP2[2:0],Sampling time selection(后 4 个通道、VREFINT 及 TS 的采样时间)
             ;b4~b0:CHSEL[4:0], Channel selection(选择模拟看门狗对应的通道号)
        ;初始化 ADC1 转换结束中断优先级(18 号中断)
        LD A, ITC_SPR5                   ;ADC1 转换结束中断优先级对应 b5b4 位
        AND A, #0CFH
        OR A,  #00H                      ;中断优先级为 00(2 级)
        LD ITC_SPR5, A
        BSET   ADC1_CR1, #1              ;START 位置 1,启动 ADC1(软件触发)
        RIM                              ;开中断
相应的中断服务程序如下:
        interrupt ADC1_PRO               ;18 号中断(ADC1 转换结束中断)
ADC1_PRO.L
        LDW X, ADC1_DRH                  ;读取转换结果
        LDW ADC_data, X                  ;将 A/D 转换结果保存到 ADC_data 字存储单元中
        IRET                             ;读 ADC1_DRL 寄存器时自动清除了 EOC 标志
```

当需要采用外触发信号,如 TIM2 更新事件产生的触发输出信号 TRGO 启动 ADC1 的转换进程时,只需注销带灰色背景的软件启动指令"BSET　　ADC1_CR1, #1",并将 ADC1_CR2 寄存器的 b4~b3 位初始化为 11、b6~b5 位初始化为 01,即可在 TRGO 信号的上沿触发 A/D 转换。

可用单次转换方式对不同输入通道进行一次转换,操作步骤为:设置输入通道→启动→等待转换结果→读数据→再设置输入通道→启动→等待转换结果→读数据。

3. 连续转换方式的初始化特例

例 12.8.2 对 ADC_IN15 和内部基准电源 V_{REFINT} 两个输入通道连续 4 次进行 A/D 转换的初始化程序段如下：

```
BSET CLK_PCKENR2, #0              ;接通 ADC1 的时钟
MOV ADC1_CR1, #00000101B          ;ADON 为 1，START 为 0(暂不启动)，连续，禁止中断，
                                  ;12 位分辨率
MOV ADC1_TRIGR1, #00010000B       ;接通 V_REFINT 信号，b3~b0 对应 27~24 号通道的施密特输入
MOV ADC1_TRIGR2, #00000000B       ;b7~b0 对应 23~16 号通道的施密特输入
MOV ADC1_TRIGR3, #10000000B       ;b7~b0 对应 15~08 号通道的施密特输入(禁止 15 号通道)
MOV ADC1_TRIGR4, #00000000B       ;b7~b0 对应 07~01 号通道的施密特输入
MOV ADC1_SQR1,   #00010000B       ;使用 DMA 控制器，选择内部参考电压输入
MOV ADC1_SQR2,   #00000000B       ;b7~b0 对应 23~16 号通道
MOV ADC1_SQR3,   #10000000B       ;b7~b0 对应 15~08 号通道(选中 15 号通道)
MOV ADC1_SQR4,   #00000000B       ;b7~b0 对应 07~01 号通道
MOV ADC1_CR2,    #00000010B       ;b4~b3 位为 00，选择软件启动；通道采样时间为 16 个时钟
MOV ADC1_CR3,    #00000000B       ;确定后 4 个外通道的采样时间及模拟看门狗的通道号
;------初始化 DMA 控制器------
BSET CLK_PCKENR2, #4              ;接通 DMA1 的时钟
LD A, SYSCFG_RMPCR1              ;选择 ADC1 部件对应的 DMA 通道号(缺省时用通道 0)
AND A, #0FCH
OR A, #00000000B                 ;b1~b0 位选择 ADC1 对应的 DMA 通道号(0 号)
LD SYSCFG_RMPCR1, A
MOV DMA1_C0PARH, #{HIGH ADC1_DRH}        ;定义源操作数地址
MOV DMA1_C0PARL, #{LOW ADC1_DRH}
MOV DMA1_C0M0ARH, #{HIGH ADC_Data_Buff}   ;将存放转换结果的 RAM 存储区的首地址
MOV DMA1_C0M0ARL, #{LOW ADC_Data_Buff}    ;送内存地址寄存器
MOV DMA1_C0NDTR, #8              ;传输 8 个数据，共 16 字节(对两个通道进行 4 次转换)
MOV DMA1_C0SPR, #00101000B
MOV DMA1_C0CR, #00110010B
BSET DMA1_C0CR, #0               ;使能相应的 DMA 通道
BSET DMA1_GCSR, #0               ;开 DMA 总开关
LD A, ITC_SPR1                   ;初始化 DMA 通道 0/1 的中断优先级(2 号中断)
AND A, #0CFH                     ;DMA1 控制器 0、1 通道中断优先级 b5b4 为 11(3 级)
OR A, #30H
LD ITC_SPR1, A
BSET  ADC1_CR1, #1               ;START 位置 1,启动 ADC1(软件触发)
RIM                              ;开中断
```

相应的 DMA 数据传输结束中断服务程序如下：

```
        interrupt DMA1_01_PRO
DMA1_01_PRO.L
        BRES ADC1_CR1, #0        ;清除 ADC1 的 ADON 位，关闭 ADC 电源退出
        BRES DMA1_C0SPR, #1      ;清除对应 DMA 通道数据传输结束中断标志 TCIF(通道 0)
        MOV ADC1_Data_Ev, #55H;设置数据有效标志
        IRET
```

在 DMA 中断服务程序中设置转换结果数据有效标志后退出，并不进行数据处理操作，数据处理可放在主程序或中断优先级较低中的 ADC1 中断服务中进行。值得注意是，当在 ADC1 转换结束中断程序中处理数据时，必须在 DMA 相应通道 TCIF 有效后才能进行，原因是每一轮最后一个 ADC1 通道转换结束后 ADC1 中断标志 EOC 均有效。

由于 DMA 控制器工作在循环模式，自动重装 DMA1_C0NDTR 寄存器的值，当需要再次进行 A/D 转换操作时，执行如下指令即可重新启动 ADC1 进行新一轮的连续转换操作：

```
        BSET ADC1_CR1, #0        ;将 ADON 位置 1，使 ADC 上电
        NOP
        NOP                      ;插入一条或多条 NOP 实现延迟，等待 ADC1 稳定
        BSET ADC1_CR1, #1        ;将 START 位置 1，启动 ADC1(软件触发)
```

4．扫描转换方式初始化特例

扫描转换方式与连续转换方式差别不大，在例 12.8.2 中将 ADC1_CR1 寄存器的 CONT 位置 0，并将 DMA 通道 0 的数据传输量寄存器 DMA1_C0NDTR 初始化为 2，即可实现对 ADC_IN15、内部基准电源 V_{REFINT} 两个输入通道各进行一次 A/D 转换。

当使用外部周期信号启动 ADC1 时，ADC1 应工作在扫描转换方式，且 DMA 控制器相应通道应工作在循环模式(令 DMA1_CxCR 寄存器的 b4 位为 1)，使 DMA 控制器的相应通道能反复执行数据传输操作，直到 DMA 对应的通道禁止/允许控制位 EN 被清 0。

例 12.8.3　利用定时器触发输出信号 TRGO 启动 ADC1，对 ADC_IN15、内部基准电源 V_{REFINT} 两个输入通道进行 4 次扫描转换的初始化程序段如下：

初始化指令与例 12.8.2 基本相同，只需将例 12.8.2 中带背景的指令修改如下：

```
MOV ADC1_CR1, #00000001B  ;ADON 为 1,START 为 0,非连续,禁止中断,12 位分辨率
        ⋮                 ;其他初始化指令
MOV ADC1_CR2, #00111010B  ;b6～b5 为 01, b4～b3 为 11,选择 TIM2 的 TRGO 上沿启动
        ⋮                 ;其他初始化指令
;BSET   ADC1_CR1, #1       ;取消该指令，由 TRGO 启动 ADC1
        ⋮                 ;其他初始化指令
```

相应的中断服务程序如下：

```
        interrupt DMA1_01_PRO    ;DMA 中断服务程序
DMA1_01_PRO.L
        BRES DMA1_C0SPR, #1      ;清除通道 0 传输结束中断标志
        MOV ADC1_Data_Ev,#55H    ;仅设置数据有效标志,不清除 ADC1_CR1 的 CONT 位
        IRET
```

12.9　数模转换器(DAC)

在 Flash ROM 容量不小于 16 KB 的 STM8L15x 子系列、STM8L16x 子系列芯片中，内置了基于倒 T 型网络(R2R)的 12 位分辨率电压输出型的 1 或 2 个通道 DAC，将数字信号转换为模拟信号，以便获得 $0\sim V_{REF+}$ 之间的模拟电压信号或波形(如锯齿波、三角波、正弦波等)。DAC 输出信号 DAC_OUT 与数字输出寄存器 DAC_DOR 之间的关系为

$$DAC\_OUT = \frac{DAC\_DOR}{4096} \times V_{REF+}$$

12.9.1　DAC 的内部结构

1. 单通道 12 位分辨率 DAC 的内部结构

在中密度或封装引脚数小于 64 的中高密度 STM8L15x、STM8L16x 系列芯片中，内置了单通道 12 位分辨率的 DAC，其内部结构如图 12.9.1 所示。

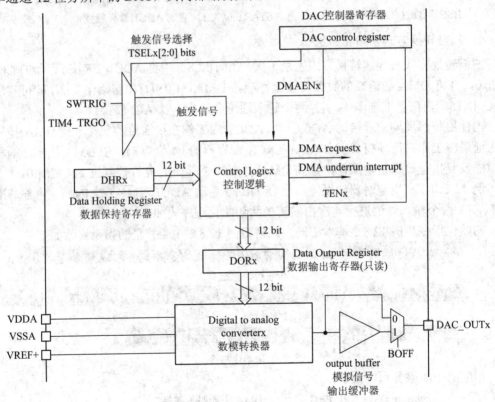

图 12.9.1　单通道 DAC 的内部结构

单通道 DAC 由转换触发电路、数据保持寄存器 DHR、控制逻辑、数据输出寄存器 DOR、DAC、模拟信号输出缓冲器 Output Buffer 等单元电路组成。转换后获得的模拟输出信号 DAC_OUT 缺省时在 PF0 引脚(48 引脚以上封装芯片)或 PB4、PB5、PB6 引脚(28 或 32 引脚封装芯片)，仅有软件触发转换 SWTRIG、定时器 TIM4 的 TRGO 两个触发转换信号，没

有外部转换触发输入信号。根据待转换的数字信号的对齐方式，数据保持寄存器 DHR 可以是下列 3 个寄存器之一：

(1) DAC_RDHRH/DAC_RDHRL。靠右对齐的 12 位分辨率数字信号，即数字信号高 4 位(d11～d8)存放在 DAC_RDHRH 的 b3～b0 位，数字信号低 8 位(d7～d0)存放在 DAC_RDHRL 的 b7～b0 位，这是最常见的数字信号格式。

(2) DAC_LDHRH/DAC_LDHRL。靠左对齐的 12 位分辨率数字信号，即数字信号高 8 位(d11～d4)存放在 DAC_LDHRH 的 b7～b0 位，数字信号低 4 位(d3～d0)存放在 DAC_LDHRL 的 b7～b4 位。不过，靠左对齐的数字信号格式不常见。

(3) DAC_DHR8。8 位分辨率数字信号，待转换的 8 位分辨率数据(d11～d4)存放在 DAC_DHR8 的 b7～b0 位。

在单通道 DAC 中，与通道有关的寄存器名前，ST 公司提供的外设寄存器名定义文件没有给出通道指示符“CH1”或“CH2”。如靠右对齐数据保持寄存器高 8 位直接命名为“DAC_RDHRH”，而不是“DAC_CH1RDHRH”。

2. 双通道 12 位分辨率 DAC 结构

在高密度以及 64 或 80 引脚封装的中高密度 STM8L15x 及 STM8L16x 芯片中，内置了两个独立的 DA 通道，每个通道都有各自的 DAC、相应的通道控制寄存器，即内嵌了两套独立的 DAC 电路，其内部结构如图 12.9.2 所示。

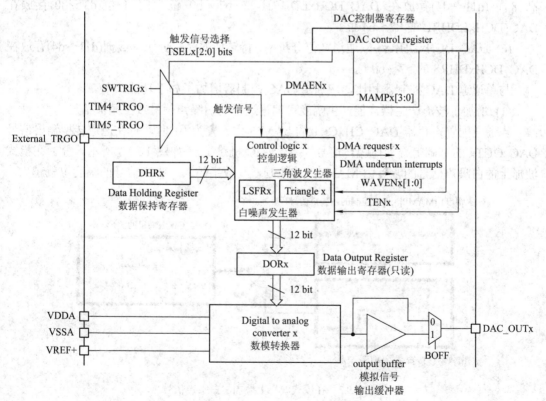

图 12.9.2　双通道 DAC 的内部结构

在双通道 DAC 中，通道 1 输出信号 DAC_OUT1 固定接 PF0 引脚；通道 2 输出信号

DAC_OUT2 在 64 引脚、80 引脚封装芯片中固定接 PF1 引脚，而在 48 引脚封装芯片中可选择 PB4、PB5 或 PB6 引脚之一作为 DAC_OUT2 信号的输出端，除了软件触发转换、定时器 TIM4 的 TRGO 触发转换信号外，还增加了定时器 TIM5 的 TRGO 转换触发、外部转换触发输入(PE4 引脚)信号。根据待转换的数字信号对齐方式，数据保持寄存器 DHRx 可以是相应的 DAC 通道内下列 6 个寄存器之一：

(1) DAC_CHxRDHRH/DAC_CHxRDHRL。其中的 x 表示通道号，取值为 1 或 2。靠右对齐的 12 位分辨率数字信号，即数字信号高 4 位(d11~d8)存放在 DAC_CHxRDHRH 的 b3~b0 位，数字信号低 8 位(d7~d0)存放在 DAC_CHxRDHRL 的 b7~b0 位。

(2) DAC_CHxLDHRH/DAC_CHxLDHRL。靠左对齐的 12 位分辨率数字信号，即数字信号高 8 位(d11~d4)存放在 DAC_CHxLDHRH 的 b7~b0 位，数字信号低 4 位(d3~d0)存放在 DAC_CHxLDHRL 的 b7~b4 位。

(3) DAC_CHxDHR8。8 位分辨率的数字信号，待转换的 8 位分辨率数据(d11~d4)存放在 DAC_CHxDHR8 的 b7~b0 位。

(4) DAC_DCHxRDHRH/DAC_DCHxRDHRL。靠右对齐的 12 位分辨率双通道模式，即数字信号高 4 位(d11~d8)存放在 DAC_DCHxRDHRH 的 b3~b0 位，数字信号低 8 位(d7~d0)存放在 DAC_DCHxRDHRL 的 b7~b0 位。

(5) DAC_DCHxLDHRH/DAC_CHxLDHRL。靠左对齐的 12 位分辨率双通道模式，即高 8 位(d11~d4)存放在 DAC_DCHxLDHRH 的 b7~b0 位，低 4 位(d3~d0)存放在 DAC_DCHxLDHRL 的 b7~b4 位。

(6) DAC_DCHxDHR8。双通道 8 位分辨率，待转换的 8 位分辨率数据(d11~d4)存放在 DAC_DCHxDHR8 的 b7~b0 位。

与单通道 DAC 控制器相比，双通道 DAC 控制器增加了如下功能：

(1) 增加了波形产生器，能产生幅度可编程选择的白噪声信号或三角波信号。

当通道配置寄存器 DAC_CHxCR1 的 b7~b6 位设置为 01 时，将在通道转换输出信号 DAC_OUTx 的基础上叠加白噪声信号(转换结果随机跳变)，如图 12.9.3 所示。叠加在模式波形上的白噪声信号的幅度由 MAMP[3:0]控制，其数字越大，噪声信号的幅度也就越大。

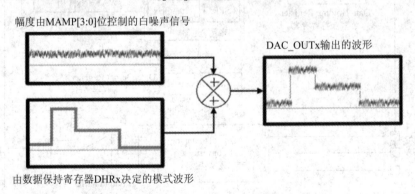

图 12.9.3　在模式波形上叠加的白噪声信号

当通道配置寄存器 DAC_CHxCR1 的 b7~b6 位设置为 1x 时，将在通道转换输出信号 DAC_OUTx 的基础上叠加一个三角波信号(转换结果按三角波规律变化)，如图 12.9.4 所示。

叠加在模式波形上的三角波信号的幅度由 MAMP[3:0]控制，其数字越大，三角波信号的幅度也就越大。

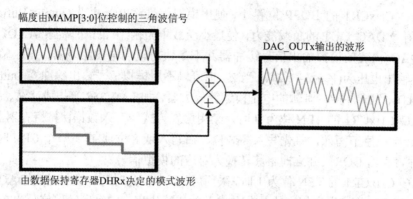

图 12.9.4　在模式波形上叠加的三角波信号

(2) 增加了双通道模式。当数据写入双通道模式保持寄存器时，就按双通道模式工作，使两个 DAC 通道在同一转换触发信号的控制下同时转换。

12.9.2　DAC 模拟输出引脚的配置

对于 64 或 80 引脚封装芯片来说，通道 1 的模拟输出信号 DAC_OUT1 固定接到 PF0 引脚，通道 2 的模拟输出信号 DAC_OUT1 固定接到 PF1 引脚，如图 12.2.1 所示，不存在引脚配置问题。

28、32 引脚封装的芯片没有 PF0 引脚，DAC 通道 1 的模拟输出信号 DAC_OUT1 借助 I/O 引脚第 5 组(Group 5)的 PB6、PB5 或 PB4 引脚之一输出(这类芯片没有 DAC 通道 2)。

48 引脚封装的高密度芯片没有 PF1 引脚，DAC 通道 2 的模拟输出信号 DAC_OUT2 也借助 I/O 引脚第 5 组(Group 5)的 PB6、PB5 或 PB4 引脚之一输出。

在这种情况下，需要配置路由选择寄存器 RI_IOSRx 的相应位，接通对应引脚的 I/O 开关才能将模拟信号接到对应的封装引脚上。其中，CH13E(RI_IOSR1 的 b4 位)I/O 开关对应 PB6 引脚，CH14E(RI_IOSR2 的 b4 位) I/O 开关对应 PB5 引脚，CH15E(RI_IOSR3 的 b4 位) I/O 开关对应 PB4 引脚。不过，值得注意的是，尽管只选择了 PB6、PB5、PB4 三引脚之一输出 DAC 模拟信号，但这三个引脚均属于 Group5 组，组内的其他引脚也就不能作为 ADC1 的模拟输入通道，否则会有较大的 A/D 转换误差。

12.9.3　DAC 初始化

可按如下步骤初始化 DAC 部件：

(1) 将 DAC_OUT 输出引脚初始化为不带中断的悬空输入方式或高电平的 OD 输出方式，以保证模拟输出信号 DAC_OUT 的精度，不宜将 DAC_OUT 输出引脚初始化为推挽输出方式或低电平的 OD 输出方式，以避免模拟输出信号 DAC_OUT 引脚被箝位为高电平或低电平状态，无法输出。

(2) 接通 DAC 控制器的时钟信号。

(3) 在 DAC 未使能(通道配置寄存器 DAC_CHxCR1 的 EN 位为 0)的状态下，根据触发方式、是否需要使用模拟信号输出缓冲器等初始化通道配置寄存器 DAC_CHxCR1 的相应位。

将 DAC_CHxCR1 的 BOFF 位置 1，使用模拟信号输出缓冲器 Output_Buffe，以增强 DAC 模拟信号 DAC_OUT 的负载能力，使最小负载电阻由 10 kΩ 下降到 5.1 kΩ。但值得注意的是，DAC 内置的模拟输出信号缓冲器并不是轨对轨的电压跟随器，最小输出电压为 0.2 V，最大输出电压为 $(V_{REF+} - 0.2)$V。当然，也可以不用模拟信号输出缓冲器 Output_Buffe，在 DAC_OUTx 引脚外接轨对轨的电压模运算放大器，如 LMV358 等构成滤波、驱动电路。

当 DAC_CHxCR1 的 TEN 位为 0 时，禁用触发方式。写入数据保持寄存器 DHR 中的转换数据(一定按字节写入，且先写入高 8 位，后写入低 8 位)将在下一个 CPU 时钟进入数据输出缓冲寄存器 DOR，并立即将其转换为对应的模拟信号。

当 DAC_CHxCR1 的 TEN 位为 1 时，采用触发方式。此时还需要初始化 DAC_CHxCR1 寄存器的 b5～b3 位，指定相应的触发方式，并初始化相应的触发输出信号 TRGO，如与 TRGO 信号有关的定时器 TIM4。位于数据保持寄存器 DHR 中的待转换数据在指定触发信号的上升沿才被送入数据输出缓冲寄存器 DOR，转换为对应的模拟信号。

在 TEN 位为 1 的情况下，写数据保持寄存器 HDR 的顺序没有限制，甚至允许用字传送指令实现。

在双通道 DAC 中，可根据需要初始化 DAC_CHxCR1 寄存器的 b7～b6 位，选择在模式波形上叠加白噪声信号或三角波信号。

(4) 根据需要，初始化通道配置寄存器 DAC_CHxCR2 的相关位。选择使用 DMA 方式以及是否允许 DMA 下溢中断；设置 DAC_CHxCR2 的 b3～b0 位，确定白噪声信号或三角波信号的幅度(如果启动了波形发生器)。

除了借助 DAC 产生单一模拟电压信号外，一般情况下最好通过 DMA 控制器将存放在 RAM 存储区中的波形数据直接送 DAC，这样能极大地减轻 CPU 的负担。在初始化 DMA 控制器时，应根据存储器中的数码存放规律，将对应的数据保持寄存器 DHR 地址送 DMA 的外设寄存器。例如，当数据靠右对齐时，DMA 外设寄存器为 DAC_CHxRDHRH、DAC_CHxRDHRL；而当数据靠左对齐时，DMA 外设寄存器为 DAC_CHxLDHRH、DAC_CHxLDHRL。

(5) 将通道配置寄存器 DAC_CHxCR1 的 EN 位置 1，使能对应的 DAC 通道。

(6) 当不采用 DMA 传送待转换的数据时，应根据待转换的数码格式，向相应的数据保持寄存器 DHR 写入待转换的数据；当采用 DMA 传送数据时，初始化 DMA 控制器。

(7) 使能相应的触发转换信号。

例 12.9.1   假设参考电源 V_{REF+} 为 3.3 V，试编写一段 DAC 初始化程序，借助 DAC 通道 1 在 PF0 引脚输出 1.850 V 的直流电压。

目标电压对应的数字信号 $D_{12} = \dfrac{4095 \times 1.850}{3.3} = 2296$，初始化程序段如下：

```
BRES PF_DDR, #0              ;将 PF0 引脚初始化为不带中断的悬空输入方式
BRES PF_CR1, #0
BRES PF_CR2, #0
BSET CLK_PCKENR1, #7         ;接通 DAC 时钟
```

```
        MOV DAC_CH1CR1, #00000010B          ;不产生波形, 不用触发方式, 不用输出缓冲器
                ;b7~b6:WAVEN[1:0](DAC channel x noise/triangle waveform generation enable)
                    ;00: Wave generation disabled.
                    ;01: Noise generation enabled.
                    ;1x: Triangle generation enabled.
                ;b5~b3:TSEL[2:0](DAC channel x trigger selection)
                    ;000: TIM4_TRGO (Timer 0 counter channel output) selected
                    ;001: TIM5_TRGO selected(16 KB 中密度无)
                    ;010: External trigger (PE4)(16 KB 中密度无)
                    ;111: SWTRIG (Software trigger) selected
                ;b2:TEN(DAC channel trigger enable)
                    ;0 表示不用触发
                    ;1 表示由 b5~b3 位定义的事件触发
                ;b1:BOFF(DAC channel output buffer disable)
                ;b0:EN(DAC channel enable)
        MOV DAC_CH1CR2, #00000000B          ;不用 DMA 方式传送数据
                ;b5:DMAUDRIE(DAC 通道 DMA 下溢中断允许)
                ;b4:DMAEN(DAC DMA enable)
                ;b3~b0:MAMP[3:0](DAC channel x mask/amplitude selector)
        BSET DAC_CH1CR1, #0         ;将通道 1 的 EN 位置 1, 使能 DAC 通道 1(先启动, 后写数据)
        MOV DAC_CH1RDHRH, #{HIGH 2296}      ;不用触发方式的情况下, 必须先写数据保持寄存器
                                            ;的高 8 位
        MOV DAC_CH1RDHRL, #{LOW 2296}       ;写数据保持寄存器的低 8 位(右对齐)
```

例 12.9.2　假设参考电源 V_{REF+} 为 3.3 V, 试编写一段 DAC 初始化程序, 借助 DAC 通道 2 在 48 引脚封装芯片的 PB5 引脚输出 1.850 V 的直流电压。

```
        BRES PB_DDR, #5            ;将 PB5 引脚初始化为不带中断的悬空输入方式
        BRES PB_CR1,  #5
        BRES PB_CR2,  #5
        BSET CLK_PCKENR2, #5       ;接通模拟比较器的时钟, 方能对 RI 开头的寄存器进行操作
        BSET RI_IOSR2, #4          ;接通 CH14E 开关(PB5)
        BSET RI_ASCR1, #4          ;关闭 AS4 模拟开关
        BSET CLK_PCKENR1, #7       ;接通 DAC 时钟
        MOV DAC_CH2CR1, #00111110B    ;不产生波形, 用触发方式, 不用输出缓冲器
        MOV DAC_CH2CR2, #00000000B    ;不用 DMA 传送数据
        BSET DAC_CH2CR1, #0       ;将通道 2 的 EN 位置 1, 使能 DAC 通道 2(先启动, 后写数据)
        LDW X, # 2296            ;使用触发方式时, 可以按字方式写入数据保持寄存器
        LDW DAC_CH2RDHRH, X      ;写入数据保持寄存器
        BSET DAC_SWTRIGR, #1     ;软件触发通道 2 进行 DAC 启动(当数据传送 DOR 寄存器后,
                                 ;软件触发位自动清 0)
```

例 12.9.3　假设参考电源 V_{REF+} 为 3.3 V，试编写一段 DAC 初始化程序，借助 DAC 通道 1 在 48 引脚封装芯片的 PF0 引脚上输出振幅最大的不失真的单向正弦波信号。

STM8L 系列芯片内置的 DAC 属于单极性 DAC，只能输出正电压。为获得正弦波信号一个周期内各点的数值，将 $0\sim T$ 时间等分为 32 个采样点，各采样点对应的正弦电压信号如下：

$$DAC\_OUT1 = V_{DC} + V_m \times SIN\left(\frac{2\pi}{T}t\right) = V_{DC} + V_m \times SIN\left(\frac{2\pi}{T} \times \frac{T}{32}n\right) = V_{DC} + V_m \times SIN\left(\frac{2\pi}{32} \times n\right)$$

其中，V_{DC} 为直流偏置，V_m 为正弦信号的最大值，n 为采样点的编号(取值是 0~31 的整数)。为使输出的单向正弦信号不失真，则 V_{DC}、V_m 必须满足：

$$\begin{cases} V_{DC} - V_m \geqslant 0 \\ V_{DC} + V_m \leqslant V_{REF+} \end{cases}$$

显然，当 $V_{DC} = V_m = \dfrac{V_{REF+}}{2}$ 时，将获得振幅最大的不失真的单向正弦信号，将 32 个正弦电压值转换为 12 位分辨率、靠右对齐的数据，并保存到 ROM 存储区中，如下所示：

```
SIN_TAB.L                                    ;正弦波 32 个电压数据
DC.W    2048,2447,2831,3185,3495,3750,3939,4056
DC.W    4095,4056,3939,3750,3495,3185,2831,2447
DC.W    2048,1648,1264, 910, 600, 345, 156,  39
DC.W       0,  39, 156, 345, 600, 910,1264,1648
```

相应的参考程序如下：

```
;-----初始化 PF0 引脚
BRES PF_DDR, #0                  ;将 PF0 引脚初始化为不带中断的悬空输入方式
BRES PF_CR1, #0
BRES PF_CR2, #0
;------初始化定时 TIM4
BSET CLK_PCKENR1, #2            ;接通定时器 TIM4 时钟
MOV TIM4_SMCR, #01110000B
MOV TIM4_PSCR, #01H             ;假设主时钟频率为 4 MHz，计数频率为 2 MHz
MOV TIM4_ARR, #1                ;初始化自动重装寄存器
MOV TIM4_CR1, #84H              ;向上计数、允许更新、仅允许计数器溢出时中断标志有效
MOV TIM4_CR2, #20H              ;TRGO 为溢出
BSET TIM4_EGR, #0              ;UG 位置 1，触发重装并初始化计数器
BRES TIM4_IER, #0              ;禁止更新中断(仅利用其触发信号 TRGO，无须进入中断)
BRES TIM4_CR1, #0             ; CEN 位置 0，暂不启动定时器
;-------初始化 DMA 通道 3(DAC 通道 1 使用 DMA 通道 3)
;BSET CLK_PCKENR2, #4           ;接通 DMA1 的时钟
MOV DMA1_C3PARH_C3M1ARH, #{HIGH DAC_CH1RDHRH}
MOV DMA1_C3PARL_C3M1ARL, #{LOW DAC_CH1RDHRH}
```

```
MOV DMA1_C3M0EAR, #{SEG SIN_TAB}
MOV DMA1_C3M0ARH, #{HIGH SIN_TAB}
MOV DMA1_C3M0ARL, #{LOW SIN_TAB}      ;传正弦波数表地址
MOV DMA1_C3NDTR, #32                   ;传输 32 个 16 位数据
MOV DMA1_C3SPR, #00011000B             ;b3 为 1(16 位模式)
MOV DMA1_C3CR, #00111000B              ;b1 为 0(禁止中断)
BSET DMA1_C3CR, #0                     ;将 EN 位置 1,使能 DMA 通道 3
BSET DMA1_GCSR, #0                     ;开 DMA 控制器总开关
;------初始化 DAC 通道 1
BSET CLK_PCKENR1, #7                   ;接通 DAC 时钟
MOV DAC_CH1CR1, #00000100B             ;不产生三角波,用 TIM4_TRGO 信号触发转换
MOV DAC_CH1CR2, #00010000B             ;启用 DMA 方式传输数据
BSET DAC_CH1CR1, #0                    ;将通道 1 的 EN 位置 1, 使能 DAC 通道 1
BSET TIM4_CR1, #0                      ;CEN 位置 1, 启动 TIM4 计数器
```

显然,输出的正弦波信号的频率与触发信号 TRGO 的频率有关。在本例中,使用了 TIM4 定时器的溢出更新信号作为 TRGO 信号,因此改变 TIM4 的溢出时间就可以调节正弦波信号的频率。不过,当触发信号 TRGO 的频率太高时,DMA 控制器可能出现下溢现象(记录在状态寄存器 DAC_SR 中),表明部分转换数据被 DAC 忽略。

当然,也可以用接在 PE4 引脚的外部触发信号 External TRGO 触发 D/A 转换的进程,但在实践中发现其触发效果比 TIM4_TRGO 信号差,具体体现在触发延迟时间较长、触发信号频率也不能太高。

12.10　模拟比较器

为扩展 STM8L 系列 MCU 芯片处理模拟信号的能力,除 STM8L051/052 芯片外,多数 STM8L 系列芯片均带有两路超低功耗的过零模拟比较器。其共同特征是,比较器的同相输入端连接到芯片的 I/O 引脚;反相输入端接内部参考电压 V_{REFINT} 或 DAC 的输出信号 DAC_OUT(通过 DAC 获得所需的基准电压);两个模拟比较器的输出端均没有连接到芯片的 I/O 引脚,但可以从比较器 1 的控制及状态寄存器 COMP_CSR1 的 b3 位了解到比较器 1 的输出状态,从比较器 2 的控制及状态寄存器 COMP_CSR2 的 b3 位了解到比较器 2 的输出状态。

12.10.1　比较器 1 的内部结构

比较器 1 的内部结构如图 12.10.1 所示。

当比较器配置及状态寄存器 COMP_CSR3 的 b2 位为 1 时,反相输入端固定接内部基准电源 V_{REFINT}(典型值为 1.224 V)。

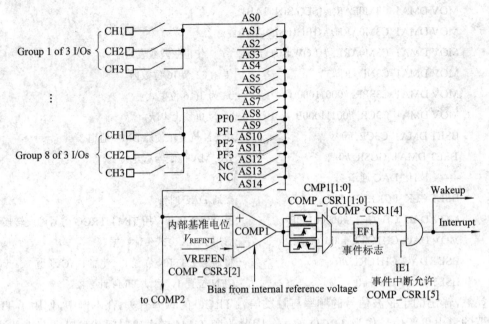

图 12.10.1　比较器 1 的内部结构

从图 12.2.1 及图 12.10.1 可以看出，通过配置模拟开关 AS0～AS14、I/O 开关 CH1E～CH24E，可以选择图 12.2.1 中 24 个 I/O 引脚之一作为比较器 1 的同相输入端。显然，当比较器 1 使能时，模拟开关 AS14 必须接通，同相输入信号所在的 I/O 引脚组对应的模拟开关 AS0～AS13 之一也必须接通，且同相输入信号所在的 I/O 引脚对应的 I/O 开关 CH1E～CH24E 之一也必须接通。例如，将 PD5 引脚作为 COMP1 的同相输入端时，必须接通 I/O 开关 CH10E (把 PD5 作模拟引脚使用)，以及 AS14、AS3 模拟开关。相应的初始化参考指令如下：

```
BSET CLK_PCKENR2, #5        ;接通模拟比较器时钟，方能读写 RI 开头的寄存器
BSET RI_ASCR2, #6           ;接通 AS14 模拟开关
BSET RI_ASCR1, #3           ;接通 AS3 模拟开关
BSET RI_IOSR1, #3           ;接通 I/O 开关 CH10E
```

此时，PD5 引脚以及与 PD5 引脚位于同一组的 PD4、PB7 引脚均不能再作为 ADC1 的输入通道，原因是 PD5 引脚对应的 I/O 开关 CH10E 置 1 后，PD5 引脚与 ADC1 的输入端处于断开状态；PD4、PB7 引脚所在的 I/O 引脚组 GROUP4 对应的模拟开关 AS3 接通后，该组内的所有引脚也与 ADC1 输入端处于断开状态。接通比较器时钟，完成模拟开关切换后，也自动关闭了组内所有引脚的施密特输入特性，除非有意将 COMP_CSR1 寄存器的 b2 位置 1，强行开放引脚的施密特输入特性。

COMP1 的功能相对简单，除需要配置同相输入引脚外，仅需要将 COMP_CSR3 寄存器的 b2 位置 1，将内部基准电源 V_{REFINT} 接反相输入端，就完成了比较器 1 的硬件连接操作；接着再初始化配置、状态寄存器 COMP_CSR1 的 b1b0 位，选择比较器 1 状态跳变时对应的事件，以及事件发生时是否允许中断后，比较器 1 就处于使能状态，不断地监视同相输入端电压的变化。例如，当希望 PD5 引脚输入电压小于内部基准电源电压 V_{REFINT} 时比较

1 生产中断的初始化程序段如下：

```
BSET CLK_PCKENR2, #5            ;接通模拟比较器时钟，方能读写 RI 开头的寄存器
BSET RI_ASCR2, #6               ;接通 AS14 模拟开关
BSET RI_ASCR1, #3               ;接通 AS3 模拟开关
BSET RI_IOSR1, #3               ;接通 I/O 开关 CH10E (对应 PD5 引脚)
BSET COMP_CSR3, #2              ;内部基准电源接比较器 1 的反相输入端
MOV COMP_CSR1, #00100001B       ;使能 COMP1。b1b0 位置 01，输出端出现高到低跳变时
                                ;比较器事件标志 EF1(COPM_CSR1[4])有效；b5 位为 1，
                                ;允许中断；b2 位为 0，关闭同相输入引脚所在 I/O 引脚
                                ;组的施密特输入特性
```

12.10.2　比较器 2 的内部结构

比较器 2 的内部结构如图 12.10.2 所示。

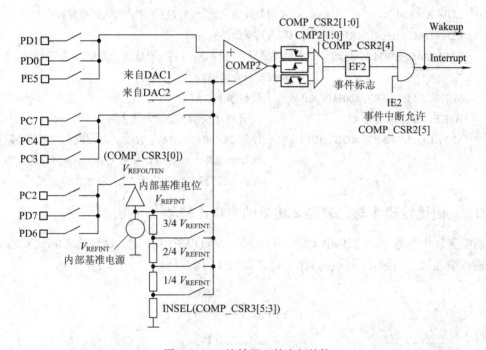

图 12.10.2　比较器 2 的内部结构

从图 12.2.1、图 12.10.2 可以看出，比较器 2 反相输入端可以接内部基准电源 V_{REFINT} 及其分压电位、DAC_OUT1 输出端、DAC_OUT2 输出端，或借助 I/O 开关 CH4E、CH5E、CH6E 之一接外部 I/O 引脚 PC7、PC4 及 PC3，即比较器 2 反相输入端信号来源由比较器配置、状态寄存器 COMP_CSR3 的 b5～b3 位状态编码决定；同相输入端通过配置 I/O 开关 CH22E～CH24E 接外部 I/O 引脚的 PD1、PD0 或 PE5。

显然，当比较器 2 使能时，与比较器同相或反相输入端相连引脚对应的 I/O 开关 CHxxE 接通，作为模拟信号的输入(或输出)引脚，不能再作为 ADC1 输入通道使用。

比较器 2 使能由配置及状态寄存器 COMP_CSR2 的相应位控制，配置及状态寄存器

COMP_CSR3 定义了反相输入信号的来源以及比较输出的动作。为减小功耗，可通过配置及状态寄存器 COMP_CSR4 关闭接比较器 2 输入引脚的施密特输入特性。

下面通过具体实例，演示比较器的初始化过程。

例 12.10.1 假设比较器 2 的同相输入端接 PD1 引脚，反相输入端接 DAC1 引脚，比较器输出上沿有效时比较器 2 的中断标志有效，相应的初始化程序段如下：

```
BSET CLK_PCKENR2, #5          ;接通模拟比较器的时钟，方能读写 RI 开头的寄存器
;-----初始化比较器 2 的同相输入端
BSET RI_IOSR1, #7             ;接通 CH22E 模拟开关(对应 PD1 引脚)
;-----初始化 DAC_OUT1
BSET CLK_PCKENR1, #7          ;接通 DAC 时钟
MOV DAC_CH1CR1, #00111100B    ;不产生波形，用触发软件方式，不带输出缓冲
MOV DAC_CH1CR2, #00000000B    ;不用 DMA 传送数据
BSET DAC_CH1CR1, #0           ;将通道 1 的 EN 位置 1，使能 DAC 通道 1(先启动，后写数据)
LDW X, #1241                  ;使用触发方式时，可以按字方式写入数据保持寄存器
LDW DAC_CH1RDHRH, X           ;写入数据保持寄存器
BSET DAC_SWTRIGR, #0   ;软件触发通道 1 进行 D/A 转换(当数据传送 DOR 寄存器后，软
                              ;件触发位自动清 0)
MOV COMP_CSR3, #00110000B     ;反相端接 DAC1
BSET COMP_CSR4, #2            ;关闭 PD1 引脚的施密特输入特性
MOV COMP_CSR2, #00100010B     ;使能 COMP2。b1b0 位置 10，输出端出现低到高跳变时
                              ;比较器事件标志 EF2(COPM_CSR2[4])有效;b5 位为 1，
                              ;允许中断控制位 b2 为 0，选择低速比较模式
```

12.10.3 由比较器 1 与比较器 2 构成的窗口比较器

当配置、状态寄存器 COMP_CSR3 的 b1 位(WNDWE)为 1 时，比较器 1 和比较器 2 的同相输入端连接在一起，形成窗口比较器，如图 12.10.3 所示。

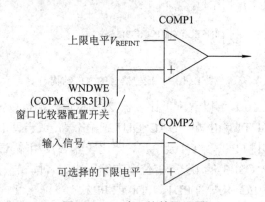

图 12.10.3 窗口比较器配置

不过，这种连接方式构成的窗口比较器与纯硬件窗口比较器有所不同，需要借助事件中断才能获得真正的窗口比较器特性。

12.11　低功耗模式

为进一步降低 STM8L 系列芯片的功耗，STM8L 系列芯片支持等待(通过 WFI 指令进入)、活跃停机(在 WUT 定时器启动的情况下，执行 HALT 指令进入)、停机(在 WUT 定时器未启动的情况下，执行 HALT 指令进入)等低功耗模式。此外，STM8L 系列芯片还支持特定事件唤醒的等待模式(通过 WFE 指令进入)，该等待模式与执行 WFI 指令进入的等待模式类似，CPU 同样进入冻结状态，只是唤醒事件由 WFE_CR1～WFE_CR4 寄存器定义。

执行 HALT 指令前，STM8L 系列芯片要求系统内不存在未响应的外设中断，否则 HALT 指令执行无效，CPU 将继续执行随后的指令系列。此外，可将选项字节 OPT3 的 IWDG_HALT 位置 1，关闭处于 HALT 模式下的 IWDG 计数，避免 IWDG 计数器溢出强迫系统复位，即在 STM8L 系列芯片中可在停机模式下开启 IWDG 看门狗。

习　题　12

12-1　画出 STM8L051 芯片的最小应用系统，并指出 STM8L 系列芯片供电电源与 STM8S 系列芯片的主要区别。

12-2　分别指出 STM8L 系列芯片数字信号多重复用引脚和模拟信号多重复用引脚的切换方式。

12-3　简述 STM8L 系列时钟电路与 STM8S 系列的主要差异。

12-4　指出 STM8L 系列芯片 E^2PROM 存储器的起始地址。

12-5　在 STM8L 系列芯片中，同一 I/O 口上的不同引脚可以选择不同的外中断触发方式吗？

12-6　STM8L 系列芯片具有几个 16 位通用定时器？能否利用 TIM2 或 TIM3 产生两路死区时间可调的 PWM 信号？为什么？

12-7　在 STM8L 系列芯片中 TIM4 的主要用途是什么？

12-8　如果 RTCCLK 时钟信号来自频率为 38 kHz 的 LSI 时钟，则当 WUT 定时器定时时间设为 510 ms 时，请计算出 WUT 定时器的相关分频系数、自动重复装载定时器 RTC_WUTR 的值(误差小于 0.2 ms)，并写出 WUT 定时器的初始化程序。

12-9　与中断方式相比，DMA 方式有什么优点？

12-10　编写一程序段，将 TIM2_CH1 通道上沿捕获输入数据保存到 RAM 存储区中。

12-11　利用 DMA 通道 3 的存储器模式，将存放在以 Ram_buff1 为首地址的 16 个字信息传送到以 Ram_buff2 为首地址的 RAM 存储区中。

12-12　编写出利用内嵌的 ADC 检测出内部参考电压 V_{REFINT} 大小的程序段。

12-13　利用 DAC 功能，编写出输出锯齿波电压信号的程序段(锯齿波斜率为 45°)。

参 考 文 献

[1] http://www.st.com/. STM8S207xx，STM8S208xx datasheet (Doc ID 14733 Rev 10). September 2010.

[2] https://www.st.com/. STM8S007xx STM8S20xxx Errata sheet(ES036 Rev 8)，October 2019.

[3] https://www.st.com/. STM8001J3 datasheet (DS12129 Rev 3)，June 2018.

[4] https://www.st.com/. STM8S001J3/003xx /103xx/903xx Errata sheet (ES0102 Rev 7)，October 2019.

[5] https://www.st.com/. STM8S105C4/6，STM8S105K4/6，STM8S105S4/6 datasheet (DocID14771 Rev 15)，September 2015.

[6] https://www.st.com/. STM8S005xx STM8S105xx Errata sheet (ES0110 Rev 9)，October 2019.

[7] https://www.st.com/. ST Assembler-Linker (Doc ID 11392 Rev 4)，November 2009.

[8] https://www.st.com/. STM8 CPU programming manual(Doc ID 13590 Rev 3)，September 2011.

[9] https://www.st.com/. RM0016 Reference manual STM8S Series and STM8AF Series 8-bit microcontrollers (DocID14587 Rev 14)，October 2017.

[10] https://www.st.com/. RM0031Reference manual (STM8L050J3，STM8L051F3，STM8L052C6，STM8L052R8 MCUs and STM8L151/L152，STM8L162，STM8AL31，STM8AL3L lines), (DocID15226 Rev 14)，October 2017.

[11] 余永权，李小青. 单片机应用系统的功率接口技术[M]. 北京：北京航空航天大学出版社，1992.

[12] 潘永雄. 新编单片机原理与应用[M]. 2 版. 西安：西安电子科技大学出版社，2007.

[13] 潘永雄，胡敏强. 基于模块入口出口地址的 PC 指针跑飞拦截技术[J]. 计算机应用与软件，2009，26(9)：177-179，182.

[14] 杨文龙. 单片机原理与应用[M]. 西安：西安电子科技大学出版社，1999.